DIANWANG QIYE YINHUAN QUEXIAN PAICHA ZHILI
GUANLI SHOUCE

电网企业隐患（缺陷）排查治理管理手册

国网陕西省电力公司　编

中国电力出版社
CHINA ELECTRIC POWER PRESS

内 容 提 要

为全面提高安全隐患（缺陷）管理工作规范化水平，指导基层单位开展安全隐患（缺陷）排查治理工作，国网陕西省电力公司编制了《电网企业隐患（缺陷）排查治理管理手册》。《手册》共分 7 章，包括总则、术语、安全隐患（缺陷）管理组织机构、隐患（缺陷）流程管理、隐患（缺陷）公示管理、隐患（缺陷）的督办奖励机制、安全隐患（缺陷）排查治理工作档案及专业范例。

本书从隐患（缺陷）管理工作机制的落实，全面系统地介绍了隐患（缺陷）管理工作流程，统一规范了术语，对隐患、缺陷一体化工作提出了新要求，同时结合专业实际特点，按照电网规划、电力建设、调度及二次系统、信息、输电、变电、配电、消防、安全保卫、交通、后勤、发电、环境保护、其他十四大类专业，划分细类 70 类，在此基础上收录典型范例 189 个。

本书可供电力系统各专业从事安全隐患（缺陷）排查治理工作人员和管理人员学习使用，也可作为基层一线员工的安全培训教材。

图书在版编目（CIP）数据

电网企业隐患（缺陷）排查治理管理手册 / 国网陕西省电力公司编.
—北京：中国电力出版社，2018.1（2018.6 重印）
ISBN 978-7-5198-1549-3

Ⅰ. ①电… Ⅱ. ①国… Ⅲ. ①电力工业－工业企业管理－安全隐患－安全检查－中国－手册 Ⅳ. ① TM08-62

中国版本图书馆 CIP 数据核字（2017）第 310431 号

出版发行：中国电力出版社
地　　址：北京市东城区北京站西街 19 号
邮政编码：100005
网　　址：http://www.cepp.sgcc.com.cn
责任编辑：薛　红（010-63412346）　陈　倩
责任校对：马　宁
装帧设计：张俊霞　赵姗姗
责任印制：邹树群

印　　刷：北京雁林吉兆印刷有限公司
版　　次：2018 年 1 月第一版
印　　次：2018 年 6 月北京第五次印刷
开　　本：787 毫米 ×1092 毫米　16 开本
印　　张：15
字　　数：347 千字
印　　数：22001—25000 册
定　　价：62.00 元

编 委 会

序

党中央、国务院历来高度重视安全生产工作，十八大以来，以习近平同志为核心的党中央把安全生产摆在前所未有的突出位置，习近平总书记指出，要树立发展决不能以牺牲安全为代价的红线意识；要以对人民极端负责的精神抓好安全生产工作，把重大风险隐患当成事故来对待。2014年，新《安全生产法》颁布，强调坚持以人为本，推进安全发展。2016年底，中共中央、国务院印发了《关于推进安全生产领域改革发展的意见》，2017年，国家发展和改革委员会、国务院国有资产监督管理委员会以及国家电网公司相继出台了推进安全生产领域改革发展的实施意见。国家电网公司在隐患（缺陷）排查治理上提出“全覆盖、勤排查、快治理”要求，明确责任主体，落实职责分工，按照“谁主管、谁负责”实行分级分类管理，全过程闭环管控。

长期以来，国网陕西省电力公司（简称公司）高度重视安全隐患（缺陷）排查治理工作，以此为安全工作的抓手，实行横向协同、纵向延伸的隐患、缺陷一体化管理，即被判定为安全隐患的设备缺陷，除继续按照公司现有设备缺陷管理规定处理外，全部纳入到安全隐患管理流程进行闭环管理。

2011年公司在系统范围内开展安全生产事故排查治理“树典型、传经验”活动，积累了工作经验，对基层单位安全隐患（缺陷）辨识、定级等工作起到了很好的指导及传帮带作用。2012年，公司开展了深度隐患（缺陷）排查治理工作，规范了“一患一档”的实施和销号处理。2015年，为做好隐患（缺陷）的过程管控，建立了班组安全隐患（缺陷）公示制度。2016年，为加大隐患（缺陷）治理力度，制定了《安全隐患排查治理工作评价考核细则》。2017年，为了进一步提高隐患缺陷排查治理管理水平，公司安质部组织专家，结合工作实际，编制了《电网企业隐患（缺陷）排查治理管理手册》，明确了隐患（缺陷）管理组织机构职责、排查方式及范围、信息报送、统计分析、动态跟踪及闭环销号、档案管理、督办奖励等。同时结合具体实例，深刻剖析隐患危害后果，给出防范措施，提升员工隐患（缺陷）的辨识、评估定性及过程管控的能力，并对电力系统隐患（缺陷）一体化管控水平提出了指导性意见。

本书旨在通过典型范例的分析和填写，进一步规范企业隐患排查治理的全过程闭环工作流程，全面提高一线员工填写隐患档案质量。本书可作为企业各级员工从事安全隐患排查治理工作不可缺少的辅助工具和参考资料。

前　言

建立健全安全隐患排查治理长效工作机制是落实“安全第一、预防为主、综合治理”方针、夯实安全生产基础的重要任务。长期以来，国网陕西省电力公司（简称公司）高度重视安全隐患排查治理工作，按照“谁主管、谁负责”，明确责任主体，落实责任分工，实行横向协同、纵向延伸，以“全覆盖、勤排查、快治理”为导向，从电网规划、施工建设、运行检修、调度控制、应急处置等各个环节，从管理制度、人员行为、设备设施、外部环境等方面全方位、多角度开展安全隐患排查治理，排查、治理了一大批安全隐患。通过“完善机制、强化责任、落实考核、有效管控”等一系列举措，近年来公司逐渐形成了“勤排查、重过程、留痕迹、求实效”管理模式、治理“动态化”的闭环工作机制，有力保障了电网安全运行。

为进一步指导基层单位更好开展隐患排查治理工作，公司安质部在收集各单位隐患排查治理工作成果的基础上，编制了《电网企业隐患（缺陷）排查治理管理手册》（简称《手册》）。《手册》以国家电网公司、省公司安全隐患排查治理管理规定为依据，对隐患管理组织机构职责、排查方式及范围、信息报送、统计分析、动态跟踪及闭环销号、档案管理、督办奖励等方面提出了新要求，特别对档案表的填写进行了规范统一。对发现、预评估、评估、治理、验收、消号整个闭环过程，从时间节点、隐患描述、评判及后果定性依据、防控措施、治理完成情况及闭环逻辑关系进行考核量化，从而提升员工隐患（缺陷）的辨识、评估定性及过程管控能力，通过源头遏制、过程管控，促进专业加强管理，实现闭环整改提升，从源头上最大限度减少隐患缺陷的产生，进一步统一并提升公司系统隐患（缺陷）一体化管控水平。在编制过程中，公司广泛收集各单位建议和意见，多次组织专家修订、增补和梳理，结合专业实际特点，按照输电、变电、配电、电网规划、电力建设、消防、安全保卫、后勤、交通、环境保护、调度及二次系统、信息、发电、其他十四大类化分细类70类，并在此基础上收录隐患范例189个，同时对原废止的规程、标准进行了梳理，确保评判依据及后果定性分析引用条款适用性、针对性。

《手册》可作为系统各级员工从事安全隐患排查治理工作的辅助工具和参考资料，范例中采用的有关技术规程、标准和管理规定，均引用最新条款，工作中要注意条款的时效性并结合工作实际使用；对《手册》所列举的安全隐患防范措施，仅作为指导和参考，在实际应用时务必充分考虑电网、设备、人员、管理和环境等因素现状及其变化趋势，从而制定具有针对性、操作性的治理措施。希望能为大家提供更多的启发和借鉴。

谨向提供编写资料的同仁致以深深的谢意，同时感谢公司系统各直属单位、各专业职能部门的大力支持。

由于编者的业务水平及工作经验所限，书中难免有疏漏或不妥之处，敬请广大读者提出宝贵意见。

编　者

2017 年 11 月

目　录

1 总则

1.1 为贯彻“安全第一、预防为主、综合治理”的方针，规范电网企业安全隐患（缺陷）排查治理工作流程，明确各级、各部门隐患（缺陷）排查工作职责，指导员工辨识隐患危害和明确隐患防范治理措施，提升公司隐患排查治理工作效能，确保影响人身、电网、设备等安全隐患（缺陷）能够彻底消除。根据国家相关法律法规和国家电网公司有关规程及规定，结合公司实际，制定《电网企业隐患（缺陷）排查治理管理手册》（简称《手册》）。

1.2 安全隐患（缺陷）排查治理是企业管理的重要内容，按照“谁主管、谁负责”和“全覆盖、勤排查、快治理”的原则，实行横向协同、纵向延伸，明确责任主体，落实责任分工，实行分级分类管理，做好全过程闭环管控。

1.3 本手册适用于电网企业及直属各单位。公司直属单位承包和管理的境外、省外工程项目，参照执行。

2 术语

2.1 安全隐患的定义及分级。

2.1.1 安全隐患是指安全风险程度较高，可能导致事故发生的作业场所、设备设施、电网运行的不安全状态、人的不安全行为和安全管理方面的缺失。

2.1.2 安全隐患按照专业分类分为调度及二次系统、输电、变电、配电、发电、电网规划、电力建设、信息通信、环境保护、交通、消防、装备制造、煤矿、安全保卫、后勤和其他共16类，目前电网企业涉及除装备制造、煤矿之外的14类。每一类按照造成的后果又可分为人身安全、电力安全、设备设施、大坝安全、安全管理和其他事故6种隐患。

2.1.3 根据可能造成的事故后果，安全隐患分为Ⅰ级重大事故隐患、Ⅱ级重大事故隐患、一般事故隐患和安全事件隐患4个等级（Ⅰ级重大事故隐患与Ⅱ级重大事故隐患合称“重大事故隐患”）。

2.1.3.1 Ⅰ级重大事故隐患指可能造成以下后果的安全隐患。

（1）1～2级人身、电网或设备事件；

（2）水电站大坝溃决事件；

（3）特大交通事故，特大或重大火灾事故；

（4）重大以上环境污染事件。

2.1.3.2 Ⅱ级重大隐患指可能造成以下后果的或安全管理存在以下情况的安全隐患。

（1）3～4级人身或电网事件；

（2）3级设备事件，或4级设备事件中造成100万元以上直接经济损失的设备事件，或造成水电站大坝漫坝、结构物或边坡垮塌、泄洪设施或挡水结构不能正常运行的事件；

（3）5级信息系统事件；

（4）重大交通，较大或一般火灾事故；

（5）较大或一般等级环境污染事件；

（6）重大飞行事故；

（7）安全管理隐患：安全监督管理机构未成立，安全责任制未建立，安全管理制度、应急预案严重缺失，安全培训不到位，发电机组并网安全性评价未定期开展，水电站大坝未开展安全注册和定期检查等。

2.1.3.3 一般事故隐患指可能造成以下后果的安全隐患。

（1）5～8级人身事件；

（2）其他4级设备事件，5～7级电网或设备事件；

（3）6～7级信息系统事件；

（4）一般交通事故，火灾（7级事件）；

（5）一般飞行事故；

（6）其他对社会造成影响的事故隐患。

2.1.3.4 安全事件隐患指可能造成以下后果的安全隐患。

（1）8级电网或设备事件；

（2）8级信息系统事件；

（3）轻微交通事故，火警（8级事件）；

（4）通用航空事故征候，航空器地面事故征候。

2.1.4 上述人身、电网、设备和信息系统事件，依据《国家电网公司安全事故调查规程（2017修正版）》（国家电网安质〔2016〕1033号）认定。交通、火灾、环境污染和飞行事故等依据国家相关法律法规认定。

2.1.5 安全隐患等级实行动态管理。依据隐患的发展趋势和治理进展，隐患的等级可相应调整。

2.2 隐患、缺陷一体化。

按照“全覆盖、勤排查、快治理”的原则，公司实行隐患、缺陷一体化管理，被判定为安全隐患的设备缺陷，除继续按照公司各单位现有设备缺陷管理规定进行处理外，需纳入本手册规定的安全隐患管理流程进行分级督办、闭环管理。

3 安全隐患（缺陷）管理组织机构

3.1 工作机制。

3.1.1 根据“统一领导、落实责任、分级管理、分类指导、全员参与”的要求，公司建立本部、直属单位、县公司（指各单位所属二级机构，包括分部、区县公司、车间、室、分中心、分公司等，以下简称县公司）、班组（包括班站、乡镇供电所等）4级隐患排查治理工作机制，分级负责安全隐患的闭环管理。

3.1.2 安全隐患所在单位是安全隐患排查、治理和防控的责任主体。公司各级发展策划、人力资源、运维检修、建设、营销、物资、调控中心、科技信通、消防保卫、后勤管理、（多经）集体企业等专业职能部门是本专业安全隐患的归口管理部门，负责组织、指导、协调职责范围内隐患排查治理工作。

3.1.3 公司各级安全监察部门是隐患排查治理的监督管理部门。负责督办、检查隐患排查治理工作，归口管理相关数据的汇总、统计、分析、上报，通报、督办，提出考核各级隐患排查治理开展情况意见。

3.1.4 各级单位成立由主要负责人为组长的隐患排查治理工作领导小组，成立由安全监察部门牵头，发展策划部、运维检修部、建设部、营销部、农电工作部、科技信通部、物资部、经济法律部、机关工作部、调控中心、公安保卫部等专业职能部门参加的各级评估小组。

3.1.5 各级单位建立安全隐患治理快速响应机制，设立绿色通道，将治理隐患所需资金统一纳入投资计划和综合计划并优先安排，对计划外急需实施的项目须履行相应决策程序后实施，报上级单位备案，作为综合计划调整的依据；对治理隐患所需物资应及时调剂、保障供应。

3.2 各级单位职责。

3.2.1 省公司主要职责。

（1）负责公司安全隐患排查治理。按照“两单一表”要求，负责重大事故隐患排查治理的闭环管理。

（2）负责贯彻执行政府部门及国家电网公司有关要求，组织所属单位开展隐患排查治理工作。

（3）隐患排查治理工作评估小组负责对重大隐患治理方案核定、审批，方案由各专业职能部门负责或其委托直属单位编制，监督、协调治理方案实施，对治理结果进行验收。

（4）按照国家电网公司总部及分部委托，具体负责受委托运行维护的跨区电网隐患排查治理，对排查出的安全隐患及时汇报委托单位。

（5）对由于330kV及以上主网架结构性缺陷、主设备普遍性问题、重要枢纽变电站、跨多个地市公司管辖的重要输电线路处于检修状态造成的隐患，以及公司系统存在的人的不安全行为和安全管理缺失负责进行排查、评估、定级，制定治理方案，明确治理责任主体，并组织实施。对评估确认的涉及上述内容的安全隐患，由相关专业职能部门负责按照“一患一档”的要求，在省公司本部建立隐患档案或委托相关直属单位建立隐患档案。

（6）省公司各专业职能部门每月负责审核、回复直属单位上报的可能导致5级人身事件、4～5级电网和设备事件、6级信息系统事件的一般事故隐患。负责督促、指导、检查直属单位对口部门隐患排查治理工作，协调解决在隐患排查治理过程中遇到的各种问题。针对共性、苗头性、倾向性安全隐患，每年结合本专业内工作实际，在公司系统内组织开展不少于两次专项隐患排查治理，确保专业具有针对性、时效性。

（7）负责汇总、统计、分析公司隐患排查治理情况，并向上级安全监察部门及地方政府有关部门汇报。

（8）负责在公司年度工作会议、安全生产工作会议、安全生产委员会会议上通报公司本部、直属单位隐患排查工作开展情况，考核直属单位隐患排查工作。

（9）负责督促承担境外工程项目的施工企业参照本《手册》开展隐患排查治理工作。

3.2.2 直属单位主要职责。

（1）落实省公司隐患排查治理工作要求，负责对一般事故隐患排查治理的闭环管理，归口管理并协调、督促县公司开展安全隐患排查治理工作。

（2）根据省公司的安排，负责重大事故隐患控制、治理等相关工作，受委托编制重大事故隐患治理方案并报送省公司审查，落实重大隐患“两单一表”要求，对重大事故隐患治理结果进行预验收并向省公司申请验收。

（3）负责排查、治理本单位的安全隐患。负责组织制定、审查批准一般事故隐患治理方案，监督、协调治理方案实施。对治理完成的隐患及时验收销号，对尚未完成治理的隐患制定并落实防控措施，对新发现的隐患及时采取控制措施，保证隐患治理所需资金投入和物资供应。

（4）负责审定、回复县公司上报的一般事故隐患及安全事件隐患；负责初步审核县公司上报的重大事故隐患；对评估为重大等级的隐患，及时上报省公司核定。

（5）负责汇总、统计、分析本单位隐患排查治理情况，每月完成本单位安全隐患排查治理情况报告。

（6）在本单位年度工作会、安全生产工作会、安委会、月度安全分析会上通报、考核隐患排查治理工作开展情况。

（7）负责协调当地政府相关部门或其他行业单位有关隐患排查治理工作，促进全方位开展安全隐患排查治理。

（8）依据委托管理协议，负责委托运行维护的输变电设备的隐患排查治理，对排查出的安全隐患及时报告委托单位。

（9）负责按照“一患一档”的要求建立安全隐患档案。经专业职能部门评估确认为事故隐患和安全事件隐患的，由安全监察部门通过安全管理一体化平台系统向省公司报告。各专业职能部门负责每月将可能导致5级人身事件、4～5级电网和设备事件、6级信息系统事件的一般事故隐患报省公司对口部门审查，同时报本单位安全监察部门。

（10）每年结合本专业内工作实际，针对共性、苗头性、倾向性安全隐患，负责在本单位组织开展不少于3次专项隐患排查，确保专业具有针对性、时令性。对排查出的隐患纳入隐患流程中进行闭环管理。各县公司按照各直属公司专业安排组织开展县公司专项隐患排查。

3.2.3 县公司主要职责。

（1）负责结合安全生产工作，排查、发现本单位的安全隐患。负责安全事件隐患排查治理的闭环管理。

（2）负责安全隐患的预评估定级及档案建立。

（3）根据上级部门安排，负责事故隐患的控制，治理方案编制、实施、验收申请等相关工作。

（4）每月汇总、统计、分析和上报隐患排查治理情况。及时更新隐患信息，在月度安全分析会上，通报、考核本单位安全隐患排查治理工作情况。

（5）配合协调当地政府相关部门或其他行业单位，促进隐患排查治理工作开展。

3.2.4 班组主要职责。

（1）结合设备运维、监测、试验或检修、施工等日常工作排查发现隐患（缺陷）并及时上报。

（2）负责分析、汇总、上报隐患（缺陷）发现及治理情况。在“安全日活动”上，通报隐患（缺陷）排查治理工作情况。

（3）负责落实上级要求，在隐患（缺陷）尚未消除前采取针对性的防范措施。

（4）负责做好本班组隐患（缺陷）公示及动态更新工作。

3.3 各级人员职责。

3.3.1 省公司、直属单位、县公司主要负责人对本单位隐患排查治理工作全面负责。各级单位安全监察部门明确一名专责人，负责安全隐患的汇总、统计、分析、数据库管理、信息报送等工作。

3.3.2 相关专业职能部门明确一名专责人，负责专业范围内安全隐患的统计、分析、信息报送等工作。

3.3.3 班站明确一名联络人，负责班站缺陷及隐患统计、分析、信息报送工作。

4 隐患（缺陷）流程管理

安全隐患排查治理应纳入日常工作中，按照“排查（发现）—

评估报告—治理（控制）—验收销号”的流程（安全隐患排查治理工作流程图见附件1），形成闭环管理。直属单位、各专业应结合日常工作、专项工作和监督检查工作排查、发现安全隐患，明确排查的范围和方式方法，专项工作还应制定排查方案。安全隐患治理应结合电网规划和年度电网建设、技改、大修、专项活动、检修维护等进行，做到责任、措施、资金、期限和应急预案“五落实”。完成治理后，进行验收销号。

4.1 隐患（缺陷）排查方式及范围。

4.1.1 排查方式主要有电网年度和临时运行方式分析；各类安全性评价或安全标准化查评；各级各类安全检查、专项督查；各专业结合年度、阶段性重点工作和“二十四节气表”组织开展的专项隐患排查；设备日常巡视、检修预试、在线监测和状态评估、季节性（节假日）检查；风险辨识或危险源管理；已发生事故、异常、未遂、违章的原因分析，事故案例或安全隐患范例学习等。

4.1.2 排查范围应包括所有与生产经营相关的安全责任体系、管理制度、场所、环境、人员、设备设施和活动等。

4.1.3 排查方案应依据有关安全生产法律、法规或者设计规范、技术标准以及企业的安全生产目标等，确定排查目的、参加人员、排查内容、排查时间、排查安排、排查记录要求等内容。

4.2 隐患（缺陷）信息报送。

4.2.1 安全隐患一经评估确定（安全隐患排查预评估表模板见附件2），隐患所在单位应立即采取控制措施，并结合隐患等级逐级统计、上报，防止事故发生，同时根据隐患具体情况和急迫程度，及时制定治理方案或措施（安全隐患治理方案模板见附件3）。

4.2.2 重大事故隐患和一般事故隐患需逐级统计、上报至国家电网公司总部；安全事件隐患由地市公司级单位统计、上报至省公司级单位，省公司级单位汇总后报国家电网公司总部备案。

4.2.3 省公司评估小组各专业职能部门接直属单位重大隐患报告后（重大电力安全隐患信息报告单模板见附件4），应于3日之内反馈核定意见，并在“安监管理一体化平台”重大事故隐患排查治理档案表录入评估、核定信息。

4.2.4 重大事故隐患应制定治理方案。方案由评估小组各专业职能部门负责或其委托直属单位编制，省公司专业职能部门审查，分管领导批准，在核定隐患后20日内完成编制、审批，并监督、协调治理方案实施，对治理结果进行验收。

4.2.5 事故隐患治理结果验收应在提出申请后10日内完成。验收后填写《重大、一般事故或安全事件隐患排查治理档案表》。重大事故隐患治理应有书面验收报告，并由专业部门定稿后3日内抄送省公司级单位安全监察部门备案，受委托管理设备单位应在定稿后5日内抄送委托单位相关职能部门和安全监察部门备案。

4.2.6 直属单位对发现的隐患应立即进行控制，并进行预评估。评估为一般事故隐患的，7日内报直属单位专业职能部门，经专业评估、主管领导审核、确定。直属单位初步评估为重大事故隐患的，应以电话、传真、电子邮件等形式立即报告省公司专业职能部门和安全监察部门，并于24h内将详细内容报送省公司专业职能部门核定。

4.2.7 一般事故隐患应制定治理方案或措施，由直属单位专业职能部门负责或其委托隐患所在单位编制，直属单位专业职能部门审查，直属单位分管领导批准，在核定隐患后10日内完成。

4.2.8 安全隐患信息报送执行零报告制度。各级单位须如实记录并按时报送。

4.2.9 公司各级专业职能部门应做好沟通协调工作，确保安全隐患排查治理报送数据的统一性。

4.2.10 地市和县公司级单位应运用安全隐患管理信息系统，做到安全隐患“一患一档”，并及时更新“安监管理一体化平台”中相关隐患排查治理信息。

4.2.11 班站联络人每月汇总、整理上月《安全隐患排查初评估表》，由班站长审核签名后上报县公司或直属单位，并落实班组隐患公示制度。

4.2.12 县公司专责人每月根据班站上报的《安全隐患排查初评估表》，完成新增安全隐患档案，向直属单位有关职能部门和安全监察部门上报《安全隐患排查预评估表》。

4.2.13 直属单位专业职能管理部门每月18日前将《安全隐患排查治理专业报表》报省公司对口专业职能部门，同时抄送本单位安全监察部门；将当月新确定的安全隐患、当月完成治理销号的安全隐患以及其他安全隐患治理进展情况，报送本单位安全监察部门。

4.2.14 直属单位安全监察部门每月20日前，通过“安监管理一体化平台”安全隐患报表模块，向省公司安全监察部门报送当月电监办月报表《电力安全隐患排查治理情况月报表》和月度报表《电力行业安全生产事故隐患排查治理情况统计表》。每年6月20日和12月20日前行文报送本单位年度（半年）隐患排查治理工作总结。

4.2.15 省公司专业职能部门每月20日前将当月新确定的安全隐患以及当月完成治理销号的安全隐患档案表、正在治理的安全隐患治理进展情况报省公司安全监察部门。对直属单位专业职能管理部门上报的《安全隐患排查治理专业报表》，3日内回复核定意见，并报省公司安全监察部门。

4.2.16 省公司、直属单位专业职能部门，每年应结合本专业内工作实际，针对共性、苗头性、倾向性安全隐患适时开展专项隐患排查治理，整个专项活动应有计划、方案、总结，并严格按照排查整治进度，线下通过纸质和OA报送各级安全监察部门，线上通过安监一体化平台隐患专项排查模块进行闭环流转，确保专项排查治理工作专业全覆盖。

4.2.17 省公司安全监察部门每月25日前，向上级安全监察部门及地方政府有关部门报送公司《电力安全隐患排查治理情况月报表》和《电力行业安全生产事故隐患排查治理情况统计表》。同时，6月25日、12月25日前，行文报送半年度、年度安全隐患排查治理工作总结。

4.2.18 省公司、直属单位按相关规定对确定的重大事故隐患向地方政府有关部门报告。重大事故隐患的治理方案、验收报告定稿后应在3日内抄送省公司安全监察部门备案。委托管理设备的重大事故隐患的治理方案、验收报告定稿后在5个工作日内抄送国家电网公司及相应分部相关专业职能部门和安全监察部门备案。

4.3 隐患（缺陷）统计分析。

4.3.1 各级安全监察部门对排查出的隐患缺陷数据进行汇总、统计、分析，逐月督办通报，督办隐患缺陷排查—评估—治理—验收—销号的流程闭环管理情况规范执行，监督隐患（缺陷）一体化管理、隐患（缺陷）及防控措施公示执行、“一患一档”建立、隐患缺陷录入安监一体化系统情况，监督“五落实”执行情况。

4.3.2 针对共性、苗头性、倾向性及重复存在的安全隐患，分析存在的问题，为下一步工作提出安全要求或为设备阶段性运维工作提供参考依据。

4.4 隐患（缺陷）动态跟踪及闭环销号。

4.4.1 重大事故隐患应严格执行“两单一表”（安全隐患督办单模板见附件5，安全隐患整改过程管控表模板见附件6，安全隐患整改反馈单模板见附件7），全过程督导跟踪重大事故隐患整改。

4.4.2 未能按期治理消除的重大事故隐患，经重新评估仍确定为重大事故隐患的，应重新进行评估，特殊情况下可办理“安全隐患延期治理申请”手续，须重新制定治理方案，进行整改。对经过治理、危险性确已降低、虽未能彻底消除但重新评估定级降为一般事故隐患的，经省公司核定可划为一般事故隐患进行管理，在重大事故隐患中销号，但省公司要动态跟踪直至彻底消除。

4.4.3 未能按期治理消除的一般事故隐患或安全事件隐患应重新进行评估，同时，由隐患所在单位向原隐患评估小组办理“安全隐患延期治理申请”（安全隐患延期治理申请模板见附件8），5日内，经隐患评估小组核实确认，向隐患所在单位发“安全隐患延期治理申请回复”（安全隐患延期治理申请回复单模板见附件9），依据评估后等级重新填写《重大、一般事故或安全事件隐患排查治理档案表》，重新编号，原有编号消除。

注：本条所述“原有编号消除”，是指事故隐患重新评估、编号后，今后凡是涉及该隐患的文件、报告等均应使用新编号。但旧编号、档案表、一览表中旧隐患相关信息仍应保留、备查。事故隐患的编号、消除、重新编号由安全监察部门统一负责，并通知相关部门和单位。

4.4.4 安全隐患治理验收销号。

隐患治理完成后，隐患所在单位应及时报告有关情况、申请验收（安全隐患治理验收申请模板见附件10，安全隐患治理验收报告模板见附件11）。省公司级单位组织对重大事故隐患治理结果和对由于主网架结构性缺陷，或主设备普遍性问题，以及重要枢纽变电站、跨多个地市公司级单位管辖的重要输电线路处于检修或切改状态造成的安全隐患进行验收，地市公司级单位组织对一般事故隐患治理结果进行验收，县公司级单位或地市公司级单位二级机构组织对安全事件隐患治理结果进行验收。验收后，办理相应的销号手续。

4.5 隐患（缺陷）档案管理。

4.5.1 《国家电网公司安全隐患排查治理管理办法》的附件共有“一图五表”，与正文配合使用。其中“一图”为“安全隐患排查治理工作流程图”，对安全隐患的排查治理工作流程进行直观说明；“五表”分别是“重大事故隐患排查治理档案表”“一般事故隐患排查治理档案表”“安全事件隐患排查治理档案表”（以上3种简称档案表）“安全隐患排查治理一览表”（简称一览表）和“安全隐患排查治理情况月报表”（简称统计表），服务于隐患排查治理全过程管理，做好记录和存档。

4.5.2 档案信息及归档要求。

4.5.2.1 隐患档案应包括隐患简题、隐患来源、隐患内容、隐患编号、隐患所在单位、专业分类、归属职能部门、评估等级、整改期限、整改完成情况等信息。隐患排查治理过程中形成的传真、会议纪要、正式文件、治理方案、验收申请、报告、治理前后照片以及重大事故隐患“两单一表”也应归入隐患档案。上述档案的电子文档应及时录入或上传至安全隐患管理信息系统。

4.5.2.2 档案表、一览表、统计表 均为年度累计汇总表，只要事故隐患出现，无论是否已完成治理，其相关信息都要始终在表中呈现。已完成治理验收的事故隐患在新年度表中不再体现。跨年度的事故隐患在新年度表中仍沿用原编号。

4.5.2.3 对于省公司，涉及主网架、多个地市公司或者全网、全省普遍性问题的事故隐患，无论重大还是一般，都应由省公司填写档案表。这种情况下，档案表中地市公司负责填写的部分由省公司相关职能部门负责。

4.5.2.4 尽管发现事故隐患有多种途径，但无论是本单位自身发现的、上级检查发现的，还是事故暴露出的，都要由隐患所在单位发起评估、定级并填写档案表。

4.5.3 档案表的规范填写。

4.5.3.1 发现。

（1）根据隐患的内容，确定隐患简题；隐患编号按照隐患所在单位分别由省公司、地市公司安全监察部门统一编号；隐患所在单位是所发现隐患治理和防控的责任主体，地市公司填报时该处应填写所在县公司；专业分类按照《国家电网公司安全隐患排查治理管理办法》中第2.1.2条规定的十四类填报。

（2）隐患简题：发现单位、发现时间、隐患简况三要素描述应完整、清晰，存在电压等级关系应填写。

（3）隐患内容：隐患现状应描述完整，且与隐患简题内容一致，后果分析及定性依据应引用最新条款且定性正确。

4.5.3.2 预评估。

（1）可能导致后果：应按照国家最新有关规定和《国家电网公司事故调查规程（2017修正版）》的事故分类填写。

（2）归属职能部门：指按照隐患的专业分类应落实到的专业职能部门。

（3）预评估等级：指工区评估的等级，分一般和重大；预评估负责人由事故隐患所在工区（包括分公司、车间、修试所等）班组长、专工或分管领导担任。

注：两个预评估日期填写应符合国家电网公司要求，一般隐患应在7日内完成预评估，重大隐患应立即完成，两个预评估时间应符合逻辑性。

4.5.3.3 评估。

评估负责人由地市公司专业职能部门（包括发展、人资、运检、调度、营销、基建、农电、信通、保卫等）专责或部门负责人担任。

注：两个评估日期填写应符合国家电网公司要求，一般隐患应在7日内完成评估，重大隐患应3日内完成，两个预评估时间应符合逻辑性。

4.5.3.4 防控措施及隐患治理方案。

（1）防控措施：内容应具有针对性，能有效防止隐患进一步发展，且与隐患简题、隐患内容相呼应。

（2）隐患治理方案：应包括隐患的现状及其产生原因、隐患的危害程度和整改难易程度分析、治理的目标和任务、采取的方法和措施、经费和物资的落实；负责治理的机构和人员、治理的时限和要求；防止隐患进一步发展的安全措施和应急预案等内容。

4.5.3.5 治理验收完成情况

（1）治理（整改）完成情况：应简要描述安全隐患治理的措施以及治理措施效果。

（2）验收申请单位：按照“谁治理、谁负责”的工作原则进行填写。

（3）验收负责人：应由专业职能部门专责或部门负责人担任。验收日期应符合国家电网公司要求，应在治理完成日期10日内进行验收。

4.5.3.6 重大事故隐患填写栏 。

（1）核定：职能部门负责人由省公司专业职能部门的负责人或其委托人担任。

（2）验收：验收组织单位应由省公司专业职能部门组织，验收组长一般由专业职能部门负责人担任。

4.5.4 一览表。

（1）一览表纸制文件应加盖单位公章上报，通过信息系统报送的应写明填报人。

（2）当月未完成治理的事故隐患应简要说明进展情况，对于重大事故隐患应说明截至当月已累计投入多少治理资金。

（3）涉及多个单位、部门的“同一类”事故隐患，各单位、部门分别填报，各自编号。

4.5.5 档案报送。

（1）档案表需报送两次，分别在确定隐患后及隐患治理完成验收后报送。该表按照隐患排查治理“发现—预评估—评估—核定—治理—验收”的管理流程编制，由隐患所在单位负责填写、流转和管理，事故隐患确定评估及核定、验收结束后分别报安全监察部门建档。各部门、所属单位应按照本单位相关规定按时向安全监察部门报送本档案表。

（2）以工区（车间）填写（少数情况下是省或地市专业职能部门填写）的档案表为基础，安全监察部门每月负责汇总，形成一览表和统计表。

（3）为加强督办，省公司安全监察部门要掌握所有重大事故隐患的档案表。正在治理过程中的事故隐患，其进展情况每月要向安全监察部门报送。

（4）每月必须向同级安全监察部门报送档案表和相关进度信息的“专业职能部门、所属单位”由省公司、地市公司结合本单位机构设置及职责分工实际，以本《国家电网公司安全隐患排查治理管理办法》实施细则或其他文件形式做出规定。

4.5.6 档案保存。

一般事故隐患档案表至少2份，事故隐患所在工区（车间）和地市公司安全监察部门各1份。重大事故隐患档案表至少3份，事故隐患所在县公司、地市公司安全监察部门和省公司安全监察部门各1份。

4.5.7 档案质量评价。

4.5.7.1 质量要求：上报隐患档案应规范完善，勿要出现专业覆盖不全，档案信息报送不及时，“一患一档”资料填报不完整，无治理方案，无验收申请，无验收报告，评估定级、定性不准，挂牌督办及过程管控执行不到位，管理不闭环的情况；上级单位检查发现而本单位未查出、存在明显盲区漏洞；查出安全隐患不及时记录、过期补录隐患凑数、未按期整改等情况。

4.5.7.2 评价标准：安全隐患档案质量评价细则见附件12。

5 隐患（缺陷）公示管理

5.1 职责和流程。

5.1.1 省公司系统所有班组排查发现所管理设备设施的安全隐患（缺陷）必须进行公示，做到安全隐患人人皆知，促进安全隐患有效防控和治理。

5.1.2 各班组（站、所）长是班组安全隐患（缺陷）公示工作的主要责任人。班组必须结合日常巡视、专业化巡检、春秋季安全大检查、专项检查、检修预试、安全性评价、安全生产标准化达标、年度及阶段安全分析等手段，全面、全方位排查发现安全管理、人员行为以及所运行维护、检测、检修试验的电网、设备及辅助设施的安全隐患、缺陷和装置性违章等，并依据隐患分类提出初步评估意见。

5.1.3 公司系统各直属单位管理部门和县公司负责对班组层级上报的隐患（缺陷）依据《国家电网公司安全隐患排查治理管理办法》逐条进行评估、定性和分级，明确治理计划和风险防控措施，并按照规定时限（评估后3日内）反馈到隐患所在单位和隐患治理单位的班组。提出的计划和措施必须按照“八定”要求，落实到具体的运维、检修等负责管理的单位班组或具体责任人。

5.2 公示内容。

5.2.1 班组接到反馈的隐患数据后，隐患所在单位（隐患治理单位）班组要对所管理的设备（设施）安全隐患、控制措施和治理计划按照规定表格（安全隐患公示表模板见附件13）进行汇总。同时结合职责范围将本班组隐患进一步进行细化责任、明确分工，落实到具体的人员，规定运维监测周期、明确具体措施和要求。若安全隐患在未彻底治理完成前，采取的控制措施涉及多个县公司级单位班组时，各班组只需制定并落实适用于本班组的组织管理、作业方法、设备技术等方面的安全防控措施，确保现场执行责任落实到位。

5.2.2 班组安全隐患（缺陷）公示表公布在班组公示栏内，班组人员应熟悉和掌握本班组公示栏中的每一条隐患（缺陷）状态及控制措施，公示的控制措施应结合设备设施实际管控动态变化而变化。并将其作为本班组安全日活动、运行分析学习讨论的主要内容，共同分析安全隐患的发展变化，讨论控制措施的有效性和针对性，确保全员知晓掌握控制策略。

5.2.3 班组若发现运维监测的安全隐患有发展变化，要及时向上级有关部门汇报，采取有效的应急措施，确保安全隐患不演变为安全事故。班组人员在履行监督、治理职责的同时，提醒到岗到位的领导和管理人员避免工作遗漏和管理弱化，反向促进上级管理部门加强隐患治理工作，优先纳入大修、技改、检修预试等工程项目，持续推进隐患按照计划进行治理。

5.3 数据更新。

公司系统班组隐患联络员必须结合月度安全隐患评估工作，每月于25日前完成本班组现有的安全隐患数据更新，更新后的数据信息必须与隐患实际治理进度保持一致。如遇Ⅰ、Ⅱ重大事故隐患应在省公司核定后的3日内完成安全隐患公示表的更新工作。班组未设置隐患联络员的由班组长指定专人负责各项工作。

5.4 监督考核。

公司系统各级安全监察部门负责安全隐患公示工作的监督、

检查和考核工作。通过日常检查、季节性检查、飞行检查及专项检查等方式督导班组安全隐患（缺陷）公示表执行，对不按照要求或完成质量不高的班组提出通报考核。各直属单位、县公司应结合班组建设、日常管理做好督促指导工作。

5.5 其他。

班组公示栏内只保留当月安全隐患（缺陷）公示表，其余月份妥善留存电子版及纸质版资料，保存期一年，年度内有效。

6 隐患（缺陷）的督办奖励机制

6.1 挂牌督办机制。

6.1.1 隐患排查治理工作执行上级对下级监督，同级间安全生产监督体系对安全生产保证体系进行监督的督办机制。

6.1.2 安全隐患实行逐级挂牌督办制度。省公司级单位对重大事故隐患实施挂牌督办；地市公司级单位对一般事故隐患实施挂牌督办；县公司级单位及地市公司级单位其他二级机构对安全事件隐患实施挂牌督办，指定专人管理、督促整改。

6.1.3 省公司、地市公司和县公司级单位安全监察部门根据掌握的隐患信息情况，以《安全监督通知书》形式进行督办。定期对隐患排查治理情况进行检查并及时通报。

6.1.4 省公司安全监察部门对直属单位挂牌督办的重大事故隐患进行督查，严格执行“两单一表”，全过程督查跟踪重大事故隐患治理情况。

6.2 安全监督网例会通报分析机制。

充分利用安全监督网例会，对安全隐患挂牌督办工作进行通报分析；每月（一般为每月最后一周内）召开隐患缺陷排查治理工作例会或结合月度安全生产例会召开，听取相关职能管理部门、专业隐患缺陷排查治理工作开展情况，落实防止隐患缺陷演变成事故的管控措施，研究协调解决隐患缺陷排查治理责任、措施、资金、期限和应急预案“五落实”问题，部署下阶段隐患缺陷排查治理工作计划，对各专业隐患缺陷排查治理工作提出考核意见，并形成会议纪要下发执行（国网××公司安全隐患排查治理专题会议纪要模板见附件 14）。

6.3 奖励机制。

6.3.1 考核原则。

（1）奖罚结合原则。对及时发现和消除重大事故隐患或带有普遍性的安全隐患避免事故或工作成绩突出的单位、部门（班组）、个人给予表扬或奖励；对隐患的产生以及排查治理工作不到位负有责任的，予以处罚。对隐患排查工作组织开展不到位而导致安全事故发生的，从严考核。

（2）分级考核原则。省公司对本部专业职能管理部门及地市级所属各单位进行考核，地市公司级单位对其专业职能管理部门及所属各县公司、班组进行考核。

（3）全面覆盖原则。公司系统所有专业均按照职责分工负责的要求，对电网运行及二次系统、输电、变电、配电、发电、电网规划、电力建设、信息通信、环境保护、交通、消防、安全保卫、后勤和其他共 14 大类开展隐患排查治理工作。确保考核对象覆盖隐患产生以及排查治理工作全过程涉及的所有单位、部门、班组、岗位，包含设备、物资等供应商以及施工、调试、监理等服务商。

6.3.2 考核重点。

（1）对以下情况作出突出贡献的，予以奖励。

1）及时排查治理Ⅰ、Ⅱ级重大事故隐患；

2）及时排查治理家族性、全局性的设备隐患；

3）及时排查治理制度、规程、标准缺失或存在错误、流程不畅等管理性隐患；

4）及时排查治理常规方法（手段）不易发现的隐蔽性隐患；

5）总结推广适用面广、实用性强的隐患排查治理经验。

对以上5项内容作为安全隐患排查治理工作评价指数激励系数加分项。

（2）对被上级单位或本单位安全监察部门组织的安全检查、抽查、督查发现的以下情况负有责任的，予以处罚。

1）没有及时落实相关技术标准、反事故措施等要求而形成的隐患；

2）施工、调试或大修技改、检修试验遗留的隐患；

3）在日常巡视维护、运行方式分析、安全性评价、监理活动等应发现而未发现的隐患；

4）上级单位或专业部门要求排查的专项隐患、家族性隐患，本单位或专业部门存在但没有排查出的隐患；

5）经多次专项排查后仍重复出现的同类隐患（不含外部不可控环境因素造成的隐患）；

6）未将治理责任落实到单位、部门、班组、岗位的隐患；

7）无故不安排项目（不落实资金）治理的隐患；

8）未按计划完成治理的隐患；

9）因管控原因导致隐患级别升级或引发安全事件的隐患；

10）多次治理仍未根治的同一隐患（不含外部不可控环境因素造成的隐患）；

11）未执行“两单一表”管控的重大隐患；

12）没纳入安监一体化平台进行管控的隐患；

13）安监一体化平台隐患库中记录的隐患排查治理闭环管控情况与实际情况严重不符的隐患。

6.3.3 考核指标。

6.3.3.1 考核指标如下：

（1）隐患排查治理的对标考核指标（安全隐患排查治理工作评价考核指数评分表见附件15）。

（2）安全质量管理工作评价（安全隐患排查治理部分）。

（3）安全隐患档案质量评价。

注：以上三项作为指标考核范畴之内。

6.3.3.2 指标组成内容。

（1）指标定义：采用定量和定性相结合的方式，对隐患排查治理工作的排查覆盖率、排查频率、排查完成率、整改完成率、有效率、档案质量六个方面进行评价。

（2）计算公式：安全隐患排查治理工作评价指数$=C+F+P+G+E+A=(0.06\times C_1/C_2+0.04\times C_3/C_4)+0.1\times F_1/F_2+0.1\times P_1/P_2+0.1\times G_1/G_2+0.2\times E+0.4\times A$。

其中：各项系数名称和权重分别为：C覆盖率（10%），F排查频率（10%），P排查完成率（10%），G整改完成率（10%）、E有效率（20%）、A档案质量评价（40%）。

1）C为排查覆盖率：C_1为实际开展专业数量之和，C_2为应开展专业数，C_3为实际开展的地市和县级公司单位数量之和，C_4为应开展的地市和县公司级单位数量之和。

2）F为排查频率：F_1为排查工作开展次数，F_2为排查工作开展基数。

3）P为排查完成率：P_1为实际排查一般和重大事故隐患总

数，P_2 为排查隐患基数。

4）G 为整改完成率：G_1 为累计完成治理的安全隐患总数，G_2 为累计排查发现的安全隐患总数。

5）E 为有效率：①预防事故有效性。对经事故分析认定或事故原因追溯上级认定存在应排查而未排查出隐患导致事故，以及瞒报安全隐患或工作不力延误消除隐患导致事故的，依据事故后果按以下计算：发生人身死亡事故的评价为末段位；发生1～3级电网或设备事件本项全扣；发生4级电网或设备事件扣本项80%；发生5级电网或设备事件扣本项60%；发生6级电网或设备事件扣本项40%；发生7级电网或设备事件扣本项10%。②类比排查治理有效性。未吸取事故教训（含本单位发生的、公司总分部或省公司通报的）开展针对性隐患排查治理，导致同类事故重复发生者，评价为末段位。③报送信息有效性。公司组织抽查，每发现1项以下不合要求的扣本项1%："一患一档"资料填报不完整，评估定级明显不准，过程管理不闭环，挂牌督办不到位，存在明显盲区漏洞，查出安全隐患超过1个月后补录隐患数据库，查出的隐患缺陷未及时录入安监一体化的。④专业排查有效性。各专业部门落实隐患排查主体责任，从专业和专家角度，结合专业精益化管理，有针对性地、经常性地组织开展本专业深度隐患排查，并取得明显效果。发现一个地市供电公司一个专业年度内排查不出隐患则扣本项得分5%，以此类推。此部分为扣分项，即发现以上情况后，在20分的基准分上依次扣减，扣完为止。

6）A 为档案质量评价，每月由省公司组织专家在隐患数据库中抽取各单位隐患档案进行评价，对隐患填报的规范性、逻辑性和真实性进行审核，对审核结果进行打分。每完成1项重大事故隐患整改，且经过档案质量审核无误后，档案质量 A 得分提升2%。

6.3.4 考核方式。

（1）省公司对本部专业职能管理部门考核。将同业对标指标分解到各专业职能管理部门，每个专业每年至少开展两次专项隐患排查，必须有计划、方案、总结。

（2）省公司对地市级单位考核，采取隐患排查治理对标指标、安全质量管理工作评价（安全隐患排查治理部分）、安全隐患档案质量评价细则考核以及通报、约谈等方式。

（3）地市级单位对其专业职能管理部门及所属各县公司、工区、班组进行考核，采取隐患排查治理对标指标任务完成情况、安全质量管理工作评价（安全隐患排查治理部分）相关工作任务完成情况考核以及通报、约谈等方式。

（4）对岗位人员考核，可采取各类评优（先）条件以及通报、奖罚等方式。

（5）对设备、物资等供应商以及施工、调试、监理等服务商考核，可采取约谈、罚款、通报、列入负面清单、限制采购等方式，在有关合同及安全协议中进行明确，并依照合同及安全协议进行处罚。

6.3.5 考核实施。

6.3.5.1 隐患排查治理考核由公司安全监察部门负责考核并提出考评意见，适用于公司本部负责隐患排查治理专业职能管理部门和直属各单位。

6.3.5.2 隐患排查治理的对标考核指标，每季度对标1次，只评价本季度的工作，一年4次，年度对标以每季度对标结果作为依据进行综合评价。

6.3.5.3 安全质量管理工作评价（安全隐患排查治理部分），每月评价1次，只评价本月的工作；年度评价以每月评价结果作为依据。

6.3.5.4 对于年度评价指标得分在95分以上且排名在前3位的单位，进行年度奖励；对评价指标排名在最后3位且得分在80分以下的单位，则进行年度处罚。

6.3.5.5 对及时发现并消除重大事故隐患，发现带有普遍性的难点、重点的安全隐患，由基层单位提供证明材料，经安全监察部门会同专业部门联合认定后，按照规定给予奖励。

7 安全隐患（缺陷）排查治理工作档案及专业范例

安全隐患（缺陷）档案表填写须知见附件16。

7.1 输电线路运行

7.1.1 违章施工

一般隐患排查治理档案表（1）

2016年度　　　　　　　　　　　　　　　　　　　　　　　　　　　　国网××供电公司

发现	隐患简题	国网××供电公司2月5日110kV××线路25～26号通道内存在违章搭设跨越架的安全隐患			隐患来源	日常巡视	隐患原因	电力安全隐患
	隐患编号	国网××供电公司2016××××	隐患所在单位	输电运检室	专业分类	输电	详细分类	违章施工
	发现人	×××	发现人单位	输电运检班	发现日期	2016-2-5		
	“事故隐患内容”	2月5日运维人员在巡视中发现，××施工单位330kV线路工程放紧线施工，在未向线路运行主管部门履行报批手续情况下，在110kV××线路25～26号通道内违章搭设跨越架，存在影响在运带电线路的安全运行。违反《国家电网公司电力安全工作规程（线路部分）》9.4.2规定：“交叉跨越各种线路、铁路、公路、河流等放、撤线时，应先取得主管部门同意，做好安全措施，如搭好可靠的跨越架、封航、封路、在路口设专人持信号旗看守等。”依据《国家电网公司安全事故调查规程（2017修正版）》2.3.7.2（2）：“35kV以上输变电设备被迫停运，时间超过24h”，构成七级设备事件						
	可能导致后果	七级设备事件			归属职能部门	运维检修		
预评估	预评估等级	一般隐患	预评估负责人签名	×××	预评估负责人签名日期	2016-2-5		
			运维室领导审核签名	×××	工区领导审核签名日期	2016-2-5		
评估	评估等级	一般隐患	评估负责人签名	×××	评估负责人签名日期	2016-2-5		
			评估领导审核签名	×××	评估领导审核签名日期	2016-2-5		
治理	治理责任单位	输电运检室		治理责任人	×××			
	治理期限	自	2016-2-5	至	2016-3-25			
	是否计划项目	否	是否完成计划外备案		是	计划编号		
	防控措施	（1）现场向施工单位下达《安全隐患告知书》，责令施工单位立即停止违章施工，同时报送该施工单位项目管理部门处理。 （2）严格履行施工跨越报批手续。 （3）线路运维单位安排人员蹲守，实时监控						
	治理完成情况	2月9日，××施工单位向线路主管部门履行了报批手续，线路重合闸退出；2月10日施工跨越工作结束，整个跨越过程，线路运维单位人员全过程监督，确保了下方在运带电线路的安全运行。现申请对该隐患治理完成情况进行验收						
	隐患治理计划资金（万元）		0.00		累计落实隐患治理资金（万元）		0.00	
验收	验收申请单位	输电运检室	负责人	×××	签字日期	2016-2-10		
	验收组织单位	运维检修部						
	验收意见	2月10日，经运维检修部对国网××供电公司2016××××号隐患进行现场验收，治理完成情况属实，整个施工跨越过程规范，下方在运带电线路未发生异常，该隐患已消除						
	结论	验收合格，治理措施已按要求实施，同意注销			是否消除	是		
	验收组长	×××			验收日期	2016-2-10		

一般隐患排查治理档案表（2）

2016年度　　　　国网××供电公司

<table>
<tr><td rowspan="5">发现</td><td>隐患简题</td><td colspan="3">国网××供电公司2月5日110kV××线22～23号通道下方砂石厂堆放砂石料存在线距安全隐患</td><td>隐患来源</td><td>日常巡视</td><td>隐患原因</td><td>人身安全隐患</td></tr>
<tr><td>隐患编号</td><td>国网××供电公司2016××××</td><td>隐患所在单位</td><td>输电运检室</td><td>专业分类</td><td>输电</td><td>详细分类</td><td>违章施工</td></tr>
<tr><td>发现人</td><td>×××</td><td>发现人单位</td><td>输电运检班</td><td>发现日期</td><td colspan="3">2016-2-5</td></tr>
<tr><td>事故隐患内容</td><td colspan="7">110kV××线22～23号通道内××砂石厂堆放砂石料，现导线距通道下方堆放的砂石料垂直距离不足5m，存在砂石厂装卸车辆机械穿越时导线放电的安全隐患。不符合《架空输电线路运行规程》（DL/T 741—2010）表A.1规定："66kV～110kV架空输电线路在最大计算弧垂时对地面非居民区的最小距离6.0m"；违反《陕西省电力设施和电能保护条例》第二章十八条规定："电力企业发现在电力设施保护区内修建危及电力设施安全的建筑物、构筑物以及其他危及电力设施安全行为的，有权要求当事人停止作业、恢复原状、消除危险，并报电力行政主管部门依法处理。"若因砂石装卸车辆机械穿越碰线或放电造成线路跳闸或被迫停运，依据《国家电网公司安全事故调查规程（2017修正版）》2.3.7.2（2）："35kV以上输变电主设备被迫停运，时间超过24h"，构成七级设备事件</td></tr>
<tr><td>可能导致后果</td><td colspan="3">一般事故隐患</td><td>归属职能部门</td><td colspan="3">运维检修</td></tr>
<tr><td rowspan="2">预评估</td><td rowspan="2">预评估等级</td><td rowspan="2">一般隐患</td><td>预评估负责人签名</td><td>×××</td><td>预评估负责人签名日期</td><td colspan="3">2016-2-5</td></tr>
<tr><td>运维室领导审核签名</td><td>×××</td><td>工区领导审核签名日期</td><td colspan="3">2016-2-5</td></tr>
<tr><td rowspan="2">评估</td><td rowspan="2">评估等级</td><td rowspan="2">一般隐患</td><td>评估负责人签名</td><td>×××</td><td>评估负责人签名日期</td><td colspan="3">2016-2-6</td></tr>
<tr><td>评估领导审核签名</td><td>×××</td><td>评估领导审核签名日期</td><td colspan="3">2016-2-7</td></tr>
<tr><td rowspan="6">治理</td><td>治理责任单位</td><td colspan="2">输电运检班</td><td>治理责任人</td><td colspan="4">×××</td></tr>
<tr><td>治理期限</td><td>自</td><td>2016-2-5</td><td>至</td><td colspan="4">2016-3-30</td></tr>
<tr><td>是否计划项目</td><td>是</td><td colspan="2">是否完成计划外备案</td><td></td><td>计划编号</td><td colspan="2">××××××</td></tr>
<tr><td>防控措施</td><td colspan="7">（1）向××砂石厂下达《安全隐患告知书》及《近电作业须知》；为防止砂石装卸车辆机械穿越，与其签订《电力设施安全保护协议书》，责令其立即清理通道下方堆放的砂石料。
（2）在22～23号通道内砂石装卸车入口处设立流动机械限高标示杆</td></tr>
<tr><td>治理完成情况</td><td colspan="7">2月14日，运维人员在22～23号通道内砂石装卸车入口处，设立流动机械限高标示杆；同时在运维人员的监督下，××砂石厂将22～23号通道内堆放的砂石料清理完毕，满足线路安全运行要求。现申请对该隐患治理完成情况进行验收</td></tr>
<tr><td colspan="2">隐患治理计划资金（万元）</td><td colspan="2">0.04</td><td colspan="2">累计落实隐患治理资金（万元）</td><td colspan="2">0.04</td></tr>
<tr><td rowspan="5">验收</td><td>验收申请单位</td><td>输电运维班</td><td>负责人</td><td>×××</td><td>签字日期</td><td colspan="3">2016-2-14</td></tr>
<tr><td>验收组织单位</td><td colspan="7">输电运检室</td></tr>
<tr><td>验收意见</td><td colspan="7">2月14日，经输电运检室对国网××供电公司2016××××号隐患进行现场验收，治理完成情况属实，满足安全（生产）运行要求，该隐患已消除</td></tr>
<tr><td>结论</td><td colspan="3">验收合格，治理措施已按要求实施，同意注销</td><td>是否消除</td><td colspan="3">是</td></tr>
<tr><td>验收组长</td><td colspan="3">×××</td><td>验收日期</td><td colspan="3">2016-2-14</td></tr>
</table>

一般隐患排查治理档案表（3）

2016年度　　　　　　　　　　　　　　　　　　　　　　　　　　　　　　　　　　国网××检修公司

<table>
<tr><td rowspan="5">发现</td><td>隐患简题</td><td colspan="3">国网××检修公司10月8日330kV ××线262号铁塔保护区内存在砖厂违章取土的安全隐患</td><td>隐患来源</td><td>日常巡视</td><td>隐患原因</td><td>电力安全隐患</td></tr>
<tr><td>隐患编号</td><td>国网××检修公司2016××××</td><td>隐患所在单位</td><td>××运维分部</td><td>专业分类</td><td>输电</td><td>详细分类</td><td>违章施工</td></tr>
<tr><td>发现人</td><td>×××</td><td>发现人单位</td><td>××线路班</td><td>发现日期</td><td colspan="3">2016-10-8</td></tr>
<tr><td>事故隐患内容</td><td colspan="7">330kV ××线路262号铁塔25m处砖厂违章取土，其中最近处取土范围已进入线路保护区，现距262号塔腿约13m，造成铁塔基面与开挖地面形成0.5m的高差，存在倒塔断线的安全隐患。违反《电力保护条例及实施细则》第十四条（八）项规定：“任何单位或个人，不得在杆塔、拉线基础的规定范围内取土、打桩、钻探、开挖或倾倒酸、碱、盐及其他有害化学物品。”依据《国家电网公司安全事故调查规程（2017修正版）》2.3.6.2（6）：“220kV以上500kV以下输电线路倒塔”，构成六级设备事件</td></tr>
<tr><td>可能导致后果</td><td colspan="3">六级设备事件</td><td>归属职能部门</td><td colspan="3">运维检修</td></tr>
<tr><td rowspan="2">预评估</td><td rowspan="2">预评估等级</td><td rowspan="2">一般隐患</td><td>预评估负责人签名</td><td>×××</td><td>预评估负责人签名日期</td><td colspan="3">2016-10-8</td></tr>
<tr><td>工区领导审核签名</td><td>×××</td><td>工区领导审核签名日期</td><td colspan="3">2016-10-8</td></tr>
<tr><td rowspan="2">评估</td><td rowspan="2">评估等级</td><td rowspan="2">一般隐患</td><td>评估负责人签名</td><td>×××</td><td>评估负责人签名日期</td><td colspan="3">2016-10-9</td></tr>
<tr><td>评估领导审核签名</td><td>×××</td><td>评估领导审核签名日期</td><td colspan="3">2016-10-9</td></tr>
<tr><td rowspan="7">治理</td><td>治理责任单位</td><td colspan="2">××运维分部</td><td>治理责任人</td><td colspan="4">×××</td></tr>
<tr><td>治理期限</td><td>自</td><td>2016-10-8</td><td>至</td><td colspan="4">2016-11-20</td></tr>
<tr><td>是否计划项目</td><td>是</td><td colspan="2">是否完成计划外备案</td><td></td><td>计划编号</td><td colspan="2">××××××</td></tr>
<tr><td>防控措施</td><td colspan="7">（1）向违章施工业主下达《安全隐患告知书》，责令立即停止违章作业，并在262号铁塔悬挂“禁止取土”安全警示牌。
（2）对通道内野蛮施工取土，拒不听劝阻者，启动防外破生产联动机制，对违章施工业主采取停电措施，防止出现倒塔断线及人身意外伤害事件。同时将该违章施工隐患向政府安全监察部门进行报备，申请联合执法。
（3）运维人员每两周特巡一次，观察262号铁塔保护区内是否仍存在取土现象，铁基是否存在塌陷现象。
（4）对周边集镇、厂矿开展电力设施保护宣传，杜绝违章取土行为</td></tr>
<tr><td>治理完成情况</td><td colspan="7">10月13日，××运维分部通过各项审批手续，向取土施工方发送《安全隐患告知书》，并向当地政府安监局上报备案；10月20日，经公司和当地政府安全监察部门协调，砖厂停止取土，同时对挖空区域进行回填夯实，满足线路安全运行要求。现申请对该隐患治理完成情况进行验收</td></tr>
<tr><td colspan="2">隐患治理计划资金（万元）</td><td colspan="2">0.00</td><td colspan="2">累计落实隐患治理资金（万元）</td><td colspan="2">0.00</td></tr>
<tr><td rowspan="5">验收</td><td>验收申请单位</td><td>××运维分部</td><td>负责人</td><td>×××</td><td>签字日期</td><td colspan="3">2016-10-20</td></tr>
<tr><td>验收组织单位</td><td colspan="7">运维检修部</td></tr>
<tr><td>验收意见</td><td colspan="7">10月21日，经运维检修部对国网××检修公司2016××××号隐患进行现场验收，治理完成情况属实，满足安全（生产）运行要求，该隐患已消除</td></tr>
<tr><td>结论</td><td colspan="3">验收合格，治理措施已按要求实施，同意注销</td><td>是否消除</td><td colspan="3">是</td></tr>
<tr><td>验收组长</td><td colspan="3">×××</td><td>验收日期</td><td colspan="3">2016-10-21</td></tr>
</table>

7.1.2 违章建筑

一般隐患排查治理档案表

2016年度

国网××供电公司

<table>
<tr><td rowspan="5">发现</td><td>隐患简题</td><td colspan="3">国网××供电公司2月5日110kV××线23～24号保护区内××砖厂新建临时厂房的安全隐患</td><td>隐患来源</td><td>日常巡视</td><td>隐患原因</td><td>电力安全隐患</td></tr>
<tr><td>隐患编号</td><td>国网××供电公司2016××××</td><td>隐患所在单位</td><td>输电运检室</td><td>专业分类</td><td>输电</td><td>详细分类</td><td>违章建筑</td></tr>
<tr><td>发现人</td><td>×××</td><td>发现人单位</td><td>输电运检班</td><td>发现日期</td><td colspan="3">2016-2-5</td></tr>
<tr><td>事故隐患内容</td><td colspan="7">110kV××线23～24号保护区内××砖厂新建临时厂房，目前正修建到一层，其最近处距离A相导线水平距离8m、垂直距离6m，大风天气下存在房顶彩钢板刮起碰触或搭落导线上的安全隐患。违反《电力设施保护条例》第三章十五条（三）规定：“任何单位和个人在架空电力线路保护区内不得兴建建筑物、构筑物。”依据《国家电网公司安全事故调查规程（2017修正版）》2.2.7.1：“35kV以上输变电设备异常运行或被迫停止运行并造成减供负荷者”，构成七级电网事件</td></tr>
<tr><td>可能导致后果</td><td colspan="3">七级电网事件</td><td>归属职能部门</td><td colspan="3">运维检修</td></tr>
<tr><td rowspan="2">预评估</td><td rowspan="2">预评估等级</td><td rowspan="2">一般隐患</td><td>预评估负责人签名</td><td>×××</td><td>预评估负责人签名日期</td><td colspan="3">2016-2-5</td></tr>
<tr><td>运维室领导审核签名</td><td>×××</td><td>工区领导审核签名日期</td><td colspan="3">2016-2-5</td></tr>
<tr><td rowspan="2">评估</td><td rowspan="2">评估等级</td><td rowspan="2">一般隐患</td><td>评估负责人签名</td><td>×××</td><td>评估负责人签名日期</td><td colspan="3">2016-2-5</td></tr>
<tr><td>评估领导审核签名</td><td>×××</td><td>评估领导审核签名日期</td><td colspan="3">2016-2-5</td></tr>
<tr><td rowspan="6">治理</td><td>治理责任单位</td><td colspan="2">输电运检室</td><td>治理责任人</td><td colspan="4">×××</td></tr>
<tr><td>治理期限</td><td>自</td><td>2016-2-5</td><td>至</td><td colspan="4">2016-3-30</td></tr>
<tr><td>是否计划项目</td><td>是</td><td colspan="2">是否完成计划外备案</td><td></td><td>计划编号</td><td colspan="2">××××××</td></tr>
<tr><td>防控措施</td><td colspan="7">（1）立即向违建户下达《安全隐患告知书》，责令其立即停工，对违建厂房进行拆除，对不听劝阻，继续野蛮施工，立即对其停止供电，同时做好实时蹲守的准备。
（2）向当地政府安全监察部门上报备案，协助对违建厂房进行拆除，期间做好对屋顶彩钢板固定措施，防止大风天气造成彩钢板刮落或碰触带电导线。
（3）组织对线路走径周边集镇、厂矿、学校及群众开展电力设施保护宣传，密切注意线路沿线城乡建设环境发展状况，对重要施工地段铁塔上装设安全警示标识</td></tr>
<tr><td>治理完成情况</td><td colspan="7">2月5日当日，在运维人员的监督下，××砖厂对违建厂房屋顶彩钢板进行了加固；2月6～12日，运维人员每日轮班蹲守，防止其继续违章搭建，期间积极协调，同时向当地安监局上报备案，申请安监执法；2月13日会同当地安监局执法大队开展联合执法，现场在运维人员的监督下，××砖厂拆除了临时厂房，满足线路安全运行要求。现申请对该隐患治理完成情况进行验收</td></tr>
<tr><td colspan="2">隐患治理计划资金（万元）</td><td colspan="2">0.00</td><td colspan="2">累计落实隐患治理资金（万元）</td><td colspan="2">0.00</td></tr>
<tr><td rowspan="5">验收</td><td>验收申请单位</td><td>输电运检室</td><td>负责人</td><td>×××</td><td>签字日期</td><td colspan="3">2016-2-13</td></tr>
<tr><td>验收组织单位</td><td colspan="7">运维检修部</td></tr>
<tr><td>验收意见</td><td colspan="7">2月13日，经运维检修部对国网××供电公司2016××××号隐患进行现场验收，治理完成情况属实，满足安全（生产）运行要求，该隐患已消除</td></tr>
<tr><td>结论</td><td colspan="3">验收合格，治理措施已按要求实施，同意注销</td><td>是否消除</td><td colspan="3">是</td></tr>
<tr><td>验收组长</td><td colspan="3">×××</td><td>验收日期</td><td colspan="3">2016-2-13</td></tr>
</table>

7.1.3 树线矛盾

一般隐患排查治理档案表

2016 年度　　　　　　　　　　　　　　　　　　　　　　　　　　　　　　国网××供电公司

发现	隐患简题	国网××供电公司 4 月 5 日 35kV ××线 23～28 号通道内存在树线距离不足的安全隐患			隐患来源	日常巡视	隐患原因	电力安全隐患
	隐患编号	国网××供电公司 2016××××	隐患所在单位	输电运检室	专业分类	输电	详细分类	树线矛盾
	发现人	×××	发现人单位	输电运检班	发现日期	2016-4-5		
	事故隐患内容	35kV ××线 23～28 号走径途径景区生态林。其通道内计有 100 余棵松树距离上方导线最小垂直距离约 3.5m，存在树线距离不足的安全隐患。不符合《架空输电线路运行规程》（DL/T 741—2010）表 A.6 规定："35kV 线路最大弧垂时导线与树木之间的最小垂直距离 4m。若不及时修剪或砍伐，遇雷雨大风天气下树木摆动，极易引发山火及线路故障跳闸的安全隐患。"依据《国家电网公司安全事故调查规程（2017 修正版）》2.3.7.2（2）："35kV 以上输变电主设备被迫停运，时间超过 24h"，构成七级设备事件						
	可能导致后果	七级设备事件			归属职能部门	运维检修		
预评估	预评估等级	一般隐患	预评估负责人签名	×××	预评估负责人签名日期	2016-4-5		
			运维室领导审核签名	×××	工区领导审核签名日期	2016-4-5		
评估	评估等级	一般隐患	评估负责人签名	×××	评估负责人签名日期	2016-4-6		
			评估领导审核签名	×××	评估领导审核签名日期	2016-4-7		
治理	治理责任单位	输电运检班		治理责任人	×××			
	治理期限	自	2016-4-5	至	2016-5-30			
	是否计划项目	是	是否完成计划外备案			计划编号	××××××	
	防控措施	（1）立即砍伐距离导线特别近的树木，必要时停电砍伐，在砍伐或修剪过程，必须设置专职监护人，时刻注意树木距离导线的安全距离以及树木或树枝牵引倒落方向。 （2）常规每半月巡视一次，大风天气实施特巡，及时掌握不同树种的增长速度，记录树木与导线最小净空距离变化趋势。 （3）开展电力设施保护宣传，与林业部门沟通协商，履行相关砍伐手续，对 23～28 号走径林区内危及线路安全的树木进行砍伐、修剪，必须确保满足规程中足够的安全距离						
	治理完成情况	5 月 2 日，对 35kV ××线 23～28 号通道内 30 余棵松树进行了砍伐、70 余棵进行了修剪，现导线对下方林区树木最小垂直距离为 6.5m，满足线路安全运行要求。现申请对该隐患治理完成情况进行验收						
	隐患治理计划资金（万元）		1.00		累计落实隐患治理资金（万元）		1.00	
验收	验收申请单位	输电运检班	负责人	×××	签字日期	2016-5-2		
	验收组织单位	输电运检室						
	验收意见	5 月 2 日，经输电运检室对国网××供电公司 2016××××号隐患进行现场验收，治理完成情况属实，满足安全（生产）运行要求，该隐患已消除						
	结论	验收合格，治理措施已按要求实施，同意注销			是否消除	是		
	验收组长	×××			验收日期	2016-5-2		

7.1.4 线路走廊周边异物

一般隐患排查治理档案表（1）

2016年度　　　　　　　　　　　　　　　　　　　　　　　　　　　　　　　　　　　　国网××检修公司

<table>
<tr><td rowspan="5">发现</td><td>隐患简题</td><td colspan="3">国网××检修公司2月5日330kV××线17～23号走廊周边堆放异物存在异物搭挂的安全隐患</td><td>隐患来源</td><td>日常巡视</td><td>隐患原因</td><td>电力安全隐患</td></tr>
<tr><td>隐患编号</td><td>国网××检修公司2016××××</td><td>隐患所在单位</td><td>××运维分部</td><td>专业分类</td><td>输电</td><td>详细分类</td><td>线路走廊周边异物</td></tr>
<tr><td>发现人</td><td>×××</td><td>发现人单位</td><td>线路运维班</td><td>发现日期</td><td colspan="3">2016-2-5</td></tr>
<tr><td>事故隐患内容</td><td colspan="7">330kV××线17～23号保护区周边临近塑料大棚蔬菜示范区，保护区内及周边存在随意堆放和废弃的大棚塑料薄膜，且部分塑料大棚固定不可靠，若发生大风，可能会将塑料薄膜吹至导线上，存在导线短路跳闸的安全隐患。违反《架空输电线路运行规程》（DL/T 741—2010）表5规定："有危及线路安全的漂浮物。"依据《国家电网公司安全事故调查规程（2017修正版）》2.3.7.2（2）："35kV以上输变电设备被迫停运，时间超过24h"，可能构成七级设备事件</td></tr>
<tr><td>可能导致后果</td><td colspan="3">七级设备事件</td><td>归属职能部门</td><td colspan="3">运维检修</td></tr>
<tr><td rowspan="2">预评估</td><td rowspan="2">预评估等级</td><td rowspan="2">一般隐患</td><td>预评估负责人签名</td><td>×××</td><td>预评估负责人签名日期</td><td colspan="3">2016-2-5</td></tr>
<tr><td>运维室领导审核签名</td><td>×××</td><td>工区领导审核签名日期</td><td colspan="3">2016-2-5</td></tr>
<tr><td rowspan="2">评估</td><td rowspan="2">评估等级</td><td rowspan="2">一般隐患</td><td>评估负责人签名</td><td>×××</td><td>评估负责人签名日期</td><td colspan="3">2016-2-6</td></tr>
<tr><td>评估领导审核签名</td><td>×××</td><td>评估领导审核签名日期</td><td colspan="3">2016-2-7</td></tr>
<tr><td rowspan="6">治理</td><td>治理责任单位</td><td colspan="2">××运维分部</td><td>治理责任人</td><td colspan="4">×××</td></tr>
<tr><td>治理期限</td><td>自</td><td>2016-2-5</td><td>至</td><td colspan="4">2016-4-30</td></tr>
<tr><td>是否计划项目</td><td>是</td><td colspan="2">是否完成计划外备案</td><td></td><td>计划编号</td><td colspan="2">××××××</td></tr>
<tr><td>防控措施</td><td colspan="7">（1）向棚主下发《安全隐患告知书》，清理线路保护区内及周边易漂浮到导线上的塑料薄膜，对保护区外易产生漂浮物的塑料大棚进行强化固定，对临近保护区的危险塑料大棚上报安监局备案，协调拆除。
（2）铁塔上悬挂安全警示标志，在大棚蔬菜示范区周边开展电力设施保护宣传。
（3）大风天气每日进行巡视监控，及时检查并清理线路走廊易漂浮物以及对松动塑料大棚采取强化固定措施</td></tr>
<tr><td>治理完成情况</td><td colspan="7">2月8日，完成对330kV××线17～23号保护区内及周边堆放和丢弃的塑料薄膜清理工作；2月9日对保护区外周边易漂浮到导线上的松动大棚进行了强化固定；3月10日对临近保护区的1处塑料大棚经与大棚户协商赔偿后进行了拆除，满足线路安全运行要求。现申请对该隐患治理完成情况进行验收</td></tr>
<tr><td colspan="2">隐患治理计划资金（万元）</td><td colspan="2">0.20</td><td colspan="2">累计落实隐患治理资金（万元）</td><td colspan="2">0.20</td></tr>
<tr><td rowspan="5">验收</td><td>验收申请单位</td><td>××运维分部</td><td>负责人</td><td>×××</td><td>签字日期</td><td colspan="3">2016-3-10</td></tr>
<tr><td>验收组织单位</td><td colspan="7">运维检修部</td></tr>
<tr><td>验收意见</td><td colspan="7">3月11日，经运维检修部对国网××检修公司2016××××号隐患进行现场验收，治理完成情况属实，满足安全（生产）运行要求，该隐患已消除</td></tr>
<tr><td>结论</td><td colspan="3">验收合格，治理措施已按要求实施，同意注销</td><td>是否消除</td><td colspan="3">是</td></tr>
<tr><td>验收组长</td><td colspan="3">×××</td><td>验收日期</td><td colspan="3">2016-3-11</td></tr>
</table>

一般隐患排查治理档案表（2）

2016 年度　　　　　　　　　　　　　　　　　　　　　　　　　　　　国网××供电公司

<table>
<tr><td rowspan="5">发现</td><td>隐患简题</td><td colspan="3">国网××供电公司2月5日110kV ××线29号铁塔上存在村民擅自在铁塔上搭挂低压照明线的安全隐患</td><td>隐患来源</td><td>日常巡视</td><td>隐患原因</td><td>人身安全隐患</td></tr>
<tr><td>隐患编号</td><td>国网××供电公司2016××××</td><td>隐患所在单位</td><td>输电运检室</td><td>专业分类</td><td>输电</td><td>详细分类</td><td>线路走廊周边异物</td></tr>
<tr><td>发现人</td><td>×××</td><td>发现人单位</td><td>输电运维班</td><td>发现日期</td><td colspan="3">2016-2-5</td></tr>
<tr><td>事故隐患内容</td><td colspan="7">110kV ××线29号铁塔上当地村民擅自在铁塔主材2m高处搭挂220V照明线的安全隐患。违反《电力设施保护条例及实施细则》第三章十四条（五）规定：“任何单位和个人不得擅自攀登杆塔或在杆塔上架设电力线、通信线、广播线、安装广播喇叭。”存在登塔检修作业过程中人身安全风险，依据《国家电网公司安全事故调查规程（2017修正版）》2.1相关条款，可能构成人身事故</td></tr>
<tr><td>可能导致后果</td><td colspan="3">人身事故</td><td>归属职能部门</td><td colspan="3">运维检修</td></tr>
<tr><td rowspan="2">预评估</td><td rowspan="2">预评估等级</td><td rowspan="2">一般隐患</td><td>预评估负责人签名</td><td>×××</td><td>预评估负责人签名日期</td><td colspan="3">2016-2-5</td></tr>
<tr><td>运维室领导审核签名</td><td>×××</td><td>工区领导审核签名日期</td><td colspan="3">2016-2-5</td></tr>
<tr><td rowspan="2">评估</td><td rowspan="2">评估等级</td><td rowspan="2">一般隐患</td><td>评估负责人签名</td><td>×××</td><td>评估负责人签名日期</td><td colspan="3">2016-2-5</td></tr>
<tr><td>评估领导审核签名</td><td>×××</td><td>评估领导审核签名日期</td><td colspan="3">2016-2-5</td></tr>
<tr><td rowspan="6">治理</td><td>治理责任单位</td><td colspan="2">输电运检室</td><td>治理责任人</td><td colspan="4">×××</td></tr>
<tr><td>治理期限</td><td>自</td><td>2016-2-5</td><td>至</td><td colspan="4">2016-5-30</td></tr>
<tr><td>是否计划项目</td><td>是</td><td colspan="2">是否完成计划外备案</td><td></td><td>计划编号</td><td colspan="2">××××××</td></tr>
<tr><td>防控措施</td><td colspan="7">（1）立即向搭挂业主下达《安全隐患告知书》，责令立即拆除29号铁塔上搭挂的低压线路。
（2）在110kV ××线29号铁塔上悬挂安全警示牌，周边集镇、学校、厂矿开展电力设施保护宣传。
（3）针对此类问题，对线路沿线集镇、村庄人员密集区组织开展周边走廊异物专项排查整治</td></tr>
<tr><td>治理完成情况</td><td colspan="7">2月5日当日，对29号铁塔上违规搭挂的照明线进行了拆除；针对类似问题，2月6日至4月15日对线路沿线集镇、村庄人员密集区组织开展周边走廊异物专项排查整治，现线路铁塔上已无搭挂物，满足线路安全运行要求。现申请对该隐患治理完成情况进行验收</td></tr>
<tr><td colspan="2">隐患治理计划资金（万元）</td><td colspan="2">0.00</td><td colspan="2">累计落实隐患治理资金（万元）</td><td colspan="2">0.00</td></tr>
<tr><td rowspan="5">验收</td><td>验收申请单位</td><td>输电运维班</td><td>负责人</td><td>×××</td><td>签字日期</td><td colspan="3">2016-4-15</td></tr>
<tr><td>验收组织单位</td><td colspan="7">输电运检室</td></tr>
<tr><td>验收意见</td><td colspan="7">4月15日，经输电运检室对国网××供电公司2016××××号隐患进行现场验收，治理完成情况属实，满足安全（生产）运行要求，该隐患已消除</td></tr>
<tr><td>结论</td><td colspan="3">验收合格，治理措施已按要求实施，同意注销</td><td>是否消除</td><td colspan="3">是</td></tr>
<tr><td>验收组长</td><td colspan="3">×××</td><td>验收日期</td><td colspan="3">2016-4-15</td></tr>
</table>

一般隐患排查治理档案表（3）

2016 年度　　　　　　　　　　　　　　　　　　　　　　　　　　　　　国网××供电公司

<table>
<tr><td rowspan="5">发现</td><td>隐患简题</td><td colspan="3">国网××供电公司 8 月 25 日 110kV ××线 50 号铁塔塔腿上当地村民擅自堆放谷物草料的安全隐患</td><td>隐患来源</td><td>日常巡视</td><td>隐患原因</td><td>电力安全隐患</td></tr>
<tr><td>隐患编号</td><td>国网××供电公司 2016××××</td><td>隐患所在单位</td><td>输电运检室</td><td>专业分类</td><td>输电</td><td>详细分类</td><td>线路走廊周边异物</td></tr>
<tr><td>发现人</td><td>×××</td><td>发现人单位</td><td>输电运维班</td><td>发现日期</td><td colspan="3">2016-8-25</td></tr>
<tr><td>事故隐患内容</td><td colspan="7">110kV ××线 50 号铁塔当地村民擅自在塔腿上堆放收割的谷物草料，若村民燃烧草料或夏季高温草料不慎起火，有可能因铁塔腿部塔材受热，造成铁塔顶部重心不稳，而导致塔身倾斜或倒塔。违反《电力设施保护条例及实施细则》第三章十五条（一）规定：“不得堆放谷物、草料、垃圾、矿渣、易燃物、易爆物及其他影响安全供电的物品。”依据《国家电网公司安全事故调查规程（2017 修正版）》2.3.7.2（4）：“35kV 以上 220kV 以下输电线路倒塔”，构成七级设备事件</td></tr>
<tr><td>可能导致后果</td><td colspan="3">七级设备事件</td><td>归属职能部门</td><td colspan="3">运维检修</td></tr>
<tr><td rowspan="2">预评估</td><td rowspan="2">预评估等级</td><td rowspan="2">一般隐患</td><td>预评估负责人签名</td><td>×××</td><td>预评估负责人签名日期</td><td colspan="3">2016-8-25</td></tr>
<tr><td>运维室领导审核签名</td><td>×××</td><td>工区领导审核签名日期</td><td colspan="3">2016-8-25</td></tr>
<tr><td rowspan="2">评估</td><td rowspan="2">评估等级</td><td rowspan="2">一般隐患</td><td>评估负责人签名</td><td>×××</td><td>评估负责人签名日期</td><td colspan="3">2016-8-25</td></tr>
<tr><td>评估领导审核签名</td><td>×××</td><td>评估领导审核签名日期</td><td colspan="3">2016-8-25</td></tr>
<tr><td rowspan="7">治理</td><td>治理责任单位</td><td colspan="2">输电运维班</td><td>治理责任人</td><td colspan="4">×××</td></tr>
<tr><td>治理期限</td><td>自</td><td>2016-8-25</td><td>至</td><td colspan="4">2016-10-30</td></tr>
<tr><td>是否计划项目</td><td>是</td><td colspan="2">是否完成计划外备案</td><td></td><td>计划编号</td><td colspan="2">××××××</td></tr>
<tr><td>防控措施</td><td colspan="7">（1）立即清理塔腿上堆放的谷物草料。
（2）收割季节，增加巡视频次，并在线路沿线村庄开展电力设施保护宣传，防止村民将收割的谷物草料堆放在铁塔下或在通道内燃烧草木灰。
（3）针对此类问题，对途经农田的线路沿线通道开展专项排查整治，及时清理铁塔上堆积的谷物、草料及其他异物</td></tr>
<tr><td>治理完成情况</td><td colspan="7">8 月 25 日，现场立即对 50 号铁塔塔腿上堆放的谷物草料进行了清理；结合当前农田收割时节，8 月 26 日至 10 月 15 日对所辖所有线路沿线走廊途经的农田村庄开展专项排查清理，现通道铁塔上无堆积的谷物、草料及其他异物，满足线路安全运行要求。现申请对该隐患治理完成情况进行验收</td></tr>
<tr><td colspan="2">隐患治理计划资金（万元）</td><td colspan="2">0.00</td><td colspan="2">累计落实隐患治理资金（万元）</td><td colspan="2">0.00</td></tr>
<tr><td rowspan="5">验收</td><td>验收申请单位</td><td>输电运维班</td><td>负责人</td><td>×××</td><td>签字日期</td><td colspan="3">2016-10-15</td></tr>
<tr><td>验收组织单位</td><td colspan="7">输电运检室</td></tr>
<tr><td>验收意见</td><td colspan="7">10 月 15 日，经输电运检室对国网××供电公司 2016××××号隐患进行现场验收，治理完成情况属实，满足安全（生产）运行要求，该隐患已消除</td></tr>
<tr><td>结论</td><td colspan="4">验收合格，治理措施已按要求实施，同意注销</td><td>是否消除</td><td colspan="3">是</td></tr>
<tr><td>验收组长</td><td colspan="4">×××</td><td>验收日期</td><td colspan="3">2016-10-15</td></tr>
</table>

7.1.5 违章爆破

一般隐患排查治理档案表

2016 年度　　　　　　　　　　　　　　　　　　　　　　　　　　　　　　国网××供电公司

<table>
<tr><td rowspan="5">发现</td><td>隐患简题</td><td colspan="3">国网××供电公司 5 月 5 日 35kV ××线 20 号铁塔上边坡约 100m 处存在施工爆破的安全隐患</td><td>隐患来源</td><td>日常巡视</td><td>隐患原因</td><td>电力安全隐患</td></tr>
<tr><td>隐患编号</td><td>国网××供电公司 2016××××</td><td>隐患所在单位</td><td>输电运检室</td><td>专业分类</td><td>输电</td><td>详细分类</td><td>违章爆破</td></tr>
<tr><td>发现人</td><td>×××</td><td>发现人单位</td><td>输电运维班</td><td>发现日期</td><td colspan="3">2016-5-5</td></tr>
<tr><td>事故隐患内容</td><td colspan="7">35kV ××线 20 号铁塔上边坡约 100m 处，××高速 AP5 标段施工爆破开挖山体，引起 50m 范围内整个山体土层疏松、垮塌，存在影响 20 号铁塔基础稳定性以及爆破时飞石溅起损伤线路设备的安全隐患。违反《电力设施保护条例》第三章第十二条规定：“任何单位或个人在电力设施周围进行爆破作业，必须按照国家有关规定，确保电力设施的安全。”依据《国家电网公司安全事故调查规程（2017 修正版）》2.3.7.2（4）：“35kV 以上 220kV 以下输电线路倒塔”，可能构成七级设备事件</td></tr>
<tr><td>可能导致后果</td><td colspan="3">七级设备事件</td><td>归属职能部门</td><td colspan="3">运维检修</td></tr>
<tr><td rowspan="2">预评估</td><td rowspan="2">预评估等级</td><td rowspan="2">一般隐患</td><td>预评估负责人签名</td><td>×××</td><td>预评估负责人签名日期</td><td colspan="3">2016-5-5</td></tr>
<tr><td>运维室领导审核签名</td><td>×××</td><td>工区领导审核签名日期</td><td colspan="3">2016-5-5</td></tr>
<tr><td rowspan="2">评估</td><td rowspan="2">评估等级</td><td rowspan="2">一般隐患</td><td>评估负责人签名</td><td>×××</td><td>评估负责人签名日期</td><td colspan="3">2016-5-6</td></tr>
<tr><td>评估领导审核签名</td><td>×××</td><td>评估领导审核签名日期</td><td colspan="3">2016-5-6</td></tr>
<tr><td rowspan="6">治理</td><td>治理责任单位</td><td colspan="2">输电运检室</td><td>治理责任人</td><td colspan="4">×××</td></tr>
<tr><td>治理期限</td><td>自</td><td>2016-5-5</td><td>至</td><td colspan="4">2016-7-30</td></tr>
<tr><td>是否计划项目</td><td>是</td><td colspan="2">是否完成计划外备案</td><td></td><td>计划编号</td><td colspan="2">××××××</td></tr>
<tr><td>防控措施</td><td colspan="7">（1）向违章施工业主下达《安全隐患通知书》，责令立即停止放炮作业；因工作需要必须爆破时，应按国家颁发的有关爆破作业法律法规，采取可靠的安全防范措施，确保电力设施安全，并征得当地电力设施产权单位或管理部门的书面意见，报经政府有关部门批准。
（2）在 20 号铁塔上悬挂安全警示牌，同时落实班组隐患公示，对爆破山体土层情况实施动态监控，防止疏松滑塌。
（3）责令违章施工方在 20 号铁塔四周修筑挡护墙、周围修筑排水沟导向；上方山体用彩条布覆盖外露土层，防止汛期雨水浸泡疏松山体，引起二次滑塌。
（4）请地质勘察单位和电力设计院进行评估，若不能满足安全运行要求，则迁改此档线路</td></tr>
<tr><td>治理完成情况</td><td colspan="7">6 月 5 日，依据地质勘察单位和××电力设计院出具的评估方案，对 20 号铁塔基础上边坡修筑长 12m×1m×2m 档护墙及周边排水沟，6 月 30 日完成修筑，整个修筑期间，线路周边涉及高速施工的，截至目前无爆破现象，满足线路安全运行要求。现申请对该隐患治理完成情况进行验收</td></tr>
<tr><td colspan="2">隐患治理计划资金（万元）</td><td colspan="2">0.00</td><td colspan="2">累计落实隐患治理资金（万元）</td><td colspan="2">0.00</td></tr>
<tr><td rowspan="5">验收</td><td>验收申请单位</td><td>输电运检室</td><td>负责人</td><td>×××</td><td>签字日期</td><td colspan="3">2016-6-30</td></tr>
<tr><td>验收组织单位</td><td colspan="7">运维检修部</td></tr>
<tr><td>验收意见</td><td colspan="7">7 月 1 日，经运维检修部对国网××供电公司 2016××××号隐患进行现场验收，治理完成情况属实，满足安全（生产）运行要求，该隐患已消除</td></tr>
<tr><td>结论</td><td colspan="3">验收合格，治理措施已按要求实施，同意注销</td><td>是否消除</td><td colspan="3">是</td></tr>
<tr><td>验收组长</td><td colspan="3">×××</td><td>验收日期</td><td colspan="3">2016-7-1</td></tr>
</table>

7.1.6 地质灾害

一般隐患排查治理档案表（1）

2016年度　　　　　　　　　　　　　　　　　　　　　　　　　　　　国网××供电公司

<table>
<tr><td rowspan="5">发现</td><td>隐患简题</td><td colspan="3">国网××供电公司7月3日110kV ××线6号铁塔存在滑坡沉降致塔材变形及塔身倾斜的安全隐患</td><td>隐患来源</td><td>日常巡视</td><td>隐患原因</td><td>电力安全隐患</td></tr>
<tr><td>隐患编号</td><td>国网××供电公司2016××××</td><td>隐患所在单位</td><td>输电运检室</td><td>专业分类</td><td>输电</td><td>详细分类</td><td>地质灾害</td></tr>
<tr><td>发现人</td><td>×××</td><td>发现人单位</td><td>输电运维班</td><td>发现日期</td><td colspan="3">2016-7-3</td></tr>
<tr><td>事故隐患内容</td><td colspan="7">110kV ××线6号铁塔108型（14.5m）地处山体易滑塌区域，周围土质为膨胀土，因连续强降雨，现塔基土层整体下陷。以下沉轻微的A腿为基准，B腿下沉15cm、C腿下沉28cm、D腿下沉8cm，现A、D腿塔身主材弯曲变形，经观测塔身向大号侧倾斜，挠曲度达15‰，存在倒塔断线的安全隐患。不符合《架空输电线路运行规程》（DL/T 741—2010）5.1.2表1规定：“50m以下高度角钢塔倾斜、横担歪斜允许范围不超过1‰。”依据《国家电网公司安全事故调查规程（2017修正版）》2.3.7.2（4）：“35kV以上220kV以下输电线路倒塔”，构成七级设备事件</td></tr>
<tr><td>可能导致后果</td><td colspan="3">七级设备事件</td><td>归属职能部门</td><td colspan="3">运维检修</td></tr>
<tr><td rowspan="2">预评估</td><td rowspan="2">预评估等级</td><td rowspan="2">一般隐患</td><td>预评估负责人签名</td><td>×××</td><td>预评估负责人签名日期</td><td colspan="3">2016-7-3</td></tr>
<tr><td>运维室领导审核签名</td><td>×××</td><td>工区领导审核签名日期</td><td colspan="3">2016-7-3</td></tr>
<tr><td rowspan="2">评估</td><td rowspan="2">评估等级</td><td rowspan="2">一般隐患</td><td>评估负责人签名</td><td>×××</td><td>评估负责人签名日期</td><td colspan="3">2016-7-4</td></tr>
<tr><td>评估领导审核签名</td><td>×××</td><td>评估领导审核签名日期</td><td colspan="3">2016-7-4</td></tr>
<tr><td rowspan="6">治理</td><td>治理责任单位</td><td colspan="2">输电运检室</td><td>治理责任人</td><td colspan="4">×××</td></tr>
<tr><td>治理期限</td><td>自</td><td>2016-7-3</td><td>至</td><td colspan="4">2016-10-30</td></tr>
<tr><td>是否计划项目</td><td>是</td><td colspan="2">是否完成计划外备案</td><td></td><td>计划编号</td><td colspan="2">××××××</td></tr>
<tr><td>防控措施</td><td colspan="7">（1）对下沉严重的6号塔B、C腿主材采取抱杆支撑，减缓铁塔偏移及下沉速度。
（2）对6号塔大、小号侧导地线进行应力放松，减轻铁塔主材受力，防止铁塔失稳。
（3）在治理完成前，每周进行特巡，同时安排当地护线员实时现场蹲守</td></tr>
<tr><td>治理完成情况</td><td colspan="7">8月20日，完成对110kV ××线6号铁塔迁改投运工作［在距原6号铁塔12m处新立JC1（21m）型铁塔1基、新旧铁塔导地线过渡、附件安装］，满足线路安全运行要求。现申请对该隐患治理完成情况进行验收</td></tr>
<tr><td colspan="2">隐患治理计划资金（万元）</td><td colspan="2">8.00</td><td colspan="2">累计落实隐患治理资金（万元）</td><td colspan="2">7.20</td></tr>
<tr><td rowspan="5">验收</td><td>验收申请单位</td><td>输电运检室</td><td>负责人</td><td>×××</td><td>签字日期</td><td colspan="3">2016-8-20</td></tr>
<tr><td>验收组织单位</td><td colspan="7">运维检修部</td></tr>
<tr><td>验收意见</td><td colspan="7">8月20日，经运维检修部对国网××供电公司2016××××号隐患进行现场验收，治理完成情况属实，满足安全（生产）运行要求，该隐患已消除</td></tr>
<tr><td>结论</td><td colspan="3">验收合格，治理措施已按要求实施，同意注销</td><td>是否消除</td><td colspan="3">是</td></tr>
<tr><td>验收组长</td><td colspan="3">×××</td><td>验收日期</td><td colspan="3">2016-8-20</td></tr>
</table>

一般隐患排查治理档案表（2）

2016 年度　　　　　　　　　　　　　　　　　　　　　　　　　　　　　　　　　　　　国网××供电公司

<table>
<tr><td rowspan="5">发现</td><td>隐患简题</td><td colspan="3">国网××供电公司 5 月 5 日 110kV ××线 17、18 号所处地质为黄沙土沉积层临近漫水冲刷区安全隐患</td><td>隐患来源</td><td>安全性评价</td><td>隐患原因</td><td>电力安全隐患</td></tr>
<tr><td>隐患编号</td><td>国网××供电公司2016××××</td><td>隐患所在单位</td><td>输电运检室</td><td>专业分类</td><td>输电</td><td>详细分类</td><td>地质灾害</td></tr>
<tr><td>发现人</td><td>×××</td><td>发现人单位</td><td>输电运维班</td><td>发现日期</td><td colspan="3">2016-5-5</td></tr>
<tr><td>事故隐患内容</td><td colspan="7">110kV ××线 17、18 号铁塔距离××河道约 20m，所处地质为黄沙土沉积层，汛期由于河道冲刷、泥沙流失，造成两基铁塔临近漫水冲刷区，影响铁塔基础稳定性，存在倒塔断线的安全隐患。不符合 Q/GDW 270—2009《220 千伏及 110（66）千伏输变电工程可行性研究内容深度规定》7.2.2 规定：“送电线路路径选择，应充分考虑自然条件、水文气象条件、地质条件、交通条件、城镇规划、重要设施、重要交叉跨越等”；《国家电网公司十八项电网重大反事故措施（修订版）及编制说明》第 6.1.1.3 条规定：“对于易发生水土流失、洪水冲刷、山体滑坡、泥石流等地段的杆塔，应采取加固基础、修筑挡土墙（桩）、截（排）水沟、改造上下边坡等措施，必要时改迁路径。”若汛期河道冲刷、泥沙流失加剧，依据《国家电网公司安全事故调查规程（2017 修正版）》2.3.7.2（4）：“35kV 以上 220kV 以下输电线路倒塔”，构成七级设备事件</td></tr>
<tr><td>可能导致后果</td><td colspan="3">七级设备事件</td><td>归属职能部门</td><td colspan="3">运维检修</td></tr>
<tr><td rowspan="2">预评估</td><td rowspan="2">预评估等级</td><td rowspan="2">一般隐患</td><td>预评估负责人签名</td><td>×××</td><td>预评估负责人签名日期</td><td colspan="3">2016-5-5</td></tr>
<tr><td>运维室领导审核签名</td><td>×××</td><td>工区领导审核签名日期</td><td colspan="3">2016-5-5</td></tr>
<tr><td rowspan="2">评估</td><td rowspan="2">评估等级</td><td rowspan="2">一般隐患</td><td>评估负责人签名</td><td>×××</td><td>评估负责人签名日期</td><td colspan="3">2016-5-5</td></tr>
<tr><td>评估领导审核签名</td><td>×××</td><td>评估领导审核签名日期</td><td colspan="3">2016-5-5</td></tr>
<tr><td rowspan="6">治理</td><td>治理责任单位</td><td colspan="2">输电运检室</td><td>治理责任人</td><td colspan="4">×××</td></tr>
<tr><td>治理期限</td><td>自</td><td>2016-5-5</td><td>至</td><td colspan="4">2016-8-30</td></tr>
<tr><td>是否计划项目</td><td>是</td><td colspan="2">是否完成计划外备案</td><td></td><td>计划编号</td><td colspan="2">××××××</td></tr>
<tr><td>防控措施</td><td colspan="7">（1）铁塔上悬挂安全警示标识，汛期安排专人对河道漫水冲刷区及泥沙流失情况进行实时监控，发现异常及时上报。
（2）加强防汛应急演练，完善防汛应急措施，超前做好防汛物资储备；对临近 17、18 号铁塔的河道边堆砌沙袋，防止水土流失加剧，必要时采用混凝土浇制方式对铁塔修筑护坎。
（3）联系地质勘查部门或××电力设计院，对铁塔地质进行评估，以确定是否迁移或采取基础加固措施</td></tr>
<tr><td>治理完成情况</td><td colspan="7">7 月 26 日，按照前期出具的评估方案，完成 17、18 号两基铁塔四周深挖修筑混凝土档护及排水沟修筑工作，治理完成后满足线路安全运行要求。现申请对该隐患治理完成情况进行验收</td></tr>
<tr><td colspan="2">隐患治理计划资金（万元）</td><td colspan="2">5.00</td><td colspan="2">累计落实隐患治理资金（万元）</td><td colspan="2">5.00</td></tr>
<tr><td rowspan="5">验收</td><td>验收申请单位</td><td>输电运检室</td><td>负责人</td><td>×××</td><td>签字日期</td><td colspan="3">2016-7-26</td></tr>
<tr><td>验收组织单位</td><td colspan="7">运维检修部</td></tr>
<tr><td>验收意见</td><td colspan="7">7 月 26 日，经运维检修部对国网××供电公司 2016××××号隐患进行现场验收，治理完成情况属实，满足安全（生产）运行要求，该隐患已消除</td></tr>
<tr><td>结论</td><td colspan="3">验收合格，治理措施已按要求实施，同意注销</td><td>是否消除</td><td colspan="3">是</td></tr>
<tr><td>验收组长</td><td colspan="3">×××</td><td>验收日期</td><td colspan="3">2016-7-26</td></tr>
</table>

7.1.7 交叉跨越隐患

一般隐患排查治理档案表（1）

2016年度　　　　　　　　　　　　　　　　　　　　　　　　　　　　　　　　　　国网××供电公司

<table>
<tr><td rowspan="5">发现</td><td>隐患简题</td><td colspan="3">国网××供电公司2月5日110kV ××线61号塔小号侧A相导线对上边坡风偏距离不足的安全隐患</td><td>隐患来源</td><td>安全性评价</td><td>隐患原因</td><td>电力安全隐患</td></tr>
<tr><td>隐患编号</td><td>国网××供电公司2016××××</td><td>隐患所在单位</td><td>输电运检室</td><td>专业分类</td><td>输电</td><td>详细分类</td><td>交叉跨越隐患</td></tr>
<tr><td>发现人</td><td>×××</td><td>发现人单位</td><td>输电运维班</td><td>发现日期</td><td colspan="3">2016-2-5</td></tr>
<tr><td>事故隐患内容</td><td colspan="7">110kV ××线61号铁塔小号侧A相导线约90m处对上边坡风偏距离不足5m，经风偏校核计算，在最大风速30m/s、导线风摆角超过45°时，A相导线对上边坡风偏距离为1.5m，大风天气情况下存在导线对边坡放电的安全隐患。不符合《架空输电线路运行规程》（DL/T 741—2010）表A.2规定：“66～110kV导线在最大风偏情况下与山坡、峭壁、岩石之间的最小净空距离5.0m（步行可以到达的山坡）。”依据《国家电网公司安全事故调查规程（2017修正版）》2.2.7.1：“35kV以上输变电设备异常运行或被迫停止运行，并造成减供负荷者”，构成七级电网事件</td></tr>
<tr><td>可能导致后果</td><td colspan="3">七级电网事件</td><td>归属职能部门</td><td colspan="3">运维检修</td></tr>
<tr><td rowspan="2">预评估</td><td rowspan="2">预评估等级</td><td rowspan="2">一般隐患</td><td>预评估负责人签名</td><td>×××</td><td>预评估负责人签名日期</td><td colspan="3">2016-2-5</td></tr>
<tr><td>运维室领导审核签名</td><td>×××</td><td>工区领导审核签名日期</td><td colspan="3">2016-2-5</td></tr>
<tr><td rowspan="2">评估</td><td rowspan="2">评估等级</td><td rowspan="2">一般隐患</td><td>评估负责人签名</td><td>×××</td><td>评估负责人签名日期</td><td colspan="3">2016-2-6</td></tr>
<tr><td>评估领导审核签名</td><td>×××</td><td>评估领导审核签名日期</td><td colspan="3">2016-2-7</td></tr>
<tr><td rowspan="6">治理</td><td>治理责任单位</td><td colspan="2">输电运检室</td><td>治理责任人</td><td colspan="4">×××</td></tr>
<tr><td>治理期限</td><td>自</td><td>2016-2-5</td><td>至</td><td colspan="4">2016-5-30</td></tr>
<tr><td>是否计划项目</td><td>是</td><td colspan="2">是否完成计划外备案</td><td></td><td>计划编号</td><td colspan="2">××××××</td></tr>
<tr><td>防控措施</td><td colspan="7">（1）在大风或高温天气下做好弧垂及对边坡距离观测，及时清理上边坡的树木、树枝及边坡易漂浮物，防止大风摆动时异物短路。
（2）编制方案，对110kV ××线61号铁塔小号侧A相导线约90m处进行边坡开方，确保满足最大风偏情况下，导线对上边坡安全距离要求</td></tr>
<tr><td>治理完成情况</td><td colspan="7">5月5日，完成对110kV ××线61号铁塔小号侧90m处上边坡开方工作，治理完成后经观测A相导线对上边坡净空距离为7m，满足线路安全运行要求。现申请对该隐患治理完成情况进行验收</td></tr>
<tr><td colspan="2">隐患治理计划资金（万元）</td><td colspan="2">2.00</td><td>累计落实隐患治理资金（万元）</td><td colspan="3">2.00</td></tr>
<tr><td rowspan="5">验收</td><td>验收申请单位</td><td>输电运检室</td><td>负责人</td><td>×××</td><td>签字日期</td><td colspan="3">2016-5-5</td></tr>
<tr><td>验收组织单位</td><td colspan="7">运维检修部</td></tr>
<tr><td>验收意见</td><td colspan="7">5月6日，经运维检修部对国网××供电公司2016××××号隐患进行现场验收，治理完成情况属实，满足安全（生产）运行要求，该隐患已消除</td></tr>
<tr><td>结论</td><td colspan="3">验收合格，治理措施已按要求实施，同意注销</td><td>是否消除</td><td colspan="3">是</td></tr>
<tr><td>验收组长</td><td colspan="3">×××</td><td>验收日期</td><td colspan="3">2016-5-6</td></tr>
</table>

一般隐患排查治理档案表（2）

2016 年度　　　　　　　　　　　　　　　　　　　　　　　　　　　　国网××供电公司

<table>
<tr><td rowspan="5">发现</td><td>隐患简题</td><td colspan="3">国网××供电公司2月5日110kV ××线10～11号重要跨越档直线塔绝缘子单串联接方式的安全隐患</td><td>隐患来源</td><td>安全性评价</td><td>隐患原因</td><td>电力安全隐患</td></tr>
<tr><td>隐患编号</td><td>国网××供电公司2016××××</td><td>隐患所在单位</td><td>输电运检室</td><td>专业分类</td><td>输电</td><td>详细分类</td><td>交叉跨越隐患</td></tr>
<tr><td>发现人</td><td>×××</td><td>发现人单位</td><td>输电运检班</td><td>发现日期</td><td colspan="3">2016-2-5</td></tr>
<tr><td>事故隐患内容</td><td colspan="7">110kV ××线10～11号直线塔跨越（档距756m）××铁路接触网及××国道，存在重要交跨地段绝缘子联接方式单串悬挂的安全隐患。不满足《国家电网公司十八项电网重大反事故措施（修订版）及编制说明》6.3.2.4 规定："对于直线型重要交叉跨越塔，包括跨越110kV及以上线路，铁路和高速公路，一级公路，一、二级通航河流等，应采用双悬垂绝缘子串结构，且宜采用双独立挂点。"若重要跨越档发生单串绝缘子脱串落线，造成铁路及高速行车中断或人员意外伤害，引起社会纠纷舆情，依据《国家电网公司安全隐患排查治理管理办法》第五条（三）："其他对社会造成影响事故的隐患"，构成一般事故隐患</td></tr>
<tr><td>可能导致后果</td><td colspan="3">五级电网事件</td><td>归属职能部门</td><td colspan="3">运维检修</td></tr>
<tr><td rowspan="2">预评估</td><td rowspan="2">预评估等级</td><td rowspan="2">一般隐患</td><td>预评估负责人签名</td><td>×××</td><td>预评估负责人签名日期</td><td colspan="3">2016-2-5</td></tr>
<tr><td>运维室领导审核签名</td><td>×××</td><td>工区领导审核签名日期</td><td colspan="3">2016-2-5</td></tr>
<tr><td rowspan="2">评估</td><td rowspan="2">评估等级</td><td rowspan="2">一般隐患</td><td>评估负责人签名</td><td>×××</td><td>评估负责人签名日期</td><td colspan="3">2016-2-6</td></tr>
<tr><td>评估领导审核签名</td><td>×××</td><td>评估领导审核签名日期</td><td colspan="3">2016-2-7</td></tr>
<tr><td rowspan="6">治理</td><td>治理责任单位</td><td colspan="2">输电运检室</td><td>治理责任人</td><td colspan="4">×××</td></tr>
<tr><td>治理期限</td><td>自</td><td>2016-2-5</td><td>至</td><td colspan="4">2016-5-30</td></tr>
<tr><td>是否计划项目</td><td>是</td><td colspan="2">是否完成计划外备案</td><td></td><td>计划编号</td><td colspan="2">××××××</td></tr>
<tr><td>防控措施</td><td colspan="7">（1）每半个月对110kV ××线10～11号跨越档进行特巡，对绝缘子连接金具进行登杆检查；测量三相导线弧垂是否存在不平衡。
（2）对110kV ××线10～11号跨越杆塔三相绝缘子串进行单改双，并调整三相导线弧垂</td></tr>
<tr><td>治理完成情况</td><td colspan="7">5月5日，对110kV ××线10～11号直线跨越塔单串绝缘子串采用了双悬垂绝缘子串结构、双独立挂点的联接方式，并调整了三相导线弧垂，满足线路安全运行要求。现申请对该隐患治理完成情况进行验收</td></tr>
<tr><td colspan="2">隐患治理计划资金（万元）</td><td colspan="2">0.30</td><td colspan="2">累计落实隐患治理资金（万元）</td><td colspan="2">0.30</td></tr>
<tr><td rowspan="5">验收</td><td>验收申请单位</td><td>输电运检室</td><td>负责人</td><td>×××</td><td>签字日期</td><td colspan="3">2016-5-5</td></tr>
<tr><td>验收组织单位</td><td colspan="7">运维检修部</td></tr>
<tr><td>验收意见</td><td colspan="7">5月6日，经运维检修部对国网××供电公司2016××××号隐患进行现场验收，治理完成情况属实，满足安全（生产）运行要求，该隐患已消除</td></tr>
<tr><td>结论</td><td colspan="3">验收合格，治理措施已按要求实施，同意注销</td><td>是否消除</td><td colspan="3">是</td></tr>
<tr><td>验收组长</td><td colspan="3">×××</td><td>验收日期</td><td colspan="3">2016-5-6</td></tr>
</table>

7.1.8 设备本体隐患

一般隐患排查治理档案表（1）

2016 年度　　　　　　　　　　　　　　　　　　　　　　　　　　　　国网××供电公司

<table>
<tr><td rowspan="5">发现</td><td>隐患简题</td><td colspan="3">国网××供电公司2月5日35kV ××线2～3号大档距换位塔垂直排列变为水平排列存在的安全隐患</td><td>隐患来源</td><td>安全性评价</td><td>隐患原因</td><td>设备设施隐患</td></tr>
<tr><td>隐患编号</td><td>国网××供电公司2016××××</td><td>隐患所在单位</td><td>输电运检室</td><td>专业分类</td><td>输电</td><td>详细分类</td><td>设备本体隐患</td></tr>
<tr><td>发现人</td><td>×××</td><td>发现人单位</td><td>输电运检班</td><td>发现日期</td><td colspan="3">2016-2-5</td></tr>
<tr><td>事故隐患内容</td><td colspan="7">35kV ××线2～3号档跨越××河流，档距680m、弧垂43m、导线型号LGJ 120/20，其中2号塔型为7718型（上中下排列）、3号为7731型（三角排列），由于大档距线路换位，突然由垂直排列变为水平排列，加之跨越河流，属微气象多风区，在大风天气下存在相间短路的安全隐患。不符合《国家电网公司十八项电网重大反事故措施（修订版）及编制说明》6.1.1.1规定："在特殊地形、极端恶劣气象条件下重要输电通道宜采取差异化设计，适当提高重要线路防冰、防洪、防风、防倒塌等设防水平。"依据《国家电网公司安全事故调查规程（2017修正版）》2.2.7.1："35kV以上输变电设备异常运行或被迫停止运行，并造成减供负荷者"，构成七级电网事件</td></tr>
<tr><td>可能导致后果</td><td colspan="3">七级电网事件</td><td>归属职能部门</td><td colspan="3">运维检修</td></tr>
<tr><td rowspan="2">预评估</td><td rowspan="2">预评估等级</td><td rowspan="2">一般隐患</td><td>预评估负责人签名</td><td>×××</td><td>预评估负责人签名日期</td><td colspan="3">2016-2-5</td></tr>
<tr><td>运维室领导审核签名</td><td>×××</td><td>工区领导审核签名日期</td><td colspan="3">2016-2-5</td></tr>
<tr><td rowspan="2">评估</td><td rowspan="2">评估等级</td><td rowspan="2">一般隐患</td><td>评估负责人签名</td><td>×××</td><td>评估负责人签名日期</td><td colspan="3">2016-2-6</td></tr>
<tr><td>评估领导审核签名</td><td>×××</td><td>评估领导审核签名日期</td><td colspan="3">2016-2-7</td></tr>
<tr><td rowspan="6">治理</td><td>治理责任单位</td><td colspan="2">输电运检室</td><td>治理责任人</td><td colspan="4">×××</td></tr>
<tr><td>治理期限</td><td>自</td><td>2016-2-5</td><td>至</td><td colspan="4">2016-8-31</td></tr>
<tr><td>是否计划项目</td><td>是</td><td colspan="2">是否完成计划外备案</td><td></td><td>计划编号</td><td colspan="2">××××××</td></tr>
<tr><td>防控措施</td><td colspan="7">（1）大风或高温天气重点加强对跨江换位塔的弧垂观测，落实班组隐患公示。
（2）对35kV ××线2～3号档导线安全系数进行校验计算，编制改造方案</td></tr>
<tr><td>治理完成情况</td><td colspan="7">8月14日，将35kV ××线2～3号档原导线型号LGJ 120/20更换为LGJ 120/25型导线、弧垂调整到42m，治理完成后经校验导线原安全系数2.5变为3.0，满足线路安全运行要求。现申请对该隐患治理情况进行验收</td></tr>
<tr><td colspan="2">隐患治理计划资金（万元）</td><td colspan="2">5.00</td><td colspan="2">累计落实隐患治理资金（万元）</td><td colspan="2">5.00</td></tr>
<tr><td rowspan="5">验收</td><td>验收申请单位</td><td>输电运检室</td><td>负责人</td><td>×××</td><td>签字日期</td><td colspan="3">2016-8-14</td></tr>
<tr><td>验收组织单位</td><td colspan="7">运维检修部</td></tr>
<tr><td>验收意见</td><td colspan="7">8月15日，经运维检修部对国网××供电公司2016××××号隐患进行现场验收，治理完成情况属实，满足安全（生产）运行要求，该隐患已消除</td></tr>
<tr><td>结论</td><td colspan="3">验收合格，治理措施已按要求实施，同意注销</td><td>是否消除</td><td colspan="3">是</td></tr>
<tr><td>验收组长</td><td colspan="3">×××</td><td>验收日期</td><td colspan="3">2016-8-15</td></tr>
</table>

一般隐患排查治理档案表（2）

2016 年度 国网××供电公司

<table>
<tr><td rowspan="5">发现</td><td>隐患简题</td><td colspan="3">国网××供电公司 2 月 5 日 110kV ××双回共塔线路 7727 型铁塔存在设计安全隐患</td><td>隐患来源</td><td>安全性评价</td><td>隐患原因</td><td>设备设施隐患</td></tr>
<tr><td>隐患编号</td><td>国网××供电公司 2016××××</td><td>隐患所在单位</td><td>输电运检室</td><td>专业分类</td><td>输电</td><td>详细分类</td><td>设备本体隐患</td></tr>
<tr><td>发现人</td><td>×××</td><td>发现人单位</td><td>输电运检班</td><td>发现日期</td><td colspan="3">2016-2-5</td></tr>
<tr><td>事故隐患内容</td><td colspan="7">110kV ××Ⅰ、Ⅱ回线路 21、26 及 37 号（共塔）属 7727 型铁塔，由于该塔型在 80 年代至 90 年代设计时，受到当时技术条件的客观限制，杆塔的计算局限于平面计算，计算后各杆件所留的裕度相对较小。当此类杆塔被应用于较大水平档距或山垭、沟口等微地形气象区时，往往因为结构轻巧、杆件规格小、质量轻而存在倒塔断线的安全隐患。不符合《国家电网公司十八项电网重大反事故措施（修订版）及编制说明》6.1.1.1 规定：“在特殊地形、极端恶劣气象条件下重要输电通道宜采取差异化设计，适当提高重要线路防冰、防洪、防风、防倒塌等设防水平。”依据《国家电网公司安全事故调查规程（2017 修正版）》2.3.7.2（4）：“35kV 以上 220kV 以下输电线路倒塔”，构成七级设备事件</td></tr>
<tr><td>可能导致后果</td><td colspan="3">七级设备事件</td><td>归属职能部门</td><td colspan="3">运维检修</td></tr>
<tr><td rowspan="2">预评估</td><td rowspan="2">预评估等级</td><td rowspan="2">一般隐患</td><td>预评估负责人签名</td><td>×××</td><td>预评估负责人签名日期</td><td colspan="3">2016-2-5</td></tr>
<tr><td>运维室领导审核签名</td><td>×××</td><td>工区领导审核签名日期</td><td colspan="3">2016-2-5</td></tr>
<tr><td rowspan="2">评估</td><td rowspan="2">评估等级</td><td rowspan="2">一般隐患</td><td>评估负责人签名</td><td>×××</td><td>评估负责人签名日期</td><td colspan="3">2016-2-6</td></tr>
<tr><td>评估领导审核签名</td><td>×××</td><td>评估领导审核签名日期</td><td colspan="3">2016-2-7</td></tr>
<tr><td rowspan="6">治理</td><td>治理责任单位</td><td colspan="2">输电运检室</td><td>治理责任人</td><td colspan="4">×××</td></tr>
<tr><td>治理期限</td><td>自</td><td>2016-2-5</td><td>至</td><td colspan="4">2016-7-30</td></tr>
<tr><td>是否计划项目</td><td>是</td><td colspan="2">是否完成计划外备案</td><td></td><td>计划编号</td><td colspan="2">××××××</td></tr>
<tr><td>防控措施</td><td colspan="7">（1）大风天气时增加特巡工作，做好对山垭、沟口等微地形气象区的横风向分析，掌握地形风向规律，发现异常情况及时报告。
（2）编制铁塔加固方案，对塔材节点进行加固补强，提高关键点连接刚度，增加加强角钢</td></tr>
<tr><td>治理完成情况</td><td colspan="7">7 月 6 日，完成 110kV ××Ⅰ、Ⅱ回共塔线路 21、26 及 37 号铁塔改造工作，对塔材节点进行加固补强，提高关键点连接刚度，将铁塔连接处螺帽卸掉后，直接增加加强角钢，然后用防盗帽代替原螺栓帽，提高铁塔的安全稳定性。现申请对该隐患治理完成情况进行验收</td></tr>
<tr><td colspan="2">隐患治理计划资金（万元）</td><td colspan="2">1.20</td><td colspan="2">累计落实隐患治理资金（万元）</td><td colspan="2">1.20</td></tr>
<tr><td rowspan="5">验收</td><td>验收申请单位</td><td>输电运检室</td><td>负责人</td><td>×××</td><td>签字日期</td><td colspan="3">2016-7-6</td></tr>
<tr><td>验收组织单位</td><td colspan="7">运维检修部</td></tr>
<tr><td>验收意见</td><td colspan="7">7 月 7 日，经运维检修部对国网××供电公司 2016××××号隐患进行现场验收，治理完成情况属实，满足安全（生产）运行要求，该隐患已消除</td></tr>
<tr><td>结论</td><td colspan="3">验收合格，治理措施已按要求实施，同意注销</td><td>是否消除</td><td colspan="3">是</td></tr>
<tr><td>验收组长</td><td colspan="3">×××</td><td>验收日期</td><td colspan="3">2016-7-7</td></tr>
</table>

一般隐患排查治理档案表（3）

2016 年度

国网××检修公司

<table>
<tr><td rowspan="5">发现</td><td>隐患简题</td><td colspan="3">国网××检修公司 4 月 5 日 330kV ××线 14～16 号铁塔位于水稻田存在塔腿锈蚀的安全隐患</td><td>隐患来源</td><td>安全性评价</td><td>隐患原因</td><td>设备设施隐患</td></tr>
<tr><td>隐患编号</td><td>国网××检修公司 2016××××</td><td>隐患所在单位</td><td>××运维分部</td><td>专业分类</td><td>输电</td><td>详细分类</td><td>设备本体隐患</td></tr>
<tr><td>发现人</td><td>×××</td><td>发现人单位</td><td>线路运维班</td><td>发现日期</td><td colspan="3">2016-4-5</td></tr>
<tr><td>事故隐患内容</td><td colspan="7">330kV ××线 14～16 号三基铁塔位于水稻田，由于长期稻田化肥浸泡，塔腿基础存在不同程度的锈蚀与表面氧化层堆积现象，铁塔基础强度下降，存在倒塔的安全隐患。不符合《国家电网公司十八项电网重大反事故措施（修订版）及编制说明》6.1.3.5 规定：“开展金属件技术监督，加强杆塔构件、金具、导地线腐蚀状况的观测，必要时进行防腐处理；对于运行年限较长、出现腐蚀严重、有效截面损失较多、强度下降严重的，应及时更换。”依据《国家电网公司安全事故调查规程（2017 修正版）》2.3.6.2（6）：“220kV 以上 500kV 以下输电线路倒塔”，构成六级设备事件</td></tr>
<tr><td>可能导致后果</td><td colspan="3">六级设备事件</td><td>归属职能部门</td><td colspan="3">运维检修</td></tr>
<tr><td rowspan="2">预评估</td><td rowspan="2">预评估等级</td><td rowspan="2">一般隐患</td><td>预评估负责人签名</td><td>×××</td><td>预评估负责人签名日期</td><td colspan="3">2016-4-5</td></tr>
<tr><td>运维室领导审核签名</td><td>×××</td><td>工区领导审核签名日期</td><td colspan="3">2016-4-5</td></tr>
<tr><td rowspan="2">评估</td><td rowspan="2">评估等级</td><td rowspan="2">一般隐患</td><td>评估负责人签名</td><td>×××</td><td>评估负责人签名日期</td><td colspan="3">2016-4-6</td></tr>
<tr><td>评估领导审核签名</td><td>×××</td><td>评估领导审核签名日期</td><td colspan="3">2016-4-7</td></tr>
<tr><td rowspan="6">治理</td><td>治理责任单位</td><td colspan="2">××运维分部</td><td>治理责任人</td><td colspan="4">×××</td></tr>
<tr><td>治理期限</td><td>自</td><td>2016-4-5</td><td>至</td><td colspan="4">2016-6-30</td></tr>
<tr><td>是否计划项目</td><td>是</td><td colspan="2">是否完成计划外备案</td><td></td><td>计划编号</td><td colspan="2">××××××</td></tr>
<tr><td>防控措施</td><td colspan="7">（1）临时用塑料布包裹 14～16 号铁塔塔腿，防止稻田化肥浸泡。
（2）每一个月进行一次特巡，观察锈蚀部位与面积变化趋势</td></tr>
<tr><td>治理完成情况</td><td colspan="7">6 月 6 日，完成对 330kV ××线 14～16 号三基铁塔塔腿的防腐处理工作，采取去除塔材表面锈斑、用抹布擦拭干净，在塔材涂上一至两层的沥青。现申请对该隐患治理完成情况进行验收</td></tr>
<tr><td colspan="2">隐患治理计划资金（万元）</td><td colspan="2">0.50</td><td colspan="2">累计落实隐患治理资金（万元）</td><td colspan="2">0.50</td></tr>
<tr><td rowspan="5">验收</td><td>验收申请单位</td><td>××运维分部</td><td>负责人</td><td>×××</td><td>签字日期</td><td colspan="3">2016-6-6</td></tr>
<tr><td>验收组织单位</td><td colspan="7">运维检修部</td></tr>
<tr><td>验收意见</td><td colspan="7">6 月 7 日，经运维检修部对国网××检修公司 2016××××号隐患进行现场验收，治理完成情况属实，满足安全（生产）运行要求，该隐患已消除</td></tr>
<tr><td>结论</td><td colspan="3">验收合格，治理措施已按要求实施，同意注销</td><td>是否消除</td><td colspan="3">是</td></tr>
<tr><td>验收组长</td><td colspan="3">×××</td><td>验收日期</td><td colspan="3">2016-6-7</td></tr>
</table>

一般隐患排查治理档案表（4）

2016 年度　　　　　　　　　　　　　　　　　　　　国网××供电公司

<table>
<tr><td rowspan="5">发现</td><td>隐患简题</td><td colspan="3">国网××供电公司 2 月 5 日 110kV ××T 线 1、2 号塔运行时限长塔身锈蚀塔材角钢变形的安全隐患</td><td>隐患来源</td><td>安全性评价</td><td>隐患原因</td><td>设备设施隐患</td></tr>
<tr><td>隐患编号</td><td>国网××供电公司 2016××××</td><td>隐患所在单位</td><td>输电运检室</td><td>专业分类</td><td>输电</td><td>详细分类</td><td>设备本体隐患</td></tr>
<tr><td>发现人</td><td>×××</td><td>发现人单位</td><td>输电运检班</td><td>发现日期</td><td colspan="3">2016-2-5</td></tr>
<tr><td>事故隐患内容</td><td colspan="7">110kV ××T 线接于 110kV ××线上，其 T 接塔 1 号（51 型 18m）、2 号（49 型 12m）距今运行时限达 38 年，铁塔塔身整体锈蚀，部分斜材角钢变形，存在铁塔整体强度降低的安全隐患。不符合《国家电网公司十八项电网重大反事故措施（修订版）及编制说明》6.1.3.5 规定：“开展金属件技术监督，加强杆塔构件、金具、导地线腐蚀状况的观测，必要时进行防腐处理；对运行年限较长、出现腐蚀严重、有效截面损失较多、强度下降严重的，应及时更换。”依据《国家电网公司安全事故调查规程（2017 修正版）》2.3.7.2（4）：“35kV 以上 220kV 以下输电线路倒塔”，构成七级设备事件</td></tr>
<tr><td>可能导致后果</td><td colspan="3">七级设备事件</td><td>归属职能部门</td><td colspan="3">运维检修</td></tr>
<tr><td rowspan="2">预评估</td><td rowspan="2">预评估等级</td><td rowspan="2">一般隐患</td><td>预评估负责人签名</td><td>×××</td><td>预评估负责人签名日期</td><td colspan="3">2016-2-5</td></tr>
<tr><td>运维室领导审核签名</td><td>×××</td><td>工区领导审核签名日期</td><td colspan="3">2016-2-5</td></tr>
<tr><td rowspan="2">评估</td><td rowspan="2">评估等级</td><td rowspan="2">一般隐患</td><td>评估负责人签名</td><td>×××</td><td>评估负责人签名日期</td><td colspan="3">2016-2-6</td></tr>
<tr><td>评估领导审核签名</td><td>×××</td><td>评估领导审核签名日期</td><td colspan="3">2016-2-7</td></tr>
<tr><td rowspan="6">治理</td><td>治理责任单位</td><td colspan="2">输电运检室</td><td>治理责任人</td><td colspan="4">×××</td></tr>
<tr><td>治理期限</td><td>自</td><td>2016-2-5</td><td>至</td><td colspan="4">2016-9-30</td></tr>
<tr><td>是否计划项目</td><td>是</td><td colspan="2">是否完成计划外备案</td><td></td><td>计划编号</td><td colspan="2">××××××</td></tr>
<tr><td>防控措施</td><td colspan="7">（1）改迁项目未落实前，对锈蚀铁塔进行整体防腐刷漆；对主材采取增加包钢加固措施，部分变形斜材进行更换。
（2）编制改迁方案，对 110kV ××T 线 1、2 号塔采取迁改换塔</td></tr>
<tr><td>治理完成情况</td><td colspan="7">8 月 13 日，完成 110kV ××T 线 1～2 号塔迁改投运工作，新走径距离原址 20m 处平行走向；8 月 28 日完成原锈蚀铁塔的报废拆除工作。治理完成后满足线路安全运行条件。现申请对该隐患治理完成情况进行验收</td></tr>
<tr><td colspan="2">隐患治理计划资金（万元）</td><td colspan="2">20.00</td><td colspan="2">累计落实隐患治理资金（万元）</td><td colspan="2">20.00</td></tr>
<tr><td rowspan="5">验收</td><td>验收申请单位</td><td>输电运检室</td><td>负责人</td><td>×××</td><td>签字日期</td><td colspan="3">2016-8-28</td></tr>
<tr><td>验收组织单位</td><td colspan="7">运维检修部</td></tr>
<tr><td>验收意见</td><td colspan="7">8 月 29 日，经运维检修部对国网××供电公司 2016××××号隐患进行现场验收，治理完成情况属实，满足安全（生产）运行要求，该隐患已消除</td></tr>
<tr><td>结论</td><td colspan="3">验收合格，治理措施已按要求实施，同意注销</td><td>是否消除</td><td colspan="3">是</td></tr>
<tr><td>验收组长</td><td colspan="3">×××</td><td>验收日期</td><td colspan="3">2016-8-29</td></tr>
</table>

一般隐患排查治理档案表（5）

2016 年度　　　　　　　　　　　　　　　　　　　　　　　　　　　　　　　国网××供电公司

发现	隐患简题	国网××供电公司2月5日110kV××线58号铁塔接地线外露锈蚀存在阻值超标的安全隐患			隐患来源	日常巡视	隐患原因	设备设施隐患
	隐患编号	国网××供电公司2016××××	隐患所在单位	输电运检室	专业分类	输电	详细分类	设备本体隐患
	发现人	×××	发现人单位	输电运检班	发现日期	2016-2-5		
	事故隐患内容	110kV××线58号铁塔接地线外露约1.5m，经检测接地电阻为28Ω，与原设计要求小于15Ω不符，由于该处属雷电多发区，存在接地电阻值超标、线路防雷标准降低，雷雨季节线路易遭受雷击的安全隐患。不符合《架空输电线路运行规程》5.5.1规定：“检测到的工频接地电阻值不应大于设计规定值。”依据《国家电网公司安全事故调查规程（2017修正版）》2.2.7.1：“35kV以上输变电设备异常运行或被迫停止运行，并造成减供负荷者”，构成七级电网事件						
	可能导致后果	七级电网事件			归属职能部门	运维检修		
预评估	预评估等级	一般隐患	预评估负责人签名	×××	预评估负责人签名日期	2016-2-5		
			运维室领导审核签名	×××	工区领导审核签名日期	2016-2-5		
评估	评估等级	一般隐患	评估负责人签名	×××	评估负责人签名日期	2016-2-6		
			评估领导审核签名	×××	评估领导审核签名日期	2016-2-7		
治理	治理责任单位	输电运检室		治理责任人	×××			
	治理期限	自	2016-2-5	至	2016-5-30			
	是否计划项目	是	是否完成计划外备案			计划编号	××××××	
	防控措施	（1）雷雨季节前，做好杆塔接地电阻值的跟踪检测，检查接地联板螺丝是否松动，对连接部分进行除锈处理，并对外露部分接地线采取添加煤渣深埋，以降低接地电阻。 （2）对110kV××线58号铁塔进行接地改进，装设接地模块						
	治理完成情况	5月8日，对110kV××线58号铁塔进行接地改进，装设接地模块，治理完成后经测量，铁塔接地阻值为8Ω，满足设计阻值小于15Ω要求。现申请对该隐患治理完成情况进行验收						
	隐患治理计划资金（万元）		0.10		累计落实隐患治理资金（万元）		0.10	
验收	验收申请单位	输电运检班	负责人	×××	签字日期	2016-5-8		
	验收组织单位	输电运检室						
	验收意见	5月8日，经输电运检室对国网××供电公司2016××××号隐患进行现场验收，治理完成情况属实，满足安全（生产）运行要求，该隐患已消除						
	结论	验收合格，治理措施已按要求实施，同意注销			是否消除	是		
	验收组长	×××			验收日期	2016-5-8		

一般隐患排查治理档案表（6）

2016年度　　　　　　　　　　　　　　　　　　　　　　　　　　　　　　国网××供电公司

阶段	项目							
发现	隐患简题	国网××供电公司8月5日110kV ××线31、45、49号绝缘子雷击自爆存在绝缘降低的安全隐患			隐患来源	事故分析	隐患原因	设备设施隐患
	隐患编号	国网××供电公司2016××××	隐患所在单位	输电运检室	专业分类	输电	详细分类	设备本体隐患
	发现人	×××	发现人单位	输电运检班	发现日期	2016-8-5		
	事故隐患内容	110kV ××线31、45、49号铁塔玻璃绝缘子计9片雷击自爆，由于该处地处雷击高发区，存在线路杆塔绝缘降低致绝缘子串雷击闪络跳闸的安全隐患。不符合《国家电网公司十八项电网重大反事故措施（修订版）及编制说明》6.3.2.5规定："加强瓷、玻璃绝缘子的检查，及时更换零值、低值及破损绝缘子。"依据《国家电网公司安全事故调查规程（2017修正版）》2.2.7.1："35kV以上输变电设备异常运行或被迫停止运行，并造成减供负荷者"，构成七级电网事件						
	可能导致后果	七级电网事件			归属职能部门	运维检修		
预评估	预评估等级	一般隐患	预评估负责人签名	×××	预评估负责人签名日期	2016-8-5		
			运维室领导审核签名	×××	工区领导审核签名日期	2016-8-5		
评估	评估等级	一般隐患	评估负责人签名	×××	评估负责人签名日期	2016-8-6		
			评估领导审核签名	×××	评估领导审核签名日期	2016-8-7		
治理	治理责任单位	输电运检室		治理责任人	×××			
	治理期限	自	2016-8-5	至	2016-9-30			
	是否计划项目	是	是否完成计划外备案			计划编号	××××××	
	防控措施	（1）雷雨季节前，做好自曝绝缘子的跟踪检查，开展接地电阻的测量工作，发现杆塔接地阻值超标，及时采取降低接地电阻。 （2）对110kV ××线31、45、49号铁塔三相绝缘子进行整体更换						
	治理完成情况	8月25日，采取带电作业方式对110kV ××线31、45、49号铁塔三相玻璃绝缘子进行了整体更换，经测量铁塔接地阻值为8Ω，满足设计阻值小于15Ω要求。现申请对该隐患治理完成情况进行验收						
	隐患治理计划资金（万元）		0.20		累计落实隐患治理资金（万元）		0.20	
验收	验收申请单位	输电运检室	负责人	×××	签字日期	2016-8-25		
	验收组织单位	运维检修部						
	验收意见	8月25日，经运维检修部对国网××供电公司2016××××号隐患进行现场验收，治理完成情况属实，满足安全（生产）运行要求，该隐患已消除						
	结论	验收合格，治理措施已按要求实施，同意注销			是否消除	是		
	验收组长	×××			验收日期	2016-8-25		

一般隐患排查治理档案表（7）

2016 年度　　　　国网××供电公司

阶段	项目							
发现	隐患简题	国网××供电公司3月5日110kV ××线43～47号复合绝缘子运行年限长存在老化的安全隐患			隐患来源	安全性评价	隐患原因	设备设施隐患
	隐患编号	国网××供电公司2016××××	隐患所在单位	输电运检室	专业分类	输电	详细分类	设备本体隐患
	发现人	×××	发现人单位	输电运检班	发现日期	2016-3-5		
	事故隐患内容	110kV ××线43～47号铁塔三相直线复合绝缘子运行时限超过21年，伞盘材料不同程度脆化、硬化、粉化或开裂，铁塔存在整体绝缘及防雷标准降低的安全隐患。不符合《交流复合绝缘子运行管理规程》6.3规定："运行中的复合绝缘子如出现伞盘材料脆化、硬化、粉化或开裂情况应退出运行。"依据《国家电网公司安全事故调查规程（2017修正版）》2.2.7.1："35kV以上输变电设备异常运行或被迫停止运行，并造成减供负荷者"，构成七级电网事件						
	可能导致后果	七级电网事件			归属职能部门	运维检修		
预评估	预评估等级	一般隐患	预评估负责人签名	×××	预评估负责人签名日期	2016-3-5		
			运维室领导审核签名	×××	工区领导审核签名日期	2016-3-5		
评估	评估等级	一般隐患	评估负责人签名	×××	评估负责人签名日期	2016-3-6		
			评估领导审核签名	×××	评估领导审核签名日期	2016-3-7		
治理	治理责任单位	输电运检室		治理责任人	×××			
	治理期限	自	2016-3-5	至	2016-5-30			
	是否计划项目	是	是否完成计划外备案			计划编号	××××××	
	防控措施	（1）利用红外测温技术检测复合绝缘子的局部发热情况，了解泄流电流大小，结合历史数据分析判断伞裙的裂化程度，以确定防范措施。 （2）在悬垂复合绝缘子上装设防鸟刺或在球头环下部安装防鸟害大伞盖，防止鸟粪闪络。 （3）雷雨季节前，重点加强运维监控，增加巡视频次，测量复合绝缘子憎水性，防止因绝缘降低，造成复合绝缘子雷击闪络						
	治理完成情况	5月15日，对110kV ××线43～47号铁塔三相劣化复合绝缘子进行了更换，并在球头环下部安装防鸟害大伞盖，满足线路安全运行条件。现申请对该隐患治理完成情况进行验收						
	隐患治理计划资金（万元）		0.40		累计落实隐患治理资金（万元）	0.40		
验收	验收申请单位	输电运检室	负责人	×××	签字日期	2016-5-15		
	验收组织单位	运维检修部						
	验收意见	5月15日，经运维检修部对国网××供电公司2016××××号隐患进行现场验收，治理完成情况属实，满足安全（生产）运行要求，该隐患已消除						
	结论	验收合格，治理措施已按要求实施，同意注销			是否消除	是		
	验收组长	×××			验收日期	2016-5-15		

一般隐患排查治理档案表（8）

2016 年度　　　　　　　　　　　　　　　　　　　　　　国网××供电公司

<table>
<tr><td rowspan="5">发现</td><td>隐患简题</td><td colspan="3">国网××供电公司 2 月 5 日 110kV ××线 71～86 号地处高海拔重冰区存在杆塔本体及导线覆冰安全隐患</td><td>隐患来源</td><td>安全性评价</td><td>隐患原因</td><td>电力安全隐患</td></tr>
<tr><td>隐患编号</td><td>国网××供电公司 2016××××</td><td>隐患所在单位</td><td>输电运检室</td><td>专业分类</td><td>输电</td><td>详细分类</td><td>设备本体隐患</td></tr>
<tr><td>发现人</td><td>×××</td><td>发现人单位</td><td>输电运检班</td><td>发现日期</td><td colspan="3">2016-2-5</td></tr>
<tr><td>事故隐患内容</td><td colspan="7">110kV ××线 71～86 号塔位地处海拔高度在 1300m 左右的重冰区，冬季可能引发绝缘子串覆冰闪络或因覆冰产生的不平衡张力，造成铁塔倾斜、倒塔。不符合《国家电网公司十八项电网重大反事故措施（修订版）及编制说明》6.5.2.2 规定：“对设计冰厚取值偏低、且未采取必要防覆冰措施的重冰区线路应逐步改造，提高抗冰能力。”依据《国家电网公司安全事故调查规程（2017 修正版）》2.2.7.1：“35kV 以上输变电设备异常运行或被迫停止运行，并造成减供负荷者”，构成七级电网事件</td></tr>
<tr><td>可能导致后果</td><td colspan="3">七级电网事件</td><td>归属职能部门</td><td colspan="3">运维检修</td></tr>
<tr><td rowspan="2">预评估</td><td rowspan="2">预评估等级</td><td rowspan="2">一般隐患</td><td>预评估负责人签名</td><td>×××</td><td>预评估负责人签名日期</td><td colspan="3">2016-2-5</td></tr>
<tr><td>运维室领导审核签名</td><td>×××</td><td>工区领导审核签名日期</td><td colspan="3">2016-2-5</td></tr>
<tr><td rowspan="2">评估</td><td rowspan="2">评估等级</td><td rowspan="2">一般隐患</td><td>评估负责人签名</td><td>×××</td><td>评估负责人签名日期</td><td colspan="3">2016-2-6</td></tr>
<tr><td>评估领导审核签名</td><td>×××</td><td>评估领导审核签名日期</td><td colspan="3">2016-2-7</td></tr>
<tr><td rowspan="6">治理</td><td>治理责任单位</td><td colspan="2">输电运检室</td><td>治理责任人</td><td colspan="4">×××</td></tr>
<tr><td>治理期限</td><td>自</td><td>2016-2-5</td><td>至</td><td colspan="4">2016-5-30</td></tr>
<tr><td>是否计划项目</td><td>是</td><td colspan="2">是否完成计划外备案</td><td></td><td>计划编号</td><td colspan="2">××××××</td></tr>
<tr><td>防控措施</td><td colspan="7">（1）冬季充分利用线路覆冰监测网络，合理布点，做好覆冰数据分析；尤其是大档距、大跨越处，做好重要覆冰点的监控。
（2）在绝缘子串悬挂点处增设一块防水挡板，防止冰雪融化时铁塔横担积水，造成冰水散落在绝缘子串上引起闪络。
（3）对重冰区铁塔每相绝缘子串进行技术改造，加装大盘经空气动力绝缘子</td></tr>
<tr><td>治理完成情况</td><td colspan="7">4 月 16 日，完成 110kV ××线 71～86 号重冰区绝缘子改造工作，在每相绝缘子串加装空气动力绝缘子 2 片、取掉原绝缘子 1 片，满足线路安全运行要求。现申请对该隐患治理完成情况进行验收</td></tr>
<tr><td colspan="2">隐患治理计划资金（万元）</td><td colspan="2">5.00</td><td colspan="2">累计落实隐患治理资金（万元）</td><td colspan="2">5.00</td></tr>
<tr><td rowspan="5">验收</td><td>验收申请单位</td><td>输电运检室</td><td>负责人</td><td>×××</td><td>签字日期</td><td colspan="3">2016-4-16</td></tr>
<tr><td>验收组织单位</td><td colspan="7">运维检修部</td></tr>
<tr><td>验收意见</td><td colspan="7">4 月 16 日，经运维检修部对国网××供电公司 2016××××号隐患进行现场验收，治理完成情况属实，满足安全（生产）运行要求，该隐患已消除</td></tr>
<tr><td>结论</td><td colspan="3">验收合格，治理措施已按要求实施，同意注销</td><td>是否消除</td><td colspan="3">是</td></tr>
<tr><td>验收组长</td><td colspan="3">×××</td><td>验收日期</td><td colspan="3">2016-4-16</td></tr>
</table>

一般隐患排查治理档案表（9）

2016 年度　　　　　　　　　　　　　　　　　　　　　　　　　　　　　　　　　　国网××供电公司

<table>
<tr><td rowspan="5">发现</td><td>隐患简题</td><td colspan="3">国网××供电公司 2 月 5 日 35kV ××线 20、31 号塔引流线并口线夹接点松动及护线条散股的安全隐患</td><td>隐患来源</td><td>日常巡视</td><td>隐患原因</td><td>设备设施隐患</td></tr>
<tr><td>隐患编号</td><td>国网××供电公司 2016××××</td><td>隐患所在单位</td><td>输电运检室</td><td>专业分类</td><td>输电</td><td>详细分类</td><td>设备本体隐患</td></tr>
<tr><td>发现人</td><td>×××</td><td>发现人单位</td><td>输电运检班</td><td>发现日期</td><td colspan="3">2016-2-5</td></tr>
<tr><td>事故隐患内容</td><td colspan="7">35kV ××线 20、31 号耐张塔引流线并口线夹接点松动、预绞丝护线条两端散股，存在脱线、断线的安全隐患，不符合《架空输电线路运行规程》5.4.6 d）规定：“金具内部不应出现内部严重烧伤、断股、压接不实。”依据《国家电网公司安全事故调查规程（2017 修正版）》2.2.7.1：“35kV 以上输变电设备异常运行或被迫停止运行，并造成减供负荷者”，构成七级电网事件</td></tr>
<tr><td>可能导致后果</td><td colspan="3">七级电网事件</td><td>归属职能部门</td><td colspan="3">运维检修</td></tr>
<tr><td rowspan="2">预评估</td><td rowspan="2">预评估等级</td><td rowspan="2">一般隐患</td><td>预评估负责人签名</td><td>×××</td><td>预评估负责人签名日期</td><td colspan="3">2016-2-5</td></tr>
<tr><td>运维室领导审核签名</td><td>×××</td><td>工区领导审核签名日期</td><td colspan="3">2016-2-5</td></tr>
<tr><td rowspan="2">评估</td><td rowspan="2">评估等级</td><td rowspan="2">一般隐患</td><td>评估负责人签名</td><td>×××</td><td>评估负责人签名日期</td><td colspan="3">2016-2-6</td></tr>
<tr><td>评估领导审核签名</td><td>×××</td><td>评估领导审核签名日期</td><td colspan="3">2016-2-7</td></tr>
<tr><td rowspan="6">治理</td><td>治理责任单位</td><td colspan="2">输电运检室</td><td>治理责任人</td><td colspan="4">×××</td></tr>
<tr><td>治理期限</td><td>自</td><td>2016-2-5</td><td>至</td><td colspan="4">2016-5-30</td></tr>
<tr><td>是否计划项目</td><td>是</td><td colspan="2">是否完成计划外备案</td><td></td><td>计划编号</td><td colspan="2">××××××</td></tr>
<tr><td>防控措施</td><td colspan="7">（1）日常巡视时，注意接点松动处电流声是否异常变大；大风天气下增加巡视频次，检查引流线是否因风摆，造成接点松动移位。
（2）对 35kV ××线 20、31 号耐张塔进行红外接点测温，一旦温度超标，立即落实处理</td></tr>
<tr><td>治理完成情况</td><td colspan="7">4 月 26 日，结合停电计划，对 35kV ××线 20、31 号耐张塔引流线并口线夹进行接点紧固，重新更换护线条，满足线路安全运行要求。现申请对该隐患治理完成情况进行验收</td></tr>
<tr><td colspan="2">隐患治理计划资金（万元）</td><td colspan="2">0.10</td><td colspan="2">累计落实隐患治理资金（万元）</td><td colspan="2">0.10</td></tr>
<tr><td rowspan="5">验收</td><td>验收申请单位</td><td>输电运检室</td><td>负责人</td><td>×××</td><td>签字日期</td><td colspan="3">2016-4-26</td></tr>
<tr><td>验收组织单位</td><td colspan="7">运维检修部</td></tr>
<tr><td>验收意见</td><td colspan="7">4 月 26 日，经运维检修部对国网××供电公司 2016××××号隐患进行现场验收，治理完成情况属实，满足安全（生产）运行要求，该隐患已消除</td></tr>
<tr><td>结论</td><td colspan="3">验收合格，治理措施已按要求实施，同意注销</td><td>是否消除</td><td colspan="3">是</td></tr>
<tr><td>验收组长</td><td colspan="3">×××</td><td>验收日期</td><td colspan="3">2016-4-26</td></tr>
</table>

7.1.9 易燃易爆物腐蚀性物质

一般隐患排查治理档案表

2016 年度　　　　国网××供电公司

发现	隐患简题	国网××供电公司 2 月 5 日 110kV ××线 3～17 号地处水泥厂污染地带存在绝缘子污秽闪络的安全隐患			隐患来源	日常巡视	隐患原因	设备设施隐患
	隐患编号	国网××供电公司 2016××××	隐患所在单位	输电运检室	专业分类	输电	详细分类	易燃易爆物腐蚀性物质
	发现人	×××	发现人单位	输电运维班	发现日期	2016-2-5		
	事故隐患内容	110kV ××线 3～17 号走径地处××水泥厂污染地带，计 15 基铁塔不同程度存在绝缘子串污秽，存在线路绝缘水平、防雷标准降低，引发绝缘子污闪或雷击跳闸的安全隐患。不符合《架空输电线路运行规程》4.9 规定："线路外绝缘的配置应在长期监测的基础上，结合运行经验，综合考虑防污、防雷、防风偏、防覆冰等因素。"依据《国家电网公司安全事故调查规程（2017 修正版）》2.2.7.1："35kV 以上输变电设备异常运行或被迫停止运行，并造成减供负荷者"，构成七级电网事件						
	可能导致后果	七级电网事件			归属职能部门	运维检修		
预评估	预评估等级	一般隐患	预评估负责人签名	×××	预评估负责人签名日期	2016-2-5		
			运维室领导审核签名	×××	工区领导审核签名日期	2016-2-5		
评估	评估等级	一般隐患	评估负责人签名	×××	评估负责人签名日期	2016-2-6		
			评估领导审核签名	×××	评估领导审核签名日期	2016-2-7		
治理	治理责任单位	输电运检室		治理责任人	×××			
	治理期限	自	2016-2-5	至	2016-5-30			
	是否计划项目	是	是否完成计划外备案			计划编号	××××××	
	防控措施	（1）雷雨季节前，开展污秽区铁塔接地电阻测量，发现阻值超标，及时采取降低接地电阻，防止绝缘子污秽闪络。 （2）对污秽区铁塔绝缘子串进行停电清扫；采取绝缘子串调爬或增加大盘经绝缘子措施。 （3）对污秽绝缘子采取盐密取样建档，掌握污秽区不同杆塔点污秽程度及发展规律						
	治理完成情况	5 月 15 日，完成对 110kV ××线 3～17 号计 15 基铁塔绝缘子串停电清扫及盐密取样建档工作，并对其中 3 基铁塔采取了调爬措施，满足线路安全运行条件。现申请对该隐患治理完成情况进行验收						
	隐患治理计划资金（万元）		0.50		累计落实隐患治理资金（万元）		0.50	
验收	验收申请单位	输电运检室	负责人	×××	签字日期	2016-5-15		
	验收组织单位	运维检修部						
	验收意见	5 月 15 日，经运维检修部对国网××供电公司 2016××××号隐患进行现场验收，治理完成情况属实，满足安全（生产）运行要求，该隐患已消除						
	结论	验收合格，治理措施已按要求实施，同意注销			是否消除	是		
	验收组长	×××			验收日期	2016-5-15		

7.1.10 安全标识

一般隐患排查治理档案表（1）

2016年度　　　　　　　　　　　　　　　　　　　　　　　　国网××检修公司

发现	隐患简题	国网××检修公司2月5日330kV ××线1～4号（共塔）存在色标脱落及杆号牌缺失的安全隐患			隐患来源	日常巡视	隐患原因	人身安全隐患
	隐患编号	国网××检修公司2016××××	隐患所在单位	××运维分部	专业分类	输电	详细分类	安全标识
	发现人	×××	发现人单位	××线路班	发现日期	2016-2-5		
	事故隐患内容	330kV ××线1～4号（共塔）色标漆模糊脱落、杆号牌缺失，若共塔线路一回停电检修、一回带电，存在检修作业人员误入共塔带电侧的安全隐患。不符合《架空输电线路运行规程》4.11规定："线路的杆塔上必须有线路名称、杆塔编号、相位以及必要的安全、保护等标志，同塔双回、多回线路应有醒目的标识。"依据《国家电网公司安全事故调查规程（2017修正版）》2.1相关条款，可能造成人身事故						
	可能导致后果	人身事故			归属职能部门	运维检修		
预评估	预评估等级	一般隐患	预评估负责人签名	×××	预评估负责人签名日期	2016-2-5		
			运维室领导审核签名	×××	工区领导审核签名日期	2016-2-5		
评估	评估等级	一般隐患	评估负责人签名	×××	评估负责人签名日期	2016-2-6		
			评估领导审核签名	×××	评估领导审核签名日期	2016-2-7		
治理	治理责任单位	输电运检室		治理责任人	×××			
	治理期限	自	2016-2-5	至	2016-5-30			
	是否计划项目	是	是否完成计划外备案			计划编号	××××××	
	防控措施	（1）在塔身明显处用记号笔、补漆笔等涂刷色标和杆号。 （2）在登杆作业前，仔细核对杆号和色标，必要时利用相邻杆塔色标和杆号进行比对。 （3）共塔线路一回停电检修、一回带电，塔上作业必须设专职监护人，防止作业人员误入共塔带电侧						
	治理完成情况	3月5日，对330kV ××线1～4号（共塔）重新涂刷了色标并补装了杆号牌，满足安全运行要求。现申请对该隐患治理完成情况进行验收						
	隐患治理计划资金（万元）		0.20		累计落实隐患治理资金（万元）		0.20	
验收	验收申请单位	××线路班	负责人	×××	签字日期	2016-3-5		
	验收组织单位	××运维分部						
	验收意见	3月5日，经××运维分部对国网××检修公司2016××××号隐患进行现场验收，治理完成情况属实，满足安全（生产）运行要求，该隐患已消除						
	结论	验收合格，治理措施已按要求实施，同意注销			是否消除	是		
	验收组长	×××			验收日期	2016-3-5		

一般隐患排查治理档案表（2）

2016年度　　　　　　　　　　　　　　　　　　　　　　　　国网××供电公司

发现	隐患简题	国网××供电公司4月5日110kV ××线18～19号跨越鱼塘存在安全警示标识缺失的安全隐患			隐患来源	日常巡视	隐患原因	人身安全隐患
	隐患编号	国网××供电公司2016××××	隐患所在单位	输电运检室	专业分类	输电	详细分类	安全标识
	发现人	×××	发现人单位	输电运维班	发现日期	2016-4-5		
	事故隐患内容	110kV ××线18～19号跨越池塘，其中18号距离池塘约25m，其铁塔上原装设的禁止垂钓安全警示牌缺失，存在垂钓人员鱼竿或鱼线碰触带电导线的安全隐患。不符合《架空输电线路运行规程》4.11规定："线路的杆塔上必须有线路名称、杆塔编号、相位以及必要的安全、保护等标志，同塔双回、多回线路应有醒目的标识"；《陕西省电力设施和电能保护条例》第十三条规定："任何单位和个人不得在架空线路保护区内燃放烟花爆竹或悬挂气球、放风筝、垂钓；不得攀登变压器台架、杆塔和拉线。"若因安全警示不到位，发生垂钓人员鱼竿或鱼线碰触带电导线，造成人员意外伤害，引起社会纠纷舆情，依据《国家电网公司安全隐患排查治理管理办法》第五条中（三）："其他对社会造成影响事故的隐患"，构成一般事故隐患						
	可能导致后果	一般事故隐患			归属职能部门	运维检修		
预评估	预评估等级	一般隐患	预评估负责人签名	×××	预评估负责人签名日期	2016-4-5		
			运维室领导审核签名	×××	工区领导审核签名日期	2016-4-5		
评估	评估等级	一般隐患	评估负责人签名	×××	评估负责人签名日期	2016-4-6		
			评估领导审核签名	×××	评估领导审核签名日期	2016-4-7		
治理	治理责任单位	输电运检室		治理责任人	×××			
	治理期限	自	2016-4-5	至	2016-5-30			
	是否计划项目	是	是否完成计划外备案			计划编号	××××××	
	防控措施	（1）落实企业法律主体责任，对池塘业主下达《安全隐患告知书》，告知其危害性，责令其加强对鱼塘的管理，禁止在电力设施保护区内垂钓，并在18号铁塔上或池塘醒目区域设置安全警示标识。 （2）组织对线路沿线、集镇、学校、厂矿，尤其是沿线农家乐垂钓池塘开展电力设施保护宣传						
	治理完成情况	4月25日，对110kV ××线18号铁塔上补装了"禁止在电力设施保护区内进行垂钓"的安全警示牌，并在池塘边栽立"安全温馨警示牌"两块，目前业主已将鱼塘改种为莲藕，满足线路安全运行要求。现申请对该隐患治理完成情况进行验收						
	隐患治理计划资金（万元）		0.20		累计落实隐患治理资金（万元）		0.20	
验收	验收申请单位	输电运维班	负责人	×××	签字日期	2016-4-25		
	验收组织单位	输电运检室						
	验收意见	4月25日，经输电运检室对国网××供电公司2016××××号隐患进行现场验收，治理完成情况属实，满足安全（生产）运行要求，该隐患已消除						
	结论	验收合格，治理措施已按要求实施，同意注销			是否消除	是		
	验收组长	×××			验收日期	2016-4-25		

7.1.11 塔材被盗

一般隐患排查治理档案表

2016年度　　　　国网××供电公司

<table>
<tr><td rowspan="5">发现</td><td>隐患简题</td><td colspan="3">国网××供电公司2月5日35kV ××线19号塔材及脚钉缺失存在铁塔稳定性降低的安全隐患</td><td>隐患来源</td><td>日常巡视</td><td>隐患原因</td><td>电力安全隐患</td></tr>
<tr><td>隐患编号</td><td>国网××供电公司2016××××</td><td>隐患所在单位</td><td>输电运检室</td><td>专业分类</td><td>输电</td><td>详细分类</td><td>塔材被盗</td></tr>
<tr><td>发现人</td><td>×××</td><td>发现人单位</td><td>输电运维班</td><td>发现日期</td><td colspan="3">2016-2-5</td></tr>
<tr><td>事故隐患内容</td><td colspan="7">35kV ××线19号塔身斜材被盗8块、脚钉被盗12个，存在因铁塔稳定性降低而导致倒塔断线的安全隐患。不符合《架空输电线路运行规程》第二十九条（一）3小项规定：“杆塔、拉线各附件连接与固定是否良好，螺栓、螺帽、脚钉、铁附件等有无缺失”；《电力设施保护条例及实施细则》第三章十四条（十）小条规定：“拆卸杆塔或拉线上的器材，移动、损坏永久性标志或标志牌。”依据《国家电网公司安全事故调查规程（2017修正版）》2.3.7.2（4）：“35kV以上220kV以下输电线路倒塔”，构成七级设备事件</td></tr>
<tr><td>可能导致后果</td><td colspan="3">七级设备事件</td><td>归属职能部门</td><td colspan="3">运维检修</td></tr>
<tr><td rowspan="2">预评估</td><td rowspan="2">预评估等级</td><td rowspan="2">一般隐患</td><td>预评估负责人签名</td><td>×××</td><td>预评估负责人签名日期</td><td colspan="3">2016-2-5</td></tr>
<tr><td>运维室领导审核签名</td><td>×××</td><td>工区领导审核签名日期</td><td colspan="3">2016-2-5</td></tr>
<tr><td rowspan="2">评估</td><td rowspan="2">评估等级</td><td rowspan="2">一般隐患</td><td>评估负责人签名</td><td>×××</td><td>评估负责人签名日期</td><td colspan="3">2016-2-6</td></tr>
<tr><td>评估领导审核签名</td><td>×××</td><td>评估领导审核签名日期</td><td colspan="3">2016-2-7</td></tr>
<tr><td rowspan="6">治理</td><td>治理责任单位</td><td colspan="2">输电运检室</td><td>治理责任人</td><td colspan="4">×××</td></tr>
<tr><td>治理期限</td><td>自</td><td>2016-2-5</td><td>至</td><td colspan="4">2016-3-31</td></tr>
<tr><td>是否计划项目</td><td>是</td><td colspan="2">是否完成计划外备案</td><td></td><td>计划编号</td><td colspan="2">××××××</td></tr>
<tr><td>防控措施</td><td colspan="7">（1）向当地公安机构报案、备案，打击破坏电力设施不法分子。
（2）在外破易发区杆塔上安装安全警示牌，加强对电缆盗窃和破坏电力基础设施保护宣传</td></tr>
<tr><td>治理完成情况</td><td colspan="7">3月5日，对35kV ××线19号铁塔缺失的塔材和脚钉进行了补装、加装防盗螺帽，并装设了安全警示牌，满足线路安全运行要求。现申请对该隐患治理完成情况进行验收</td></tr>
<tr><td colspan="2">隐患治理计划资金（万元）</td><td colspan="2">0.10</td><td colspan="2">累计落实隐患治理资金（万元）</td><td colspan="2">0.10</td></tr>
<tr><td rowspan="5">验收</td><td>验收申请单位</td><td>输电运维班</td><td>负责人</td><td>×××</td><td>签字日期</td><td colspan="3">2016-3-5</td></tr>
<tr><td>验收组织单位</td><td colspan="7">输电运检室</td></tr>
<tr><td>验收意见</td><td colspan="7">3月5日，经输电运检室对国网××供电公司2016××××号隐患进行现场验收，治理完成情况属实，满足安全（生产）运行要求，该隐患已消除</td></tr>
<tr><td>结论</td><td colspan="3">验收合格，治理措施已按要求实施，同意注销</td><td>是否消除</td><td colspan="3">是</td></tr>
<tr><td>验收组长</td><td colspan="3">×××</td><td>验收日期</td><td colspan="3">2016-3-5</td></tr>
</table>

7.2 变电运行

7.2.1 附属设备类

7.2.1.1 建、构筑物

一般隐患排查治理档案表（1）

2016 年度　　　　　　　　　　　　　　　　　　　　　　　　　　　　　国网××供电公司

发现	隐患简题	国网××供电公司8月22日110kV××变龙门钢管构架存在多处锈蚀穿孔的安全隐患			隐患来源	安全性评价	隐患原因	设备设施隐患
	隐患编号	国网××供电公司2016××××	隐患所在单位	变电运维室	专业分类	变电	详细分类	建、构筑物
	发现人	×××	发现人单位	××变电运维班	发现日期	2016-8-22		
	事故隐患内容	110kV××变电站龙门钢管构架存在五处锈蚀穿孔，其中锈蚀截面超过1/3的2处，未超过1/3的3处，存在影响构支架强度稳定性的安全隐患，不符合《国家电网公司十八项电网重大反事故措施（修订版）及编制说明》6.1.3.5规定：“开展金属件技术监督，加强铁塔、金具、导地线腐蚀状况的观测，必要时进行防腐处理，对于运行年限较长、出现腐蚀严重、有效截面损失较多、强度下降严重的，应及时更换。有可能造成龙门钢管构架锈蚀断裂。”依据《国家电网公司安全事故调查规程（2017修正版）》2.2.6.2：“变电站内110kV母线非计划全停”，构成六级电网事件						
	可能导致后果	六级电网事件			归属职能部门	运维检修		
预评估	预评估等级	一般隐患	预评估负责人签名	×××	预评估负责人签名日期	2016-8-22		
			工区领导审核签名	×××	工区领导审核签名日期	2016-8-23		
评估	评估等级	一般隐患	评估负责人签名	×××	评估负责人签名日期	2016-8-24		
			评估领导审核签名	×××	评估领导审核签名日期	2016-8-25		
治理	治理责任单位	变电运维室		治理责任人	×××			
	治理期限	自	2016-8-22	至	2016-10-31			
	是否计划项目	是	是否完成计划外备案			计划编号	××××××	
	防控措施	（1）每周对110kV××变电站龙门钢管构架进行巡视一次，记录锈蚀部位发展趋势。 （2）对龙门构架锈蚀部位进行受力强度检测，达不到要求时立刻采取临时加固措施						
	治理完成情况	10月3日至10月12日，结合停电检修工作，对110kV××变电站龙门钢管构架锈蚀穿孔截面未达到架构有效截面1/3的3处进行除锈焊接加固、超过1/3的2处进行了更换处理，治理完成后满足设备安全运行要求。现申请对该隐患治理完成情况进行验收						
	隐患治理计划资金（万元）		7.50		累计落实隐患治理资金（万元）		7.50	
验收	验收申请单位	变电运维室	负责人	×××	签字日期	2016-10-12		
	验收组织单位	运维检修部						
	验收意见	10月12日，经运维检修部对国网××供电公司2016××××号隐患进行现场验收，治理完成情况属实，满足安全（生产）运行要求，该隐患已消除						
	结论	验收合格，治理措施已按要求实施，同意注销			是否消除	是		
	验收组长	×××			验收日期	2016-10-12		

一般隐患排查治理档案表（2）

2016年度　　　　　　　　　　　　　　　　　　　　　　　　　　　　　　　　国网××供电公司

<table>
<tr><td rowspan="5">发现</td><td>隐患简题</td><td colspan="3">国网××供电公司2月14日110kV ××变高压室存在地基开裂、墙屋面渗漏的安全隐患</td><td>隐患来源</td><td>日常巡视</td><td>隐患原因</td><td>设备设施隐患</td></tr>
<tr><td>隐患编号</td><td>国网××供电公司2016××××</td><td>隐患所在单位</td><td>变电运维室</td><td>专业分类</td><td>变电</td><td>详细分类</td><td>建、构筑物</td></tr>
<tr><td>发现人</td><td>×××</td><td>发现人单位</td><td>××变电运维班</td><td>发现日期</td><td colspan="3">2016-2-14</td></tr>
<tr><td>事故隐患内容</td><td colspan="7">110kV ××变电站投运时间近25年，现35kV高压室左侧地基开裂宽度0.5cm、长度5m、屋面SBS材料老化、龟裂以及墙面雨水渗漏。暴雨季节有可能造成墙体沉降错位坍塌或墙屋面渗漏造成设备接地短路，不符合《国家电网公司变电运维管理规定（试行）第27分册土建设施运维细则》2.2.1.2～2.2.1.4规定："屋面无积水、裂痕、渗漏、鼓肚等；外墙粘贴牢固，无空鼓、裂纹、破损等；内墙表面清洁，无泛碱、掉皮、裂纹等。"依据《国家电网公司安全事故调查规程（2017修正版）》2.3.7.1："造成10万元以上20万元以下直接经济损失者"，构成七级设备事件</td></tr>
<tr><td>可能导致后果</td><td colspan="3">七级设备事件</td><td>归属职能部门</td><td colspan="3">运维检修</td></tr>
<tr><td rowspan="2">预评估</td><td rowspan="2">预评估等级</td><td rowspan="2">一般隐患</td><td>预评估负责人签名</td><td>×××</td><td>预评估负责人签名日期</td><td colspan="3">2016-2-14</td></tr>
<tr><td>运维室领导审核签名</td><td>×××</td><td>工区领导审核签名日期</td><td colspan="3">2016-2-15</td></tr>
<tr><td rowspan="2">评估</td><td rowspan="2">评估等级</td><td rowspan="2">一般隐患</td><td>评估负责人签名</td><td>×××</td><td>评估负责人签名日期</td><td colspan="3">2016-2-16</td></tr>
<tr><td>评估领导审核签名</td><td>×××</td><td>评估领导审核签名日期</td><td colspan="3">2016-2-17</td></tr>
<tr><td rowspan="6">治理</td><td>治理责任单位</td><td colspan="2">变电运维室</td><td>治理责任人</td><td colspan="4">×××</td></tr>
<tr><td>治理期限</td><td>自</td><td>2016-2-14</td><td>至</td><td colspan="4">2016-5-30</td></tr>
<tr><td>是否计划项目</td><td>是</td><td colspan="2">是否完成计划外备案</td><td></td><td>计划编号</td><td colspan="2">××××××</td></tr>
<tr><td>防控措施</td><td colspan="7">（1）永久治理前，雨季期间利用防雨设施做好屋面防漏措施，更换落水管道，防止雨水流入开裂地基，造成地基沉降，对存在龟裂或老化的墙面采取支撑紧固措施，同时落实班组隐患公示，实施隐患动态监控。
（2）做好现场情况勘察，对110kV ××变35kV高压室开裂地基进行加固、墙屋面进行防渗漏处理</td></tr>
<tr><td>治理完成情况</td><td colspan="7">5月6日至5月18日，对110kV ××变电站35kV高压室四周地基进行了加固，屋面重新敷设SBS防水材料，墙面进行防水处理并粉刷，治理完成后满足设备安全运行要求。现申请对该隐患治理完成情况进行验收</td></tr>
<tr><td colspan="2">隐患治理计划资金（万元）</td><td colspan="2">6.00</td><td colspan="2">累计落实隐患治理资金（万元）</td><td colspan="2">6.00</td></tr>
<tr><td rowspan="5">验收</td><td>验收申请单位</td><td>变电运维室</td><td>负责人</td><td>×××</td><td>签字日期</td><td colspan="3">2016-5-18</td></tr>
<tr><td>验收组织单位</td><td colspan="7">运维检修部</td></tr>
<tr><td>验收意见</td><td colspan="7">5月18日，经运维检修部对国网××供电公司2016××××号隐患进行现场验收，治理完成情况属实，满足安全（生产）运行要求，该隐患已消除</td></tr>
<tr><td>结论</td><td colspan="3">验收合格，治理措施已按要求实施，同意注销</td><td>是否消除</td><td colspan="3">是</td></tr>
<tr><td>验收组长</td><td colspan="3">×××</td><td>验收日期</td><td colspan="3">2016-5-18</td></tr>
</table>

7.2.1.2 构筑物区域地质灾害

一般隐患排查治理档案表

2016 年度　　　　　　　　　　　　　　　　　　　　　　　　　　　　　国网××供电公司

发现	隐患简题	国网××供电公司4月22日110kV ××变围墙紧邻山坡河沟，站内设备区地面存在开裂、沉降的安全隐患			隐患来源	安全性评价	隐患原因	电力安全隐患
	隐患编号	国网××供电公司2016××××	隐患所在单位	变电运维室	专业分类	变电	详细分类	构筑物区域地质灾害
	发现人	×××	发现人单位	××变电运维班	发现日期	2016-4-22		
	事故隐患内容	110kV ××变电站围墙紧邻山坡河沟边，受雨季河沟冲刷的影响，加之站内原土为典型的湿陷性黄土，具有强膨胀性，目前该站内110kV设备区混凝土地面存在开裂、沉降下陷，其中沉降凹陷面积达12m²，在雨季时因雨水、积水灌入，不易排出极易加剧地面沉降凹陷，存在影响110kV设备区构架基础稳定性的安全隐患。不符合《国家电网公司防止变电站全停十六项措施（试行）》16.6.3规定："运维单位应结合实际制定防止构支架倾斜倒塌事故措施，定期开展设备构支架、基础巡视，密切监视地基沉降程度，发现问题及时处理。"若暴雨季节沉降凹陷进一步加剧，造成110kV ××变电站设备区构架基础塌陷及110kV变电站全停，依据《国家电网公司安全事故调查规程（2017修正版）》2.2.6.2："变电站内110kV母线非计划全停"，构成六级电网事件						
	可能导致后果	六级电网事件			归属职能部门	运维检修		
预评估	预评估等级	一般隐患	预评估负责人签名	×××	预评估负责人签名日期	2016-4-22		
			工区领导审核签名	×××	工区领导审核签名日期	2016-4-22		
评估	评估等级	一般隐患	评估负责人签名	×××	评估负责人签名日期	2016-4-23		
			评估领导审核签名	×××	评估领导审核签名日期	2016-4-24		
治理	治理责任单位	变电运维室		治理责任人	×××			
	治理期限	自	2016-4-22	至	2016-6-30			
	是否计划项目	是	是否完成计划外备案			计划编号	××××××	
	防控措施	（1）永久治理前，对站内110kV设备区、站外围墙基础边河道及周边山体每周进行一次巡视。 （2）汛期做好对站外周边山体地表土层的观测，打滑坡观测桩；对站内凹陷沉降区域铺设防雨布，做好排水引导，防止站内设备区积水。 （3）做好110kV ××变电站防凹陷沉降、滑坡应急物资储备工作，汛期来临前开展应急演练。 （4）期间对涉及站内一次设备停电检修，及时进行风险预警发布。 （5）编制构架凹陷沉降应急处置预案，若设备区构架沉降加剧，立即启动应急处置预案，发布电网运行风险预警，同时进行负荷转移						
	治理完成情况	5月8日至6月10日，对110kV ××变电站内地面开裂、凹陷区域进行开挖，清除膨胀性原土，采用300mm厚3∶7灰土分层夯实，灰土垫层上铺设200mm厚碎石垫层，配砂砾石夯实，砂砾石垫层上采用0.15m厚C20砼封闭，横纵方向每隔5m设伸缩缝一道，缝宽0.02m，缝内填充沥青，最后采用150mm厚C25混凝土封闭。同时对站外地基采用混凝土加固，增加排水设施导引，防止汛期河道冲刷站基。治理完成后满足设备安全运行条件。现申请对该隐患治理完成情况进行验收						
	隐患治理计划资金（万元）	18.00		累计落实隐患治理资金（万元）	19.50			
验收	验收申请单位	变电运维室	负责人	×××	签字日期	2016-6-10		
	验收组织单位	运维检修部						
	验收意见	6月11日，经运维检修部对国网××供电公司2016××××号隐患进行现场验收，治理完成情况属实，满足安全（生产）运行要求，该隐患已消除						
	结论	验收合格，治理措施已按要求实施，同意注销			是否消除	是		
	验收组长	×××			验收日期	2016-6-11		

7.2.1.3 电缆沟道

一般隐患排查治理档案表

2016 年度

国网××供电公司

发现	隐患简题	国网××供电公司 8 月 22 日 110kV ××变电站 110kV 出线电缆沟道未设置防火隔离段的安全隐患			隐患来源	安全检查	隐患原因	电力安全隐患
	隐患编号	国网××供电公司 2016××××	隐患所在单位	变电运维室	专业分类	变电	详细分类	电缆沟道
	发现人	×××	发现人单位	××变电运维班	发现日期	2016-8-22		
	事故隐患内容	110kV ××变电站一次电缆设施沟道长 100m，内有 110kV 出现电缆未设置防火隔离段，不符合《电力设备典型消防规程》（DL 5027—2015）10.5.14 规定："电缆隧道的下列部位宜设置防火分隔，采用防火墙上设置防火门的形式：5 电缆交叉、密集部位，间隔不大于 60m。"若突发火险，依据《国家电网公司安全事故调查规程（2017 修正版）》2.2.7.1："35kV 以上输变电设备异常运行或被迫停止运行，并造成减供负荷者"，构成七级电网事件						
	可能导致后果	七级电网事件			归属职能部门	运维检修		
预评估	预评估等级	一般隐患	预评估负责人签名	×××	预评估负责人签名日期	2016-8-22		
			工区领导审核签名	×××	工区领导审核签名日期	2016-8-23		
评估	评估等级	一般隐患	评估负责人签名	×××	评估负责人签名日期	2016-8-25		
			评估领导审核签名	×××	评估领导审核签名日期	2016-8-26		
治理	治理责任单位	变电运维室		治理责任人	×××			
	治理期限	自	2016-8-22	至	2016-10-31			
	是否计划项目	是	是否完成计划外备案			计划编号	××××××	
	防控措施	（1）永久治理前，增加巡视频次，每周对 110kV ××变电站一次电缆沟道进行一次巡视，做好对电缆沟道内有害气体检测。 （2）编制火灾应急预案，组织进行防火演练。 （3）在电缆沟道内直线距离每隔 60m 增设防火隔离段						
	治理完成情况	10 月 10 日至 10 月 12 日，对 110kV ××变电站一次电缆沟道进行防火处理，直线距离每隔 60m 增设防火隔离段，治理完成后满足设备安全运行要求。现申请对该隐患治理完成情况进行验收						
	隐患治理计划资金（万元）	0.80		累计落实隐患治理资金（万元）	0.60			
验收	验收申请单位	变电运维室	负责人	×××	签字日期	2016-10-12		
	验收组织单位	运维检修部						
	验收意见	10 月 13 日，经运维检修部对国网××供电公司 2016××××号隐患进行现场验收，治理完成情况属实，满足安全（生产）运行要求，该隐患已消除						
	结论	验收合格，治理措施已按要求实施，同意注销			是否消除	是		
	验收组长	×××			验收日期	2016-10-13		

7.2.2 外部环境类

7.2.2.1 外力破坏

一般隐患排查治理档案表

国网××供电公司

2016 年度

发现	隐患简题	国网××供电公司 8 月 5 日 110kV ××变电站围墙外存在彩钢板棚的安全隐患			隐患来源	日常巡视	隐患原因	电力安全隐患
	隐患编号	国网××供电公司 2016××××	隐患所在单位	变电运维室	专业分类	变电	详细分类	外力破坏
	发现人	×××	发现人单位	××变电运维班	发现日期	2016-8-5		
	事故隐患内容	110kV ××变电站 110kV 设备区围墙外 2.5m 处汽修厂搭设彩钢板棚，威胁站内设备安全运行，大风天气下存在彩钢板刮起落至站内带电设备上的安全隐患，违反《陕西省电力设施和电能保护条例》第二章十八条规定："电力企业发现在电力设施保护区内修建危及电力设施安全的建筑物、构筑物以及其他危及电力设施安全行为的，有权要求当事人停止作业、恢复原状、消除危险，并报电力行政主管部门依法处理。"依据《国家电网公司安全事故调查规程（2017 修正版）》2.2.7.1："35kV 以上输变电设备异常运行或被迫停止运行，并造成减供负荷者"，构成七级电网事件						
	可能导致后果	七级电网事件			归属职能部门	运维检修		
预评估	预评估等级	一般隐患	预评估负责人签名	×××	预评估负责人签名日期	2016-8-5		
			工区领导审核签名	×××	工区领导审核签名日期	2016-8-5		
评估	评估等级	一般隐患	评估负责人签名	×××	评估负责人签名日期	2016-8-6		
			评估领导审核签名	×××	评估领导审核签名日期	2016-8-6		
治理	治理责任单位	变电运维室		治理责任人	×××			
	治理期限	自	2016-8-5	至	2016-9-30			
	是否计划项目	是	是否完成计划外备案			计划编号	××××××	
	防控措施	（1）立即向违建户下达《安全隐患告知书》，责令其对彩钢板进行拆除，同时对变电站周围群众进行电力设施保护宣传。 （2）向当地政府安全监察部门上报备案，协助对彩钢板棚进行拆除，期间做好对彩钢板固定措施，防止大风天气造成彩钢板刮落至站内带电设备上						
	治理完成情况	8 月 26 日，国网××供电公司会同当地政府安监局执法大队开展联合执法，在运维人员的监督下，违建户将搭设彩钢板棚拆除，治理完成后 110kV ××变电站围墙周围无其他危险设施。现申请对该隐患治理完成情况进行验收						
	隐患治理计划资金（万元）		0.00		累计落实隐患治理资金（万元）		0.00	
验收	验收申请单位	变电运维室	负责人	×××	签字日期	2016-8-26		
	验收组织单位	运维检修部						
	验收意见	8 月 26 日，经运维检修部对国网××供电公司 2016××××号隐患进行现场验收，治理完成情况属实，满足安全（生产）运行要求，该隐患已消除						
	结论	验收合格，治理措施已按要求实施，同意注销			是否消除	是		
	验收组长	×××			验收日期	2016-8-26		

7.2.2.2 异物搭接

一般隐患排查治理档案表

2016 年度

国网××供电公司

<table>
<tr><td rowspan="5">发现</td><td>隐患简题</td><td colspan="3">国网××供电公司 5 月 4 日 110kV ××变构架上筑有鸟巢，存在异物搭接及鸟粪闪络的安全隐患</td><td>隐患来源</td><td>日常巡视</td><td>隐患原因</td><td>电力安全隐患</td></tr>
<tr><td>隐患编号</td><td>国网××供电公司 2016××××</td><td>隐患所在单位</td><td>变电运维室</td><td>专业分类</td><td>变电</td><td>详细分类</td><td>异物搭接</td></tr>
<tr><td>发现人</td><td>×××</td><td>发现人单位</td><td>××变电运维班</td><td>发现日期</td><td colspan="3">2016-5-4</td></tr>
<tr><td>事故隐患内容</td><td colspan="7">110kV ××变电站地处生态保护区，周围鸟类活动频繁，现站内线路构架上筑有鸟巢 3 个，鸟类筑巢所用材料大多为树枝与细小金属丝，存在树枝、金属丝掉落后搭接带电设备以及鸟粪闪络的安全隐患。不符合《国家电网公司十八项电网重大反事故措施（修订版）及编制说明》6.6.2.1 规定：“鸟害多发区线路应及时安装防鸟装置，如防鸟刺、防鸟挡板、悬垂串第一片绝缘子采用大盘径绝缘子、复合绝缘子横担侧采用防鸟型均压环等。对已安装的防鸟装置应加强检查和维护，及时更换失效防鸟装置。”依据《国家电网公司安全事故调查规程（2017 修正版）》2.2.7.1：“35kV 以上输变电设备异常运行或者被迫停止运行，并造成减供负荷者”，构成七级电网事件</td></tr>
<tr><td>可能导致后果</td><td colspan="3">七级电网事件</td><td>归属职能部门</td><td colspan="3">运维检修</td></tr>
<tr><td rowspan="2">预评估</td><td rowspan="2">预评估等级</td><td rowspan="2">一般隐患</td><td>预评估负责人签名</td><td>×××</td><td>预评估负责人签名日期</td><td colspan="3">2016-5-4</td></tr>
<tr><td>工区领导审核签名</td><td>×××</td><td>工区领导审核签名日期</td><td colspan="3">2016-5-5</td></tr>
<tr><td rowspan="2">评估</td><td rowspan="2">评估等级</td><td rowspan="2">一般隐患</td><td>评估负责人签名</td><td>×××</td><td>评估负责人签名日期</td><td colspan="3">2016-5-6</td></tr>
<tr><td>评估领导审核签名</td><td>×××</td><td>评估领导审核签名日期</td><td colspan="3">2016-5-7</td></tr>
<tr><td rowspan="6">治理</td><td>治理责任单位</td><td colspan="2">变电运维室</td><td>治理责任人</td><td colspan="4">×××</td></tr>
<tr><td>治理期限</td><td>自</td><td>2016-5-4</td><td>至</td><td colspan="4">2016-5-30</td></tr>
<tr><td>是否计划项目</td><td>是</td><td colspan="2">是否完成计划外备案</td><td></td><td>计划编号</td><td colspan="2">××××××</td></tr>
<tr><td>防控措施</td><td colspan="7">（1）清除变电站内线路构架上鸟巢，并安装防鸟装置。
（2）对变电站外周边鸟巢进行清理，防止鸟类来回飞往时，口衔树枝或金属丝掉落站内带电设备上</td></tr>
<tr><td>治理完成情况</td><td colspan="7">5 月 20 日，完成 110kV ××变电站线路构架上 3 个鸟巢的清理工作，并在站内的 4 个线路构架上安装了防鸟装置；同时对变电站外周围 5 个鸟巢进行了清理，目前变电站内已无鸟类活动痕迹，治理完成后满足设备安全运行要求。现申请对该隐患治理完成情况进行验收</td></tr>
<tr><td colspan="2">隐患治理计划资金（万元）</td><td colspan="2">0.25</td><td colspan="2">累计落实隐患治理资金（万元）</td><td colspan="2">0.25</td></tr>
<tr><td rowspan="5">验收</td><td>验收申请单位</td><td>变电运维室</td><td>负责人</td><td>×××</td><td>签字日期</td><td colspan="3">2016-5-20</td></tr>
<tr><td>验收组织单位</td><td colspan="7">运维检修部</td></tr>
<tr><td>验收意见</td><td colspan="7">5 月 21 日，经运维检修部对国网××供电公司 2016××××号隐患进行现场验收，治理完成情况属实，满足安全（生产）运行要求，该隐患已消除</td></tr>
<tr><td>结论</td><td colspan="3">验收合格，治理措施已按要求实施，同意注销</td><td>是否消除</td><td colspan="3">是</td></tr>
<tr><td>验收组长</td><td colspan="3">×××</td><td>验收日期</td><td colspan="3">2016-5-21</td></tr>
</table>

7.2.2.3 内涝灾害

一般隐患排查治理档案表

2016 年度　　　　　　　　　　　　　　　　　　　　　　　　　　　　　　　　　国网××供电公司

发现	隐患简题	国网××供电公司 5 月 5 日 110kV ××变电站 35kV 出线电缆沟道存在排水不畅的安全隐患			隐患来源	安全检查	隐患原因	电力安全隐患
	隐患编号	××供电公司 2016××××	隐患所在单位	变电运维室	专业分类	变电	详细分类	内涝灾害
	发现人	×××	发现人单位	变电运维班	发现日期	2016-5-5		
	事故隐患内容	110kV ××变电站 35kV 出线电缆沟道相对于站外地面地势低 0.1m，电缆沟道走径比外部排水管道低 0.05m，且电缆沟道及夹层位于站内地下室内，汛期雨水倒灌与底部渗水现象严重，电缆沟长期处于潮湿环境，其 35kV 开关柜内湿度超过 80%RH，存在致一次设备放电短路的安全隐患。不符合《国家电网公司电力电缆及通道运维规程（2014 修订版）》5.6.1 一般规定：“j）电缆通道采用钢筋混凝土型式时，其伸缩（变形）缝应满足密封、防水、适应变形、施工方便、检修容易等要求，施工缝、穿墙管、预留孔等细部结构应采取相应的止水、防水措施；k）电缆通道所有管孔（含已敷设电缆）和电缆通道与变、配电站（室）连接处均应采用阻水法兰等措施进行防水封堵。”依据《国家电网公司安全事故调查规程（2017 修正版）》2.2.7.1：“35kV 以上输变电设备异常停运或被迫停止运行，并造成减供负荷者”，构成七级电网事件						
	可能导致后果	七级电网事件			归属职能部门	运维检修		
预评估	预评估等级	一般隐患	预评估负责人签名	×××	预评估负责人签名日期	2016-5-5		
			工区领导审核签名	×××	工区领导审核签名日期	2016-5-5		
评估	评估等级	一般隐患	评估负责人签名	×××	评估负责人签名日期	2016-5-6		
			评估领导审核签名	×××	评估领导审核签名日期	2016-5-6		
治理	治理责任单位	变电运维室		治理责任人	×××			
	治理期限	自	2016-5-5	至	2016-8-31			
	是否计划项目	是	是否完成计划外备案			计划编号	××××××	
	防控措施	（1）运维人员每周对电缆沟道巡视一次，汛期增加巡视频次，每日对电缆沟巡视一次，观察积水情况。 （2）做好排水引导，对电缆沟道积水进行抽排。 （3）在 35kV 高压室加装除湿器。 （4）完善防汛应急处置预案，开展防汛应急演练，超前做好防汛物资储备						
	治理完成情况	6 月 15 日，完成对 110kV ××变电站 35kV 出线电缆沟道内积水抽排工作；6 月 25 日起，对 110kV ××变电站 35kV 出线电缆沟道两侧进行开挖，夹层做防水隔离挡墙及防水处理，电缆沟道安装排水设施，同时在 35kV 高压室加装除湿器一台并调试合格，8 月 10 日施工结束，治理完成后满足设备安全运行要求。现申请对该隐患治理完成情况进行验收						
	隐患治理计划资金（万元）		12.00		累计落实隐患治理资金（万元）		12.00	
验收	验收申请单位	变电运维室	负责人	×××	签字日期	2016-8-10		
	验收组织单位	运维检修部						
	验收意见	8 月 11 日，经运维检修部对国网××供电公司 2016××××号隐患进行现场验收，治理完成情况属实，满足安全（生产）运行要求，该隐患已消除						
	结论	验收合格，治理措施已按要求实施，同意注销			是否消除	是		
	验收组长	×××			验收日期	2016-8-11		

7.2.2.4 其他

一般隐患排查治理档案表

2016年度

国网××供电公司

发现	隐患简题	国网××供电公司5月4日110kV××变附近新建液化气瓶站，存在易燃易爆品危及设备运行的安全隐患			隐患来源	日常巡视	隐患原因	电力安全隐患
	隐患编号	国网××供电公司2016××××	隐患所在单位	变电运维室	专业分类	变电	详细分类	其他
	发现人	×××	发现人单位	××变电运维班	发现日期	2016-5-4		
	事故隐患内容	110kV××变电站外12m处新建有私人液化气瓶换气站，房内堆放易燃易爆品，存在危及变电站设备运行的安全隐患，违反《电力设施保护条例》第三章第十五条规定："任何单位或个人在架空电力线路保护区内，必须遵守下列规定：不得堆放谷物、草料、垃圾、矿渣、易燃物、易爆物及其他影响安全供电的物品。"若站外液化气站发生易燃易爆品爆炸，依据《国家电网公司安全事故调查规程（2017修正版）》2.2.6.2："变电站内110kV母线非计划全停"，构成六级电网事件						
	可能导致后果	六级电网事件			归属职能部门	运维检修		
预评估	预评估等级	一般隐患	预评估负责人签名	×××	预评估负责人签名日期	2016-5-4		
			工区领导审核签名	×××	工区领导审核签名日期	2016-5-4		
评估	评估等级	一般隐患	评估负责人签名	×××	评估负责人签名日期	2016-5-5		
			评估领导审核签名	×××	评估领导审核签名日期	2016-5-6		
治理	治理责任单位	变电运维室		治理责任人	×××			
	治理期限	自	2016-5-4	至	2016-8-31			
	是否计划项目	是	是否完成计划外备案			计划编号	××××××	
	防控措施	（1）对液化气瓶站下达《安全隐患告知书》，同时向当地政府安全监察部门备案，协调解决液化气站迁改。 （2）变电站周围开展电力安全宣传，完善消防现场应急处置预案措施，开展消防应急演练						
	治理完成情况	7月26日，国网××供电公司会同当地政府安监局执法大队开展联合执法，在运维人员的监督下，液化气瓶换气站房内堆放的气瓶已全部搬迁完，治理完成后110kV××变电站周围无其他易燃易爆危险品。现申请对该隐患治理完成情况进行验收						
	隐患治理计划资金（万元）		0.00		累计落实隐患治理资金（万元）		0.00	
验收	验收申请单位	变电运维室	负责人	×××	签字日期	2016-7-26		
	验收组织单位	运维检修部						
	验收意见	7月26日，经运维检修部对国网××供电公司2016××××号隐患进行现场验收，治理完成情况属实，满足安全（生产）运行要求，该隐患已消除						
	结论	验收合格，治理措施已按要求实施，同意注销			是否消除	是		
	验收组长	×××			验收日期	2016-7-26		

7.2.3 安全设施

7.2.3.1 安全防护

一般隐患排查治理档案表（1）

2016 年度　　　　　　　　　　　　　　　　　　　　　　　　　　　　国网××供电公司

<table>
<tr><td rowspan="5">发现</td><td>隐患简题</td><td colspan="3">国网××供电公司 8 月 22 日高压试验车间 500kV 高压试验区与检修区之间电动遮拦高度不足的安全隐患</td><td>隐患来源</td><td>安全检查</td><td>隐患原因</td><td>人身安全隐患</td></tr>
<tr><td>隐患编号</td><td>国网××供电公司 2016××××</td><td>隐患所在单位</td><td>变电检修室</td><td>专业分类</td><td>变电</td><td>详细分类</td><td>安全防护</td></tr>
<tr><td>发现人</td><td>×××</td><td>发现人单位</td><td>××变电检修班</td><td>发现日期</td><td colspan="3">2016-8-22</td></tr>
<tr><td>事故隐患内容</td><td colspan="7">××供电公司变电检修室高压试验车间 500kV 高压试验区与检修区之间的电动遮拦高度仅为 1.4m，存在人员误入或误碰高压试验设备的人身安全隐患，不符合《国家电网公司电力安全工作规程　变电部分》5.1.2a）规定："室内高压设备的隔离室设有遮栏，遮栏的高度在 1.7m 以上，安装牢固并加锁者。"依据《国家电网公司安全事故调查规程（2017 修正版）》2.1 相关条款，可能构成人身事故</td></tr>
<tr><td>可能导致后果</td><td colspan="3">人身事故</td><td>归属职能部门</td><td colspan="3">运维检修</td></tr>
<tr><td rowspan="2">预评估</td><td rowspan="2">预评估等级</td><td rowspan="2">一般隐患</td><td>预评估负责人签名</td><td>×××</td><td>预评估负责人签名日期</td><td colspan="3">2016-8-22</td></tr>
<tr><td>工区领导审核签名</td><td>×××</td><td>工区领导审核签名日期</td><td colspan="3">2016-8-23</td></tr>
<tr><td rowspan="2">评估</td><td rowspan="2">评估等级</td><td rowspan="2">一般隐患</td><td>评估负责人签名</td><td>×××</td><td>评估负责人签名日期</td><td colspan="3">2016-8-24</td></tr>
<tr><td>评估领导审核签名</td><td>×××</td><td>评估领导审核签名日期</td><td colspan="3">2016-8-25</td></tr>
<tr><td rowspan="6">治理</td><td>治理责任单位</td><td colspan="2">变电检修室</td><td>治理责任人</td><td colspan="4">×××</td></tr>
<tr><td>治理期限</td><td>自</td><td>2016-8-22</td><td>至</td><td colspan="4">2016-10-31</td></tr>
<tr><td>是否计划项目</td><td>是</td><td colspan="2">是否完成计划外备案</td><td></td><td>计划编号</td><td colspan="2">××××××</td></tr>
<tr><td>防控措施</td><td colspan="7">（1）进入 500kV 高压试验车间工作，重点加强作业现场安全监护，确保一人操作、一人监护。
（2）进行高压试验时，试验区的入口处留有专人把守。
（3）在电动遮栏上临时张贴"高压危险，禁止靠近！"警示标识</td></tr>
<tr><td>治理完成情况</td><td colspan="7">9 月 6 日，变电检修室将高压试验车间电动遮拦更换为 2.0m 高的电动遮栏，治理完成后满足安全隔离防护要求。现申请对该隐患治理完成情况进行验收</td></tr>
<tr><td colspan="2">隐患治理计划资金（万元）</td><td colspan="2">1.20</td><td>累计落实隐患治理资金（万元）</td><td colspan="3">1.20</td></tr>
<tr><td rowspan="5">验收</td><td>验收申请单位</td><td>变电检修室</td><td>负责人</td><td>×××</td><td>签字日期</td><td colspan="3">2016-9-6</td></tr>
<tr><td>验收组织单位</td><td colspan="7">运维检修部</td></tr>
<tr><td>验收意见</td><td colspan="7">9 月 7 日，经运维检修部对国网××供电公司 2016××××号隐患进行现场验收，治理完成情况属实，满足安全（生产）运行要求，该隐患已消除</td></tr>
<tr><td>结论</td><td colspan="3">验收合格，治理措施已按要求实施，同意注销</td><td>是否消除</td><td colspan="3">是</td></tr>
<tr><td>验收组长</td><td colspan="3">×××</td><td>验收日期</td><td colspan="3">2016-9-7</td></tr>
</table>

一般隐患排查治理档案表（2）

2016 年度

国网××供电公司

<table>
<tr><td rowspan="5">发现</td><td>隐患简题</td><td colspan="3">国网××供电公司 8 月 2 日 110kV ××变电站配电装置室低位区及电缆中间层未装氧量仪和 SF_6 气体泄漏报警仪</td><td>隐患来源</td><td>安全检查</td><td>隐患原因</td><td>人身安全隐患</td></tr>
<tr><td>隐患编号</td><td>国网××供电公司
2016××××</td><td>隐患所在单位</td><td>变电运维室</td><td>专业分类</td><td>变电</td><td>详细分类</td><td>安全防护</td></tr>
<tr><td>发现人</td><td>×××</td><td>发现人单位</td><td>××变电运维班</td><td>发现日期</td><td colspan="3">2016-8-2</td></tr>
<tr><td>事故隐患内容</td><td colspan="7">110kV ××变电站配电装置室低位区及电缆中间层未安装氧量仪和 SF_6 气体泄漏报警仪，存在作业人员意外中毒的人身安全隐患。不符合《国家电网公司电力安全工作规程　变电部分》11.5 规定："在 SF_6 配电装置室低位区应安装能报警的氧量仪和 SF_6 气体泄漏报警仪，在工作人员入口处应装设显示器。上述仪表应定期检验，保证完好。"依据《国家电网公司安全事故调查规程（2017 修正版）》2.1 相关条款，可能构成人身事故</td></tr>
<tr><td>可能导致后果</td><td colspan="3">人身事故</td><td>归属职能部门</td><td colspan="3">运维检修</td></tr>
<tr><td rowspan="2">预评估</td><td rowspan="2">预评估等级</td><td rowspan="2">一般隐患</td><td>预评估负责人签名</td><td>×××</td><td>预评估负责人签名日期</td><td colspan="3">2016-8-2</td></tr>
<tr><td>工区领导审核签名</td><td>×××</td><td>工区领导审核签名日期</td><td colspan="3">2016-8-3</td></tr>
<tr><td rowspan="2">评估</td><td rowspan="2">评估等级</td><td rowspan="2">一般隐患</td><td>评估负责人签名</td><td>×××</td><td>评估负责人签名日期</td><td colspan="3">2016-8-4</td></tr>
<tr><td>评估领导审核签名</td><td>×××</td><td>评估领导审核签名日期</td><td colspan="3">2016-8-4</td></tr>
<tr><td rowspan="6">治理</td><td>治理责任单位</td><td colspan="2">变电运维室</td><td>治理责任人</td><td colspan="4">×××</td></tr>
<tr><td>治理期限</td><td>自</td><td>2016-8-2</td><td>至</td><td colspan="4">2016-10-31</td></tr>
<tr><td>是否计划项目</td><td>是</td><td colspan="2">是否完成计划外备案</td><td></td><td>计划编号</td><td colspan="2">××××××</td></tr>
<tr><td>防控措施</td><td colspan="7">（1）进入 110kV ××变电站配电室与电缆中间层前先通风 15min 以上，并用 SF_6 检漏仪和氧量仪测量 SF_6 气体与含氧量是否合格。
（2）巡视或操作等工作时至少两人</td></tr>
<tr><td>治理完成情况</td><td colspan="7">10 月 9 日，对 110kV ××变电站配电装置室、电缆中间层分别安装一套 SF_6 气体泄漏报警仪和氧量仪，治理完成后满足安全防护要求。现申请对该隐患治理完成情况进行验收</td></tr>
<tr><td colspan="2">隐患治理计划资金（万元）</td><td colspan="2">6.50</td><td colspan="2">累计落实隐患治理资金（万元）</td><td colspan="2">6.50</td></tr>
<tr><td rowspan="5">验收</td><td>验收申请单位</td><td>变电运维室</td><td>负责人</td><td>×××</td><td>签字日期</td><td colspan="3">2016-10-9</td></tr>
<tr><td>验收组织单位</td><td colspan="7">运维检修部</td></tr>
<tr><td>验收意见</td><td colspan="7">10 月 9 日，经运维检修部对国网××供电公司 2016××××号隐患进行现场验收，治理完成情况属实，满足安全（生产）运行要求，该隐患已消除</td></tr>
<tr><td>结论</td><td colspan="3">验收合格，治理措施已按要求实施，同意注销</td><td>是否消除</td><td colspan="3">是</td></tr>
<tr><td>验收组长</td><td colspan="3">×××</td><td>验收日期</td><td colspan="3">2016-10-9</td></tr>
</table>

一般隐患排查治理档案表（3）

2016 年度　　　　　　　　　　　　　　　　　　　　　　　　　　国网××供电公司

<table>
<tr><td rowspan="5">发现</td><td>隐患简题</td><td colspan="3">国网××供电公司 8 月 22 日 35kV ××变电站主控室至 10kV 高压室电缆竖井防火墙只有一堵砖墙的安全隐患</td><td>隐患来源</td><td>安全检查</td><td>隐患原因</td><td>电力安全隐患</td></tr>
<tr><td>隐患编号</td><td>国网××供电公司2016××××</td><td>隐患所在单位</td><td>变电运维室</td><td>专业分类</td><td>变电</td><td>详细分类</td><td>安全防护</td></tr>
<tr><td>发现人</td><td>×××</td><td>发现人单位</td><td>××变电运维班</td><td>发现日期</td><td colspan="3">2016-8-22</td></tr>
<tr><td>事故隐患内容</td><td colspan="7">35kV ××变电站主控室至 10kV 高压室电缆竖井长度 8m，仅在高压室电缆竖井入口处有防火墙，且只有一堵砖墙，若突发火灾，存在火情蔓延的安全隐患。不符合《电网企业安全生产标准化规范及达标评级标准（2014 版）》11.3.1 规定：“从室外进入室内的入口处、电缆竖井的出入口处、主控制室与电缆夹层之间以及长度超过 100m 的电缆沟或电缆隧道，均应采用防止电缆火灾蔓延的阻燃或分割措施，并应根据变电站的规模和重要性采取下列一种或数种措施中第 2 种：电缆涂防火涂料或局部采用防火带、防火槽盒。”依据《国家电网公司安全事故调查规程（2017 修正版）》第 2.2.7.1 条：“35kV 输变电设备异常运行或被迫停止运行，并造成减供负荷者”，构成七级电网事件</td></tr>
<tr><td>可能导致后果</td><td colspan="3">七级电网事件</td><td>归属职能部门</td><td colspan="3">运维检修</td></tr>
<tr><td rowspan="2">预评估</td><td rowspan="2">预评估等级</td><td rowspan="2">一般隐患</td><td>预评估负责人签名</td><td>×××</td><td>预评估负责人签名日期</td><td colspan="3">2016-8-22</td></tr>
<tr><td>工区领导审核签名</td><td>×××</td><td>工区领导审核签名日期</td><td colspan="3">2016-8-23</td></tr>
<tr><td rowspan="2">评估</td><td rowspan="2">评估等级</td><td rowspan="2">一般隐患</td><td>评估负责人签名</td><td>×××</td><td>评估负责人签名日期</td><td colspan="3">2016-8-24</td></tr>
<tr><td>评估领导审核签名</td><td>×××</td><td>评估领导审核签名日期</td><td colspan="3">2016-8-25</td></tr>
<tr><td rowspan="6">治理</td><td>治理责任单位</td><td colspan="2">变电运维室</td><td>治理责任人</td><td colspan="4">×××</td></tr>
<tr><td>治理期限</td><td>自</td><td>2016-8-22</td><td>至</td><td colspan="4">2016-10-30</td></tr>
<tr><td>是否计划项目</td><td>是</td><td colspan="2">是否完成计划外备案</td><td></td><td>计划编号</td><td colspan="2">××××××</td></tr>
<tr><td>防控措施</td><td colspan="7">（1）运维人员每周对电缆竖井巡视一次。
（2）运维人员每月对电缆竖井开展一次红外测温工作。
（3）在主控室至 10kV 高压室电缆竖井间加装防火墙</td></tr>
<tr><td>治理完成情况</td><td colspan="7">9 月 13 日，对电缆竖井主控室入口处和 10kV 高压室入口处分别增加防火墙 1 面，治理完成后满足安全防护要求。现申请对该隐患治理完成情况进行验收</td></tr>
<tr><td colspan="2">隐患治理计划资金（万元）</td><td colspan="2">0.30</td><td colspan="2">累计落实隐患治理资金（万元）</td><td colspan="2">0.30</td></tr>
<tr><td rowspan="5">验收</td><td>验收申请单位</td><td>变电运维室</td><td>负责人</td><td>×××</td><td>签字日期</td><td colspan="3">2016-9-13</td></tr>
<tr><td>验收组织单位</td><td colspan="7">运维检修部</td></tr>
<tr><td>验收意见</td><td colspan="7">9 月 13 日，经运维检修部对国网××供电公司 2016××××号隐患进行现场验收，治理完成情况属实，满足安全（生产）运行要求，该隐患已消除</td></tr>
<tr><td>结论</td><td colspan="3">验收合格，治理措施已按要求实施，同意注销</td><td>是否消除</td><td colspan="3">是</td></tr>
<tr><td>验收组长</td><td colspan="3">×××</td><td>验收日期</td><td colspan="3">2016-9-13</td></tr>
</table>

7.2.3.2 未配备安全设施

一般隐患排查治理档案表（1）

2016 年度　　　　　　　　　　　　　　　　　　　　　　　　　　　　　　　　国网××供电公司

<table>
<tr><td rowspan="5">发现</td><td>隐患简题</td><td colspan="3">国网××供电公司 7 月 21 日 110kV ××变电站 35kV 高压室未配备防潮除湿装置的安全隐患</td><td>隐患来源</td><td>安全检查</td><td>隐患原因</td><td>电力安全隐患</td></tr>
<tr><td>隐患编号</td><td>××供电公司 2016××××</td><td>隐患所在单位</td><td>变电运维室</td><td>专业分类</td><td>变电</td><td>详细分类</td><td>未配备安全设施</td></tr>
<tr><td>发现人</td><td>×××</td><td>发现人单位</td><td>××变电运维班</td><td>发现日期</td><td colspan="3">2016-7-21</td></tr>
<tr><td>事故隐患内容</td><td colspan="7">110kV ××变电站 35kV 高压开关室围墙外 10m 处临近河谷，该高压开关室未配备防潮除湿装置，室内湿度达到 80%RH，有可能造成开关柜内绝缘件绝缘降低，引发短路放电。不符合《防止电力生产事故的二十五项重点要求》13.3.5 规定："应在开关柜配电室配置通风、除湿防潮设备，防止凝露导致绝缘事故。"依据《国家电网公司安全事故调查规程（2017 修正版）》2.7.1："35kV 以上输变电设备异常运行或被迫停止运行，并造成减供负荷者"，构成七级电网事件</td></tr>
<tr><td>可能导致后果</td><td colspan="3">七级电网事件</td><td>归属职能部门</td><td colspan="3">运维检修</td></tr>
<tr><td rowspan="2">预评估</td><td rowspan="2">预评估等级</td><td rowspan="2">一般隐患</td><td>预评估负责人签名</td><td>×××</td><td>预评估负责人签名日期</td><td colspan="3">2016-7-21</td></tr>
<tr><td>工区领导审核签名</td><td>×××</td><td>工区领导审核签名日期</td><td colspan="3">2016-7-21</td></tr>
<tr><td rowspan="2">评估</td><td rowspan="2">评估等级</td><td rowspan="2">一般隐患</td><td>评估负责人签名</td><td>×××</td><td>评估负责人签名日期</td><td colspan="3">2016-7-22</td></tr>
<tr><td>评估领导审核签名</td><td>×××</td><td>评估领导审核签名日期</td><td colspan="3">2016-7-23</td></tr>
<tr><td rowspan="6">治理</td><td>治理责任单位</td><td colspan="2">变电运维室</td><td>治理责任人</td><td colspan="4">×××</td></tr>
<tr><td>治理期限</td><td>自</td><td>2016-7-21</td><td>至</td><td colspan="4">2016-9-30</td></tr>
<tr><td>是否计划项目</td><td>是</td><td colspan="2">是否完成计划外备案</td><td></td><td>计划编号</td><td colspan="2">××××××</td></tr>
<tr><td>防控措施</td><td colspan="7">（1）正常天气时，每周对 110kV ××变 35kV 高压开关室湿度进行监控。
（2）湿度超过 80%时，应采取临时通风或者加热等措施进行控制。
（3）在 35kV 高压开关室加装防潮除湿装置</td></tr>
<tr><td>治理完成情况</td><td colspan="7">8 月 16 日，对 110kV ××变 35kV 高压开关室加装 2 组 250W 加热除湿装置，装置安装及功能验收测试合格。现申请对该隐患治理完成情况进行验收</td></tr>
<tr><td colspan="2">隐患治理计划资金（万元）</td><td colspan="2">3.00</td><td colspan="2">累计落实隐患治理资金（万元）</td><td colspan="2">3.00</td></tr>
<tr><td rowspan="5">验收</td><td>验收申请单位</td><td>变电运维室</td><td>负责人</td><td>×××</td><td>签字日期</td><td colspan="3">2016-8-16</td></tr>
<tr><td>验收组织单位</td><td colspan="7">运维检修部</td></tr>
<tr><td>验收意见</td><td colspan="7">8 月 16 日，经运维检修部对国网××供电公司 2016××××号隐患进行现场验收，治理完成情况属实，满足安全（生产）运行要求，该隐患已消除</td></tr>
<tr><td>结论</td><td colspan="3">验收合格，治理措施已按要求实施，同意注销</td><td>是否消除</td><td colspan="3">是</td></tr>
<tr><td>验收组长</td><td colspan="3">×××</td><td>验收日期</td><td colspan="3">2016-8-16</td></tr>
</table>

一般隐患排查治理档案表（2）

2016年度　　　　　　　　　　　　　　　　　　　　　　　　　　　　　　　　　　国网××供电公司

<table>
<tr><td rowspan="5">发现</td><td>隐患简题</td><td colspan="3">国网××供电公司7月21日变电检修室 SF_6 压力气瓶无专用库房存在与检修物资同室存放的安全隐患</td><td>隐患来源</td><td>安全性评价</td><td>隐患原因</td><td>人身安全隐患</td></tr>
<tr><td>隐患编号</td><td>××供电公司2016××××</td><td>隐患所在单位</td><td>变电检修室</td><td>专业分类</td><td>变电</td><td>详细分类</td><td>未配备安全设施</td></tr>
<tr><td>发现人</td><td>×××</td><td>发现人单位</td><td>××变电检修班</td><td>发现日期</td><td colspan="3">2016-7-21</td></tr>
<tr><td>事故隐患内容</td><td colspan="7">××供电公司变电检修室 SF_6 压力气瓶无专用库房，目前存放在检修试验车间，并与其他检修物资设备同室存放，该处紧挨生产办公场所，存在钢瓶爆裂或气体泄露致人员意外伤害的安全隐患，不符合《SF_6 气体管理标准》5.1.4a）条规定：“经验收合格的新气，应储存在阴凉干燥的专用场所，存放时要有防晒、防潮、防倾倒措施，不准靠近热源及有油污的地方，钢瓶保护帽、防振圈齐全，竖立存放、标志清除醒目。”依据《国家电网公司安全事故调查规程（2017修正版）》2.1相关条款，可能构成人身事故</td></tr>
<tr><td>可能导致后果</td><td colspan="3">人身事故</td><td>归属职能部门</td><td colspan="3">运维检修</td></tr>
<tr><td rowspan="2">预评估</td><td rowspan="2">预评估等级</td><td rowspan="2">一般隐患</td><td>预评估负责人签名</td><td>×××</td><td>预评估负责人签名日期</td><td colspan="3">2016-7-21</td></tr>
<tr><td>工区领导审核签名</td><td>×××</td><td>工区领导审核签名日期</td><td colspan="3">2016-7-22</td></tr>
<tr><td rowspan="2">评估</td><td rowspan="2">评估等级</td><td rowspan="2">一般隐患</td><td>评估负责人签名</td><td>×××</td><td>评估负责人签名日期</td><td colspan="3">2016-7-22</td></tr>
<tr><td>评估领导审核签名</td><td>×××</td><td>评估领导审核签名日期</td><td colspan="3">2016-7-23</td></tr>
<tr><td rowspan="6">治理</td><td>治理责任单位</td><td colspan="2">变电运维室</td><td>治理责任人</td><td colspan="4">×××</td></tr>
<tr><td>治理期限</td><td>自</td><td>2016-7-21</td><td>至</td><td colspan="4">2016-10-31</td></tr>
<tr><td>是否计划项目</td><td>是</td><td colspan="2">是否完成计划外备案</td><td></td><td>计划编号</td><td colspan="2">××××××</td></tr>
<tr><td>防控措施</td><td colspan="7">（1）永久治理前，在检修试验车间划分专用存放区域，不准靠近热源及有油污的地方，并设置警示围栏，严禁其他检修物资随意堆放在该区域；日常使用过的 SF_6 气体钢瓶应关紧阀门、带上钢帽，防止剩余气体泄漏。
（2）存放时 SF_6 气瓶采取防晒措施，并用支架固定防止倾倒，钢瓶保护帽、防震圈齐全，竖立存放、标志清除醒目。
（3）定期对 SF_6 气体进行检漏，在进行气体采样操作及处理渗漏时，工作人员要穿戴安全防护用品，并在通风条件下，采取有效的安全防护措施</td></tr>
<tr><td>治理完成情况</td><td colspan="7">9月28日，完成 SF_6 专用库房的修建工作，该房屋距生产办公场所50m处，并在 SF_6 专用库房装设 SF_6 泄漏报警仪及机械通风装置，配备了安全防护用具、自来水、消防器械、急救药箱、酸（碱）伤害急救中和用药、毛巾、肥皂等。现申请对该隐患治理完成情况进行验收</td></tr>
<tr><td colspan="2">隐患治理计划资金（万元）</td><td colspan="2">30.00</td><td colspan="2">累计落实隐患治理资金（万元）</td><td colspan="2">30.00</td></tr>
<tr><td rowspan="5">验收</td><td>验收申请单位</td><td>变电检修室</td><td>负责人</td><td>×××</td><td>签字日期</td><td colspan="3">2016-9-28</td></tr>
<tr><td>验收组织单位</td><td colspan="7">运维检修部</td></tr>
<tr><td>验收意见</td><td colspan="7">9月29日，经运维检修部对国网××供电公司2016××××号隐患进行现场验收，治理完成情况属实，满足安全（生产）运行要求，该隐患已消除</td></tr>
<tr><td>结论</td><td colspan="3">验收合格，治理措施已按要求实施，同意注销</td><td>是否消除</td><td colspan="3">是</td></tr>
<tr><td>验收组长</td><td colspan="3">×××</td><td>验收日期</td><td colspan="3">2016-9-29</td></tr>
</table>

一般隐患排查治理档案表（3）

2016 年度　　　　　　　　　　　　　　　　　　　　国网××检修公司

<table>
<tr><td rowspan="5">发现</td><td>隐患简题</td><td colspan="3">国网××检修公司 9 月 24 日 750kV ××变电站存在设备区与生活区未配置隔离遮栏的安全隐患</td><td>隐患来源</td><td>安全检查</td><td>隐患原因</td><td>人身安全隐患</td></tr>
<tr><td>隐患编号</td><td>国网××检修公司 2016××××</td><td>隐患所在单位</td><td>××运维分部</td><td>专业分类</td><td>变电</td><td>详细分类</td><td>未配置安全设施</td></tr>
<tr><td>发现人</td><td>×××</td><td>发现人单位</td><td>××变电运维班</td><td>发现日期</td><td colspan="3">2016-9-24</td></tr>
<tr><td>事故隐患内容</td><td colspan="7">750kV ××变电站设备区与生活区未配置隔离遮栏，未将设备区与生活区有效隔离，存在人员误入带电区域的安全隐患。不满足《国家电网公司安全设施标准》第一部分变电 8.2 安全防护设施及配置规范表 9-6 规定：“区域隔离遮栏适用于设备区与生活区的隔离、设备区间的隔离、改（扩）建施工现场与运行区域的隔离，也可装设在人员活动密集场所周围。”依据《国家电网公司安全事故调查规程（2017 修正版）》2.1 相关条款，可能构成人身事故</td></tr>
<tr><td>可能导致后果</td><td colspan="3">人身事故</td><td>归属职能部门</td><td colspan="3">运维检修</td></tr>
<tr><td rowspan="2">预评估</td><td rowspan="2">预评估等级</td><td rowspan="2">一般隐患</td><td>预评估负责人签名</td><td>×××</td><td>预评估负责人签名日期</td><td colspan="3">2016-9-24</td></tr>
<tr><td>工区领导审核签名</td><td>×××</td><td>工区领导审核签名日期</td><td colspan="3">2016-9-25</td></tr>
<tr><td rowspan="2">评估</td><td rowspan="2">评估等级</td><td rowspan="2">一般隐患</td><td>评估负责人签名</td><td>×××</td><td>评估负责人签名日期</td><td colspan="3">2016-9-26</td></tr>
<tr><td>评估领导审核签名</td><td>×××</td><td>评估领导审核签名日期</td><td colspan="3">2016-9-26</td></tr>
<tr><td rowspan="6">治理</td><td>治理责任单位</td><td colspan="2">××运维分部</td><td>治理责任人</td><td colspan="4">×××</td></tr>
<tr><td>治理期限</td><td>自</td><td>2016-9-24</td><td>至</td><td colspan="4">2016-12-31</td></tr>
<tr><td>是否计划项目</td><td>是</td><td colspan="2">是否完成计划外备案</td><td></td><td>计划编号</td><td colspan="2">××××××</td></tr>
<tr><td>防控措施</td><td colspan="7">（1）在设备区与生活区之间设置临时围栏，并悬挂安全警示牌，防止他人误入造成意外。
（2）加强安全保卫工作，安保人员增加特巡，严格外来人员的管理。
（3）上报项目，在设备区加装不锈钢遮栏</td></tr>
<tr><td>治理完成情况</td><td colspan="7">12 月 13 日，在 750kV ××变电站设备区与生活区之间加装不锈钢围栏，对设备区与生活区已进行有效隔离，满足变电站安全生产要求。现申请对该隐患治理完成情况进行验收</td></tr>
<tr><td colspan="2">隐患治理计划资金（万元）</td><td colspan="2">2.00</td><td>累计落实隐患治理资金（万元）</td><td colspan="3">1.70</td></tr>
<tr><td rowspan="5">验收</td><td>验收申请单位</td><td>××运维分部</td><td>负责人</td><td>×××</td><td>签字日期</td><td colspan="3">2016-12-13</td></tr>
<tr><td>验收组织单位</td><td colspan="7">运维检修部</td></tr>
<tr><td>验收意见</td><td colspan="7">12 月 14 日，经运维检修部对国网××检修公司××××××号隐患进行现场验收，治理完成情况属实，满足安全（生产）运行要求，该隐患已消除</td></tr>
<tr><td>结论</td><td colspan="3">验收合格，治理措施已按要求实施，同意注销</td><td>是否消除</td><td colspan="3">是</td></tr>
<tr><td>验收组长</td><td colspan="3">×××</td><td>验收日期</td><td colspan="3">2016-12-14</td></tr>
</table>

7.2.3.3 安全设施失灵

一般隐患排查治理档案表

2016 年度　　　　国网××供电公司

<table>
<tr><td rowspan="6">发现</td><td>隐患简题</td><td colspan="3">国网××供电公司 8 月 23 日 110kV ××变电站 10kV 小车开关柜带电显示器装置失灵无指示的安全隐患</td><td>隐患来源</td><td>日常巡视</td><td>隐患原因</td><td>设备设施隐患</td></tr>
<tr><td>隐患编号</td><td>国网××供电公司 2016××××</td><td>隐患所在单位</td><td>变电运维室</td><td>专业分类</td><td>变电</td><td>详细分类</td><td>安全设施失灵</td></tr>
<tr><td>发现人</td><td>×××</td><td>发现人单位</td><td>××变电运维班</td><td>发现日期</td><td colspan="3">2016-8-23</td></tr>
<tr><td>事故隐患内容</td><td colspan="7">110kV ××变电站 10kV 小车开关柜带电显示器装置失灵无指示，若操作人员合接地开关时无法确认线路是否无电，存在带电合接地开关的安全隐患。不符合《国家电网公司电力安全工作规程　变电部分》7.3.3 规定：“对无法进行直接验电的设备、高压直流输电设备和雨雪天气时的户外设备，可以进行间接验电，即通过设备的机械指示位置、电气指示、带电显示装置、仪表及各种遥测、遥信等信号的变化来判断。判断时，至少应有两个非同样原理或非同源的指示发生对应变化，且所有这些确定的指示均已同时发生对应变化，才能确认该设备已无电。”依据《国家电网公司安全事故调查规程（2017 修正版）》2.3.6.3：“3kV 以上 10kV 以下电气设备发生下列恶性电气误操作：带负荷误拉（合）隔离开关、带电挂（合）接地线（接地开关）、带接地线（接地开关）合断路器（隔离开关）”，构成六级设备事件</td></tr>
<tr><td>可能导致后果</td><td colspan="3">六级设备事件</td><td>归属职能部门</td><td colspan="3">运维检修</td></tr>
<tr><td rowspan="2">预评估</td><td rowspan="2">预评估等级</td><td rowspan="2">一般隐患</td><td>预评估负责人签名</td><td>×××</td><td>预评估负责人签名日期</td><td colspan="3">2016-8-23</td></tr>
<tr><td>工区领导审核签名</td><td>×××</td><td>工区领导审核签名日期</td><td colspan="3">2016-8-24</td></tr>
<tr><td rowspan="2">评估</td><td rowspan="2">评估等级</td><td rowspan="2">一般隐患</td><td>评估负责人签名</td><td>×××</td><td>评估负责人签名日期</td><td colspan="3">2016-8-25</td></tr>
<tr><td>评估领导审核签名</td><td>×××</td><td>评估领导审核签名日期</td><td colspan="3">2016-8-26</td></tr>
<tr><td rowspan="6">治理</td><td>治理责任单位</td><td colspan="2">变电运维室</td><td>治理责任人</td><td colspan="4">×××</td></tr>
<tr><td>治理期限</td><td>自</td><td>2016-8-23</td><td>至</td><td colspan="4">2016-11-30</td></tr>
<tr><td>是否计划项目</td><td>是</td><td colspan="2">是否完成计划外备案</td><td></td><td>计划编号</td><td colspan="2">××××××</td></tr>
<tr><td>防控措施</td><td colspan="7">（1）永久治理前，在合接地开关前通过观察孔检查刀闸确在分位，刀闸指示位置确认刀闸确无电后，再合接地开关，整个过程必须设置专责监护人。
（2）对 110kV ××变电站 10kV 小车开关柜带电显示器装置进行修复或更换</td></tr>
<tr><td>治理完成情况</td><td colspan="7">10 月 25 日，结合停电计划，对 110kV ××变电站 10kV 小车开关柜带电显示器装置进行了更换，治理完成后指示显示正常，满足操作安全要求。现申请对该隐患治理完成情况进行验收</td></tr>
<tr><td colspan="2">隐患治理计划资金（万元）</td><td colspan="2">0.30</td><td colspan="2">累计落实隐患治理资金（万元）</td><td colspan="2">0.30</td></tr>
<tr><td rowspan="5">验收</td><td>验收申请单位</td><td>变电运维室</td><td>负责人</td><td>×××</td><td>签字日期</td><td colspan="3">2016-10-25</td></tr>
<tr><td>验收组织单位</td><td colspan="7">运维检修部</td></tr>
<tr><td>验收意见</td><td colspan="7">10 月 25 日，经运维检修部对国网××供电公司 2016××××号隐患进行现场验收，治理完成情况属实，满足安全（生产）运行要求，该隐患已消除</td></tr>
<tr><td>结论</td><td colspan="3">验收合格，治理措施已按要求实施，同意注销</td><td>是否消除</td><td colspan="3">是</td></tr>
<tr><td>验收组长</td><td colspan="3">×××</td><td>验收日期</td><td colspan="3">2016-10-25</td></tr>
</table>

7.2.3.4 系统功能不完善

一般隐患排查治理档案表

2016 年度　　　　国网××供电公司

<table>
<tr><td rowspan="5">发现</td><td>隐患简题</td><td colspan="3">国网××供电公司 8 月 22 日 110kV ××变电站应急系统功能不完善站内主要通道未布置应急照明</td><td>隐患来源</td><td>安全检查</td><td>隐患原因</td><td>人身安全隐患</td></tr>
<tr><td>隐患编号</td><td>国网××供电公司 2016××××</td><td>隐患所在单位</td><td>变电运维室</td><td>专业分类</td><td>变电</td><td>详细分类</td><td>系统功能不完善</td></tr>
<tr><td>发现人</td><td>×××</td><td>发现人单位</td><td>××变电运维班</td><td>发现日期</td><td colspan="3">2016-8-22</td></tr>
<tr><td>事故隐患内容</td><td colspan="7">110kV ××变电站为室内变电站，35kV 设备区在二楼，主控室在三楼，楼梯通道内未布置应急照明灯，存在影响应急抢修及时性以及作业过程的人身安全隐患。不符合《电网企业安全生产标准化规范及达标评级标准（2014 版）》5.7.1.1.3 规定：“变电站控制室、高压室、室内设备区及继电保护室、楼梯、通道等场所正常照明、应急照明符合设计标准，应急指示灯标志应齐全，符合有关规定要求。”依据《国家电网公司安全事故调查规程（2017 修正版）》2.1 相关条款，可能构成人身事故</td></tr>
<tr><td>可能导致后果</td><td colspan="3">人身事故</td><td>归属职能部门</td><td colspan="3">运维检修</td></tr>
<tr><td rowspan="2">预评估</td><td rowspan="2">预评估等级</td><td rowspan="2">一般隐患</td><td>预评估负责人签名</td><td>×××</td><td>预评估负责人签名日期</td><td colspan="3">2016-8-22</td></tr>
<tr><td>工区领导审核签名</td><td>×××</td><td>工区领导审核签名日期</td><td colspan="3">2016-8-23</td></tr>
<tr><td rowspan="2">评估</td><td rowspan="2">评估等级</td><td rowspan="2">一般隐患</td><td>评估负责人签名</td><td>×××</td><td>评估负责人签名日期</td><td colspan="3">2016-8-24</td></tr>
<tr><td>评估领导审核签名</td><td>×××</td><td>评估领导审核签名日期</td><td colspan="3">2016-8-25</td></tr>
<tr><td rowspan="6">治理</td><td>治理责任单位</td><td colspan="2">变电运维室</td><td>治理责任人</td><td colspan="4">×××</td></tr>
<tr><td>治理期限</td><td>自</td><td>2016-8-22</td><td>至</td><td colspan="4">2016-11-30</td></tr>
<tr><td>是否计划项目</td><td>是</td><td colspan="2">是否完成计划外备案</td><td></td><td>计划编号</td><td colspan="2">××××××</td></tr>
<tr><td>防控措施</td><td colspan="7">（1）提前做好站内临时应急照明灯具储备，在运维检修或应急抢修时，布置好现场临时照明。
（2）定期对站内临时应急照明灯具进行充电与维护，使之保持完好。
（3）完善 110kV ××变电站应急系统，在站内控制室、高压室及楼梯、通道布置应急照明线路</td></tr>
<tr><td>治理完成情况</td><td colspan="7">9 月 25 日，对 110kV ××变电站应急系统进行了功能完善，在站内控制室、高压室及楼梯、通道布置应急照明线路，安装应急照明灯 5 台。治理完成后满足应急抢修及日常检修安全要求。现申请对该隐患治理完成情况进行验收</td></tr>
<tr><td colspan="2">隐患治理计划资金（万元）</td><td colspan="2">0.80</td><td colspan="2">累计落实隐患治理资金（万元）</td><td colspan="2">0.80</td></tr>
<tr><td rowspan="5">验收</td><td>验收申请单位</td><td>变电运维室</td><td>负责人</td><td>×××</td><td>签字日期</td><td colspan="3">2016-9-25</td></tr>
<tr><td>验收组织单位</td><td colspan="7">运维检修部</td></tr>
<tr><td>验收意见</td><td colspan="7">9 月 26 日，经运维检修部对国网××供电公司 2016××××号隐患进行现场验收，治理完成情况属实，110kV ××变电站应急系统符合应急管理要求，该隐患已消除</td></tr>
<tr><td>结论</td><td colspan="3">验收合格，治理措施已按要求实施，同意注销</td><td>是否消除</td><td colspan="3">是</td></tr>
<tr><td>验收组长</td><td colspan="3">×××</td><td>验收日期</td><td colspan="3">2016-9-26</td></tr>
</table>

7.2.3.5 系统校验不合格

一般隐患排查治理档案表

2016年度　　　　　　　　　　　　　　　　　　　　　　　　　　　　　　　　国网××供电公司

<table>
<tr><td rowspan="5">发现</td><td>隐患简题</td><td colspan="3">国网××供电公司7月2日110kV ××变电站配电装置室低位区及电缆中间层氧仪量和SF_6报警仪校验不合格</td><td>隐患来源</td><td>安全检查</td><td>隐患原因</td><td>设备设施隐患</td></tr>
<tr><td>隐患编号</td><td>国网××供电公司2016××××</td><td>隐患所在单位</td><td>变电运维室</td><td>专业分类</td><td>变电</td><td>详细分类</td><td>系统校验不合格</td></tr>
<tr><td>发现人</td><td>×××</td><td>发现人单位</td><td>××变电运维班</td><td>发现日期</td><td colspan="3">2016-7-2</td></tr>
<tr><td>事故隐患内容</td><td colspan="7">110kV ××变电站配电装置室低位区及电缆中间层装设的氧仪量和SF_6气体泄漏报警仪校验不合格的安全隐患，不符合《国家电网公司电力安全工作规程　变电部分》11.5规定：“在SF_6配电装置室低位区应安装能报警的氧量仪和SF_6气体泄漏报警仪，在工作人员入口处应装设显示器。上述仪器应定期检验，保证完好。”有可能因装置不合格起不到测量和报警作用，从而误导作业人员，造成人身意外伤害，依据《国家电网公司安全事故调查规程（2017修正版）》2.1相关条款，可能构成人身事故</td></tr>
<tr><td>可能导致后果</td><td colspan="3">人身事故</td><td>归属职能部门</td><td colspan="3">运维检修</td></tr>
<tr><td rowspan="2">预评估</td><td rowspan="2">预评估等级</td><td rowspan="2">一般隐患</td><td>预评估负责人签名</td><td>×××</td><td>预评估负责人签名日期</td><td colspan="3">2016-7-2</td></tr>
<tr><td>工区领导审核签名</td><td>×××</td><td>工区领导审核签名日期</td><td colspan="3">2016-7-2</td></tr>
<tr><td rowspan="2">评估</td><td rowspan="2">评估等级</td><td rowspan="2">一般隐患</td><td>评估负责人签名</td><td>×××</td><td>评估负责人签名日期</td><td colspan="3">2016-7-3</td></tr>
<tr><td>评估领导审核签名</td><td>×××</td><td>评估领导审核签名日期</td><td colspan="3">2016-7-3</td></tr>
<tr><td rowspan="6">治理</td><td>治理责任单位</td><td colspan="2">变电运维班</td><td>治理责任人</td><td colspan="4">×××</td></tr>
<tr><td>治理期限</td><td>自</td><td>2016-7-2</td><td>至</td><td colspan="4">2016-9-28</td></tr>
<tr><td>是否计划项目</td><td>是</td><td colspan="2">是否完成计划外备案</td><td></td><td>计划编号</td><td colspan="2">××××××</td></tr>
<tr><td>防控措施</td><td colspan="7">（1）永久治理前，进入110kV ××变电站配电装置室低位区前，应先开启通风15min以上，并用随身检漏仪和氧量仪，测量SF_6气体含量和含氧量是否合格，巡视或操作等工作时至少两人。
（2）申报购置计划，安装一套SF_6气体泄漏报警仪和氧量仪，并对排风设施进行改造</td></tr>
<tr><td>治理完成情况</td><td colspan="7">9月4日至9月5日，对110kV ××变电站SF_6配电装置室低位区氧仪量和SF_6报警仪进行了更换，并对排风设施进行了改造，治理完成后满足安全工作要求。现申请对该隐患治理完成情况进行验收</td></tr>
<tr><td colspan="2">隐患治理计划资金（万元）</td><td colspan="2">5.00</td><td colspan="2">累计落实隐患治理资金（万元）</td><td colspan="2">5.00</td></tr>
<tr><td rowspan="5">验收</td><td>验收申请单位</td><td>变电运维室</td><td>负责人</td><td>×××</td><td>签字日期</td><td colspan="3">2016-9-5</td></tr>
<tr><td>验收组织单位</td><td colspan="7">运维检修部</td></tr>
<tr><td>验收意见</td><td colspan="7">9月5日，经运维检修部对国网××供电公司2016××××号隐患进行现场验收，治理完成情况属实，满足安全（生产）运行要求，该隐患已消除</td></tr>
<tr><td>结论</td><td colspan="3">验收合格，治理措施已按要求实施，同意注销</td><td>是否消除</td><td colspan="3">是</td></tr>
<tr><td>验收组长</td><td colspan="3">×××</td><td>验收日期</td><td colspan="3">2016-9-5</td></tr>
</table>

7.2.4 设备类

7.2.4.1 变压器类

一般隐患排查治理档案表（1）

2016 年度　　　　国网××供电公司

<table>
<tr><td rowspan="5">发现</td><td>隐患简题</td><td colspan="3">国网××供电公司 4 月 21 日 110kV ××变电站 1 号主变散热器底部锈蚀的安全隐患</td><td>隐患来源</td><td>安全性评价</td><td>隐患原因</td><td>设备设施隐患</td></tr>
<tr><td>隐患编号</td><td>国网××供电公司 2016××××</td><td>隐患所在单位</td><td>变电检修室</td><td>专业分类</td><td>变电</td><td>详细分类</td><td>变压器类</td></tr>
<tr><td>发现人</td><td>×××</td><td>发现人单位</td><td>××变电检修班</td><td>发现日期</td><td colspan="3">2016-4-21</td></tr>
<tr><td>事故隐患内容</td><td colspan="7">110kV ××变电站 1 号主变运行近 15 年，其 4、5、7 号散热器底部存在锈蚀严重的安全隐患，不符合 DL/T 573—2010《电力变压器检修导则》10.4.2 表 182 a）规定：整体表面漆膜完好、无锈蚀，冷却器管束间、散热片之间应洁净，无堆积灰尘、昆虫、草屑等杂物，无锈蚀，无大面积变形。若长期腐蚀锈蚀，则会导致主变本体和散热器等部位产生渗油点，造成绕组绝缘击穿、变压器烧毁，依据《国家电网公司安全事故调查规程（2017 修正版）》2.3.6.2（1）："110kV（含 66kV）以上 220kV 以下主变压器、换流变压器、平波电抗器发生本体爆炸、主绝缘击穿"，构成六级设备事件</td></tr>
<tr><td>可能导致后果</td><td colspan="3">六级设备事件</td><td>归属职能部门</td><td colspan="3">运维检修</td></tr>
<tr><td rowspan="2">预评估</td><td rowspan="2">预评估等级</td><td rowspan="2">一般隐患</td><td>预评估负责人签名</td><td>×××</td><td>预评估负责人签名日期</td><td colspan="3">2016-4-21</td></tr>
<tr><td>工区领导审核签名</td><td>×××</td><td>工区领导审核签名日期</td><td colspan="3">2016-4-22</td></tr>
<tr><td rowspan="2">评估</td><td rowspan="2">评估等级</td><td rowspan="2">一般隐患</td><td>评估负责人签名</td><td>×××</td><td>评估负责人签名日期</td><td colspan="3">2016-4-22</td></tr>
<tr><td>评估领导审核签名</td><td>×××</td><td>评估领导审核签名日期</td><td colspan="3">2016-4-23</td></tr>
<tr><td rowspan="6">治理</td><td>治理责任单位</td><td colspan="3">变电检修室</td><td>治理责任人</td><td colspan="3">×××</td></tr>
<tr><td>治理期限</td><td>自</td><td>2016-4-21</td><td>至</td><td colspan="4">2016-6-30</td></tr>
<tr><td>是否计划项目</td><td>是</td><td colspan="2">是否完成计划外备案</td><td></td><td>计划编号</td><td colspan="2">××××××</td></tr>
<tr><td>防控措施</td><td colspan="7">（1）每周对 1 号主变散热器底部锈蚀部位进行检查，观察是否存在锈蚀裂纹或油迹渗出；跟踪锈蚀及油迹扩散速度及发展趋势，防止隐患扩大。
（2）结合停电检修计划，清理 1 号主变散热片之间灰尘、草屑等杂物；对散热器底部锈蚀部位进行堵漏防腐，主变本体及附件全面除锈刷漆</td></tr>
<tr><td>治理完成情况</td><td colspan="7">6 月 12 日，结合停电检修计划，对 1 号主变散热片之间灰尘、草屑等杂物进行了清理；主变本体及附件全面除锈刷漆；散热器底部锈蚀部位采取了堵漏防腐措施。治理完成后满足设备安全运行要求。现申请对该隐患治理完成情况进行验收</td></tr>
<tr><td colspan="2">隐患治理计划资金（万元）</td><td colspan="2">0.35</td><td colspan="2">累计落实隐患治理资金（万元）</td><td colspan="2">0.35</td></tr>
<tr><td rowspan="5">验收</td><td>验收申请单位</td><td>变电检修室</td><td>负责人</td><td>×××</td><td>签字日期</td><td colspan="3">2016-6-12</td></tr>
<tr><td>验收组织单位</td><td colspan="7">运维检修部</td></tr>
<tr><td>验收意见</td><td colspan="7">6 月 13 日，经运维检修部对国网××供电公司 2016××××号隐患进行现场验收，治理完成情况属实，满足安全（生产）运行要求，该隐患已消除</td></tr>
<tr><td>结论</td><td colspan="3">验收合格，治理措施已按要求实施，同意注销</td><td>是否消除</td><td colspan="3">是</td></tr>
<tr><td>验收组长</td><td colspan="3">×××</td><td>验收日期</td><td colspan="3">2016-6-13</td></tr>
</table>

一般隐患排查治理档案表（2）

2016 年度　　　　　　　　　　　　　　　　　　　　　　　　　　　　　国网××供电公司

<table>
<tr><td rowspan="5">发现</td><td>隐患简题</td><td colspan="3">国网××供电公司 4 月 21 日 110kV ××变电站 1 号主变压器存在近区短路的安全隐患</td><td>隐患来源</td><td>安全检查</td><td>隐患原因</td><td>电力安全隐患</td></tr>
<tr><td>隐患编号</td><td>国网××供电公司 2016××××</td><td>隐患所在单位</td><td>变电检修室</td><td>专业分类</td><td>变电</td><td>详细分类</td><td>变压器类</td></tr>
<tr><td>发现人</td><td>×××</td><td>发现人单位</td><td>××变电检修班</td><td>发现日期</td><td colspan="3">2016-4-21</td></tr>
<tr><td>事故隐患内容</td><td colspan="7">110kV ××变电站 1 号主变压器 35kV 侧过桥引线为钢芯铝绞线，未加装绝缘护套，存在近区短路的安全隐患，不符合《国家电网公司十八项电网重大反事故措施（修订版）及编制说明》9.1.5 规定："为防止出口及近区短路，变压器 35kV 及以下低压母线应考虑绝缘化。"依据《国家电网公司安全事故调查规程（2017 修正版）》2.3.7.2："35kV 以上输变电设备被迫停运，时间超过 24h"，构成七级设备事件</td></tr>
<tr><td>可能导致后果</td><td colspan="3">七级设备事件</td><td>归属职能部门</td><td colspan="3">运维检修</td></tr>
<tr><td rowspan="2">预评估</td><td rowspan="2">预评估等级</td><td rowspan="2">一般隐患</td><td>预评估负责人签名</td><td>×××</td><td>预评估负责人签名日期</td><td colspan="3">2016-4-21</td></tr>
<tr><td>工区领导审核签名</td><td>×××</td><td>工区领导审核签名日期</td><td colspan="3">2016-4-22</td></tr>
<tr><td rowspan="2">评估</td><td rowspan="2">评估等级</td><td rowspan="2">一般隐患</td><td>评估负责人签名</td><td>×××</td><td>评估负责人签名日期</td><td colspan="3">2016-4-22</td></tr>
<tr><td>评估领导审核签名</td><td>×××</td><td>评估领导审核签名日期</td><td colspan="3">2016-4-23</td></tr>
<tr><td rowspan="6">治理</td><td>治理责任单位</td><td colspan="2">变电检修室</td><td>治理责任人</td><td colspan="4">×××</td></tr>
<tr><td>治理期限</td><td>自</td><td>2016-4-21</td><td>至</td><td colspan="4">2016-6-30</td></tr>
<tr><td>是否计划项目</td><td>是</td><td colspan="2">是否完成计划外备案</td><td></td><td>计划编号</td><td colspan="2">××××××</td></tr>
<tr><td>防控措施</td><td colspan="7">（1）运维人员每周对站内及站外周边易造成漂浮搭接的物件及时进行清理。
（2）遇有大风天气时应进行特巡，及时处理站区漂浮物，并检查 1 号主变压器 35kV 软导线风摆情况以及有无搭接物。
（3）制定反措整改方案，对 1 号主变压器 35kV 侧过桥引线进行绝缘化处理</td></tr>
<tr><td>治理完成情况</td><td colspan="7">6 月 18 日，结合 1 号主变停电计划，对其 35kV 侧过桥引线加装了绝缘护套，治理完成后满足设备安全运行要求。现申请对该隐患治理完成情况进行验收</td></tr>
<tr><td colspan="2">隐患治理计划资金（万元）</td><td colspan="2">0.20</td><td colspan="2">累计落实隐患治理资金（万元）</td><td colspan="2">0.20</td></tr>
<tr><td rowspan="5">验收</td><td>验收申请单位</td><td>变电检修室</td><td>负责人</td><td>×××</td><td>签字日期</td><td colspan="3">2016-6-18</td></tr>
<tr><td>验收组织单位</td><td colspan="7">运维检修部</td></tr>
<tr><td>验收意见</td><td colspan="7">6 月 19 日，经运维检修部对国网××供电公司 2016××××号隐患进行现场验收，治理完成情况属实，满足安全（生产）运行要求，该隐患已消除</td></tr>
<tr><td>结论</td><td colspan="3">验收合格，治理措施已按要求实施，同意注销</td><td>是否消除</td><td colspan="3">是</td></tr>
<tr><td>验收组长</td><td colspan="3">×××</td><td>验收日期</td><td colspan="3">2016-6-19</td></tr>
</table>

7.2.4.2 开关刀闸设备

一般隐患排查治理档案表（1）

2016 年度

国网××供电公司

<table>
<tr><td rowspan="5">发现</td><td>隐患简题</td><td colspan="3">国网××供电公司 6 月 25 日 110kV ××变电站 11××开关机构箱弹簧机构不能可靠分合闸的安全隐患</td><td>隐患来源</td><td>检修预试</td><td>隐患原因</td><td>设备设施隐患</td></tr>
<tr><td>隐患编号</td><td>××供电公司 2016××××</td><td>隐患所在单位</td><td>变电检修室</td><td>专业分类</td><td>变电</td><td>详细分类</td><td>开关刀闸设备</td></tr>
<tr><td>发现人</td><td>×××</td><td>发现人单位</td><td>××变电检修班</td><td>发现日期</td><td colspan="3">2016-6-25</td></tr>
<tr><td>事故隐患内容</td><td colspan="7">110kV ××变电站 11××开关机构箱内部机械老化，断路器弹簧机构持续出现过 3 次不能可靠分、合闸，不符合《国家电网公司十八项电网重大反事故措施（修订版）及编制说明》12.1.3.6 规定：“弹簧机构断路器应定期进行机械特性试验，测试其行程曲线是否符合厂家标准曲线要求；对运行 10 年以上的弹簧机构可抽检其弹簧拉力，防止因弹簧疲劳，造成开关动作不正常。”依据《国家电网公司安全事故调查规程（2017 修正版）》2.2.7.6：“110kV（含 66kV）系统中，断路器失灵、继电保护或自动装置不正确动作致使越级跳闸”，构成七级电网事件</td></tr>
<tr><td>可能导致后果</td><td colspan="3">七级电网事件</td><td>归属职能部门</td><td colspan="3">运维检修</td></tr>
<tr><td rowspan="2">预评估</td><td rowspan="2">预评估等级</td><td rowspan="2">一般隐患</td><td>预评估负责人签名</td><td>×××</td><td>预评估负责人签名日期</td><td colspan="3">2016-6-25</td></tr>
<tr><td>工区领导审核签名</td><td>×××</td><td>工区领导审核签名日期</td><td colspan="3">2016-6-26</td></tr>
<tr><td rowspan="2">评估</td><td rowspan="2">评估等级</td><td rowspan="2">一般隐患</td><td>评估负责人签名</td><td>×××</td><td>评估负责人签名日期</td><td colspan="3">2016-6-26</td></tr>
<tr><td>评估领导审核签名</td><td>×××</td><td>评估领导审核签名日期</td><td colspan="3">2016-6-26</td></tr>
<tr><td rowspan="6">治理</td><td>治理责任单位</td><td colspan="2">变电检修室</td><td>治理责任人</td><td colspan="4">×××</td></tr>
<tr><td>治理期限</td><td>自</td><td>2016-6-25</td><td>至</td><td colspan="4">2016-7-30</td></tr>
<tr><td>是否计划项目</td><td>是</td><td colspan="2">是否完成计划外备案</td><td></td><td>计划编号</td><td colspan="2">××××××</td></tr>
<tr><td>防控措施</td><td colspan="7">（1）针对此类问题，对公司运行 10 年以上的弹簧机构抽检其弹簧拉力，防止因弹簧疲劳，造成开关动作不正常。
（2）在 11××开关机构箱内部弹簧机构未处理前，禁止投入运行；并在 11××开关操作把手上悬挂“禁止合闸!”标识牌。
（3）对 110kV ××变电站 11××开关内部传动部件进行维护检修，更换开关机构储能弹簧</td></tr>
<tr><td>治理完成情况</td><td colspan="7">6 月 28 日至 6 月 29 日，结合停电检修工作，对 110kV ××变电站 11××开关内部传动部件进行维护检修，更换开关机构储能弹簧，治理完成后满足设备安全运行要求。现申请对该隐患治理完成情况进行验收</td></tr>
<tr><td colspan="2">隐患治理计划资金（万元）</td><td colspan="2">1.00</td><td colspan="2">累计落实隐患治理资金（万元）</td><td colspan="2">0.90</td></tr>
<tr><td rowspan="5">验收</td><td>验收申请单位</td><td>变电检修室</td><td>负责人</td><td>×××</td><td>签字日期</td><td colspan="3">2016-6-29</td></tr>
<tr><td>验收组织单位</td><td colspan="7">运维检修部</td></tr>
<tr><td>验收意见</td><td colspan="7">6 月 29 日，经运维检修部对国网××供电公司 2016××××号隐患进行现场验收，治理完成情况属实，满足安全（生产）运行要求，该隐患已消除</td></tr>
<tr><td>结论</td><td colspan="3">验收合格，治理措施已按要求实施，同意注销</td><td>是否消除</td><td colspan="3">是</td></tr>
<tr><td>验收组长</td><td colspan="3">×××</td><td>验收日期</td><td colspan="3">2016-6-29</td></tr>
</table>

一般隐患排查治理档案表（2）

2016年度　　　　　　　　　　　　　　　　　　　　国网××检修公司

<table>
<tr><td rowspan="5">发现</td><td>隐患简题</td><td colspan="3">国网××检修公司3月8日330kV××变电站11××刀闸存在机构锈蚀卡滞刀闸分合闸不到位的安全隐患</td><td>隐患来源</td><td>检修预试</td><td>隐患原因</td><td>设备设施隐患</td></tr>
<tr><td>隐患编号</td><td>国网××检修公司2016××××</td><td>隐患所在单位</td><td>××运维分部</td><td>专业分类</td><td>变电</td><td>详细分类</td><td>开关刀闸设备</td></tr>
<tr><td>发现人</td><td>×××</td><td>发现人单位</td><td>××变电运维班</td><td>发现日期</td><td colspan="3">2016-3-8</td></tr>
<tr><td>事故隐患内容</td><td colspan="7">330kV××变电站11××刀闸型号为ZH1-363型，于1995年投运，运行年限最长已达20年且未进行过大修，刀闸分合闸不到位、机构锈蚀卡滞情况较严重，刀闸发热情况频繁。机构箱内元件老化，导致刀闸操作困难，存在安全运行隐患。不满足《国家电网公司十八项电网反重大事故措施（修订版）及编制说明》12.2.3.2规定："加强对隔离开关导电部分、转动部分、操动机构、瓷绝缘子等的检查，防止机械卡涩、触头过热、绝缘子断裂等故障的发生。"按照《国家电网公司安全事故调查规程（2017修正版）》2.3.7.2："35kV以上输变电主设备被迫停运，时间超过24h"，构成七级设备事件</td></tr>
<tr><td>可能导致后果</td><td colspan="3">七级设备事件</td><td>归属职能部门</td><td colspan="3">运维检修</td></tr>
<tr><td rowspan="2">预评估</td><td rowspan="2">预评估等级</td><td rowspan="2">一般隐患</td><td>预评估负责人签名</td><td>×××</td><td>预评估负责人签名日期</td><td colspan="3">2016-3-8</td></tr>
<tr><td>工区领导审核签名</td><td>×××</td><td>工区领导审核签名日期</td><td colspan="3">2016-3-8</td></tr>
<tr><td rowspan="2">评估</td><td rowspan="2">评估等级</td><td rowspan="2">一般隐患</td><td>评估负责人签名</td><td>×××</td><td>评估负责人签名日期</td><td colspan="3">2016-3-9</td></tr>
<tr><td>评估领导审核签名</td><td>×××</td><td>评估领导审核签名日期</td><td colspan="3">2016-3-9</td></tr>
<tr><td rowspan="6">治理</td><td>治理责任单位</td><td colspan="2">××运维分部</td><td>治理责任人</td><td colspan="4">×××</td></tr>
<tr><td>治理期限</td><td>自</td><td>2016-3-8</td><td>至</td><td colspan="4">2016-10-30</td></tr>
<tr><td>是否计划项目</td><td>是</td><td colspan="2">是否完成计划外备案</td><td></td><td>计划编号</td><td colspan="2">××××××</td></tr>
<tr><td>防控措施</td><td colspan="7">（1）每周重点巡视一次，详细对比观察刀闸头插入深度，对比触指片压紧程度有无明显松动变化，发现异常及时汇报。
（2）当主变压器负荷低于60%时，按正常周期对刀闸进行红外测温。当主变压器负荷达60%以上时，每3天对该刀闸进行一次详细测温。当主变压器负荷达80%以上时，每天对该刀闸进行一次红外测温，并安排专业班组进行专业测温。
（3）发现刀闸发热异常时，及时使用绝缘杆对发热部位进行敲击处理，但应用力适度并保持足够的安全距离。若发热情况未明显降低，向调度申请降负荷，必要时及时申请停电处理。
（4）操作时发现卡滞及分合不到位时，利用绝缘杆进行调整</td></tr>
<tr><td>治理完成情况</td><td colspan="7">10月10日，完成对330kV××变电站11××刀闸大修工作，锈蚀部件已全部更换，机构操作无卡滞现象，刀闸接触良好，回路电阻试验值为$35.7\mu\Omega$，满足《国家电网公司变电检测管理规定第36分册主回路电阻测量细则》4.a："对于SF_6断路器、油断路器、GIS、隔离开关设备其主回路电阻应不大于制造商规定值"的要求。满足安全运行要求。现申请对该隐患治理完成情况进行验收</td></tr>
<tr><td colspan="2">隐患治理计划资金（万元）</td><td colspan="2">3.20</td><td colspan="2">累计落实隐患治理资金（万元）</td><td colspan="2">3.20</td></tr>
<tr><td rowspan="5">验收</td><td>验收申请单位</td><td>××运维分部</td><td>负责人</td><td>×××</td><td>签字日期</td><td colspan="3">2016-10-10</td></tr>
<tr><td>验收组织单位</td><td colspan="7">运维检修部</td></tr>
<tr><td>验收意见</td><td colspan="7">10月10日，经运维检修部对国网××检修公司××××号隐患进行现场验收，治理完成情况属实，满足安全（生产）运行要求，该隐患已消除</td></tr>
<tr><td>结论</td><td colspan="3">验收合格，治理措施已按要求实施，同意注销</td><td>是否消除</td><td colspan="3">是</td></tr>
<tr><td>验收组长</td><td colspan="3">×××</td><td>验收日期</td><td colspan="3">2016-10-10</td></tr>
</table>

7.2.4.3 “五防”装置

一般隐患排查治理档案表

2016 年度　　　　　　　　　　　　　　　　　　　　　　　　国网××供电公司

发现	隐患简题	国网××供电公司 5 月 4 日 110kV ××变电站防误闭锁操作系统主机与适配器通信频繁中断的安全隐患			隐患来源	防误闭锁	隐患原因	人身安全隐患
	隐患编号	国网××供电公司 2016××××	隐患所在单位	变电运维室	专业分类	变电	详细分类	“五防”装置
	发现人	×××	发现人单位	××变电运维班	发现日期	2016-5-4		
	事故隐患内容	110kV ××变电站由于防误操作系统适配器采用蓝牙通信，防误操作系统主机与适配器通信频繁中断，在操作时无法进行数据传输，需使用解锁钥匙进行操作，操作时五防设施失去“五防”功能，存在作业人员误操作及误入带电间隔的人身安全隐患，不符合《国家电网公司电力安全工作规程　变电部分》5.3.5.3 规定：“高压电气设备都应安装完善的防误操作闭锁装置。”依据《国家电网公司安全事故调查规程（2017 修正版）》2.1 相关条款，可能构成人身事故						
	可能导致后果	人身事故			归属职能部门	运维检修		
预评估	预评估等级	一般隐患	预评估负责人签名	×××	预评估负责人签名日期	2016-5-4		
			工区领导审核签名	×××	工区领导审核签名日期	2016-5-5		
评估	评估等级	一般隐患	评估负责人签名	×××	评估负责人签名日期	2016-5-6		
			评估领导审核签名	×××	评估领导审核签名日期	2016-5-6		
治理	治理责任单位	变电运维室		治理责任人	×××			
	治理期限	自	2016-5-4	至	2016-8-31			
	是否计划项目	是	是否完成计划外备案			计划编号	××××××	
	防控措施	（1）运维人员在设备操作或维护时，倒闸操作增加第二监护人。 （2）使用解锁钥匙时必须按照批准流程进行申请，批准后按规定使用。 （3）操作中严格执行操作票流程，禁止跳项漏项操作						
	治理完成情况	7 月 16 日，变电运维室联系厂家技术人员将 110kV ××变电站防误操作系统适配器通信改为数据线通信方式，现防误操作系统主机与适配器通信稳定可靠，满足“五防”要求。现申请对该隐患治理完成情况进行验收						
	隐患治理计划资金（万元）		2.00		累计落实隐患治理资金（万元）		2.00	
验收	验收申请单位	变电运维室	负责人	×××	签字日期	2016-7-16		
	验收组织单位	运维检修部						
	验收意见	7 月 16 日，经运维检修部对国网××供电公司 2016××××号隐患进行现场验收，治理完成情况属实，满足安全（生产）运行要求，该隐患已消除						
	结论	验收合格，治理措施已按要求实施，同意注销			是否消除	是		
	验收组长	×××			验收日期	2016-7-16		

7.2.4.4 站用电系统设备

一般隐患排查治理档案表（1）

2016年度　　　　　　　　　　　　　　　　　　　　　　　　　　　　　　　　　国网××供电公司

<table>
<tr><td rowspan="5">发现</td><td>隐患简题</td><td colspan="3">国网××供电公司10月28日110kV ××变电站站用系统未配置备用电源自投装置的安全隐患</td><td>隐患来源</td><td>安全性评价</td><td>隐患原因</td><td>电力安全隐患</td></tr>
<tr><td>隐患编号</td><td>国网××供电公司2016××××</td><td>隐患所在单位</td><td>变电运维室</td><td>专业分类</td><td>变电</td><td>详细分类</td><td>站用电系统设备</td></tr>
<tr><td>发现人</td><td>×××</td><td>发现人单位</td><td>××变电运维班</td><td>发现日期</td><td colspan="3">2016-10-28</td></tr>
<tr><td>事故隐患内容</td><td colspan="7">110kV ××变电站有两台站用变电站，分别接至10kVⅠ、Ⅱ母线，由于站用系统未配备备用电源自投装置，当站用系统故障，造成站用电源消失，由直流蓄电池带全站二次设备，长时间运行将有可能导致站用直流系统失电，不符合《国家电网公司防止变电站全停十六项措施》9.1.3规定：“站用电系统重要负荷（如主变压器冷却器、直流系统等）应采用双回路供电，且接于不同的站用电母线段上，并能实现自动切换。”依据《国家电网公司安全事故调查规程（2017修正版）》2.3.7.2：“110kV（含66kV）变电站站用直流全部失电”，构成七级设备事件</td></tr>
<tr><td>可能导致后果</td><td colspan="3">七级设备事件</td><td>归属职能部门</td><td colspan="3">运维检修</td></tr>
<tr><td rowspan="2">预评估</td><td rowspan="2">预评估等级</td><td rowspan="2">一般隐患</td><td>预评估负责人签名</td><td>×××</td><td>预评估负责人签名日期</td><td colspan="3">2016-10-28</td></tr>
<tr><td>工区领导审核签名</td><td>×××</td><td>工区领导审核签名日期</td><td colspan="3">2016-10-28</td></tr>
<tr><td rowspan="2">评估</td><td rowspan="2">评估等级</td><td rowspan="2">一般隐患</td><td>评估负责人签名</td><td>×××</td><td>评估负责人签名日期</td><td colspan="3">2016-10-29</td></tr>
<tr><td>评估领导审核签名</td><td>×××</td><td>评估领导审核签名日期</td><td colspan="3">2016-10-29</td></tr>
<tr><td rowspan="6">治理</td><td>治理责任单位</td><td colspan="2">变电运维室</td><td>治理责任人</td><td colspan="4">×××</td></tr>
<tr><td>治理期限</td><td>自</td><td>2016-10-28</td><td>至</td><td colspan="4">2016-12-30</td></tr>
<tr><td>是否计划项目</td><td>是</td><td colspan="2">是否完成计划外备案</td><td></td><td>计划编号</td><td colspan="2">××××××</td></tr>
<tr><td>防控措施</td><td colspan="7">（1）每周对站用电系统进行巡视一次，发现异常及时上报处理。
（2）每月对站用电系统进行测温一次，对发热缺陷及时上报处理。
（3）编制站用电切换操作步骤，并全员培训，以便站用电一段失电时能手动迅速切换</td></tr>
<tr><td>治理完成情况</td><td colspan="7">11月20日至11月25日，对110kV ××变电站站用系统配备备用电源自投方案进行确认，并安装站用系统备自投装置1台，备自投功能试验合格。现申请对该隐患治理完成情况进行验收</td></tr>
<tr><td colspan="2">隐患治理计划资金（万元）</td><td colspan="2">4.00</td><td colspan="2">累计落实隐患治理资金（万元）</td><td colspan="2">3.90</td></tr>
<tr><td rowspan="5">验收</td><td>验收申请单位</td><td>变电运维室</td><td>负责人</td><td>×××</td><td>签字日期</td><td colspan="3">2016-11-25</td></tr>
<tr><td>验收组织单位</td><td colspan="7">运维检修部</td></tr>
<tr><td>验收意见</td><td colspan="7">11月25日，经运维检修部对国网××供电公司2016××××号隐患进行现场验收，治理完成情况属实，满足安全（生产）运行要求，该隐患已消除</td></tr>
<tr><td>结论</td><td colspan="3">验收合格，治理措施已按要求实施，同意注销</td><td>是否消除</td><td colspan="3">是</td></tr>
<tr><td>验收组长</td><td colspan="3">×××</td><td>验收日期</td><td colspan="3">2016-11-25</td></tr>
</table>

一般隐患排查治理档案表（2）

2016 年度

国网××供电公司

发现	隐患简题	国网××供电公司 10 月 28 日 110kV ××变电站站用电系统 ATS 自动切换装置无法自动切换的安全隐患			隐患来源	日常巡视	隐患原因	设备设施隐患
	隐患编号	国网××供电公司 2016××××	隐患所在单位	变电运维室	专业分类	变电	详细分类	站用电系统设备
	发现人	×××	发现人单位	××变电运维班	发现日期	2016-10-28		
	事故隐患内容	110kV ××变电站站用电系统 1、2 号站用屏内 ATS 自动切换装置运行达 15 年，无法进行自动切换，存在可能造成站用系统运行不稳定的安全隐患，不符合《国家电网公司变电验收通用管理规定第 23 分册　站用交流电源系统验收细则》A5.13 规定：“备自投装置闭锁功能应完善，确保不发生备用电源自投到故障元件上、造成事故扩大；备自投功能正常，实现自动切换功能。”当站用系统故障，有可能造成站用电源消失，直流蓄电池带全站二次设备长时间运行，导致直流系统失电，依据《国家电网公司安全事故调查规程（2017 修正版）》2.3.7.2：“110kV（含 66kV）变电站站用直流全部失电”，构成七级设备事件						
	可能导致后果	七级设备事件			归属职能部门	运维检修		
预评估	预评估等级	一般隐患	预评估负责人签名	×××	预评估负责人签名日期	2016-10-28		
			工区领导审核签名	×××	工区领导审核签名日期	2016-10-29		
评估	评估等级	一般隐患	评估负责人签名	×××	评估负责人签名日期	2016-10-30		
			评估领导审核签名	×××	评估领导审核签名日期	2016-10-30		
治理	治理责任单位	变电运维室		治理责任人	×××			
	治理期限	自	2016-10-28	至	2016-11-30			
	是否计划项目	是	是否完成计划外备案			计划编号	××××××	
	防控措施	（1）每周对站用电系统进行巡视一次，发现异常及时上报处理。 （2）每月对站用电系统进行测温一次，对发热缺陷及时上报处理。 （3）编制站用电切换操作步骤，并全员培训，以便站用电一段失电时能手动迅速切换						
	治理完成情况	11 月 10 日，完成了 110kV ××变电站站用电系统 1、2 号站用屏内 ATS 自动切换装置更换工作，功能试验合格。现申请对该隐患治理完成情况进行验收						
	隐患治理计划资金（万元）		5.00		累计落实隐患治理资金（万元）		4.60	
验收	验收申请单位	变电运维室	负责人	×××	签字日期	2016-11-10		
	验收组织单位	运维检修部						
	验收意见	11 月 10 日，经运维检修部对国网××供电公司 2016××××号隐患进行现场验收，治理完成情况属实，满足安全（生产）运行要求，该隐患已消除						
	结论	验收合格，治理措施已按要求实施，同意注销			是否消除	是		
	验收组长	×××			验收日期	2016-11-10		

7.2.4.5 直流系统

一般隐患排查治理档案表（1）

2016 年度　　　　国网××供电公司

发现	隐患简题	国网××供电公司 11 月 6 日 110kV ××变电站直流系统绝缘监测装置不具备交窜直报警功能的安全隐患			隐患来源	安全性评价	隐患原因	电力安全隐患
	隐患编号	国网××供电公司 2016××××	隐患所在单位	变电检修室	专业分类	变电	详细分类	直流系统
	发现人	×××	发现人单位	变电二次运检班	发现日期	2016-11-6		
	事故隐患内容	110kV ××变电站直流系统绝缘监测装置不具备交窜直报警功能，交流窜入直流后可造成继电保护或测控装置的不正确动作。不符合《国家电网公司十八项电网重大反事故措施（修订版）及编制说明》5.1.1.18.3 规定："新建或改造的变电站，直流系统绝缘监测装置，应具备交流窜直流故障的侧记和报警功能。原有的直流系统绝缘监测装置，应逐步进行改造，使其具备交流窜入直流故障的测记和报警功能。"依据《国家电网公司安全事故调查规程（2017 修正版）》2.2.7.6："110kV（含 66kV）系统中，断路器失灵、继电保护或自动装置不正确动作变电站站用直流全部失电"，构成七级电网事件						
	可能导致后果	七级电网事件			归属职能部门	运维检修		
预评估	预评估等级	一般隐患	预评估负责人签名	×××	预评估负责人签名日期	2016-11-6		
			工区领导审核签名	×××	工区领导审核签名日期	2016-11-7		
评估	评估等级	一般隐患	评估负责人签名	×××	评估负责人签名日期	2016-11-8		
			评估领导审核签名	×××	评估领导审核签名日期	2016-11-8		
治理	治理责任单位	变电检修室		治理责任人	×××			
	治理期限	自	2016-11-6	至	2016-12-30			
	是否计划项目	是	是否完成计划外备案			计划编号	××××××	
	防控措施	（1）每周巡视检查直流系统的绝缘状况，发现绝缘降低时及时处理。 （2）对端子排中交直流端子采取隔离措施。 （3）保持户外端子箱中驱潮装置运行正常，防止因受潮造成交直流短路接地						
	治理完成情况	12 月 12 日，对 110kV ××变电站直流系统绝缘监测装置上，加装了具备交流窜入直流故障测记和报警功能的监测模块，经过调试，符合投入运行条件。现申请对该隐患治理完成情况进行验收						
	隐患治理计划资金（万元）		0.80		累计落实隐患治理资金（万元）		0.80	
验收	验收申请单位	变电检修室	负责人	×××	签字日期	2016-12-12		
	验收组织单位	运维检修部						
	验收意见	12 月 13 日，经运维检修部对国网××供电公司 2016××××号隐患进行现场验收，治理完成情况属实，满足安全（生产）运行要求，该隐患已消除						
	结论	验收合格，治理措施已按要求实施，同意注销			是否消除	是		
	验收组长	×××			验收日期	2016-12-13		

一般隐患排查治理档案表（2）

2016 年度　　　　　　　　　　　　　　　　　　　　　　　　　　　　　　　国网××供电公司

<table>
<tr><td rowspan="5">发现</td><td>隐患简题</td><td colspan="3">国网××供电公司 11 月 5 日 110kV ××变电站直流系统蓄电池组检测容量不足 80%的安全隐患</td><td>隐患来源</td><td>检修预试</td><td>隐患原因</td><td>设备设施隐患</td></tr>
<tr><td>隐患编号</td><td>国网××供电公司 2016××××</td><td>隐患所在单位</td><td>变电检修室</td><td>专业分类</td><td>变电</td><td>详细分类</td><td>直流系统</td></tr>
<tr><td>发现人</td><td>×××</td><td>发现人单位</td><td>变电二次运检班</td><td>发现日期</td><td colspan="3">2016-11-5</td></tr>
<tr><td>事故隐患内容</td><td colspan="7">110kV ××变电站直流系统蓄电池组检测容量不足 80%，存在直流系统运行不稳定的安全隐患，不符合《国家电网直流电源系统管理规范》直流电源系统运行规范第三十八条规定："在三次充放电循环之内，若达不到额定容量值的 80%，则此组蓄电池容量严重不足，应部分或全部报废并更换。"依据《国家电网公司安全事故调查规程（2017 修正版）》2.3.7.2（5）："110kV（含 66kV）变电站站用直流全部失电"，构成七级设备事件</td></tr>
<tr><td>可能导致后果</td><td colspan="3">七级设备事件</td><td>归属职能部门</td><td colspan="3">运维检修</td></tr>
<tr><td rowspan="2">预评估</td><td rowspan="2">预评估等级</td><td rowspan="2">一般隐患</td><td>预评估负责人签名</td><td>×××</td><td>预评估负责人签名日期</td><td colspan="3">2016-11-5</td></tr>
<tr><td>工区领导审核签名</td><td>×××</td><td>工区领导审核签名日期</td><td colspan="3">2016-11-5</td></tr>
<tr><td rowspan="2">评估</td><td rowspan="2">评估等级</td><td rowspan="2">一般隐患</td><td>评估负责人签名</td><td>×××</td><td>评估负责人签名日期</td><td colspan="3">2016-11-6</td></tr>
<tr><td>评估领导审核签名</td><td>×××</td><td>评估领导审核签名日期</td><td colspan="3">2016-11-7</td></tr>
<tr><td rowspan="6">治理</td><td>治理责任单位</td><td colspan="2">变电检修室</td><td>治理责任人</td><td colspan="4">×××</td></tr>
<tr><td>治理期限</td><td>自</td><td>2016-11-5</td><td>至</td><td colspan="4">2016-12-30</td></tr>
<tr><td>是否计划项目</td><td>是</td><td colspan="2">是否完成计划外备案</td><td></td><td>计划编号</td><td colspan="2">××××××</td></tr>
<tr><td>防控措施</td><td colspan="7">（1）每周巡视直流系统，发现异常及时上报处理。
（2）准备应急直流充电机，一旦该站充电机故障，尽快投入应急直流充电机。
（3）制定方案，更换蓄电池组</td></tr>
<tr><td>治理完成情况</td><td colspan="7">12 月 2 日，对 110kV ××变电站直流系统蓄电池组进行整体更换，并经充放电试验合格，符合正常运维使用要求。现申请对该隐患治理完成情况进行验收</td></tr>
<tr><td colspan="2">隐患治理计划资金（万元）</td><td colspan="2">7.00</td><td>累计落实隐患治理资金（万元）</td><td colspan="3">6.80</td></tr>
<tr><td rowspan="5">验收</td><td>验收申请单位</td><td>变电检修室</td><td>负责人</td><td>×××</td><td>签字日期</td><td colspan="3">2016-12-2</td></tr>
<tr><td>验收组织单位</td><td colspan="7">运维检修部</td></tr>
<tr><td>验收意见</td><td colspan="7">12 月 2 日，经运维检修部对国网××供电公司 2016××××号隐患进行现场验收，治理完成情况属实，满足安全（生产）运行要求，该隐患已消除</td></tr>
<tr><td>结论</td><td colspan="3">验收合格，治理措施已按要求实施，同意注销</td><td>是否消除</td><td colspan="3">是</td></tr>
<tr><td>验收组长</td><td colspan="3">×××</td><td>验收日期</td><td colspan="3">2016-12-2</td></tr>
</table>

一般隐患排查治理档案表（3）

2016 年度　　　　国网××供电公司

<table>
<tr><td rowspan="5">发现</td><td>隐患简题</td><td colspan="3">国网××供电公司 9 月 8 日 110kV ××变电站直流装置故障的安全隐患</td><td>隐患来源</td><td>安全性评价</td><td>隐患原因</td><td>设备设施隐患</td></tr>
<tr><td>隐患编号</td><td>国网××供电公司 2016××××</td><td>隐患所在单位</td><td>变电检修室</td><td>专业分类</td><td>变电</td><td>详细分类</td><td>直流系统</td></tr>
<tr><td>发现人</td><td>×××</td><td>发现人单位</td><td>变电二次运检班</td><td>发现日期</td><td colspan="3">2016-9-8</td></tr>
<tr><td>事故隐患内容</td><td colspan="7">110kV ××变电站 JYM-Ⅱ直流装置 2007 年投运，直流装置存在黑屏无数据显示、不能触控操作、无信号量输出问题，有可能造成直流系统运行不稳定，不符合《国家电网直流电源系统管理规范》直流电源系统技术标准 5.2.3.1 规定："直流系统应能对直流母线电压、充电电压、蓄电池组电压、充电装置输出电流、蓄电池的充电和放电电流等参数进行监测。"依据《国家电网公司安全事故调查规程（2017 修正版）》2.3.7.2（5）："110kV（含 66kV）变电站站用直流全部失电"，构成七级设备事件</td></tr>
<tr><td>可能导致后果</td><td colspan="3">七级设备事件</td><td>归属职能部门</td><td colspan="3">运维检修</td></tr>
<tr><td rowspan="2">预评估</td><td rowspan="2">预评估等级</td><td rowspan="2">一般隐患</td><td>预评估负责人签名</td><td>×××</td><td>预评估负责人签名日期</td><td colspan="3">2016-9-8</td></tr>
<tr><td>工区领导审核签名</td><td>×××</td><td>工区领导审核签名日期</td><td colspan="3">2016-9-9</td></tr>
<tr><td rowspan="2">评估</td><td rowspan="2">评估等级</td><td rowspan="2">一般隐患</td><td>评估负责人签名</td><td>×××</td><td>评估负责人签名日期</td><td colspan="3">2016-9-10</td></tr>
<tr><td>评估领导审核签名</td><td>×××</td><td>评估领导审核签名日期</td><td colspan="3">2016-9-10</td></tr>
<tr><td rowspan="6">治理</td><td>治理责任单位</td><td colspan="2">变电检修室</td><td>治理责任人</td><td colspan="4">×××</td></tr>
<tr><td>治理期限</td><td>自</td><td>2016-9-8</td><td>至</td><td colspan="4">2016-10-30</td></tr>
<tr><td>是否计划项目</td><td>是</td><td colspan="2">是否完成计划外备案</td><td></td><td>计划编号</td><td colspan="2">××××××</td></tr>
<tr><td>防控措施</td><td colspan="7">（1）每周对该直流系统电压值进行测量，发现异常及时上报处理。
（2）准备备品备件，为直流装置故障处理做好准备</td></tr>
<tr><td>治理完成情况</td><td colspan="7">10 月 9 日至 10 月 10 日，对 110kV ××变电站直流系统高频充电模块、绝缘监测、整流模块、可控硅、通信模块等直流屏内设备故障损坏元件进行了更换、调试，治理完成后具备安全运行条件。现申请对该隐患治理完成情况进行验收</td></tr>
<tr><td colspan="2">隐患治理计划资金（万元）</td><td colspan="2">5.00</td><td colspan="2">累计落实隐患治理资金（万元）</td><td colspan="2">4.80</td></tr>
<tr><td rowspan="5">验收</td><td>验收申请单位</td><td>变电检修室</td><td>负责人</td><td>×××</td><td>签字日期</td><td colspan="3">2016-10-10</td></tr>
<tr><td>验收组织单位</td><td colspan="7">运维检修部</td></tr>
<tr><td>验收意见</td><td colspan="7">10 月 11 日，经运维检修部对国网××供电公司 2016××××号隐患进行现场验收，治理完成情况属实，满足安全（生产）运行要求，该隐患已消除</td></tr>
<tr><td>结论</td><td colspan="3">验收合格，治理措施已按要求实施，同意注销</td><td>是否消除</td><td colspan="3">是</td></tr>
<tr><td>验收组长</td><td colspan="3">×××</td><td>验收日期</td><td colspan="3">2016-10-11</td></tr>
</table>

7.2.4.6 接地装置

一般隐患排查治理档案表

2016 年度　　　　　　　　　　　　　　　　　　　　　　　　　　　　　　　　　　国网××供电公司

<table>
<tr><td rowspan="5">发现</td><td>隐患简题</td><td colspan="3">国网××供电公司 4 月 30 日 110kV ××变电站 35kV Ⅰ 母 YH 存在谐振过电压的安全隐患</td><td>隐患来源</td><td>检修预试</td><td>隐患原因</td><td>电力安全隐患</td></tr>
<tr><td>隐患编号</td><td>国网××供电公司 2016××××</td><td>隐患所在单位</td><td>变电检修室</td><td>专业分类</td><td>变电</td><td>详细分类</td><td>接地装置</td></tr>
<tr><td>发现人</td><td>×××</td><td>发现人单位</td><td>××变电检修班</td><td>发现日期</td><td colspan="3">2016-4-30</td></tr>
<tr><td>事故隐患内容</td><td colspan="7">110kV ××变电站 35kV Ⅰ 母 YH 消谐装置接地电阻测试为无穷大，接地线断裂，存在谐振过电压的安全隐患，不符合《国家电网公司十八项电网重大反事故措施（修订版）及编制说明》14.4.2.2 规定：“在电压互感器（包括系统中的用户站）一次绕组中性点对地间串接线性或非线性消谐电阻、加零序电压互感器或在开口三角绕组加阻尼或其他专门消除此类谐振的装置。”有可能产生过电压，造成设备损坏及停电，依据《国家电网公司安全事故调查规程（2017 修正版）》2.2.7.1：“35kV 以上输变电设备异常运行或被迫停止运行，并造成减供负荷者，”构成七级电网事件</td></tr>
<tr><td>可能导致后果</td><td colspan="3">七级电网事件</td><td>归属职能部门</td><td colspan="3">运维检修</td></tr>
<tr><td rowspan="2">预评估</td><td rowspan="2">预评估等级</td><td rowspan="2">一般隐患</td><td>预评估负责人签名</td><td>×××</td><td>预评估负责人签名日期</td><td colspan="3">2016-4-30</td></tr>
<tr><td>工区领导审核签名</td><td>×××</td><td>工区领导审核签名日期</td><td colspan="3">2016-4-30</td></tr>
<tr><td rowspan="2">评估</td><td rowspan="2">评估等级</td><td rowspan="2">一般隐患</td><td>评估负责人签名</td><td>×××</td><td>评估负责人签名日期</td><td colspan="3">2016-5-1</td></tr>
<tr><td>评估领导审核签名</td><td>×××</td><td>评估领导审核签名日期</td><td colspan="3">2016-5-2</td></tr>
<tr><td rowspan="6">治理</td><td>治理责任单位</td><td colspan="2">变电检修班</td><td>治理责任人</td><td colspan="4">×××</td></tr>
<tr><td>治理期限</td><td>自</td><td>2016 年 4 月 30 日</td><td>至</td><td colspan="4">2016-12-31</td></tr>
<tr><td>是否计划项目</td><td>是</td><td colspan="2">是否完成计划外备案</td><td></td><td>计划编号</td><td colspan="2">××××××</td></tr>
<tr><td>防控措施</td><td colspan="7">（1）监控班每日对该站 35kV 二次电压进行监测监视，发现异常立即通知运维人员现在检查设备，根据设备情况进行处理。
（2）加装消谐装置接地线</td></tr>
<tr><td>治理完成情况</td><td colspan="7">5 月 26 日，对 110kV ××变电站 35kV Ⅰ 母 YH 消谐装置加装接地线一根，并经试验合格。现申请对该隐患治理完成情况进行验收</td></tr>
<tr><td colspan="2">隐患治理计划资金（万元）</td><td colspan="2">0.05</td><td colspan="2">累计落实隐患治理资金（万元）</td><td colspan="2">0.04</td></tr>
<tr><td rowspan="5">验收</td><td>验收申请单位</td><td>变电检修室</td><td>负责人</td><td>×××</td><td>签字日期</td><td colspan="3">2016-5-26</td></tr>
<tr><td>验收组织单位</td><td colspan="7">运维检修部</td></tr>
<tr><td>验收意见</td><td colspan="7">5 月 26 日，经运维检修部对国网××供电公司 2016××××号隐患进行现场验收，治理完成情况属实，满足安全（生产）运行要求，该隐患已消除</td></tr>
<tr><td>结论</td><td colspan="3">验收合格，治理措施已按要求实施，同意注销</td><td>是否消除</td><td colspan="3">是</td></tr>
<tr><td>验收组长</td><td colspan="3">×××</td><td>验收日期</td><td colspan="3">2016-5-26</td></tr>
</table>

7.2.4.7 其他

一般隐患排查治理档案表

2016 年度　　　　　　　　　　　　　　　　　　　　　　　　　　　　国网××供电公司

发现	隐患简题	国网××供电公司3月17日110kV ××变电站110kVⅠ母A相避雷器有放电痕迹的安全隐患			隐患来源	检修预试	隐患原因	设备设施隐患
	隐患编号	国网××供电公司2016××××	隐患所在单位	变电检修室	专业分类	变电	详细分类	其他
	发现人	×××	发现人单位	××变电检修班	发现日期	2016-3-17		
	事故隐患内容	110kV ××变电站周围有化肥厂，长时间燃烧煤，粉尘较多，造成110kVⅠ母避雷器瓷套表面积尘，A相存在有放电痕迹，不符合《110（66）kV～750kV避雷器技术监督规定》第六章第十五条表1规定：“瓷套表面不得有严重积污，运行中不应出现放电现象。”有可能因避雷器绝缘降低，引起避雷器爆炸，根据《国家电网公司安全事故调查规程（2017修正版）》2.3.7.2：“35kV以上输变电主设备被迫停运，时间超过24h”，构成七级设备事件						
	可能导致后果	七级设备事件			归属职能部门	运维检修		
预评估	预评估等级	一般隐患	预评估负责人签名	×××	预评估负责人签名日期	2016-3-17		
			工区领导审核签名	×××	工区领导审核签名日期	2016-3-18		
评估	评估等级	一般隐患	评估负责人签名	×××	评估负责人签名日期	2016-3-18		
			评估领导审核签名	×××	评估领导审核签名日期	2016-3-19		
治理	治理责任单位	变电检修室		治理责任人	×××			
	治理期限	自	2016-3-17	至	2016-6-30			
	是否计划项目	是	是否完成计划外备案			计划编号	××××××	
	防控措施	（1）在110kVⅠ母避雷器设置围栏，悬挂“禁止靠近，高压危险！”警告标志。 （2）每周对110kVⅠ母避雷器进行巡视，记录避雷器的泄漏电流值，发现异常立即上报。 （3）更换之前对避雷器进行清扫						
	治理完成情况	5月2日，对110kV ××变电站110kVⅠ母A相避雷器进行更换，经测试满足安全运行条件。现申请对该隐患治理完成情况进行验收						
	隐患治理计划资金（万元）		0.40		累计落实隐患治理资金（万元）		0.35	
验收	验收申请单位	变电检修室	负责人	×××	签字日期	2016-5-2		
	验收组织单位	运维检修部						
	验收意见	5月2日，经运维检修部对国网××供电公司2016××××号隐患进行现场验收，治理完成情况属实，满足安全（生产）运行要求，该隐患已消除						
	结论	验收合格，治理措施已按要求实施，同意注销			是否消除	是		
	验收组长	×××			验收日期	2016-5-2		

7.2.5 设计类

一般隐患排查治理档案表

2016 年度　　　　　　　　　　　　　　　　　　　　　　国网××检修公司

<table>
<tr><td rowspan="6">发现</td><td>隐患简题</td><td colspan="3">国网××检修公司 5 月 4 日 750kV ××变电站 35kV 站用变压器存在基台设计过低安全距离不足安全隐患</td><td>隐患来源</td><td>安全性评价</td><td>隐患原因</td><td>人身安全隐患</td></tr>
<tr><td>隐患编号</td><td>国网××检修公司 2016××××</td><td>隐患所在单位</td><td>××运维分部</td><td>专业分类</td><td>变电</td><td>详细分类</td><td>设计类</td></tr>
<tr><td>发现人</td><td>×××</td><td>发现人单位</td><td>××变电运维班</td><td>发现日期</td><td colspan="3">2016-5-4</td></tr>
<tr><td>事故隐患内容</td><td colspan="7">750kV ××变电站 35kV 1、2 号站用变压器基台设计过低，站用变 35kV 引下线位置距离地面约 0.8m，不符合《国家电网公司电力安全工作规程　变电部分》5.1.4 表 1 规定：“设备不停电时 35kV 不小于 1.00m 的安全距离。”存在可能放电致作业人员意外伤害的安全隐患，依据《国家电网公司安全事故调查规程（2017 修正版）》2.1 相关条款，可能造成人身事故</td></tr>
<tr><td>可能导致后果</td><td colspan="3">人身事故</td><td>归属职能部门</td><td colspan="3">运维检修</td></tr>
<tr><td>预评估</td><td>预评估等级</td><td>一般隐患</td><td>预评估负责人签名
工区领导审核签名</td><td>×××
×××</td><td>预评估负责人签名日期
工区领导审核签名日期</td><td colspan="3">2016-5-4
2016-5-5</td></tr>
<tr><td rowspan="2">评估</td><td rowspan="2">评估等级</td><td rowspan="2">一般隐患</td><td>评估负责人签名</td><td>×××</td><td>评估负责人签名日期</td><td colspan="3">2016-5-6</td></tr>
<tr><td>评估领导审核签名</td><td>×××</td><td>评估领导审核签名日期</td><td colspan="3">2016-5-6</td></tr>
<tr><td rowspan="6">治理</td><td>治理责任单位</td><td colspan="2">××运维分部</td><td>治理责任人</td><td colspan="4">×××</td></tr>
<tr><td>治理期限</td><td>自</td><td>2016-5-4</td><td>至</td><td colspan="4">2016-11-30</td></tr>
<tr><td>是否计划项目</td><td>是</td><td colspan="2">是否完成计划外备案</td><td></td><td>计划编号</td><td colspan="2">××××××</td></tr>
<tr><td>防控措施</td><td colspan="7">（1）35kV 1、2 号站用变压器引下线处悬挂安全警示标识，并采用永久性隔离围栏。
（2）编制整治方案，对站用变压器基台基础进行升高处理</td></tr>
<tr><td>治理完成情况</td><td colspan="7">10 月 10 日，××运维分部根据停电计划，对 750kV ××变电站 35kV 1、2 号站用变压器基台采取增高措施，在原有的基础上提高了约 0.6m，目前 35kV 引下线距离地面约 1.4m，符合《安规》要求。现申请对该隐患治理完成情况进行验收</td></tr>
<tr><td colspan="2">隐患治理计划资金（万元）</td><td colspan="2">8.00</td><td colspan="2">累计落实隐患治理资金（万元）</td><td colspan="2">7.80</td></tr>
<tr><td rowspan="5">验收</td><td>验收申请单位</td><td>××运维分部</td><td>负责人</td><td>×××</td><td>签字日期</td><td colspan="3">2016-10-10</td></tr>
<tr><td>验收组织单位</td><td colspan="7">运维检修部</td></tr>
<tr><td>验收意见</td><td colspan="7">2016 年 10 月 11 日，经运维检修部对国网××检修公司××××号隐患进行现场验收，治理完成情况属实，满足安全（生产）运行要求，该隐患已消除</td></tr>
<tr><td>结论</td><td colspan="3">验收合格，治理措施已按要求实施，同意注销</td><td>是否消除</td><td colspan="3">是</td></tr>
<tr><td>验收组长</td><td colspan="3">×××</td><td>验收日期</td><td colspan="3">2016-10-11</td></tr>
</table>

7.3 配电类

7.3.1 供电网架

7.3.1.1 电源不满足 $N-1$

一般隐患排查治理档案表

2016 年度　　　　　　　　　　　　　　　　　　　　　　　　　　　　　　国网××供电公司

<table>
<tr><td rowspan="5">发现</td><td>隐患简题</td><td colspan="3">国网××供电公司 2 月 14 日××供电区域 10kV 线路存在负荷转供能力不足的安全隐患</td><td>隐患来源</td><td>安全性评价</td><td>隐患原因</td><td>电力安全隐患</td></tr>
<tr><td>隐患编号</td><td>国网××供电公司 2016××××</td><td>隐患所在单位</td><td>配电运检室</td><td>专业分类</td><td>配电</td><td>详细分类</td><td>电源不满足 $N-1$</td></tr>
<tr><td>发现人</td><td>×××</td><td>发现人单位</td><td>××配电运检班</td><td>发现日期</td><td colspan="3">2016-2-14</td></tr>
<tr><td>事故隐患内容</td><td colspan="7">近年来，××地区负荷增长较快，该供电区域 110/35kV ××变电站出线 10kV 线路共计××条，不满足 $N-1$ 线路××条，存在联络线间负荷转供能力不足，不符合《国家电网公司十八项电网重大反事故措施（修订版）及编制说明》2.2.1.3 规定：“电网发展速度应适当超前电源建设，规划电网应考虑有一定裕度，满足经济发展需求。”在负荷高峰期，若发生 10kV 线路故障（重合不成功），××地区将可能面临限电或减供负荷，造成所辖供电区域临时性重点电力用户被迫停运。依据《国家电网公司安全事故调查规程（2017 修正版）》2.2.7.8：“地市级以上地方人民政府有关部门确定的临时性重点电力用户电网侧供电全部中断”，构成七级电网事件</td></tr>
<tr><td>可能导致后果</td><td colspan="3">七级电网事件</td><td>归属职能部门</td><td colspan="3">运维检修</td></tr>
<tr><td rowspan="2">预评估</td><td rowspan="2">预评估等级</td><td rowspan="2">一般隐患</td><td>预评估负责人签名</td><td>×××</td><td>预评估负责人签名日期</td><td colspan="3">2016-2-14</td></tr>
<tr><td>运维室领导审核签名</td><td>×××</td><td>工区领导审核签名日期</td><td colspan="3">2016-2-14</td></tr>
<tr><td rowspan="2">评估</td><td rowspan="2">评估等级</td><td rowspan="2">一般隐患</td><td>评估负责人签名</td><td>×××</td><td>评估负责人签名日期</td><td colspan="3">2016-2-15</td></tr>
<tr><td>评估领导审核签名</td><td>×××</td><td>评估领导审核签名日期</td><td colspan="3">2016-2-16</td></tr>
<tr><td rowspan="7">治理</td><td>治理责任单位</td><td colspan="2">配电运检室</td><td>治理责任人</td><td colspan="4">×××</td></tr>
<tr><td>治理期限</td><td>自</td><td>2016-2-14</td><td>至</td><td colspan="4">2016-12-31</td></tr>
<tr><td>是否计划项目</td><td>是</td><td colspan="2">是否完成计划外备案</td><td></td><td>计划编号</td><td colspan="2">××××××</td></tr>
<tr><td>防控措施</td><td colspan="7">（1）永久治理前，重点加强该地区配网设备电网运维监控，大负荷期间开展红外接点测温，优化 10kV 配电网运行方式，编制 10kV 配网负荷转移及有序用电方案。
（2）加快××地区 10kV 配网线路网络优化和配变布点建设，在 110/35kV ××变电站新建 10kV 出线××条，降低线路负荷，实现与××条线路手拉手供电，进一步提高配网线路手拉手互供能力</td></tr>
<tr><td>治理完成情况</td><td colspan="7">10 月 20 日，完成 110/35kV ××变电站新建 10kV 出线××条，降低单条线路负载率，对 110/35kV ××变电站出 10kV 线路进行分网，满足 $N-1$ 要求，优化配电网供电网架结构。现申请对该隐患治理完成情况进行验收</td></tr>
<tr><td colspan="2">隐患治理计划资金（万元）</td><td colspan="2">500.00</td><td colspan="2">累计落实隐患治理资金（万元）</td><td colspan="2">500.00</td></tr>
<tr><td rowspan="5">验收</td><td>验收申请单位</td><td>配电运检室</td><td>负责人</td><td>×××</td><td>签字日期</td><td colspan="3">2016-10-20</td></tr>
<tr><td>验收组织单位</td><td colspan="7">运维检修部</td></tr>
<tr><td>验收意见</td><td colspan="7">10 月 22 日，经运维检修部对国网××供电公司 2016××××号隐患进行现场验收，治理完成情况属实，满足安全（生产）运行要求，该隐患已消除</td></tr>
<tr><td>结论</td><td colspan="3">验收合格，治理措施已按要求实施，同意注销</td><td>是否消除</td><td colspan="3">是</td></tr>
<tr><td>验收组长</td><td colspan="3">×××</td><td>验收日期</td><td colspan="3">2016-10-22</td></tr>
</table>

7.3.1.2 电缆老化

一般隐患排查治理档案表

2016 年度　　　　　　　　　　　　　　　　　　　　　　　　国网××供电公司

<table>
<tr><td rowspan="5">发现</td><td>隐患简题</td><td colspan="3">国网××供电公司2月5日10kV××电缆线路存在运行时限长电缆绝缘层老化的安全隐患</td><td>隐患来源</td><td>安全性评价</td><td>隐患原因</td><td>设备设施隐患</td></tr>
<tr><td>隐患编号</td><td>国网××供电公司2016××××</td><td>隐患所在单位</td><td>电缆运检室</td><td>专业分类</td><td>配电</td><td>详细分类</td><td>电缆老化</td></tr>
<tr><td>发现人</td><td>×××</td><td>发现人单位</td><td>××电缆运检班</td><td>发现日期</td><td colspan="3">2016-2-5</td></tr>
<tr><td>事故隐患内容</td><td colspan="7">××kV××变电站出线10kV××电缆线路为市临时性重要电力用户供电线路，该线路于××年×月投入运行，目前运行已超过25年，其××路段电缆绝缘老化情况严重，易造成线路被迫停运事件。不符合《国网陕西省电力公司生产设备技术改造原则》4.3.3.1.2规定："电缆运行时间大于25年或本体故障累计满4次及以上（不包括外部原因和附件故障），并经状态评价存在绝缘缺陷的电缆线路，应安排更换。"依据《国家电网公司安全事故调查规程（2017修正版）》2.2.7.8："地市级以上地方人民政府有关部门确定的临时性重要电力用户电网侧供电全部中断"，构成七级电网事件</td></tr>
<tr><td>可能导致后果</td><td colspan="3">七级电网事件</td><td>归属职能部门</td><td colspan="3">运维检修</td></tr>
<tr><td rowspan="2">预评估</td><td rowspan="2">预评估等级</td><td rowspan="2">一般隐患</td><td>预评估负责人签名</td><td>×××</td><td>预评估负责人签名日期</td><td colspan="3">2016-2-5</td></tr>
<tr><td>运维室领导审核签名</td><td>×××</td><td>工区领导审核签名日期</td><td colspan="3">2016-2-5</td></tr>
<tr><td rowspan="2">评估</td><td rowspan="2">评估等级</td><td rowspan="2">一般隐患</td><td>评估负责人签名</td><td>×××</td><td>评估负责人签名日期</td><td colspan="3">2016-2-6</td></tr>
<tr><td>评估领导审核签名</td><td>×××</td><td>评估领导审核签名日期</td><td colspan="3">2016-2-7</td></tr>
<tr><td rowspan="6">治理</td><td>治理责任单位</td><td colspan="2">电缆运检室</td><td>治理责任人</td><td colspan="4">×××</td></tr>
<tr><td>治理期限</td><td>自</td><td>2016-2-5</td><td>至</td><td colspan="4">2016-10-30</td></tr>
<tr><td>是否计划项目</td><td>是</td><td colspan="2">是否完成计划外备案</td><td></td><td>计划编号</td><td colspan="2">××××××</td></tr>
<tr><td>防控措施</td><td colspan="7">（1）加强该电缆带电局部放电监测、红外成像监测。
（2）有条件的情况下，停电进行震荡波局放监测。
（3）该电缆若发生故障，采集样品，有专业机构进行绝缘检测。
（4）上报运维检修部门，要求调度部门控制符合，避免超负荷运行。
（5）做好故障时的转供预案，减少停电时间，较少符合损失。
（6）上报技改计划，进行电缆更换</td></tr>
<tr><td>治理完成情况</td><td colspan="7">10月20日，完成××kV××变电站出线10kV××电缆线路××路段老化电缆更换、试验及投运工作，计更换电缆××m，治理完成后满足电缆线路运行要求。现申请对该隐患治理完成情况进行验收</td></tr>
<tr><td colspan="2">隐患治理计划资金（万元）</td><td colspan="2">32.00</td><td colspan="2">累计落实隐患治理资金（万元）</td><td colspan="2">32.00</td></tr>
<tr><td rowspan="5">验收</td><td>验收申请单位</td><td>电缆运检室</td><td>负责人</td><td>×××</td><td>签字日期</td><td colspan="3">2016-10-20</td></tr>
<tr><td>验收组织单位</td><td colspan="7">运维检修部</td></tr>
<tr><td>验收意见</td><td colspan="7">10月22日，经运维检修部对国网××供电公司2016××××号隐患进行现场验收，治理完成情况属实，满足安全（生产）运行要求，该隐患已消除</td></tr>
<tr><td>结论</td><td colspan="3">验收合格，治理措施已按要求实施，同意注销</td><td>是否消除</td><td colspan="3">是</td></tr>
<tr><td>验收组长</td><td colspan="3">×××</td><td>验收日期</td><td colspan="3">2016-10-22</td></tr>
</table>

7.3.1.3 同变同杆塔

一般隐患排查治理档案表

2016 年度　　　　国网××供电公司

<table>
<tr><td rowspan="5">发现</td><td>隐患简题</td><td colspan="3">国网××供电公司 1 月 15 日 10kV ××Ⅰ、Ⅱ线同杆塔架设易造成用户电网侧全部中断隐患</td><td>隐患来源</td><td>电网方式分析</td><td>隐患原因</td><td>电力安全隐患</td></tr>
<tr><td>隐患编号</td><td>国网××供电公司 2016××××</td><td>隐患所在单位</td><td>配电运检室</td><td>专业分类</td><td>配电</td><td>详细分类</td><td>同变同杆塔</td></tr>
<tr><td>发现人</td><td>×××</td><td>发现人单位</td><td>××配电运检班</td><td>发现日期</td><td colspan="3">2016-1-15</td></tr>
<tr><td>事故隐患内容</td><td colspan="7">110kV ××变电站 10kV ××Ⅰ、Ⅱ线路（同杆塔架设），该两回线路为××市临时性重要电力用户供电线路。单条线路故障时，抢修期间造成另一条线路被迫停止运行，停电范围扩大，减供负荷，易造成用户电网侧故障停电事件。依据《国家电网公司安全事故调查规程（2017 修正版）》第 2.2.7.8：“地市级以上地方人民政府有关部门确定的临时性重要电力用户电网侧供电全部中断”，构成七级电网事件</td></tr>
<tr><td>可能导致后果</td><td colspan="3">七级电网事件</td><td>归属职能部门</td><td colspan="3">运维检修</td></tr>
<tr><td rowspan="2">预评估</td><td rowspan="2">预评估等级</td><td rowspan="2">一般隐患</td><td>预评估负责人签名</td><td>×××</td><td>预评估负责人签名日期</td><td colspan="3">2016-1-15</td></tr>
<tr><td>工区领导审核签名</td><td>×××</td><td>工区领导审核签名日期</td><td colspan="3">2016-1-15</td></tr>
<tr><td rowspan="2">评估</td><td rowspan="2">评估等级</td><td rowspan="2">一般隐患</td><td>评估负责人签名</td><td>×××</td><td>评估负责人签名日期</td><td colspan="3">2016-1-15</td></tr>
<tr><td>评估领导审核签名</td><td>×××</td><td>评估领导审核签名日期</td><td colspan="3">2016-1-15</td></tr>
<tr><td rowspan="6">治理</td><td>治理责任单位</td><td colspan="2">配电运检室</td><td>治理责任人</td><td colspan="4">×××</td></tr>
<tr><td>治理期限</td><td>自</td><td>2016-1-15</td><td>至</td><td colspan="4">2017-6-30</td></tr>
<tr><td>是否计划项目</td><td>是</td><td colspan="2">是否完成计划外备案</td><td>是</td><td>计划编号</td><td colspan="2">××××××</td></tr>
<tr><td>防控措施</td><td colspan="7">（1）重点加强城配网设备电网运维监控，迎峰度夏期间优化 10kV 配电网运行方式，编制迎峰度夏 10kV 配网负荷转移方案。
（2）拓展带电作业项目类型，优先带电抢修，缩小停电范围。
（3）将 110kV ××变电站 10kV ××Ⅰ、Ⅱ线纳入 2016 年城农网大修技改项目，对该通道线路加快架空线落地改造进度</td></tr>
<tr><td>治理完成情况</td><td colspan="7">11 月 20 日，新建 10kV 线路 1 条，对城区 110kV ××变电站 10kV ××Ⅰ、Ⅱ线线路进行分网，优化配电网供电网架结构。现申请对该隐患治理完成情况进行验收</td></tr>
<tr><td colspan="2">隐患治理计划资金（万元）</td><td colspan="2">220.00</td><td colspan="2">累计落实隐患治理资金（万元）</td><td colspan="2">220.00</td></tr>
<tr><td rowspan="5">验收</td><td>验收申请单位</td><td>配电运检室</td><td>负责人</td><td>×××</td><td>签字日期</td><td colspan="3">2016-11-20</td></tr>
<tr><td>验收组织单位</td><td colspan="7">运维检修部</td></tr>
<tr><td>验收意见</td><td colspan="7">11 月 22 日，经运维检修部对国网××供电公司 2016××××号隐患进行现场验收，治理完成情况属实，满足安全（生产）运行要求，该隐患已消除</td></tr>
<tr><td>结论</td><td colspan="3">验收合格，治理措施已按要求实施，同意注销</td><td>是否消除</td><td colspan="3">是</td></tr>
<tr><td>验收组长</td><td colspan="3">×××</td><td>验收日期</td><td colspan="3">2016-11-22</td></tr>
</table>

7.3.1.4 供用电合同

一般隐患排查治理档案表

2016年度　　　　　　　　　　　　　　　　　　　　　　　　　　　　　　国网××供电公司

<table>
<tr><td rowspan="5">发现</td><td>隐患简题</td><td colspan="3">国网××供电公司2月14日10kV ××客户供用电合同产权分界点描述与实际不符的安全隐患</td><td>隐患来源</td><td>安全检查</td><td>隐患原因</td><td>人身安全隐患</td></tr>
<tr><td>隐患编号</td><td>国网××供电公司2016××××</td><td>隐患所在单位</td><td>××客户服务分中心</td><td>专业分类</td><td>配电</td><td>详细分类</td><td>供用电合同</td></tr>
<tr><td>发现人</td><td>×××</td><td>发现人单位</td><td>××用电检查班</td><td>发现日期</td><td colspan="3">2016-2-14</td></tr>
<tr><td>事故隐患内容</td><td colspan="7">2月14日在××专线客户故障停电后，由于客户供用电合同产权分界点描述与实际不符，将资产分界点将变电站出线柜刀闸下桩头0.2m处，误写成客户红线外第一基电杆处，造成无法判断故障点抢修责任归属，如我方因舆情压力，贸然开展抢修工作容易造成现场措施不到位检修人员人身伤害事件。依据《国家电网公司安全事故调查规程（2017修正版）》2.1相关条款，可能构成人身事故</td></tr>
<tr><td>可能导致后果</td><td colspan="3">人身安全事件</td><td>归属职能部门</td><td colspan="3">营销</td></tr>
<tr><td rowspan="2">预评估</td><td rowspan="2">预评估等级</td><td rowspan="2">一般隐患</td><td>预评估负责人签名</td><td>×××</td><td>预评估负责人签名日期</td><td colspan="3">2016-2-14</td></tr>
<tr><td>运维室领导审核签名</td><td>×××</td><td>工区领导审核签名日期</td><td colspan="3">2016-2-14</td></tr>
<tr><td rowspan="2">评估</td><td rowspan="2">评估等级</td><td rowspan="2">一般隐患</td><td>评估负责人签名</td><td>×××</td><td>评估负责人签名日期</td><td colspan="3">2016-2-15</td></tr>
<tr><td>评估领导审核签名</td><td>×××</td><td>评估领导审核签名日期</td><td colspan="3">2016-2-16</td></tr>
<tr><td rowspan="6">治理</td><td>治理责任单位</td><td colspan="2">××客户服务分中心</td><td>治理责任人</td><td colspan="4">×××</td></tr>
<tr><td>治理期限</td><td>自</td><td>2016-2-14</td><td>至</td><td colspan="4">2016-3-31</td></tr>
<tr><td>是否计划项目</td><td>是</td><td colspan="2">是否完成计划外备案</td><td></td><td>计划编号</td><td colspan="2">××××××</td></tr>
<tr><td>防控措施</td><td colspan="7">（1）加强供用电合同管理，签订供用电合同时加强合同文本审核，确保签署内容准确有效。
（2）做好合同记录与台账，及时与客户续签供用电合同确保双方责任落实</td></tr>
<tr><td>治理完成情况</td><td colspan="7">2月25日，由用检班组工作负责人及时联系××专线客户重新签订供用电合同，明确了产权划分与责任</td></tr>
<tr><td colspan="2">隐患治理计划资金（万元）</td><td colspan="2">0.00</td><td colspan="2">累计落实隐患治理资金（万元）</td><td colspan="2">0.00</td></tr>
<tr><td rowspan="5">验收</td><td>验收申请单位</td><td>××客户服务分中心</td><td>负责人</td><td>×××</td><td>签字日期</td><td colspan="3">2016-2-25</td></tr>
<tr><td>验收组织单位</td><td colspan="7">营销部</td></tr>
<tr><td>验收意见</td><td colspan="7">2月26日，经运维检修部对国网××供电公司2016××××号隐患进行现场验收，治理完成情况属实，满足安全（生产）运行要求，该隐患已消除</td></tr>
<tr><td>结论</td><td colspan="3">验收合格，治理措施已按要求实施，同意注销</td><td>是否消除</td><td colspan="3">是</td></tr>
<tr><td>验收组长</td><td colspan="3">×××</td><td>验收日期</td><td colspan="3">2016-2-26</td></tr>
</table>

7.3.2 配电线路

7.3.2.1 电杆根腐朽

一般隐患排查治理档案表

2016 年度　　　　　　　　　　　　　　　　　　　　　　　　　　　　　　　国网××供电公司

发现	隐患简题	国网××供电公司3月1日10kV ××线12号砼杆根腐朽、法兰处锈蚀的安全隐患			隐患来源	日常巡视	隐患原因	设备设施隐患
	隐患编号	国网××供电公司2016××××	隐患所在单位	配电运检室	专业分类	配电	详细分类	电杆根腐朽
	发现人	×××	发现人单位	××配电运检班	发现日期	2016-3-1		
	事故隐患内容	10kV ××线12号砼杆基础由于雨水冲刷，存在砼杆杆根腐朽、法兰处锈蚀的安全隐患，不符合《配电网运维规程》（Q/GDW 1519—2014）6.2.2规定：“杆塔和基础巡视的主要内容：b）砼杆不应有严重裂纹、铁锈水，保护层不应脱落、疏松、钢筋外露，砼杆不宜有纵向裂纹，横向裂纹不宜超过1/3周长，且裂纹宽度不宜大于0.5mm；焊接杆焊接处应无裂纹，无严重锈蚀；铁塔（钢杆）不应严重锈蚀，主材弯曲度不应超过5/1000，混凝土基础不应有裂纹、疏松、露筋。”由于12号砼杆地处乡村公路边，有可能因杆根腐朽倒杆断线致过往行人意外伤害，引起社会舆情纠纷。依据《国家电网公司安全隐患排查治理管理办法》第五条中（三）：“其他对社会造成影响事故的隐患”，构成一般事故隐患						
	可能导致后果	一般事故隐患			归属职能部门	运维检修		
预评估	预评估等级	一般隐患	预评估负责人签名	×××	预评估负责人签名日期	2016-3-1		
			运维室领导审核签名	×××	工区领导审核签名日期	2016-3-1		
评估	评估等级	一般隐患	评估负责人签名	×××	评估负责人签名日期	2016-3-2		
			评估领导审核签名	×××	评估领导审核签名日期	2016-3-2		
治理	治理责任单位	配电运检室		治理责任人	×××			
	治理期限	自	2016-3-1	至	2016-6-30			
	是否计划项目	是	是否完成计划外备案			计划编号	××××××	
	防控措施	（1）在12号砼杆上张贴安全警示标识，落实企业法律主体责任；雨季期间，对10kV ××线12号砼杆安排每月两次特巡，发现电杆根腐朽情况扩大立即上报。 （2）安排计划，申请更换10kV ××线12号腐朽根砼杆为190/12m砼杆						
	治理完成情况	5月22日，对10kV ××线上报停电计划，将10kV ××线12号砼杆更换为190/12m，满足线路安全运行要求。现申请对该隐患治理完成情况进行验收						
	隐患治理计划资金（万元）		0.35		累计落实隐患治理资金（万元）		0.35	
验收	验收申请单位	配电运检室	负责人	×××	签字日期	2016-5-22		
	验收组织单位	运维检修部						
	验收意见	5月22日，经运维检修部对国网××供电公司2016××××号隐患进行现场验收，治理完成情况属实，满足安全（生产）运行要求，该隐患已消除						
	结论	验收合格，治理措施已按要求实施，同意注销			是否消除	是		
	验收组长	×××			验收日期	2016-5-22		

7.3.2.2 配变对地距离不足

一般隐患排查治理档案表

2016 年度

国网××供电公司

<table>
<tr><td rowspan="5">发现</td><td>隐患简题</td><td colspan="3">国网××供电公司 5 月 3 日 10kV ××线 18 号北 1 号配变台架对地距离不足的安全隐患</td><td>隐患来源</td><td>日常巡视</td><td>隐患原因</td><td>人身安全隐患</td></tr>
<tr><td>隐患编号</td><td>国网××供电公司 2016××××</td><td>隐患所在单位</td><td>配电运检室</td><td>专业分类</td><td>配电</td><td>详细分类</td><td>配变对地距离不足</td></tr>
<tr><td>发现人</td><td>×××</td><td>发现人单位</td><td>××配电运检班</td><td>发现日期</td><td colspan="3">2016-5-3</td></tr>
<tr><td>事故隐患内容</td><td colspan="7">10kV ××线 18 号北 1 号配变台架下，因村民随意倾倒垃圾，导致垃圾堆高，现场测量台架对地垂直距离为 2.1m，不符合《城市配电网技术导则》2.6.5 规定：“变压器台架对地距离不应低于 2.5m，高压熔断器对地距离不应低于 4.5m。”有可能造成过往人员意外触电，引发社会舆情纠纷，依据《国家电网公司安全隐患排查治理管理办法》第五条中（三）：“其他对社会造成影响事故的隐患”，构成一般事故隐患</td></tr>
<tr><td>可能导致后果</td><td colspan="3">一般事故隐患</td><td>归属职能部门</td><td colspan="3">运维检修</td></tr>
<tr><td rowspan="2">预评估</td><td rowspan="2">预评估等级</td><td rowspan="2">一般隐患</td><td>预评估负责人签名</td><td>×××</td><td>预评估负责人签名日期</td><td colspan="3">2016-5-3</td></tr>
<tr><td>工区领导审核签名</td><td>×××</td><td>工区领导审核签名日期</td><td colspan="3">2016-5-4</td></tr>
<tr><td rowspan="2">评估</td><td rowspan="2">评估等级</td><td rowspan="2">一般隐患</td><td>评估负责人签名</td><td>×××</td><td>评估负责人签名日期</td><td colspan="3">2016-5-5</td></tr>
<tr><td>评估领导审核签名</td><td>×××</td><td>评估领导审核签名日期</td><td colspan="3">2016-5-6</td></tr>
<tr><td rowspan="6">治理</td><td>治理责任单位</td><td colspan="2">配电运检室</td><td>治理责任人</td><td colspan="4">×××</td></tr>
<tr><td>治理期限</td><td>自</td><td>2016-5-3</td><td>至</td><td colspan="4">2016-7-31</td></tr>
<tr><td>是否计划项目</td><td>是</td><td colspan="2">是否完成计划外备案</td><td></td><td>计划编号</td><td colspan="2">××××××</td></tr>
<tr><td>防控措施</td><td colspan="7">（1）每月安排二次配变巡视。
（2）悬挂警示标志，对沿途村民进行电力安全宣讲，落实企业法律主体责任。
（3）及时对配变台架下的垃圾进行清理</td></tr>
<tr><td>治理完成情况</td><td colspan="7">6 月 15 日，安排 10kV ××线 18 号北 1 号配变停电，对配变台架下的垃圾进行清理，治理后配变台架对地距离 4m，满足《城市配电网技术导则》规定要求。现申请对该隐患治理完成情况进行验收</td></tr>
<tr><td colspan="2">隐患治理计划资金（万元）</td><td colspan="2">0.00</td><td colspan="2">累计落实隐患治理资金（万元）</td><td colspan="2">0.00</td></tr>
<tr><td rowspan="5">验收</td><td>验收申请单位</td><td>配电运检室</td><td>负责人</td><td>×××</td><td>签字日期</td><td colspan="3">2016-6-15</td></tr>
<tr><td>验收组织单位</td><td colspan="7">运维检修部</td></tr>
<tr><td>验收意见</td><td colspan="7">6 月 16 日，经运维检修部对国网××供电公司 2016××××号隐患进行现场验收，治理完成情况属实，满足安全（生产）运行要求，该隐患已消除</td></tr>
<tr><td>结论</td><td colspan="3">验收合格，治理措施已按要求实施，同意注销。</td><td>是否消除</td><td colspan="3">是</td></tr>
<tr><td>验收组长</td><td colspan="3">×××</td><td>验收日期</td><td colspan="3">2016-6-16</td></tr>
</table>

7.3.2.3 杆路矛盾

一般隐患排查治理档案表

国网××供电公司

2016年度

<table>
<tr><td rowspan="5">发现</td><td>隐患简题</td><td colspan="3">国网××供电公司2月5日10kV××线5～9号砼杆存在防撞漆脱落及路中杆的安全隐患</td><td>隐患来源</td><td>日常巡视</td><td>隐患原因</td><td>人身安全隐患</td></tr>
<tr><td>隐患编号</td><td>国网××供电公司2016××××</td><td>隐患所在单位</td><td>配电运检室</td><td>专业分类</td><td>配电</td><td>详细分类</td><td>杆路矛盾</td></tr>
<tr><td>发现人</td><td>×××</td><td>发现人单位</td><td>××配电运维班</td><td>发现日期</td><td colspan="3">2016-2-5</td></tr>
<tr><td>事故隐患内容</td><td colspan="7">10kV××线5～9号砼杆线路沿二级公路边走径，其中6、7号砼杆防撞漆脱落。因二级公路道路拓宽，导致9号砼杆成为路中杆，距离公路边沿2m，存在车辆撞杆致人身意外伤害，引发社会舆情纠纷，不符合《配电网运维规程》（Q/GDW 1519—2014）6.2.2规定："杆塔和基础巡视的主要内容：g）杆塔位置是否合适、有无被车撞的可能，保护设施是否完好，安全标示是否清晰。"依据《国家电网公司安全隐患排查治理管理办法》第五条中（三）："其他对社会造成影响事故的隐患"，构成一般事故隐患</td></tr>
<tr><td>可能导致后果</td><td colspan="3">一般事故隐患</td><td>归属职能部门</td><td colspan="3">运维检修</td></tr>
<tr><td rowspan="2">预评估</td><td rowspan="2">预评估等级</td><td rowspan="2">一般隐患</td><td>预评估负责人签名</td><td>×××</td><td>预评估负责人签名日期</td><td colspan="3">2016-2-5</td></tr>
<tr><td>运维室领导审核签名</td><td>×××</td><td>工区领导审核签名日期</td><td colspan="3">2016-2-5</td></tr>
<tr><td rowspan="2">评估</td><td rowspan="2">评估等级</td><td rowspan="2">一般隐患</td><td>评估负责人签名</td><td>×××</td><td>评估负责人签名日期</td><td colspan="3">2016-2-6</td></tr>
<tr><td>评估领导审核签名</td><td>×××</td><td>评估领导审核签名日期</td><td colspan="3">2016-2-7</td></tr>
<tr><td rowspan="6">治理</td><td>治理责任单位</td><td colspan="2">配电运检室</td><td>治理责任人</td><td colspan="4">×××</td></tr>
<tr><td>治理期限</td><td>自</td><td>2016-2-5</td><td>至</td><td colspan="4">2016-5-30</td></tr>
<tr><td>是否计划项目</td><td>是</td><td colspan="2">是否完成计划外备案</td><td></td><td>计划编号</td><td colspan="2">××××××</td></tr>
<tr><td>防控措施</td><td colspan="7">（1）安排运行人员对杆塔周围设置警示标志，在砼杆上安装警示牌，对6、7号砼杆补刷防撞漆。
（2）向公路建设施工单位下达《安全监察通知书》，签订近电施工安全协议。
（3）责令施工单位对9号砼杆修筑防撞墩，利用技改对10kV××线5～9号杆进行线路改迁</td></tr>
<tr><td>治理完成情况</td><td colspan="7">5月15日，安排10kV××线5～9号区段停电，将10kV××线5～9号杆迁至公路外侧10m处，治理完成后满足线路安全运行要求。现申请对该隐患治理完成情况进行验收</td></tr>
<tr><td colspan="2">隐患治理计划资金（万元）</td><td colspan="2">1.00</td><td colspan="2">累计落实隐患治理资金（万元）</td><td colspan="2">1.00</td></tr>
<tr><td rowspan="5">验收</td><td>验收申请单位</td><td>配电运检室</td><td>负责人</td><td>×××</td><td>签字日期</td><td colspan="3">2016-5-15</td></tr>
<tr><td>验收组织单位</td><td colspan="7">运维检修部</td></tr>
<tr><td>验收意见</td><td colspan="7">5月16日，经运维检修部对国网××供电公司2016××××号隐患进行现场验收，治理完成情况属实，满足安全（生产）运行要求，该隐患已消除</td></tr>
<tr><td>结论</td><td colspan="3">验收合格，治理措施已按要求实施，同意注销</td><td>是否消除</td><td colspan="3">是</td></tr>
<tr><td>验收组长</td><td colspan="3">×××</td><td>验收日期</td><td colspan="3">2016-5-16</td></tr>
</table>

7.3.2.4 老旧设备

一般隐患排查治理档案表

2016 年度

国网××供电公司

<table>
<tr><td rowspan="5">发现</td><td>隐患简题</td><td colspan="3">国网××供电公司 5 月 2 日 10kV ××线 4、5 号电缆分支箱存在设备绝缘老旧的安全隐患</td><td>隐患来源</td><td>安全性评价</td><td>隐患原因</td><td>人身安全隐患</td></tr>
<tr><td>隐患编号</td><td>国网××供电公司 2016××××</td><td>隐患所在单位</td><td>电缆运检室</td><td>专业分类</td><td>配电</td><td>详细分类</td><td>老旧设备</td></tr>
<tr><td>发现人</td><td>×××</td><td>发现人单位</td><td>××电缆运维班</td><td>发现日期</td><td colspan="3">2016-5-2</td></tr>
<tr><td>事故隐患内容</td><td colspan="7">10kV ××线 4、5 号电缆分支箱运行年限近 15 年，存在设备绝缘老化，气室漏气问题，各种仪表装置不能如实反映柜体内情况，易造成操作人员意外触电事件。不符合《配电网运维规程》（Q/GDW 1519—2014）6.3.6 规定：“电缆分支箱巡视的主要内容：h）箱体内其他设备运行是否良好。”依据《国家电网公司安全事故调查规程（2017 修正版）》2.1 相关条款，可能构成人身事故</td></tr>
<tr><td>可能导致后果</td><td colspan="3">人身事故</td><td>归属职能部门</td><td colspan="3">运维检修</td></tr>
<tr><td rowspan="2">预评估</td><td rowspan="2">预评估等级</td><td rowspan="2">一般隐患</td><td>预评估负责人签名</td><td>×××</td><td>预评估负责人签名日期</td><td colspan="3">2016-5-2</td></tr>
<tr><td>工区领导审核签名</td><td>×××</td><td>工区领导审核签名日期</td><td colspan="3">2016-5-3</td></tr>
<tr><td rowspan="2">评估</td><td rowspan="2">评估等级</td><td rowspan="2">一般隐患</td><td>评估负责人签名</td><td>×××</td><td>评估负责人签名日期</td><td colspan="3">2016-5-4</td></tr>
<tr><td>评估领导审核签名</td><td>×××</td><td>评估领导审核签名日期</td><td colspan="3">2016-5-5</td></tr>
<tr><td rowspan="6">治理</td><td>治理责任单位</td><td colspan="2">电缆运检室</td><td>治理责任人</td><td colspan="4">×××</td></tr>
<tr><td>治理期限</td><td>自</td><td>2016-5-2</td><td>至</td><td colspan="4">2016-10-20</td></tr>
<tr><td>是否计划项目</td><td>是</td><td colspan="2">是否完成计划外备案</td><td></td><td>计划编号</td><td colspan="2">××××××</td></tr>
<tr><td>防控措施</td><td colspan="7">（1）加强巡视，做好宣传，悬挂警示标语。
（2）定期对两台分支箱进行除尘、除潮工作，加装加热器，大负荷期间开展红外接点测温工作。
（3）结合大修、技改、成本等项目尽快更换两台电缆分支箱</td></tr>
<tr><td>治理完成情况</td><td colspan="7">10 月 12 日，对 10kV ××线两台电缆分支箱进行了更换，治理完成后满足配电网设备安全运行要求。现申请对该隐患治理完成情况进行验收</td></tr>
<tr><td colspan="2">隐患治理计划资金（万元）</td><td colspan="2">50.00</td><td colspan="2">累计落实隐患治理资金（万元）</td><td colspan="2">50.00</td></tr>
<tr><td rowspan="5">验收</td><td>验收申请单位</td><td>电缆运检室</td><td>负责人</td><td>×××</td><td>签字日期</td><td colspan="3">2016-10-12</td></tr>
<tr><td>验收组织单位</td><td colspan="7">运维检修部</td></tr>
<tr><td>验收意见</td><td colspan="7">10 月 13 日，经运维检修部对国网××供电公司 2016××××号隐患进行现场验收，治理完成情况属实，满足安全（生产）运行要求，该隐患已消除</td></tr>
<tr><td>结论</td><td colspan="3">验收合格，治理措施已按要求实施，同意注销</td><td>是否消除</td><td colspan="3">是</td></tr>
<tr><td>验收组长</td><td colspan="3">×××</td><td>验收日期</td><td colspan="3">2016-10-13</td></tr>
</table>

7.3.2.5 交叉跨越隐患

一般隐患排查治理档案表（1）

2016 年度　　　　国网××供电公司

<table>
<tr><td rowspan="5">发现</td><td>隐患简题</td><td colspan="3">国网××供电公司7月5日10kV ××线3～4号档导线存在与下方加油站交跨距离不足的安全隐患</td><td>隐患来源</td><td>日常巡视</td><td>隐患原因</td><td>人身安全隐患</td></tr>
<tr><td>隐患编号</td><td>国网××供电公司2016××××</td><td>隐患所在单位</td><td>配电运检室</td><td>专业分类</td><td>配电</td><td>详细分类</td><td>交叉跨越隐患</td></tr>
<tr><td>发现人</td><td>×××</td><td>发现人单位</td><td>××配电运维班</td><td>发现日期</td><td colspan="3">2016-7-5</td></tr>
<tr><td>事故隐患内容</td><td colspan="7">10kV ××线3～4号导线档距为300m，由于连续高温天气，造成导线弧垂下降，现A相导线与下方加油站最小垂直距离2.8m，不符合《配电网运维规程》（Q/GDW 1519—2014）表C.3规定：“架空线路与其他设施的安全距离限制：10kV架空线路与建筑物最小垂直距离3.0m。”易造成大型车辆进出加油站时放电事件，引发社会舆情纠纷，依据《国家电网公司安全隐患排查治理管理办法》第五条中（三）：“其他对社会造成影响事故的隐患”，构成一般事故隐患</td></tr>
<tr><td>可能导致后果</td><td colspan="3">一般事故隐患</td><td>归属职能部门</td><td colspan="3">运维检修</td></tr>
<tr><td rowspan="2">预评估</td><td rowspan="2">预评估等级</td><td rowspan="2">一般隐患</td><td>预评估负责人签名</td><td>×××</td><td>预评估负责人签名日期</td><td colspan="3">2016-7-5</td></tr>
<tr><td>运维室领导审核签名</td><td>×××</td><td>工区领导审核签名日期</td><td colspan="3">2016-7-5</td></tr>
<tr><td rowspan="2">评估</td><td rowspan="2">评估等级</td><td rowspan="2">一般隐患</td><td>评估负责人签名</td><td>×××</td><td>评估负责人签名日期</td><td colspan="3">2016-7-6</td></tr>
<tr><td>评估领导审核签名</td><td>×××</td><td>评估领导审核签名日期</td><td colspan="3">2016-7-7</td></tr>
<tr><td rowspan="7">治理</td><td>治理责任单位</td><td colspan="2">配电运检室</td><td>治理责任人</td><td colspan="4">×××</td></tr>
<tr><td>治理期限</td><td>自</td><td>2016-7-5</td><td>至</td><td colspan="4">2016-9-30</td></tr>
<tr><td>是否计划项目</td><td>是</td><td colspan="2">是否完成计划外备案</td><td></td><td>计划编号</td><td colspan="2">××××××</td></tr>
<tr><td>防控措施</td><td colspan="7">（1）永久治理前，在跨越处设置醒目的安全警示标示，向加油站下达《安全隐患告知书》，开展电力设施安全宣传，落实企业法律主体责任，防止车辆出入时出现人身意外触电事件。
（2）联系加油站，对10kV ××线3～4号档采取改迁、落地敷设直埋电缆或调整导线弧垂</td></tr>
<tr><td>治理完成情况</td><td colspan="7">8月26日，对10kV ××线3～4号档进行改迁、敷设直埋电缆，治理完成后满足线路运行要求。现申请对该隐患治理完成情况进行验收</td></tr>
<tr><td colspan="2">隐患治理计划资金（万元）</td><td colspan="2">2.50</td><td colspan="2">累计落实隐患治理资金（万元）</td><td colspan="2">2.50</td></tr>
<tr><td rowspan="5">验收</td><td>验收申请单位</td><td>配电运检室</td><td>负责人</td><td>×××</td><td>签字日期</td><td colspan="3">2016-8-26</td></tr>
<tr><td>验收组织单位</td><td colspan="7">运维检修部</td></tr>
<tr><td>验收意见</td><td colspan="7">8月27日，经运维检修部对国网××供电公司2016××××号隐患进行现场验收，治理完成情况属实，满足安全（生产）运行要求，该隐患已消除</td></tr>
<tr><td>结论</td><td colspan="3">验收合格，治理措施已按要求实施，同意注销</td><td>是否消除</td><td colspan="3">是</td></tr>
<tr><td>验收组长</td><td colspan="3">×××</td><td>验收日期</td><td colspan="3">2016-8-27</td></tr>
</table>

一般隐患排查治理档案表（2）

2016 年度　　　　　　　　　　　　　　　　　　　　　　　　国网××供电公司

<table>
<tr><td rowspan="5">发现</td><td>隐患简题</td><td colspan="3">国网××供电公司2月5日10kV××线3、4、5号砼杆存在通信运营商擅自搭挂弱电线路的安全隐患</td><td>隐患来源</td><td>日常巡视</td><td>隐患原因</td><td>人身安全隐患</td></tr>
<tr><td>隐患编号</td><td>国网××供电公司2016××××</td><td>隐患所在单位</td><td>配电运检室</td><td>专业分类</td><td>配电</td><td>详细分类</td><td>交叉跨越隐患</td></tr>
<tr><td>发现人</td><td>×××</td><td>发现人单位</td><td>××配电运维班</td><td>发现日期</td><td colspan="3">2016-2-5</td></tr>
<tr><td>事故隐患内容</td><td colspan="7">110kV××变电站10kV××线3、4、5号砼杆存在通信运营商擅自搭挂弱电线路的安全隐患，违反《电力设施保护条例及实施细则》第三章十四条规定：“任何单位或个人，不得从事下列危害电力线路设施的行为第（五）小项：擅自攀登杆塔或在杆塔上架设电力线、通信线、广播线、安装广播喇叭。”易造成作业人员检修过程中翻越通信线缆人身跌落事件，依据《国家电网公司安全事故调查规程（2017修正版）》2.1相关条款，可能构成人身事故</td></tr>
<tr><td>可能导致后果</td><td colspan="3">人身事故</td><td>归属职能部门</td><td colspan="3">运维检修</td></tr>
<tr><td rowspan="2">预评估</td><td rowspan="2">预评估等级</td><td rowspan="2">一般隐患</td><td>预评估负责人签名</td><td>×××</td><td>预评估负责人签名日期</td><td colspan="3">2016-2-5</td></tr>
<tr><td>运维室领导审核签名</td><td>×××</td><td>工区领导审核签名日期</td><td colspan="3">2016-2-5</td></tr>
<tr><td rowspan="2">评估</td><td rowspan="2">评估等级</td><td rowspan="2">一般隐患</td><td>评估负责人签名</td><td>×××</td><td>评估负责人签名日期</td><td colspan="3">2016-2-6</td></tr>
<tr><td>评估领导审核签名</td><td>×××</td><td>评估领导审核签名日期</td><td colspan="3">2016-2-7</td></tr>
<tr><td rowspan="6">治理</td><td>治理责任单位</td><td colspan="2">配电运检室</td><td>治理责任人</td><td colspan="4">×××</td></tr>
<tr><td>治理期限</td><td>自</td><td>2016-2-5</td><td>至</td><td colspan="4">2016-5-30</td></tr>
<tr><td>是否计划项目</td><td>是</td><td colspan="2">是否完成计划外备案</td><td></td><td>计划编号</td><td colspan="2">××××××</td></tr>
<tr><td>防控措施</td><td colspan="7">（1）永久治理前，如遇登杆作业，应设置专职监护人，做好防止人身意外跌落的安全防护措施。
（2）向通信运营商下达《安全监察通知书》以及近电作业须知，责令其拆除同杆擅自搭挂的弱电线路</td></tr>
<tr><td>治理完成情况</td><td colspan="7">3月31日，安排10kV××线3～5号区段停电，现场监护通信运营商拆除3～5号杆弱电线路，治理完成后满足线路安全运行要求。现申请对该隐患治理完成情况进行验收</td></tr>
<tr><td colspan="2">隐患治理计划资金（万元）</td><td colspan="2">0.00</td><td colspan="2">累计落实隐患治理资金（万元）</td><td colspan="2">0.00</td></tr>
<tr><td rowspan="5">验收</td><td>验收申请单位</td><td>配电运检室</td><td>负责人</td><td>×××</td><td>签字日期</td><td colspan="3">2016-4-1</td></tr>
<tr><td>验收组织单位</td><td colspan="7">运维检修部</td></tr>
<tr><td>验收意见</td><td colspan="7">4月2日，经运维检修部对国网××供电公司2016××××号隐患进行现场验收，治理完成情况属实，满足安全（生产）运行要求，该隐患已消除</td></tr>
<tr><td>结论</td><td colspan="3">验收合格，治理措施已按要求实施，同意注销</td><td>是否消除</td><td colspan="3">是</td></tr>
<tr><td>验收组长</td><td colspan="3">×××</td><td>验收日期</td><td colspan="3">2016-4-2</td></tr>
</table>

7.3.2.6 线路对地距离隐患

一般隐患排查治理档案表（1）

2016年度　　　　　　　　　　　　　　　　　　　　　　　　　　　　　　国网××供电公司

发现	隐患简题	国网××供电公司2月5日10kV ××线7～8号档存在导线对地垂直距离不足的人身安全隐患			隐患来源	安全检查	隐患原因	人身安全隐患
	隐患编号	国网××供电公司2016××××	隐患所在单位	配电运检室	专业分类	配电	详细分类	线路对地距离隐患
	发现人	×××	发现人单位	××配电运维班	发现日期	2016-2-5		
	事故隐患内容	35kV ××变电站10kV ××线7～8号档跨越××中学操场，目前存在导线对地最小垂直距离5.0m，不符合《配电网运维规程》（Q/GDW 1519—2014）表C.3规定："架空线路与其他设施的安全距离限制：居民区10kV架空线路最小对地垂直距离6.5m。"若通道发生高杆物、车辆穿越及学生放风筝等，极有可能发生人身意外触电事件，引发社会舆情纠纷。依据《国家电网公司安全隐患排查治理管理办法》第五条中（三）："其他对社会造成影响事故的隐患"，构成一般事故隐患						
	可能导致后果	一般事故隐患			归属职能部门	运维检修		
预评估	预评估等级	一般隐患	预评估负责人签名	×××	预评估负责人签名日期	2016-2-5		
			运维室领导审核签名	×××	工区领导审核签名日期	2016-2-5		
评估	评估等级	一般隐患	评估负责人签名	×××	评估负责人签名日期	2016-2-6		
			评估领导审核签名	×××	评估领导审核签名日期	2016-2-7		
治理	治理责任单位	配电运检室		治理责任人	×××			
	治理期限	自	2016-2-5	至	2016-5-30			
	是否计划项目	是	是否完成计划外备案			计划编号	××××××	
	防控措施	（1）跨越处砼杆上张贴安全警示标示，并在××中学组织开展电力设施保护宣传。 （2）对学校下发《安全隐患告知书》，督促学校落实安全管理责任。 （3）更换10kV ××线7～8号两基砼杆为18m砼杆，更换砼杆移位于××中学操场围墙外8m处						
	治理完成情况	4月30日，停电更换10kV ××线7～8两基砼杆为18m砼杆，治理完成后导线对地最小垂直距离为12.5m，满足线路安全运行要求。现申请对该隐患治理完成情况进行验收						
	隐患治理计划资金（万元）		1.00		累计落实隐患治理资金（万元）		1.00	
验收	验收申请单位	配电运检室	负责人	×××	签字日期	2016-4-30		
	验收组织单位	运维检修部						
	验收意见	5月2日，经运维检修部对国网××供电公司2016××××号隐患进行现场验收，治理完成情况属实，满足安全（生产）运行要求，该隐患已消除						
	结论	验收合格，治理措施已按要求实施，同意注销			是否消除	是		
	验收组长	×××			验收日期	2016-5-2		

一般隐患排查治理档案表（2）

2016 年度

国网××供电公司

<table>
<tr><td rowspan="5">发现</td><td>隐患简题</td><td colspan="3">国网××供电公司 2 月 5 日 10kV 5～6 号档跨越公路存在对地垂直距离不足的安全隐患</td><td>隐患来源</td><td>安全性评价</td><td>隐患原因</td><td>人身安全隐患</td></tr>
<tr><td>隐患编号</td><td>国网××供电公司 2016××××</td><td>隐患所在单位</td><td>配电运检室</td><td>专业分类</td><td>配电</td><td>详细分类</td><td>配电线路/线路对地距离隐患</td></tr>
<tr><td>发现人</td><td>×××</td><td>发现人单位</td><td>××配电运维班</td><td>发现日期</td><td colspan="3">2016-2-5</td></tr>
<tr><td>事故隐患内容</td><td colspan="7">10kV ××线 5～6 号档跨越四级公路，对地最小垂直距离为 5m，不符合《配电网运维规程》（Q/GDW 1519—2014）表 C.1 规定：“架空配电线路与铁路、道路、通航河流、管道、索道及各种架空线路交叉或接近的基本要求：1～10kV 架空配电线路与二、三、四级公路路面最小 7m 的安全距离。”易造成高杆物或流动机械穿越时人身意外伤害，引发社会舆情纠纷，依据《国家电网公司安全隐患排查治理管理办法》第五条中（三）：“其他对社会造成影响事故的隐患”，构成一般事故隐患</td></tr>
<tr><td>可能导致后果</td><td colspan="3">一般事故隐患</td><td>归属职能部门</td><td colspan="3">运维检修</td></tr>
<tr><td rowspan="2">预评估</td><td rowspan="2">预评估等级</td><td rowspan="2">一般隐患</td><td>预评估负责人签名</td><td>×××</td><td>预评估负责人签名日期</td><td colspan="3">2016-2-5</td></tr>
<tr><td>运维室领导审核签名</td><td>×××</td><td>工区领导审核签名日期</td><td colspan="3">2016-2-5</td></tr>
<tr><td rowspan="2">评估</td><td rowspan="2">评估等级</td><td rowspan="2">一般隐患</td><td>评估负责人签名</td><td>×××</td><td>评估负责人签名日期</td><td colspan="3">2016-2-6</td></tr>
<tr><td>评估领导审核签名</td><td>×××</td><td>评估领导审核签名日期</td><td colspan="3">2016-2-7</td></tr>
<tr><td rowspan="6">治理</td><td>治理责任单位</td><td colspan="2">配电运检室</td><td>治理责任人</td><td colspan="4">×××</td></tr>
<tr><td>治理期限</td><td>自</td><td>2016-2-5</td><td>至</td><td colspan="4">2016-5-30</td></tr>
<tr><td>是否计划项目</td><td>是</td><td colspan="2">是否完成计划外备案</td><td></td><td>计划编号</td><td colspan="2">××××××</td></tr>
<tr><td>防控措施</td><td colspan="7">（1）永久治理前，重点加强运维监控，对该区段线路每周开展一次特巡。
（2）跨越处砼杆上张贴安全警示标示，并在周边集镇、学校、厂矿组织开展电力设施保护宣传。
（3）更换 10kV ××线 5～6 号两基砼杆为 18m 砼杆</td></tr>
<tr><td>治理完成情况</td><td colspan="7">4 月 20 日，停电更换 10kV ××线 5～6 号两基砼杆为 18m 砼杆，治理完成后导线对地最小垂直距离为 12.8m，满足线路安全运行要求。现申请对该隐患治理完成情况进行验收</td></tr>
<tr><td colspan="2">隐患治理计划资金（万元）</td><td colspan="2">1.50</td><td colspan="2">累计落实隐患治理资金（万元）</td><td colspan="2">1.50</td></tr>
<tr><td rowspan="5">验收</td><td>验收申请单位</td><td>配电运检室</td><td>负责人</td><td>×××</td><td>签字日期</td><td colspan="3">2016-4-20</td></tr>
<tr><td>验收组织单位</td><td colspan="7">运维检修部</td></tr>
<tr><td>验收意见</td><td colspan="7">4 月 22 日，经运维检修部对国网××供电公司 2016××××号隐患进行现场验收，治理完成情况属实，满足安全（生产）运行要求，该隐患已消除</td></tr>
<tr><td>结论</td><td colspan="3">验收合格，治理措施已按要求实施，同意注销</td><td>是否消除</td><td colspan="3">是</td></tr>
<tr><td>验收组长</td><td colspan="3">×××</td><td>验收日期</td><td colspan="3">2016-4-22</td></tr>
</table>

7.3.2.7 安全标识

一般隐患排查治理档案表

2016 年度　　　　　　　　　　　　　　　　　　　　　　　　　　　　　　　　　　　　　国网××供电公司

<table>
<tr><td rowspan="5">发现</td><td>隐患简题</td><td colspan="3">国网××供电公司 2 月 5 日 10kV ××线 6、8、15 号砼杆安全标识缺失的安全隐患</td><td>隐患来源</td><td>日常巡视</td><td>隐患原因</td><td>人身安全隐患</td></tr>
<tr><td>隐患编号</td><td>国网××供电公司 2016××××</td><td>隐患所在单位</td><td>配电运检室</td><td>专业分类</td><td>配电</td><td>详细分类</td><td>安全标识</td></tr>
<tr><td>发现人</td><td>×××</td><td>发现人单位</td><td>××配电运维班</td><td>发现日期</td><td colspan="3">2016-2-5</td></tr>
<tr><td>事故隐患内容</td><td colspan="7">10kV ××线存在 6 号杆相序牌、8 号杆警示牌、15 号杆号牌缺失的安全隐患，不符合《配电网运维规程》（Q/GDW 1519—2014）6.2.2 规定："杆塔和基础巡视的主要内容：h）各类标识（杆号牌、相位牌、3m 线标记等）是否齐全、清晰明显、规范统一、位置合适、安装牢固。"若线路进行检修，存在作业人员误登带电杆塔人身安全隐患，依据《国家电网公司安全事故调查规程（2017 修正版）》2.1 相关条款，可能构成人身事故</td></tr>
<tr><td>可能导致后果</td><td colspan="3">人身事故</td><td>归属职能部门</td><td colspan="3">运维检修</td></tr>
<tr><td rowspan="2">预评估</td><td rowspan="2">预评估等级</td><td rowspan="2">一般隐患</td><td>预评估负责人签名</td><td>×××</td><td>预评估负责人签名日期</td><td colspan="3">2016-2-5</td></tr>
<tr><td>运维室领导审核签名</td><td>×××</td><td>工区领导审核签名日期</td><td colspan="3">2016-2-5</td></tr>
<tr><td rowspan="2">评估</td><td rowspan="2">评估等级</td><td rowspan="2">一般隐患</td><td>评估负责人签名</td><td>×××</td><td>评估负责人签名日期</td><td colspan="3">2016-2-6</td></tr>
<tr><td>评估领导审核签名</td><td>×××</td><td>评估领导审核签名日期</td><td colspan="3">2016-2-7</td></tr>
<tr><td rowspan="6">治理</td><td>治理责任单位</td><td colspan="2">配电运检室</td><td>治理责任人</td><td colspan="4">×××</td></tr>
<tr><td>治理期限</td><td>自</td><td>2016-2-5</td><td>至</td><td colspan="4">2016-3-30</td></tr>
<tr><td>是否计划项目</td><td>是</td><td colspan="2">是否完成计划外备案</td><td></td><td>计划编号</td><td colspan="2">××××××</td></tr>
<tr><td>防控措施</td><td colspan="7">（1）永久治理前，运行人员核实线路双重编号名称，现场补加临时杆号牌及相序牌，并将现场情况告知检修人员，防止检修作业过程误登带电杆塔
（2）对 10kV ××线 6、8、15 号分别补装相序牌、警示牌及杆号牌</td></tr>
<tr><td>治理完成情况</td><td colspan="7">2 月 27 日，对 10kV ××线 6、8、15 号分别补装相序牌、警示牌及杆号牌，治理完成后满足线路设备标准化规范要求。现申请对该隐患治理完成情况进行验收</td></tr>
<tr><td colspan="2">隐患治理计划资金（万元）</td><td colspan="2">0.01</td><td colspan="2">累计落实隐患治理资金（万元）</td><td colspan="2">0.01</td></tr>
<tr><td rowspan="5">验收</td><td>验收申请单位</td><td>配电运检室</td><td>负责人</td><td>×××</td><td>签字日期</td><td colspan="3">2016-2-27</td></tr>
<tr><td>验收组织单位</td><td colspan="7">运维检修部</td></tr>
<tr><td>验收意见</td><td colspan="7">3 月 1 日，经运维检修部对国网××供电公司 2016××××号隐患进行现场验收，治理完成情况属实，满足安全（生产）运行要求，该隐患已消除</td></tr>
<tr><td>结论</td><td colspan="3">验收合格，治理措施已按要求实施，同意注销</td><td>是否消除</td><td colspan="3">是</td></tr>
<tr><td>验收组长</td><td colspan="3">×××</td><td>验收日期</td><td colspan="3">2016-3-1</td></tr>
</table>

7.3.2.8 线杆护套缺失

一般隐患排查治理档案表

2016 年度　　　　　　　　　　　　　　　　　　　　　　　　　　　国网××供电公司

<table>
<tr><td rowspan="5">发现</td><td>隐患简题</td><td colspan="3">国网××供电公司 2 月 5 日 10kV ××线 9、15 号砼杆拉线套管缺失的安全隐患</td><td>隐患来源</td><td>日常巡视</td><td>隐患原因</td><td>人身安全隐患</td></tr>
<tr><td>隐患编号</td><td>国网××供电公司 2016××××</td><td>隐患所在单位</td><td>配电运检室</td><td>专业分类</td><td>配电</td><td>详细分类</td><td>线杆护套缺失</td></tr>
<tr><td>发现人</td><td>×××</td><td>发现人单位</td><td>××配电运维班</td><td>发现日期</td><td colspan="3">2016-2-5</td></tr>
<tr><td>事故隐患内容</td><td colspan="7">10kV ××线 9～25 号砼杆走径沿城区人行道架设，其中 9、15 号砼杆拉线套管缺失，存在街道行人或车辆碰触拉线人身意外伤害，而引发社会舆情纠纷，不符合《配电网运维规程》（Q/GDW 1519—2014）6.2.5 规定："拉线巡视的主要内容：f）拉线不应设在妨碍交通（行人、车辆）或易被车撞的地方，无法避免时应设有明显警示标志或采取其他保护措施，穿越带电导线的拉线应加设拉线绝缘子。"依据《国家电网公司安全隐患排查治理管理办法》第五条中（三）："其他对社会造成影响事故的隐患"，构成一般事故隐患</td></tr>
<tr><td>可能导致后果</td><td colspan="3">一般事故隐患</td><td>归属职能部门</td><td colspan="3">运维检修</td></tr>
<tr><td rowspan="2">预评估</td><td rowspan="2">预评估等级</td><td rowspan="2">一般隐患</td><td>预评估负责人签名</td><td>×××</td><td>预评估负责人签名日期</td><td colspan="3">2016-2-5</td></tr>
<tr><td>运维室领导审核签名</td><td>×××</td><td>工区领导审核签名日期</td><td colspan="3">2016-2-5</td></tr>
<tr><td rowspan="2">评估</td><td rowspan="2">评估等级</td><td rowspan="2">一般隐患</td><td>评估负责人签名</td><td>×××</td><td>评估负责人签名日期</td><td colspan="3">2016-2-6</td></tr>
<tr><td>评估领导审核签名</td><td>×××</td><td>评估领导审核签名日期</td><td colspan="3">2016-2-7</td></tr>
<tr><td rowspan="6">治理</td><td>治理责任单位</td><td colspan="2">配电运检室</td><td>治理责任人</td><td colspan="4">×××</td></tr>
<tr><td>治理期限</td><td>自</td><td>2016-2-5</td><td>至</td><td colspan="4">2016-3-30</td></tr>
<tr><td>是否计划项目</td><td>是</td><td colspan="2">是否完成计划外备案</td><td></td><td>计划编号</td><td colspan="2">××××××</td></tr>
<tr><td>防控措施</td><td colspan="7">（1）对沿街商铺、学校、机关等场所人员加强电力设施保护宣传。
（2）对 9、15 号砼杆重新加装拉线套管</td></tr>
<tr><td>治理完成情况</td><td colspan="7">2 月 11 日，对 9、15 号砼杆重新加装拉线套管，治理完成后满足线路安全运行要求。现申请对该隐患治理完成情况进行验收</td></tr>
<tr><td colspan="2">隐患治理计划资金（万元）</td><td colspan="2">0.02</td><td colspan="2">累计落实隐患治理资金（万元）</td><td colspan="2">0.02</td></tr>
<tr><td rowspan="5">验收</td><td>验收申请单位</td><td>配电运检室</td><td>负责人</td><td>×××</td><td>签字日期</td><td colspan="3">2016-2-11</td></tr>
<tr><td>验收组织单位</td><td colspan="7">运维检修部</td></tr>
<tr><td>验收意见</td><td colspan="7">2 月 12 日，经运维检修部对国网××供电公司 2016××××号隐患进行现场验收，治理完成情况属实，满足安全（生产）运行要求，该隐患已消除</td></tr>
<tr><td>结论</td><td colspan="3">验收合格，治理措施已按要求实施，同意注销</td><td>是否消除</td><td colspan="3">是</td></tr>
<tr><td>验收组长</td><td colspan="3">×××</td><td>验收日期</td><td colspan="3">2016-2-12</td></tr>
</table>

7.3.2.9 线材老化

一般隐患排查治理档案表（1）

2016年度 国网××供电公司

<table>
<tr><td rowspan="5">发现</td><td>隐患简题</td><td colspan="3">国网××供电公司2月5日10kV ××线12～25号架空金属裸导线线材老化的安全隐患</td><td>隐患来源</td><td>日常巡视</td><td>隐患原因</td><td>设备设施隐患</td></tr>
<tr><td>隐患编号</td><td>国网××供电公司2016××××</td><td>隐患所在单位</td><td>配电运检室</td><td>专业分类</td><td>配电</td><td>详细分类</td><td>线材老化</td></tr>
<tr><td>发现人</td><td>×××</td><td>发现人单位</td><td>××配电运维班</td><td>发现日期</td><td colspan="3">2016-2-5</td></tr>
<tr><td>事故隐患内容</td><td colspan="7">10kV ××线12～25号架空金属裸导线运行时限近10年，目前导线不同程度存在磨损、烧伤及腐蚀老化，其中16～17号档C相导线断裂2股，不符合《配电网运维规程》（Q/GDW 1519—2014）6.2.3规定："导线巡视的主要内容：a）导线有无断股、损伤、烧伤、腐蚀的痕迹，绑扎线有无脱落、开裂，连接线夹螺栓是否紧固、有无跑线现象，7股导线中任一股损伤深度不应超过该股导线直径的1/2，19股及以上导线任一处的损伤不应超过3股。"由于16～17号档地处集镇人员活动区，若发生断线，易造成人身意外伤害事件，引发社会舆情纠纷。依据《国家电网公司安全隐患排查治理管理办法》第五条中（三）："其他对社会造成影响事故的隐患"，构成一般事故隐患</td></tr>
<tr><td>可能导致后果</td><td colspan="3">一般事故隐患</td><td>归属职能部门</td><td colspan="3">运维检修</td></tr>
<tr><td rowspan="2">预评估</td><td rowspan="2">预评估等级</td><td rowspan="2">一般隐患</td><td>预评估负责人签名</td><td>×××</td><td>预评估负责人签名日期</td><td colspan="3">2016-2-5</td></tr>
<tr><td>运维室领导审核签名</td><td>×××</td><td>工区领导审核签名日期</td><td colspan="3">2016-2-5</td></tr>
<tr><td rowspan="2">评估</td><td rowspan="2">评估等级</td><td rowspan="2">一般隐患</td><td>评估负责人签名</td><td>×××</td><td>评估负责人签名日期</td><td colspan="3">2016-2-6</td></tr>
<tr><td>评估领导审核签名</td><td>×××</td><td>评估领导审核签名日期</td><td colspan="3">2016-2-7</td></tr>
<tr><td rowspan="6">治理</td><td>治理责任单位</td><td colspan="2">配电运检室</td><td>治理责任人</td><td colspan="4">×××</td></tr>
<tr><td>治理期限</td><td>自</td><td>2016-2-5</td><td>至</td><td colspan="4">2016-5-30</td></tr>
<tr><td>是否计划项目</td><td>是</td><td colspan="2">是否完成计划外备案</td><td></td><td>计划编号</td><td colspan="2">××××××</td></tr>
<tr><td>防控措施</td><td colspan="7">（1）安排抢修人员对16～17号档C相断股导线进行绑扎。
（2）加强该线路负荷监控，编制负荷转移及有序用电方案。负荷高峰期，优化配电网运行方式，及时进行分流。
（3）结合改造项目，计划对10kV ××线12～25号老旧架空裸导线进行更换</td></tr>
<tr><td>治理完成情况</td><td colspan="7">4月29日，将12～25号老旧导线更换为JKLYJ-150绝缘导线，计0.8km，治理完成后满足线路安全运行要求。现申请对该隐患治理完成情况进行验收</td></tr>
<tr><td colspan="2">隐患治理计划资金（万元）</td><td colspan="2">2.00</td><td colspan="2">累计落实隐患治理资金（万元）</td><td colspan="2">2.00</td></tr>
<tr><td rowspan="5">验收</td><td>验收申请单位</td><td>配电运检室</td><td>负责人</td><td>×××</td><td>签字日期</td><td colspan="3">2016-4-29</td></tr>
<tr><td>验收组织单位</td><td colspan="7">运维检修部</td></tr>
<tr><td>验收意见</td><td colspan="7">4月30日，经运维检修部对国网××供电公司2016××××号隐患进行现场验收，治理完成情况属实，满足安全（生产）运行要求，该隐患已消除</td></tr>
<tr><td>结论</td><td colspan="3">验收合格，治理措施已按要求实施，同意注销</td><td>是否消除</td><td colspan="3">是</td></tr>
<tr><td>验收组长</td><td colspan="3">×××</td><td>验收日期</td><td colspan="3">2016-4-30</td></tr>
</table>

一般隐患排查治理档案表（2）

2016 年度　　　　　　　　　　　　　　　　　　　　　　　　　　　　　　国网××供电公司

发现	隐患简题	国网××供电公司 2 月 5 日 10kV ××线 12～25 号架空绝缘导线线材老化的安全隐患			隐患来源	日常巡视	隐患原因	设备设施隐患
	隐患编号	国网××供电公司 2016××××	隐患所在单位	配电运检室	专业分类	配电	详细分类	线材老化
	发现人	×××	发现人单位	××配电运维班	发现日期	2016-2-5		
	事故隐患内容	××kV ××变电站 10kV ××线 12～25 号架空绝缘导线运行年限近 10 年，绝缘导线线材老化发热，绝缘层表面起泡、龟裂情况，存在线路供电可靠性降低，易造成用户电网侧故障停电的安全隐患。不符合《配电网运维规程》（Q/GDW 1519—2014）6.2.3 规定："导线巡视的主要内容：g）架空绝缘导线有无过热、变形、起泡现象。"该条线路为临时性重要电力用户供电线路，依据《国家电网公司安全事故调查规程（2017 修正版）》2.2.7.8："地市级以上地方人民政府有关部门确定的临时性重要电力用户电网侧供电全部中断"，构成七级电网事件						
	可能导致后果	七级电网事件			归属职能部门	运维检修		
预评估	预评估等级	一般隐患	预评估负责人签名	×××	预评估负责人签名日期	2016-2-5		
			运维室领导审核签名	×××	工区领导审核签名日期	2016-2-5		
评估	评估等级	一般隐患	评估负责人签名	×××	评估负责人签名日期	2016-2-6		
			评估领导审核签名	×××	评估领导审核签名日期	2016-2-7		
治理	治理责任单位	配电运检室		治理责任人	×××			
	治理期限	自	2016-2-5	至	2016-5-30			
	是否计划项目	是	是否完成计划外备案			计划编号	××××××	
	防控措施	（1）加强该线路负荷监控，编制负荷转移方案。负荷高峰期，优化配电网运行方式，执行有序用电方案。 （2）结合配电网标准化整治项目，计划对 10kV ××线 1～25 号老旧架空绝缘导线进行更换						
	治理完成情况	4 月 29 日，将 12～25 号老旧导线更换为 JKLYJ-150 绝缘导线，计 1.1km，治理完成后满足线路安全运行要求，提高用户供电可靠性。现申请对该隐患治理完成情况进行验收						
	隐患治理计划资金（万元）		2.00		累计落实隐患治理资金（万元）		2.00	
验收	验收申请单位	配电运检室	负责人	×××	签字日期	2016-4-29		
	验收组织单位	运维检修部						
	验收意见	4 月 30 日，经运维检修部对国网××供电公司 2016××××号隐患进行现场验收，治理完成情况属实，满足安全（生产）运行要求，该隐患已消除						
	结论	验收合格，治理措施已按要求实施，同意注销			是否消除	是		
	验收组长	×××			验收日期	2016-4-30		

7.3.2.10 电杆拆除

一般隐患排查治理档案表

2016 年度　　　　　　　　　　　　　　　　　　　　　　　　国网××供电公司

<table>
<tr><td rowspan="5">发现</td><td>隐患简题</td><td colspan="3">国网××供电公司2月5日原10kV ××线报废线路8～9号档跨越××铁路接触网的安全隐患</td><td>隐患来源</td><td>安全检查</td><td>隐患原因</td><td>安全管理隐患</td></tr>
<tr><td>隐患编号</td><td>国网××供电公司2016××××</td><td>隐患所在单位</td><td>配电运检室</td><td>专业分类</td><td>配电</td><td>详细分类</td><td>电杆拆除</td></tr>
<tr><td>发现人</td><td>×××</td><td>发现人单位</td><td>××配电运维班</td><td>发现日期</td><td colspan="3">2016-2-5</td></tr>
<tr><td>事故隐患内容</td><td colspan="7">原10kV ××线2015年农网改造后，其1～22号杆现为报废线路，其中8～9号档跨越带电运行的××铁路××段接触网。因于报废线路长期无人运行维护，存在跨越段金具、拉线锈蚀严重以及松动、缺失的安全隐患，不符合废旧物资管理办法相关规定要求，有可能引发倒杆断线，造成下方铁路接触网停运和行车中断。由于该铁路段为一级重要电力用户，引起社会纠纷舆情，依据《国家电网公司安全隐患排查治理管理办法》第五条（三）：“其他对社会造成影响事故的隐患”，构成一般事故隐患</td></tr>
<tr><td>可能导致后果</td><td colspan="3">五级电网事件</td><td>归属职能部门</td><td colspan="3">运维检修</td></tr>
<tr><td rowspan="2">预评估</td><td rowspan="2">预评估等级</td><td rowspan="2">一般隐患</td><td>预评估负责人签名</td><td>×××</td><td>预评估负责人签名日期</td><td colspan="3">2016-2-5</td></tr>
<tr><td>运维室领导审核签名</td><td>×××</td><td>工区领导审核签名日期</td><td colspan="3">2016-2-5</td></tr>
<tr><td rowspan="2">评估</td><td rowspan="2">评估等级</td><td rowspan="2">一般隐患</td><td>评估负责人签名</td><td>×××</td><td>评估负责人签名日期</td><td colspan="3">2016-2-6</td></tr>
<tr><td>评估领导审核签名</td><td>×××</td><td>评估领导审核签名日期</td><td colspan="3">2016-2-7</td></tr>
<tr><td rowspan="6">治理</td><td>治理责任单位</td><td colspan="2">配电运检室</td><td>治理责任人</td><td colspan="4">×××</td></tr>
<tr><td>治理期限</td><td>自</td><td>2016-2-5</td><td>至</td><td colspan="4">2016-5-30</td></tr>
<tr><td>是否计划项目</td><td>是</td><td colspan="2">是否完成计划外备案</td><td></td><td>计划编号</td><td colspan="2">××××××</td></tr>
<tr><td>防控措施</td><td colspan="7">（1）向铁路供电段报备线路与铁路交跨隐患书面报告。
（2）在报废的原10kV ××线8～9号砼杆上悬挂安全警示标识。
（3）对报废的原10kV ××线1～22号砼杆，依据废旧物资管理办法相关规定要求，进行报废拆除。在对跨越铁路接触网处的砼杆拆除，做好与铁路供电段协调，联系跨越铁路接触网停电安排</td></tr>
<tr><td>治理完成情况</td><td colspan="7">4月27日，经与铁路部门进行协商，铁路部门安排线路拆除期间交通管制，××供电公司完成对报废的原10kV ××线1～22号砼杆拆除工作，拆除后满足用户设备安全运行要求。现申请对该隐患治理完成情况进行验收</td></tr>
<tr><td colspan="2">隐患治理计划资金（万元）</td><td colspan="2">1.00</td><td colspan="2">累计落实隐患治理资金（万元）</td><td colspan="2">1.00</td></tr>
<tr><td rowspan="5">验收</td><td>验收申请单位</td><td>配电运检室</td><td>负责人</td><td>×××</td><td>签字日期</td><td colspan="3">2016-4-27</td></tr>
<tr><td>验收组织单位</td><td colspan="7">运维检修部</td></tr>
<tr><td>验收意见</td><td colspan="7">4月28日，经运维检修部对国网××供电公司2016××××号隐患进行现场验收，治理完成情况属实，满足安全（生产）运行要求，该隐患已消除</td></tr>
<tr><td>结论</td><td colspan="3">验收合格，治理措施已按要求实施，同意注销</td><td>是否消除</td><td colspan="3">是</td></tr>
<tr><td>验收组长</td><td colspan="3">×××</td><td>验收日期</td><td colspan="3">2016-4-28</td></tr>
</table>

7.3.2.11 电杆老旧

一般隐患排查治理档案表

2016 年度　　　　　　　　　　　　　　　　　　　　　　　　　　　　　　　　国网××供电公司

发现	隐患简题	国网××供电公司 3 月 1 日 10kV ××线 8 号砼杆水泥层脱落、钢筋外露的安全隐患			隐患来源	安全性评价	隐患原因	设备设施隐患
	隐患编号	国网××供电公司 2016××××	隐患所在单位	配电运检室	专业分类	配电	详细分类	电杆老旧
	发现人	×××	发现人单位	××配电运维班	发现日期	2016-3-1		
	事故隐患内容	10kV ××线 8 号砼杆运行年限近 20 年，目前存在电杆老旧、水泥层脱落、钢筋外露的安全隐患，不符合《配电网运维规程》（Q/GDW 1519—2014）6.2.2 规定："杆塔和基础巡视的主要内容：b）砼杆不应有严重裂纹、铁锈水，保护层不应脱落、疏松、钢筋外露，砼杆不宜有纵向裂纹，横向裂纹不宜超过 1/3 周长，且裂纹宽度不宜大于 0.5mm。"由于 8 号砼杆地处乡村公路边，存在倒杆断线致过往行人意外伤害，引发社会舆情纠纷。依据《国家电网公司安全隐患排查治理管理办法》第五条中（三）："其他对社会造成影响事故的隐患"，构成一般事故隐患						
	可能导致后果	一般事故隐患			归属职能部门	运维检修		
预评估	预评估等级	一般隐患	预评估负责人签名	×××	预评估负责人签名日期	2016-3-1		
			运维室领导审核签名	×××	工区领导审核签名日期	2016-3-1		
评估	评估等级	一般隐患	评估负责人签名	×××	评估负责人签名日期	2016-3-2		
			评估领导审核签名	×××	评估领导审核签名日期	2016-3-2		
治理	治理责任单位	配电运检室		治理责任人	×××			
	治理期限	自	2016-3-1	至	2016-6-30			
	是否计划项目	是	是否完成计划外备案			计划编号	××××××	
	防控措施	（1）落实企业法律主体责任，在 10kV ××线 8 号砼杆上张贴安全警示标识。 （2）对 10kV ××线 8 号砼杆安排每月两次特巡，发现水泥层脱落、钢筋外露扩大或杆身出现裂纹、倾斜情况立即上报，采取补打临时拉线的安全技术措施。 （3）安排计划，申请更换 10kV ××线 8 号老旧砼杆为 190/12m 砼杆						
	治理完成情况	5 月 22 日，对 10kV ××线上报停电计划，将 10kV ××线××支线 8 号砼杆更换为 190/12m，治理完成后满足线路安全运行要求。现申请对该隐患治理完成情况进行验收						
	隐患治理计划资金（万元）		0.35		累计落实隐患治理资金（万元）		0.35	
验收	验收申请单位	配电运检室	负责人	×××	签字日期	2016-5-22		
	验收组织单位	运维检修部						
	验收意见	5 月 22 日，经运维检修部对国网××供电公司 2016××××号隐患进行现场验收，治理完成情况属实，满足安全（生产）运行要求，该隐患已消除						
	结论	验收合格，治理措施已按要求实施，同意注销			是否消除	是		
	验收组长	×××			验收日期	2016-5-22		

7.3.2.12 电杆裂纹

一般隐患排查治理档案表

2016 年度　　　　　　　　　　　　　　　　　　　　　　　　　　国网××供电公司

<table>
<tr><td rowspan="5">发现</td><td>隐患简题</td><td colspan="3">国网××供电公司 2 月 5 日 10kV ××线 4 号砼杆杆身中部存在纵向裂纹达 1m 的安全隐患</td><td>隐患来源</td><td>日常巡视</td><td>隐患原因</td><td>设备设施隐患</td></tr>
<tr><td>隐患编号</td><td>国网××供电公司 2016××××</td><td>隐患所在单位</td><td>配电运检室</td><td>专业分类</td><td>配电</td><td>详细分类</td><td>电杆裂纹</td></tr>
<tr><td>发现人</td><td>×××</td><td>发现人单位</td><td>××配电运维班</td><td>发现日期</td><td colspan="3">2016-2-5</td></tr>
<tr><td>事故隐患内容</td><td colspan="7">10kV ××线 4 号砼杆杆身中部存在纵向裂纹达 1m 的安全隐患，不符合《配电网运维规程》（Q/GDW 1519—2014）6.2.2 规定：“杆塔和基础巡视的主要内容：b）砼杆不应有严重裂纹、铁锈水，保护层不应脱落、疏松、钢筋外露，砼杆不宜有纵向裂纹，横向裂纹不宜超过 1/3 周长，且裂纹宽度不宜大于 0.5mm。”由于 4 号砼杆地处乡村公路边，存在倒杆断线致过往行人意外伤害，引发社会舆情纠纷。依据《国家电网公司安全隐患排查治理管理办法》第五条中（三）：“其他对社会造成影响事故的隐患”，构成一般事故隐患</td></tr>
<tr><td>可能导致后果</td><td colspan="3">一般事故隐患</td><td>归属职能部门</td><td colspan="3">运维检修</td></tr>
<tr><td rowspan="2">预评估</td><td rowspan="2">预评估等级</td><td rowspan="2">一般隐患</td><td>预评估负责人签名</td><td>×××</td><td>预评估负责人签名日期</td><td colspan="3">2016-2-5</td></tr>
<tr><td>运维室领导审核签名</td><td>×××</td><td>工区领导审核签名日期</td><td colspan="3">2016-2-5</td></tr>
<tr><td rowspan="2">评估</td><td rowspan="2">评估等级</td><td rowspan="2">一般隐患</td><td>评估负责人签名</td><td>×××</td><td>评估负责人签名日期</td><td colspan="3">2016-2-6</td></tr>
<tr><td>评估领导审核签名</td><td>×××</td><td>评估领导审核签名日期</td><td colspan="3">2016-2-7</td></tr>
<tr><td rowspan="6">治理</td><td>治理责任单位</td><td colspan="2">配电运检室</td><td>治理责任人</td><td colspan="4">×××</td></tr>
<tr><td>治理期限</td><td>自</td><td>2016-2-5</td><td>至</td><td colspan="4">2016-5-30</td></tr>
<tr><td>是否计划项目</td><td>是</td><td colspan="2">是否完成计划外备案</td><td></td><td>计划编号</td><td colspan="2">××××××</td></tr>
<tr><td>防控措施</td><td colspan="7">（1）落实企业法律主体责任，在 10kV ××线 4 号砼杆上张贴安全警示标识。
（2）对 10kV ××线 4 号裂纹砼杆安排每月两次特巡，观测裂纹扩大情况以及杆身是否出现倾斜，必要时立即采取补打临时拉线。
（3）安排计划，申请更换 10kV ××线 4 号裂纹砼杆为 12m 砼杆</td></tr>
<tr><td>治理完成情况</td><td colspan="7">3 月 12 日，对 10kV ××线上报停电计划，将 4 号砼杆更换为 12m 砼杆，治理完成后满足线路安全运行要求。现申请对该隐患治理完成情况进行验收</td></tr>
<tr><td colspan="2">隐患治理计划资金（万元）</td><td colspan="2">0.30</td><td colspan="2">累计落实隐患治理资金（万元）</td><td colspan="2">0.30</td></tr>
<tr><td rowspan="5">验收</td><td>验收申请单位</td><td>配电运检室</td><td>负责人</td><td>×××</td><td>签字日期</td><td colspan="3">2016-3-12</td></tr>
<tr><td>验收组织单位</td><td colspan="7">运维检修部</td></tr>
<tr><td>验收意见</td><td colspan="7">3 月 13 日，经运维检修部对国网××供电公司 2016××××号隐患进行现场验收，治理完成情况属实，满足安全（生产）运行要求，该隐患已消除</td></tr>
<tr><td>结论</td><td colspan="3">验收合格，治理措施已按要求实施，同意注销</td><td>是否消除</td><td colspan="3">是</td></tr>
<tr><td>验收组长</td><td colspan="3">×××</td><td>验收日期</td><td colspan="3">2016-3-13</td></tr>
</table>

7.3.2.13 对人行天桥距离不足

一般隐患排查治理档案表

2016 年度　　　　　　　　　　　　　　　　　　　　　　　　　　　　　　　　　　　　国网××供电公司

发现	隐患简题	国网××供电公司 8 月 5 日 10kV ××线 7～8 号档存在裸导线对人行天桥垂直距离不足的安全隐患			隐患来源	日常巡视	隐患原因	人身安全隐患
	隐患编号	国网××供电公司 2016××××	隐患所在单位	配电运检室	专业分类	配电	详细分类	对人行天桥距离不足
	发现人	×××	发现人单位	××配电运维班	发现日期	2016-8-5		
	事故隐患内容	10kV ××线 7～8 号档跨越××路段，由于连续高温天气，造成该档导线弧垂下降，目前与该路段过街人行天桥平行，其裸导线对天桥最小垂直距离 2.8m，水平距离 2.5m，不符合《配电网运维规程》（Q/GDW 1519—2014）表 C.3 规定：“架空线路与其他设施的安全距离限制：10kV 架空线路与建筑物人行天桥最小垂直距离为 3m，最小水平 1.5m。”若行人打遮阳伞、雨伞或大风天气导致导线摆动，极有可能发生人身触电事件，造成社会负面影响。依据《国家电网公司安全隐患排查治理管理办法》第五条中（三）：“其他对社会造成影响事故的隐患”，构成一般事故隐患						
	可能导致后果	一般事故隐患			归属职能部门	运维检修		
预评估	预评估等级	一般隐患	预评估负责人签名	×××	预评估负责人签名日期	2016-8-5		
			运维室领导审核签名	×××	工区领导审核签名日期	2016-8-5		
评估	评估等级	一般隐患	评估负责人签名	×××	评估负责人签名日期	2016-8-6		
			评估领导审核签名	×××	评估领导审核签名日期	2016-8-7		
治理	治理责任单位	配电运检室		治理责任人	×××			
	治理期限	自	2016-8-5	至	2016-9-30			
	是否计划项目	是	是否完成计划外备案			计划编号	××××××	
	防控措施	（1）对该处天桥两端入口处张贴安全警示标示，并积极开展电力设施保护宣传。 （2）向市政相关部门、各级安全监察部门报备线路与人行天桥安全距离不足隐患。 （3）更换 10kV ××线 7～8 号两基砼杆为 18m 砼杆，更换砼杆向东侧位移 3m						
	治理完成情况	9 月 2 日，停电更换 10kV ××线 7～8 号两基砼杆为 18m 砼杆，并向东侧位移 3m。治理完成后导线对天桥最小垂直距离为 6.2m，导线边线至人行天桥边缘最小水平距离为 5.5m，满足线路安全运行要求。现申请对该隐患治理完成情况进行验收						
	隐患治理计划资金（万元）		2.20		累计落实隐患治理资金（万元）		2.20	
验收	验收申请单位	配电运检室	负责人	×××	签字日期	2016-9-2		
	验收组织单位	运维检修部						
	验收意见	9 月 2 日，经运维检修部对国网××供电公司 2016××××号隐患进行现场验收，治理完成情况属实，满足安全（生产）运行要求，该隐患已消除						
	结论	验收合格，治理措施已按要求实施，同意注销			是否消除	是		
	验收组长	×××			验收日期	2016-9-2		

7.3.2.14 电杆固定不牢

一般隐患排查治理档案表

2016年度　　　　　　　　　　　　　　　　　　　　　　　　　　　　国网××供电公司

<table>
<tr><td rowspan="5">发现</td><td>隐患简题</td><td colspan="3">国网××供电公司2月5日10kV ××线21号砼杆存在杆身倾斜的安全隐患</td><td>隐患来源</td><td>日常巡视</td><td>隐患原因</td><td>设备设施隐患</td></tr>
<tr><td>隐患编号</td><td>国网××供电公司2016××××</td><td>隐患所在单位</td><td>配电运检室</td><td>专业分类</td><td>配电</td><td>详细分类</td><td>电杆固定不牢</td></tr>
<tr><td>发现人</td><td>×××</td><td>发现人单位</td><td>××配电运维班</td><td>发现日期</td><td colspan="3">2016-2-5</td></tr>
<tr><td>事故隐患内容</td><td colspan="7">10kV ××线21号砼杆杆基由于连续降雨，造成基础松动，砼杆向左侧倾斜，现场测量杆塔偏离线路中心0.2m，不符合《配电网运维规程》(Q/GDW 1519—2014) 6.2.2规定："杆塔和基础巡视的主要内容：a) 杆塔是否倾斜、位移，是否符合SD 292—88相关规定，杆塔偏离线路中心不应大于0.1m，砼杆倾斜不应大于15/1000。"由于21号砼杆地处村庄道路口，存在倒杆断线致人身意外伤害，引发社会舆情纠纷。依据《国家电网公司安全隐患排查治理管理办法》第五条中（三）："其他对社会造成影响事故的隐患"，构成一般事故隐患</td></tr>
<tr><td>可能导致后果</td><td colspan="3">一般事故隐患</td><td>归属职能部门</td><td colspan="3">运维检修</td></tr>
<tr><td rowspan="2">预评估</td><td rowspan="2">预评估等级</td><td rowspan="2">一般隐患</td><td>预评估负责人签名</td><td>×××</td><td>预评估负责人签名日期</td><td colspan="3">2016-2-5</td></tr>
<tr><td>运维室领导审核签名</td><td>×××</td><td>工区领导审核签名日期</td><td colspan="3">2016-2-5</td></tr>
<tr><td rowspan="2">评估</td><td rowspan="2">评估等级</td><td rowspan="2">一般隐患</td><td>评估负责人签名</td><td>×××</td><td>评估负责人签名日期</td><td colspan="3">2016-2-6</td></tr>
<tr><td>评估领导审核签名</td><td>×××</td><td>评估领导审核签名日期</td><td colspan="3">2016-2-7</td></tr>
<tr><td rowspan="6">治理</td><td>治理责任单位</td><td colspan="2">配电运检室</td><td>治理责任人</td><td colspan="4">×××</td></tr>
<tr><td>治理期限</td><td>自</td><td>2016-2-5</td><td>至</td><td colspan="4">2016-5-30</td></tr>
<tr><td>是否计划项目</td><td>是</td><td colspan="2">是否完成计划外备案</td><td></td><td>计划编号</td><td colspan="2">××××××</td></tr>
<tr><td>防控措施</td><td colspan="7">(1) 雨季期间，安排对10kV ××线21号倾斜砼杆两日一次的线路特巡；做好巡视记录，发现异常及时上报。
(2) 对21号砼杆喷刷防撞标志及警示标语，并在两侧采取补打临时拉线的安全技术措施。
(3) 对21号砼杆进行扶正、加固杆根基础</td></tr>
<tr><td>治理完成情况</td><td colspan="7">4月11日，对21号砼杆进行扶正、水泥加固杆根基础，治理完成后满足线路安全运行要求。现申请对该隐患治理完成情况进行验收</td></tr>
<tr><td colspan="2">隐患治理计划资金（万元）</td><td colspan="2">0.20</td><td colspan="2">累计落实隐患治理资金（万元）</td><td colspan="2">0.20</td></tr>
<tr><td rowspan="5">验收</td><td>验收申请单位</td><td>配电运检室</td><td>负责人</td><td>×××</td><td>签字日期</td><td colspan="3">2016-4-11</td></tr>
<tr><td>验收组织单位</td><td colspan="7">运维检修部</td></tr>
<tr><td>验收意见</td><td colspan="7">4月12日，经运维检修部对国网××供电公司2016××××号隐患进行现场验收，治理完成情况属实，满足安全（生产）运行要求，该隐患已消除</td></tr>
<tr><td>结论</td><td colspan="3">验收合格，治理措施已按要求实施，同意注销</td><td>是否消除</td><td colspan="3">是</td></tr>
<tr><td>验收组长</td><td colspan="3">×××</td><td>验收日期</td><td colspan="3">2016-4-12</td></tr>
</table>

7.3.3 配电电缆

7.3.3.1 电缆沟道

一般隐患排查治理档案表（1）

2016 年度　　　　　　　　　　　　　　　　　　　　　　　　　　　　　　　　国网××供电公司

<table>
<tr><td rowspan="5">发现</td><td>隐患简题</td><td colspan="3">国网××供电公司 6 月 5 日 10kV ××电缆沟道墙体存在渗漏积水及通道垃圾淤积的安全隐患</td><td>隐患来源</td><td>日常巡视</td><td>隐患原因</td><td>电力安全隐患</td></tr>
<tr><td>隐患编号</td><td>国网××供电公司 2016××××</td><td>隐患所在单位</td><td>电缆运检室</td><td>专业分类</td><td>配电</td><td>详细分类</td><td>电缆沟道</td></tr>
<tr><td>发现人</td><td>×××</td><td>发现人单位</td><td>××电缆运维班</td><td>发现日期</td><td colspan="3">2016-6-5</td></tr>
<tr><td>事故隐患内容</td><td colspan="7">10kV ××电缆线路××路段电缆沟道地处城区低洼处，雨水季节沟道墙体存在雨水渗漏、积水以及通道垃圾淤积的安全隐患，不符合《电力电缆及通道运维规程》（Q/GDW 1512—2014）5.6.1 一般规定：“j）电缆通道采用钢筋混凝土型式时，其伸缩（变形）缝应满足密封、防水、适应变形、施工方便、检修容易等要求，施工缝、穿墙管、预留孔等细部结构应采取相应的止水、防水措施；k）电缆通道所有管孔（含已敷设电缆）和电缆通道与变、配电站（室）连接处均应采用阻水法兰等措施进行防水封堵。”由于该线路为城区临时性重要用户供电线路，若雨季积水易造成电缆及中间接头进潮，电缆绝缘降低，导致线路所辖临时性重要电力用户被迫停运。依据《国家电网公司安全事故调查规程（2017 修正版）》2.2.7.8：“地市级以上地方人民政府有关部门确定的临时性重要电力用户电网侧供电全部中断”，构成七级电网事件</td></tr>
<tr><td>可能导致后果</td><td colspan="3">七级电网事件</td><td>归属职能部门</td><td colspan="3">运维检修</td></tr>
<tr><td rowspan="2">预评估</td><td rowspan="2">预评估等级</td><td rowspan="2">一般隐患</td><td>预评估负责人签名</td><td>×××</td><td>预评估负责人签名日期</td><td colspan="3">2016-6-5</td></tr>
<tr><td>运维室领导审核签名</td><td>×××</td><td>工区领导审核签名日期</td><td colspan="3">2016-6-5</td></tr>
<tr><td rowspan="2">评估</td><td rowspan="2">评估等级</td><td rowspan="2">一般隐患</td><td>评估负责人签名</td><td>×××</td><td>评估负责人签名日期</td><td colspan="3">2016-6-6</td></tr>
<tr><td>评估领导审核签名</td><td>×××</td><td>评估领导审核签名日期</td><td colspan="3">2016-6-7</td></tr>
<tr><td rowspan="6">治理</td><td>治理责任单位</td><td colspan="2">电缆运检室</td><td>治理责任人</td><td colspan="4">×××</td></tr>
<tr><td>治理期限</td><td>自</td><td>2016-6-5</td><td>至</td><td colspan="4">2016-7-30</td></tr>
<tr><td>是否计划项目</td><td>是</td><td colspan="2">是否完成计划外备案</td><td></td><td>计划编号</td><td colspan="2">××××××</td></tr>
<tr><td>防控措施</td><td colspan="7">（1）雨季增加巡视频次，检查电缆中间接头和两端终头防水密封情况，对于积水地段的中间接头加装灌胶的防水防爆盒。
（2）清理 10kV ××电缆线路××路段电缆沟道垃圾及积水；对沟道渗水点墙面地面进行防水修补，做好电缆入口封堵</td></tr>
<tr><td>治理完成情况</td><td colspan="7">7 月 10 日，完成 10kV ××电缆线路××路段电缆沟道垃圾及积水清理，对沟道渗水点墙面地面进行防水修补，并检查该段沟道中的电缆中间接头和两端终头防水密封情况，对于积水地段的中间接头加装灌胶的防水防爆盒，治理完成后满足线路运行要求。现申请对该隐患治理完成情况进行验收</td></tr>
<tr><td colspan="2">隐患治理计划资金（万元）</td><td colspan="2">2.00</td><td colspan="2">累计落实隐患治理资金（万元）</td><td colspan="2">2.00</td></tr>
<tr><td rowspan="5">验收</td><td>验收申请单位</td><td>电缆运检室</td><td>负责人</td><td>×××</td><td>签字日期</td><td colspan="3">2016-7-10</td></tr>
<tr><td>验收组织单位</td><td colspan="7">运维检修部</td></tr>
<tr><td>验收意见</td><td colspan="7">7 月 12 日，经运维检修部对国网××供电公司 2016××××号隐患进行现场验收，治理完成情况属实，满足安全（生产）运行要求，该隐患已消除</td></tr>
<tr><td>结论</td><td colspan="3">验收合格，治理措施已按要求实施，同意注销</td><td>是否消除</td><td colspan="3">是</td></tr>
<tr><td>验收组长</td><td colspan="3">×××</td><td>验收日期</td><td colspan="3">2016-7-12</td></tr>
</table>

一般隐患排查治理档案表（2）

2016 年度　　　　　　　　　　　　　　　　　　　　　　　　　　　　　　　　　　　国网××供电公司

<table>
<tr><td rowspan="5">发现</td><td>隐患简题</td><td colspan="3">国网××供电公司2月5日10kV××电缆沟道内无支架存在强弱电混放的安全隐患</td><td>隐患来源</td><td>安全性评价</td><td>隐患原因</td><td>电力安全隐患</td></tr>
<tr><td>隐患编号</td><td>国网××供电公司2016××××</td><td>隐患所在单位</td><td>电缆运检室</td><td>专业分类</td><td>配电</td><td>详细分类</td><td>电缆沟道</td></tr>
<tr><td>发现人</td><td>×××</td><td>发现人单位</td><td>××电缆运维班</td><td>发现日期</td><td colspan="3">2016-2-5</td></tr>
<tr><td>事故隐患内容</td><td colspan="7">××路段10kV××电缆沟道内无支架，存在10kV电缆线路与通信线缆混放、摆放杂乱以及未设置防火隔板的安全隐患。不符合《电力电缆及通道运维规程》（Q/GDW 1512—2014）5.2.5规定：“电缆的敷设符合以下要求：b）电力电缆和控制电缆不应配置在同一层支架上；c）同通道敷设的电缆应按电压等级的高低从下向上分层布置，不同电压等级电缆间宜设置防火隔板等防护措施；e）通信光缆应布置在最上层且应设置防火隔槽等防护措施。”由于其电缆沟道10kV电缆线路与通信线缆混放、摆放杂乱，一旦发生火情，易造成通信线缆助燃，火势扩大，导致同沟敷设的多回电缆线路被迫停运事件。依据《国家电网公司安全隐患排查治理管理办法》第五条（三）：“火灾（7级事件）”，构成一般事故隐患</td></tr>
<tr><td>可能导致后果</td><td colspan="3">一般事故隐患</td><td>归属职能部门</td><td colspan="3">运维检修</td></tr>
<tr><td rowspan="2">预评估</td><td rowspan="2">预评估等级</td><td rowspan="2">一般隐患</td><td>预评估负责人签名</td><td>×××</td><td>预评估负责人签名日期</td><td colspan="3">2016-2-5</td></tr>
<tr><td>运维室领导审核签名</td><td>×××</td><td>工区领导审核签名日期</td><td colspan="3">2016-2-5</td></tr>
<tr><td rowspan="2">评估</td><td rowspan="2">评估等级</td><td rowspan="2">一般隐患</td><td>评估负责人签名</td><td>×××</td><td>评估负责人签名日期</td><td colspan="3">2016-2-6</td></tr>
<tr><td>评估领导审核签名</td><td>×××</td><td>评估领导审核签名日期</td><td colspan="3">2016-2-7</td></tr>
<tr><td rowspan="6">治理</td><td>治理责任单位</td><td colspan="2">电缆运检室</td><td>治理责任人</td><td colspan="4">×××</td></tr>
<tr><td>治理期限</td><td>自</td><td>2016-2-5</td><td>至</td><td colspan="4">2016-12-31</td></tr>
<tr><td>是否计划项目</td><td>是</td><td colspan="2">是否完成计划外备案</td><td></td><td>计划编号</td><td colspan="2">××××××</td></tr>
<tr><td>防控措施</td><td colspan="7">（1）加强电缆沟道内巡视，及时清除沟道内生活垃圾等易燃物。
（2）对沟道内线缆进行排查，明确通信线缆资产归属，并下发《安全隐患告知书》，责令其对混乱放置通信线缆进行整治。
（3）对××路段10kV××电缆沟道内安装支架，排列电缆，分离弱电线路。
（4）定期检测电缆沟道有害气体，对分层线缆安装防火隔板，对上架电缆安装电子标签。
（5）加装防盗井盖，防止光缆私拉乱放</td></tr>
<tr><td>治理完成情况</td><td colspan="7">11月29日，完成对××路段10kV××电缆沟道内安装支架、排列电缆、分离弱电线路工作，并对分层线缆安装防火隔板，对上架电缆完善电子标签，治理完成后满足线路安全运行要求。现申请对该隐患治理完成情况进行验收</td></tr>
<tr><td colspan="2">隐患治理计划资金（万元）</td><td colspan="2">18.00</td><td colspan="2">累计落实隐患治理资金（万元）</td><td colspan="2">18.00</td></tr>
<tr><td rowspan="5">验收</td><td>验收申请单位</td><td>电缆运检室</td><td>负责人</td><td>×××</td><td>签字日期</td><td colspan="3">2016-11-29</td></tr>
<tr><td>验收组织单位</td><td colspan="7">运维检修部</td></tr>
<tr><td>验收意见</td><td colspan="7">11月30日，经运维检修部对国网××供电公司2016××××号隐患进行现场验收，治理完成情况属实，满足安全（生产）运行要求，该隐患已消除</td></tr>
<tr><td>结论</td><td colspan="3">验收合格，治理措施已按要求实施，同意注销</td><td>是否消除</td><td colspan="3">是</td></tr>
<tr><td>验收组长</td><td colspan="3">×××</td><td>验收日期</td><td colspan="3">2016-11-30</td></tr>
</table>

一般隐患排查治理档案表（3）

2016年度　　　　　　　　　　　　　　　　　　　　　　　　　　　　　　　　国网××供电公司

<table>
<tr><td rowspan="5">发现</td><td>隐患简题</td><td colspan="3">国网××供电公司2月5日110kV ××变电站10kV出线电缆未设置防火门未涂刷防火涂料的安全隐患</td><td>隐患来源</td><td>安全检查</td><td>隐患原因</td><td>电力安全隐患</td></tr>
<tr><td>隐患编号</td><td>国网××供电公司2016××××</td><td>隐患所在单位</td><td>电缆运检室</td><td>专业分类</td><td>配电</td><td>详细分类</td><td>电缆沟道</td></tr>
<tr><td>发现人</td><td>×××</td><td>发现人单位</td><td>××电缆运维班</td><td>发现日期</td><td colspan="3">2016-2-5</td></tr>
<tr><td>事故隐患内容</td><td colspan="7">110kV ××变电站10kV出线电缆沟道全长4830m，计敷设10kV电缆29条。由于建站时设计标准不高，全段沟道内存在未设置防火门、电缆未涂刷防火涂料以及中间头未加装防爆盒的安全隐患。不符合《电力电缆及通道运维规程》（Q/GDW 1512—2014）5.5.4规定：“防火设施技术要求：a）在电缆穿过竖井、变电站夹层、墙壁、楼板或进入电气盘、柜的孔洞处，应做防火封堵；b）在隧道、电缆沟、变电站夹层和进出线等电缆密集区域应采用阻燃电缆或采取防火措施；c）在重要电缆沟和隧道中有非阻燃电缆时，宜分段或用软质耐火材料设置阻火隔离，孔洞应封堵；d）未采用阻燃电缆时，电缆接头两侧及相邻电缆2～3m长的区段应采取涂刷防火涂料、缠绕防火包带等措施；e）在封堵电缆孔洞，封堵应严实可靠，不应有明显的裂缝和可见的缝隙，孔洞较大者应加耐火衬板后再进行封堵。”由于其电缆沟道内空间狭小，电缆敷设密集，在没有任何防火措施，若有一条电缆发生故障，可能引起大面积着火，造成共沟电缆损伤事件。依据《国家电网公司安全隐患排查治理管理办法》第五条（三）：“火灾（7级事件）”，构成一般事故隐患</td></tr>
<tr><td>可能导致后果</td><td colspan="3">一般事故隐患</td><td>归属职能部门</td><td colspan="3">运维检修</td></tr>
<tr><td rowspan="2">预评估</td><td rowspan="2">预评估等级</td><td rowspan="2">一般隐患</td><td>预评估负责人签名</td><td>×××</td><td>预评估负责人签名日期</td><td colspan="3">2016-2-5</td></tr>
<tr><td>运维室领导审核签名</td><td>×××</td><td>工区领导审核签名日期</td><td colspan="3">2016-2-5</td></tr>
<tr><td rowspan="2">评估</td><td rowspan="2">评估等级</td><td rowspan="2">一般隐患</td><td>评估负责人签名</td><td>×××</td><td>评估负责人签名日期</td><td colspan="3">2016-2-6</td></tr>
<tr><td>评估领导审核签名</td><td>×××</td><td>评估领导审核签名日期</td><td colspan="3">2016-2-7</td></tr>
<tr><td rowspan="6">治理</td><td>治理责任单位</td><td colspan="2">电缆运检室</td><td>治理责任人</td><td colspan="4">×××</td></tr>
<tr><td>治理期限</td><td>自</td><td>2016-2-5</td><td>至</td><td colspan="4">2016-12-31</td></tr>
<tr><td>是否计划项目</td><td>是</td><td colspan="2">是否完成计划外备案</td><td></td><td>计划编号</td><td colspan="2">××××××</td></tr>
<tr><td>防控措施</td><td colspan="7">（1）永久治理前，增加对电缆沟道内巡视频次，及时清除沟道内生活垃圾等易燃物。
（2）加强对该电缆沟道的跟踪监视，做好红外测温及有害气体检测工作。
（3）申报××项目，计划对全段电缆沟道间隔200m设置防火门一处，全段涂刷电缆防火涂料，所有的电缆中间接头加装防爆盒</td></tr>
<tr><td>治理完成情况</td><td colspan="7">11月29日，对全段电缆沟道间隔200m设置防火门一处，全段涂刷电缆防火涂料，所有的电缆中间接头加装防爆盒，治理完成后满足线路安全运行要求。现申请对该隐患治理完成情况进行验收</td></tr>
<tr><td colspan="2">隐患治理计划资金（万元）</td><td colspan="2">20.00</td><td colspan="2">累计落实隐患治理资金（万元）</td><td colspan="2">20.00</td></tr>
<tr><td rowspan="5">验收</td><td>验收申请单位</td><td>电缆运检室</td><td>负责人</td><td>×××</td><td>签字日期</td><td colspan="3">2016-11-29</td></tr>
<tr><td>验收组织单位</td><td colspan="7">运维检修部</td></tr>
<tr><td>验收意见</td><td colspan="7">11月30日，经运维检修部对国网××供电公司2016××××号隐患进行现场验收，治理完成情况属实，满足安全（生产）运行要求，该隐患已消除</td></tr>
<tr><td>结论</td><td colspan="3">验收合格，治理措施已按要求实施，同意注销</td><td>是否消除</td><td colspan="3">是</td></tr>
<tr><td>验收组长</td><td colspan="3">×××</td><td>验收日期</td><td colspan="3">2016-11-30</td></tr>
</table>

7.3.3.2 电缆埋深不足

一般隐患排查治理档案表

2016 年度　　　　　　　　　　　　　　　　　　　　　　　　　　　　国网××供电公司

<table>
<tr><td rowspan="5">发现</td><td>隐患简题</td><td colspan="3">国网××供电公司2月5日10kV ××线××路段电缆埋深不足的安全隐患</td><td>隐患来源</td><td>日常巡视</td><td>隐患原因</td><td>电力安全隐患</td></tr>
<tr><td>隐患编号</td><td>国网××供电公司2016××××</td><td>隐患所在单位</td><td>电缆运检室</td><td>专业分类</td><td>配电</td><td>详细分类</td><td>电缆埋深不足</td></tr>
<tr><td>发现人</td><td>×××</td><td>发现人单位</td><td>××电缆运维班</td><td>发现日期</td><td colspan="3">2016-2-5</td></tr>
<tr><td>事故隐患内容</td><td colspan="7">10kV ××电缆线路为××临时性重要电力用户电源线路，该电缆××路段电缆埋置深度仅为0.5m，不符合《电力电缆及通道运维规程》（Q/GDW 1512—2014）5.6.2规定：“直埋技术要求：a）直埋电缆的埋设深度一般由地面至电缆外护套顶部的距离不小于0.7m，穿越农田或在车行道下时不小于1m。在引入建筑物、与地下建筑物交叉及绕过建筑物时可浅埋，但应采取保护措施。”由于该段电缆地处建设中的开发区，通道内重型施工机械来回通过时，因该地段电缆埋深不够，有可能造成电缆绝缘层碾压破损或断裂。依据《国家电网公司安全事故调查规程（2017修正版）》2.2.7.8：“地市级以上地方人民政府有关部门确定的临时性重要电力用户电网侧供电全部中断”，构成七级电网事件</td></tr>
<tr><td>可能导致后果</td><td colspan="3">七级电网事件</td><td>归属职能部门</td><td colspan="3">运维检修</td></tr>
<tr><td rowspan="2">预评估</td><td rowspan="2">预评估等级</td><td rowspan="2">一般隐患</td><td>预评估负责人签名</td><td>×××</td><td>预评估负责人签名日期</td><td colspan="3">2016-2-5</td></tr>
<tr><td>运维室领导审核签名</td><td>×××</td><td>工区领导审核签名日期</td><td colspan="3">2016-2-5</td></tr>
<tr><td rowspan="2">评估</td><td rowspan="2">评估等级</td><td rowspan="2">一般隐患</td><td>评估负责人签名</td><td>×××</td><td>评估负责人签名日期</td><td colspan="3">2016-2-6</td></tr>
<tr><td>评估领导审核签名</td><td>×××</td><td>评估领导审核签名日期</td><td colspan="3">2016-2-7</td></tr>
<tr><td rowspan="6">治理</td><td>治理责任单位</td><td colspan="2">电缆运检室</td><td>治理责任人</td><td colspan="4">×××</td></tr>
<tr><td>治理期限</td><td>自</td><td>2016-2-5</td><td>至</td><td colspan="4">2016-5-30</td></tr>
<tr><td>是否计划项目</td><td>是</td><td colspan="2">是否完成计划外备案</td><td></td><td>计划编号</td><td colspan="2">××××××</td></tr>
<tr><td>防控措施</td><td colspan="7">（1）在10kV ××线××路段电缆增设标桩，标明线位，栽立安全警示牌。
（2）对该处电缆每月两次巡视，防止外力破坏，同时向周边施工单位开展电力设施保护宣传。
（3）将10kV ××线××路段电缆埋深加至1m，并增设标桩，标明线位，防止重型施工机械碾压破损</td></tr>
<tr><td>治理完成情况</td><td colspan="7">4月29日，对10kV ××线××路段电缆埋深加至1m，并增设标桩，标明线位，防止重型施工机械碾压破损，满足线路安全运行要求。现申请对该隐患治理完成情况进行验收</td></tr>
<tr><td colspan="2">隐患治理计划资金（万元）</td><td colspan="2">0.70</td><td colspan="2">累计落实隐患治理资金（万元）</td><td colspan="2">0.70</td></tr>
<tr><td rowspan="5">验收</td><td>验收申请单位</td><td>电缆运检室</td><td>负责人</td><td>×××</td><td>签字日期</td><td colspan="3">2016-4-29</td></tr>
<tr><td>验收组织单位</td><td colspan="7">运维检修部</td></tr>
<tr><td>验收意见</td><td colspan="7">4月30日，经运维检修部对国网××供电公司2016××××号隐患进行现场验收，治理完成情况属实，满足安全（生产）运行要求，该隐患已消除</td></tr>
<tr><td>结论</td><td colspan="3">验收合格，治理措施已按要求实施，同意注销</td><td>是否消除</td><td colspan="3">是</td></tr>
<tr><td>验收组长</td><td colspan="3">×××</td><td>验收日期</td><td colspan="3">2016-4-30</td></tr>
</table>

7.3.3.3 电缆终端和中间接头

一般隐患排查治理档案表

2016 年度　　　　　　　　　　　　　　　　　　　　　　　　　　　　　　　　　　国网××供电公司

<table>
<tr><td rowspan="5">发现</td><td>隐患简题</td><td colspan="3">国网××供电公司 2 月 5 日 10kV ××线 1 号终端塔电缆终端头下坠脱落的安全隐患</td><td>隐患来源</td><td>日常巡视</td><td>隐患原因</td><td>设备设施隐患</td></tr>
<tr><td>隐患编号</td><td>国网××供电公司 2016××××</td><td>隐患所在单位</td><td>电缆运检室</td><td>专业分类</td><td>配电</td><td>详细分类</td><td>电缆终端和中间接头</td></tr>
<tr><td>发现人</td><td>×××</td><td>发现人单位</td><td>××电缆运维班</td><td>发现日期</td><td colspan="3">2016-2-5</td></tr>
<tr><td>事故隐患内容</td><td colspan="7">10kV ××线为××临时性重要电力用户电源线路，其 1 号终端塔出线电缆 B 相电缆终端头下方电缆固定卡子缺失，造成电缆终端头受力，存在下坠、脱落隐患。不符合《电力电缆及通道运维规程》（Q/GDW 1512—2014）5.3.9 规定：“电缆终端法兰盘（分支手套）下应有不小于 1m 的垂直段，且刚性固定应不少于 2 处。电缆终端处应预留适量电缆，长度不小于制作一个电缆终端的裕度。”电缆终端头长期受力，易造成终端头应力锥移位，导致电缆头击穿、损坏事件。依据《国家电网公司安全事故调查规程（2017 修正版）》2.2.7.8：“地市级以上地方人民政府有关部门确定的临时性重要电力用户电网侧供电全部中断”，构成七级电网事件</td></tr>
<tr><td>可能导致后果</td><td colspan="3">七级电网事件</td><td>归属职能部门</td><td colspan="3">运维检修</td></tr>
<tr><td rowspan="2">预评估</td><td rowspan="2">预评估等级</td><td rowspan="2">一般隐患</td><td>预评估负责人签名</td><td>×××</td><td>预评估负责人签名日期</td><td colspan="3">2016-2-5</td></tr>
<tr><td>运维室领导审核签名</td><td>×××</td><td>工区领导审核签名日期</td><td colspan="3">2016-2-5</td></tr>
<tr><td rowspan="2">评估</td><td rowspan="2">评估等级</td><td rowspan="2">一般隐患</td><td>评估负责人签名</td><td>×××</td><td>评估负责人签名日期</td><td colspan="3">2016-2-6</td></tr>
<tr><td>评估领导审核签名</td><td>×××</td><td>评估领导审核签名日期</td><td colspan="3">2016-2-7</td></tr>
<tr><td rowspan="6">治理</td><td>治理责任单位</td><td colspan="2">电缆运检室</td><td>治理责任人</td><td colspan="4">×××</td></tr>
<tr><td>治理期限</td><td>自</td><td>2016-2-5</td><td>至</td><td colspan="4">2016-5-30</td></tr>
<tr><td>是否计划项目</td><td>是</td><td colspan="2">是否完成计划外备案</td><td></td><td>计划编号</td><td colspan="2">××××××</td></tr>
<tr><td>防控措施</td><td colspan="7">（1）缩短巡视周期为每月两次，重点检查电缆终端头与电缆连接部分的位移情况，发现异常及时上报。
（2）上报停电检修计划，对 10kV ××线 1 号终端塔出线电缆 B 相电缆终端头下方补装电缆卡子，登杆检查电缆头结构是否移位</td></tr>
<tr><td>治理完成情况</td><td colspan="7">4 月 4 日，对 10kV ××线 1 号终端塔出线电缆 B 相电缆终端头下方补装电缆固定卡子，治理完成后满足线路安全运行要求。现申请对该隐患治理完成情况进行验收</td></tr>
<tr><td colspan="2">隐患治理计划资金（万元）</td><td colspan="2">0.06</td><td colspan="2">累计落实隐患治理资金（万元）</td><td colspan="2">0.06</td></tr>
<tr><td rowspan="5">验收</td><td>验收申请单位</td><td>电缆运检室</td><td>负责人</td><td>×××</td><td>签字日期</td><td colspan="3">2016-4-4</td></tr>
<tr><td>验收组织单位</td><td colspan="7">运维检修部</td></tr>
<tr><td>验收意见</td><td colspan="7">4 月 5 日，经运维检修部对国网××供电公司 2016××××号隐患进行现场验收，治理完成情况属实，满足安全（生产）运行要求，该隐患已消除</td></tr>
<tr><td>结论</td><td colspan="3">验收合格，治理措施已按要求实施，同意注销</td><td>是否消除</td><td colspan="3">是</td></tr>
<tr><td>验收组长</td><td colspan="3">×××</td><td>验收日期</td><td colspan="3">2016-4-5</td></tr>
</table>

7.3.4 配电设备

7.3.4.1 防误装置

一般隐患排查治理档案表

2016年度　　　　　　　　　　　　　　　　　　　　　　　　　　　　国网××供电公司

发现	隐患简题	国网××供电公司2月5日10kV ××站（所）五防机老化，手动解锁操作易引起人身安全隐患			隐患来源	日常巡视	隐患原因	设备设施隐患
	隐患编号	国网××供电公司2016××××	隐患所在单位	配电运检室	专业分类	配电	详细分类	防误装置
	发现人	×××	发现人单位	××配电运维班	发现日期	2016-2-5		
	事故隐患内容	10kV ××站（所）电子机械防误闭锁型号为：×××，2006年投运，现已运行10年，因长期运行导致五防主机老化，操作中需要手动解锁操作，易引起操作人员在手动解锁过程中误入带电间隔，或误拉合开关及刀闸，导致人身触电伤害事件。违反《国家电网公司电力安全工作规程 变电部分》（Q/GDW 1799.1—2013）5.3.5.3规定："高压电气设备都应安装完善的防误操作闭锁装置。"依据《国家电网公司安全事故调查规程（2017修正版）》2.3.6.4："3kV以上电气设备，发生下列一般电气误操作，使主设备异常运行或被迫停运：误（漏）拉合断路器（开关）、误（漏）投或停继电保护及安全自动装置（包括连接片）、误设置继电保护及安全自动装置定置"，构成六级设备事件						
	可能导致后果	六级设备事件			归属职能部门	运维检修		
预评估	预评估等级	一般隐患	预评估负责人签名	×××	预评估负责人签名日期	2016-2-5		
			运维室领导审核签名	×××	工区领导审核签名日期	2016-2-5		
评估	评估等级	一般隐患	评估负责人签名	×××	评估负责人签名日期	2016-2-6		
			评估领导审核签名	×××	评估领导审核签名日期	2016-2-7		
治理	治理责任单位	配电运检室		治理责任人	×××			
	治理期限	自	2016-2-5	至	2016-12-30			
	是否计划项目	是	是否完成计划外备案			计划编号	××××××	
	防控措施	（1）操作前应严格按照操作票执行，增加现场操作监护人，认真核对设备名称及编号，防止发生误操作。 （2）手动解锁必须严格执行安规中相关要求：操作中若遇特殊情况需解锁操作，应经运维管理部门防误操作装置专责人或运维管理部门指定并经书面公布的人员到现场核实无误并签字后，由运维人员告知当值调控人员，方能使用解锁工具（钥匙）。 （3）操作中需要手动解锁，除履行上述有关规定外，还需要增加现场操作监护人，认真核对设备名称及编号，防止发生误操作。 （4）对××站（所）防误闭锁装置软件升级，主机大修						
	治理完成情况	11月12日，完善××站（所）防误闭锁装置软件升级及主机大修工作，治理完成后满足安全运行要求。现申请对该隐患治理完成情况进行验收						
	隐患治理计划资金（万元）		3.00		累计落实隐患治理资金（万元）		3.00	
验收	验收申请单位	配电运检室	负责人	×××	签字日期	2016-11-13		
	验收组织单位	运维检修部						
	验收意见	11月14日，经运维检修部对国网××供电公司2016××××号隐患进行现场验收，治理完成情况属实，满足安全（生产）运行要求，该隐患已消除						
	结论	验收合格，治理措施已按要求实施，同意注销			是否消除	是		
	验收组长	×××			验收日期	2016-11-14		

7.3.4.2 设备装置

一般隐患排查治理档案表（1）

2016 年度　　　　　　　　　　　　　　　　　　　　　　　　　　　　　　　　　　国网××供电公司

<table>
<tr><td rowspan="6">发现</td><td>隐患简题</td><td colspan="3">国网××供电公司2月5日10kV××线78号变压器外壳未可靠接地的安全隐患</td><td>隐患来源</td><td>日常巡视</td><td>隐患原因</td><td>人身安全隐患</td></tr>
<tr><td>隐患编号</td><td>国网××供电公司2016××××</td><td>隐患所在单位</td><td>配电运检室</td><td>专业分类</td><td>配电</td><td>详细分类</td><td>设备装置</td></tr>
<tr><td>发现人</td><td>×××</td><td>发现人单位</td><td>××配电运维班</td><td>发现日期</td><td colspan="3">2016-2-5</td></tr>
<tr><td>事故隐患内容</td><td colspan="7">10kV××线78号柱上变压器（315kVA）接地线与接地极连接锈蚀，经测量接地电阻值为8Ω，存在变压器未可靠接地的安全隐患，在变压器运行或者检修状态下，外壳可能带有电压，易造成检修人员触电事件，不符合《配电网运维规程》（Q/GDW 1519—2014）6.8防雷和接地装置的巡视表2配电网设备接地电阻规定：“总容量为100kVA以上的变压器接地电阻4Ω。”依据《国家电网公司安全事故调查规程（2017修正版）》2.1相关条款，可能构成人身事故</td></tr>
<tr><td>可能导致后果</td><td colspan="3">人身事故</td><td>归属职能部门</td><td colspan="3">运维检修</td></tr>
<tr><td rowspan="2">预评估</td><td rowspan="2">预评估等级</td><td rowspan="2">一般隐患</td><td>预评估负责人签名</td><td>×××</td><td>预评估负责人签名日期</td><td colspan="3">2016-2-5</td></tr>
<tr><td>运维室领导审核签名</td><td>×××</td><td>工区领导审核签名日期</td><td colspan="3">2016-2-5</td></tr>
<tr><td rowspan="2">评估</td><td rowspan="2">评估等级</td><td rowspan="2">一般隐患</td><td>评估负责人签名</td><td>×××</td><td>评估负责人签名日期</td><td colspan="3">2016-2-6</td></tr>
<tr><td>评估领导审核签名</td><td>×××</td><td>评估领导审核签名日期</td><td colspan="3">2016-2-7</td></tr>
<tr><td rowspan="6">治理</td><td>治理责任单位</td><td colspan="2">配电运检室</td><td>治理责任人</td><td colspan="4">×××</td></tr>
<tr><td>治理期限</td><td>自</td><td>2016-2-5</td><td>至</td><td colspan="4">2016-3-30</td></tr>
<tr><td>是否计划项目</td><td>是</td><td colspan="2">是否完成计划外备案</td><td></td><td>计划编号</td><td colspan="2">××××××</td></tr>
<tr><td>防控措施</td><td colspan="7">（1）在10kV××线78号柱上变压器上悬挂标示牌，提醒检修人员注意安全。
（2）针对该设备接地装置进行带电检测。
（3）在10kV××线78号柱上变压器重新安装可靠的接地装置</td></tr>
<tr><td>治理完成情况</td><td colspan="7">2月18日，对10kV××线78号柱上变压器（315kVA）重新装设了接地线，现场测量接地电阻为4Ω，治理完成后满足配变安全运行要求。现申请对该隐患治理完成情况进行验收</td></tr>
<tr><td colspan="2">隐患治理计划资金（万元）</td><td colspan="2">0.08</td><td colspan="2">累计落实隐患治理资金（万元）</td><td colspan="2">0.08</td></tr>
<tr><td rowspan="5">验收</td><td>验收申请单位</td><td>配电运检室</td><td>负责人</td><td>×××</td><td>签字日期</td><td colspan="3">2016-2-18</td></tr>
<tr><td>验收组织单位</td><td colspan="7">运维检修部</td></tr>
<tr><td>验收意见</td><td colspan="7">2月19日，经运维检修部对国网××供电公司2016××××号隐患进行现场验收，治理完成情况属实，满足安全（生产）运行要求，该隐患已消除</td></tr>
<tr><td>结论</td><td colspan="3">验收合格，治理措施已按要求实施，同意注销</td><td>是否消除</td><td colspan="3">是</td></tr>
<tr><td>验收组长</td><td colspan="3">×××</td><td>验收日期</td><td colspan="3">2016-2-19</td></tr>
</table>

一般隐患排查治理档案表（2）

2016年度　　　　国网××供电公司

发现	隐患简题	国网××供电公司2月5日10kV ××线1、2、3号环网柜未配置除湿器的安全隐患			隐患来源	日常巡视	隐患原因	电力安全隐患
	隐患编号	国网××供电公司2016××××	隐患所在单位	配电运检室	专业分类	配电	详细分类	设备装置
	发现人	×××	发现人单位	××配电运维班	发现日期	2016-2-5		
	事故隐患内容	10kV ××线1、2、3号环网柜位于室外温差大易凝露区域，装置未配置防潮除湿装置，存在间隔内部潮湿的安全隐患，易造成设备绝缘降低相间短路设备停运事件，不符合《国家电网公司十八项电网重大反事故措施（修订版）及编制说明》12.1.1.10规定："开关设备机构箱、汇控箱、环网柜内应有防潮除湿装置，防止凝露造成二次设备损坏"。由于10kV ××线为城区临时性重要电力用户电源线路，依据《国家电网公司安全事故调查规程（2017修正版）》2.2.7.8："地市级以上地方人民政府有关部门确定的临时性重要电力用户电网侧供电全部中断"，构成七级电网事件							
	可能导致后果	七级电网事件			归属职能部门	运维检修		
预评估	预评估等级	一般隐患	预评估负责人签名	×××	预评估负责人签名日期	2016-2-5		
			运维室领导审核签名	×××	工区领导审核签名日期	2016-2-5		
评估	评估等级	一般隐患	评估负责人签名	×××	评估负责人签名日期	2016-2-6		
			评估领导审核签名	×××	评估领导审核签名日期	2016-2-7		
治理	治理责任单位	配电运检室		治理责任人	×××			
	治理期限	自	2016-2-5	至	2016-12-30			
	是否计划项目	是	是否完成计划外备案			计划编号	××××××	
	防控措施	（1）核查该三处环网柜进出线电缆封堵情况，确保封堵完好。 （2）对10kV ××线1、2、3号环网柜安排每周1次的特巡工作，重点检查该三处环网柜室通风情况。 （3）对10kV ××线1、2、3号环网柜安装防潮除湿装置						
	治理完成情况	11月18日，完成对10kV ××线1、2、3号环网柜防潮除湿装置安装工作，治理完成后设备满足运行要求。现申请对该隐患治理完成情况进行验收						
	隐患治理计划资金（万元）		1.20		累计落实隐患治理资金（万元）	1.20		
验收	验收申请单位	配电运检室	负责人	×××	签字日期	2016-11-19		
	验收组织单位	运维检修部						
	验收意见	11月19日，经运维检修部对国网××供电公司2016××××号隐患进行现场验收，治理完成情况属实，满足安全（生产）运行要求，该隐患已消除						
	结论	验收合格，治理措施已按要求实施，同意注销			是否消除	是		
	验收组长	×××			验收日期	2016-11-19		

一般隐患排查治理档案表（3）

2016年度　　　　　　　　　　　　　　　　　　　　　　　　　　　　　　　国网××供电公司

发现	隐患简题	国网××供电公司2月5日10kV××线××电缆分支箱存在箱体锈蚀变形的安全隐患			隐患来源	日常巡视	隐患原因	设备设施隐患
	隐患编号	国网××供电公司2016××××	隐患所在单位	电缆运检室	专业分类	配电	详细分类	设备装置
	发现人	×××	发现人单位	××电缆运维班	发现日期	2016-2-5		
	事故隐患内容	10kV××线××电缆分支箱运行16年，存在箱体锈蚀、变形的安全隐患，不符合《配电网运维规程》（Q/GDW 1519—2014）6.3.6规定：“电缆分支箱巡视的主要内容：a）基础有无损坏、下沉，周围土壤有无挖掘或沉陷，电缆有无外露，螺栓是否松动。”由于10kV××线路为城区临时性重要电力用户的电源线路，易发生分支箱故障跳闸或异常停运事件，依据《国家电网公司安全事故调查规程（修正版）》2.2.7.8：“地市级以上地方人民政府有关部门确定的临时性重要电力用户电网侧供电全部中断”，构成七级电网事件						
	可能导致后果	七级电网事件			归属职能部门	运维检修		
预评估	预评估等级	一般隐患	预评估负责人签名	×××	预评估负责人签名日期	2016-2-5		
			运维室领导审核签名	×××	工区领导审核签名日期	2016-2-5		
评估	评估等级	一般隐患	评估负责人签名	×××	评估负责人签名日期	2016-2-6		
			评估领导审核签名	×××	评估领导审核签名日期	2016-2-7		
治理	治理责任单位	电缆运检室		治理责任人	×××			
	治理期限	自	2016-2-5	至	2016-12-30			
	是否计划项目	是	是否完成计划外备案			计划编号	××××××	
	防控措施	（1）在电缆分支箱周围设置警示标语，防止行人靠近。 （2）对电缆分支箱进行除锈刷漆处理，重新更换门锁。 （3）安排技改计划，更换10kV××线××老旧电缆分支箱						
	治理完成情况	11月22日，完成10kV××线××老旧电缆分支箱更换工作，治理完成后设备满足安全运行要求。现申请对该隐患治理完成情况进行验收						
	隐患治理计划资金（万元）		20.00		累计落实隐患治理资金（万元）		20.00	
验收	验收申请单位	电缆运检室	负责人	×××	签字日期	2016-11-22		
	验收组织单位	运维检修部						
	验收意见	11月23日，经运维检修部对国网××供电公司2016××××号隐患进行现场验收，治理完成情况属实，满足安全（生产）运行要求，该隐患已消除						
	结论	验收合格，治理措施已按要求实施，同意注销			是否消除	是		
	验收组长	×××			验收日期	2016-11-23		

一般隐患排查治理档案表（4）

2016 年度　　　　　　　　　　　　　　　　　　　　　　　　　　　　　　国网××供电公司

<table>
<tr><td rowspan="5">发现</td><td>隐患简题</td><td colspan="3">国网××供电公司 2 月 5 日 10kV ××线 42 号柱上电容器存在渗油的安全隐患</td><td>隐患来源</td><td>日常巡视</td><td>隐患原因</td><td>设备设施隐患</td></tr>
<tr><td>隐患编号</td><td>国网××供电公司 2016××××</td><td>隐患所在单位</td><td>配电运检室</td><td>专业分类</td><td>配电</td><td>详细分类</td><td>设备装置</td></tr>
<tr><td>发现人</td><td>×××</td><td>发现人单位</td><td>××配电运维班</td><td>发现日期</td><td colspan="3">2016-2-5</td></tr>
<tr><td>事故隐患内容</td><td colspan="7">10kV ××线 42 号柱上电容器在运 15 年，存在明显渗油的安全隐患，不符合《配电网运维规程》（Q/GDW 1519—2014）6.5.1 规定：“柱上电容器巡视的主要内容：b）有无渗漏油。”由于 10kV ××线路为××临时性重要电力用户的电源线路，电容器故障可能导致线路跳闸或异常停运事件，依据《国家电网公司安全事故调查规程（修正版）》2.2.7.8：“地市级以上地方人民政府有关部门确定的临时性重要电力用户电网侧供电全部中断”，构成七级电网事件</td></tr>
<tr><td>可能导致后果</td><td colspan="3">七级电网事件</td><td>归属职能部门</td><td colspan="3">运维检修</td></tr>
<tr><td rowspan="2">预评估</td><td rowspan="2">预评估等级</td><td rowspan="2">一般隐患</td><td>预评估负责人签名</td><td>×××</td><td>预评估负责人签名日期</td><td colspan="3">2016-2-5</td></tr>
<tr><td>运维室领导审核签名</td><td>×××</td><td>工区领导审核签名日期</td><td colspan="3">2016-2-5</td></tr>
<tr><td rowspan="2">评估</td><td rowspan="2">评估等级</td><td rowspan="2">一般隐患</td><td>评估负责人签名</td><td>×××</td><td>评估负责人签名日期</td><td colspan="3">2016-2-6</td></tr>
<tr><td>评估领导审核签名</td><td>×××</td><td>评估领导审核签名日期</td><td colspan="3">2016-2-7</td></tr>
<tr><td rowspan="6">治理</td><td>治理责任单位</td><td colspan="2">配电运检室</td><td>治理责任人</td><td colspan="4">×××</td></tr>
<tr><td>治理期限</td><td>自</td><td>2016-2-5</td><td>至</td><td colspan="4">2016-6-30</td></tr>
<tr><td>是否计划项目</td><td>是</td><td colspan="2">是否完成计划外备案</td><td></td><td>计划编号</td><td colspan="2">××××××</td></tr>
<tr><td>防控措施</td><td colspan="7">（1）在 42 号杆塔上设置安全警示标识，提醒人员注意防火。
（2）上报技改项目，对 42 号柱上电容器进行更换处理</td></tr>
<tr><td>治理完成情况</td><td colspan="7">6 月 22 日，完成 10kV ××线 42 号柱上电容器更换工作，治理完成后设备满足安全运行要求。现申请对该隐患治理完成情况进行验收</td></tr>
<tr><td colspan="2">隐患治理计划资金（万元）</td><td colspan="2">2.00</td><td colspan="2">累计落实隐患治理资金（万元）</td><td colspan="2">2.00</td></tr>
<tr><td rowspan="5">验收</td><td>验收申请单位</td><td>电缆运检室</td><td>负责人</td><td>×××</td><td>签字日期</td><td colspan="3">2016-6-22</td></tr>
<tr><td>验收组织单位</td><td colspan="7">运维检修部</td></tr>
<tr><td>验收意见</td><td colspan="7">6 月 23 日，经运维检修部对国网××供电公司 2016××××号隐患进行现场验收，治理完成情况属实，满足安全（生产）运行要求，该隐患已消除</td></tr>
<tr><td>结论</td><td colspan="3">验收合格，治理措施已按要求实施，同意注销</td><td>是否消除</td><td colspan="3">是</td></tr>
<tr><td>验收组长</td><td colspan="3">×××</td><td>验收日期</td><td colspan="3">2016-6-23</td></tr>
</table>

7.3.5 外部环境

7.3.5.1 树线矛盾

一般隐患排查治理档案表

2016 年度　　　　国网××供电公司

发现	隐患简题	国网××供电公司 2 月 5 日 10kV ××线 1～4 号通道内树线距离不足的安全隐患			隐患来源	日常巡视	隐患原因	电力安全隐患
	隐患编号	国网××供电公司 2016××××	隐患所在单位	配电运检室	专业分类	配电	详细分类	树线矛盾
	发现人	×××	发现人单位	××配电运维班	发现日期	2016-2-5		
	事故隐患内容	110kV ××变 10kV ××线 1～4 号通道内共计约有 30 余棵杨树，导线距树木最小垂直距离为 1m，存在大风期间树线摆动，易导致线路故障跳闸事件，不符合《配电网运维规程》（Q/GDW 1519—2014）表 C.3 规定："架空线路与其他设施的安全距离限制：10kV 架空线路与果树、经济作物、城市绿化、灌木之间的最小垂直距离 1.5m。"依据《国家电网公司安全事故调查规程（2017 修正版）》2.3.8.2："10kV 以上输变电设备跳闸（10kV 线路跳闸重合成功不计）、被迫停运、非计划检修、停止备用；或设备异常造成限（降）负荷（输送功率）运行"，构成八级设备事件						
	可能导致后果	八级设备事件			归属职能部门	运维检修		
预评估	预评估等级	安全事件隐患	预评估负责人签名	×××	预评估负责人签名日期	2016-2-5		
			运维室领导审核签名	×××	工区领导审核签名日期	2016-2-5		
评估	评估等级	安全事件隐患	评估负责人签名	×××	评估负责人签名日期	2016-2-6		
			评估领导审核签名	×××	评估领导审核签名日期	2016-2-7		
治理	治理责任单位	配电运检室		治理责任人	×××			
	治理期限	自	2016-2-5	至	2016-5-30			
	是否计划项目	是	是否完成计划外备案			计划编号	××××××	
	防控措施	（1）在 10kV ××线 1～4 号区段内设置警示标志，防止人员靠近及烟头等易燃物丢弃现场。 （2）掌握不同树种季节性生长规律，树木生长高峰期，增加对林区地段的线路巡视频次。 （3）及时联系林业部门，核实电力通道树木归属，告知安全隐患。 （4）对 10kV ××线 1～4 号通道内 30 余棵杨树进行砍伐、修剪						
	治理完成情况	4 月 6 日，对 10kV ××线 1～4 号通道内 30 余棵杨树进行砍伐、修剪，治理完成后满足线路安全距离要求。现申请对该隐患治理完成情况进行验收						
	隐患治理计划资金（万元）		0.20		累计落实隐患治理资金（万元）		0.20	
验收	验收申请单位	配电运检室	负责人	×××	签字日期	2016-4-6		
	验收组织单位	运维检修部						
	验收意见	4 月 7 日，经运维检修部对国网××供电公司 2016××××号隐患进行现场验收，治理完成情况属实，满足安全（生产）运行要求，该隐患已消除						
	结论	验收合格，治理措施已按要求实施，同意注销			是否消除	是		
	验收组长	×××			验收日期	2016-4-7		

7.3.5.2 违章建筑

一般隐患排查治理档案表

2016 年度　　　　　　　　　　　　　　　　　　　　　　　　　　　　　　　　　国网××供电公司

<table>
<tr><td rowspan="5">发现</td><td>隐患简题</td><td colspan="3">国网××供电公司 2 月 5 日 10kV ××线 3～4 号档通道内存在违章建房的安全隐患</td><td>隐患来源</td><td>日常巡视</td><td>隐患原因</td><td>人身安全隐患</td></tr>
<tr><td>隐患编号</td><td>国网××供电公司 2016××××</td><td>隐患所在单位</td><td>配电运检室</td><td>专业分类</td><td>配电</td><td>详细分类</td><td>违章建筑</td></tr>
<tr><td>发现人</td><td>×××</td><td>发现人单位</td><td>××配电运维班</td><td>发现日期</td><td colspan="3">2016-2-5</td></tr>
<tr><td>事故隐患内容</td><td colspan="7">10kV ××线 3～4 号档通道内违章建房，目前距离 A 相导线最小垂距为 2.5m，存在影响电力线路可靠供电的安全隐患。不符合《配电网运维规程》（Q/GDW 1519—2014）表 C.3 规定：“架空线路与其他设施的安全距离限制：10kV 架空线路与建筑物最小垂直距离 3.0m。”违反《陕西省电力设施和电能保护条例》第二章十八条：“电力企业发现在电力设施保护区内修建危及电力设施安全的建筑物、构筑物以及其他危及电力设施安全行为的，有权要求当事人停止作业、恢复原状、消除危险，并报电力行政主管部门依法处理。”依据《国家电网公司安全事故调查规程（2017 修正版）》2.3.8.2：“10kV 以上输变电设备跳闸（10kV 线路跳闸重合成功不计）、被迫停运、非计划检修、停止备用；或设备异常造成限（降）负荷（输送功率）运行”，构成八级设备事件</td></tr>
<tr><td>可能导致后果</td><td colspan="3">八级设备事件</td><td>归属职能部门</td><td colspan="3">运维检修</td></tr>
<tr><td rowspan="2">预评估</td><td rowspan="2">预评估等级</td><td rowspan="2">安全事件隐患</td><td>预评估负责人签名</td><td>×××</td><td>预评估负责人签名日期</td><td colspan="3">2016-2-5</td></tr>
<tr><td>运维室领导审核签名</td><td>×××</td><td>工区领导审核签名日期</td><td colspan="3">2016-2-5</td></tr>
<tr><td rowspan="2">评估</td><td rowspan="2">评估等级</td><td rowspan="2">安全事件隐患</td><td>评估负责人签名</td><td>×××</td><td>评估负责人签名日期</td><td colspan="3">2016-2-6</td></tr>
<tr><td>评估领导审核签名</td><td>×××</td><td>评估领导审核签名日期</td><td colspan="3">2016-2-7</td></tr>
<tr><td rowspan="6">治理</td><td>治理责任单位</td><td colspan="2">配电运检室</td><td>治理责任人</td><td colspan="4">×××</td></tr>
<tr><td>治理期限</td><td>自</td><td>2016-2-5</td><td>至</td><td colspan="4">2016-5-30</td></tr>
<tr><td>是否计划项目</td><td>是</td><td colspan="2">是否完成计划外备案</td><td></td><td>计划编号</td><td colspan="2">××××××</td></tr>
<tr><td>防控措施</td><td colspan="7">（1）向违建业主下达《安全隐患告知书》；对不听劝阻、继续违章施工或拒签《安全隐患告知书》，启动防外破生产联动机制，对违建业主采取停电措施，防止出现人身意外触电事件。
（2）对违建房屋线距危险部位进出口进行封堵，并张贴安全警示标识。
（3）向当地政府安监局、发改委报备外破隐患，与安监局执法大队开展联合执法，对违建房屋进行拆除或与违建业主商定，由其出资、对 3～4 号采取改迁或落地</td></tr>
<tr><td>治理完成情况</td><td colspan="7">2 月 26 日，经与违建业主商定，由其出资、对 10kV ××线 3～4 号档采取改迁措施，同时对违章建筑进行了拆除；4 月 6 日，完成对 10kV ××线 3～4 号档改迁、敷设直埋电缆工作。治理完成后满足线路安全运行要求。现申请对该隐患治理完成情况进行验收</td></tr>
<tr><td colspan="2">隐患治理计划资金（万元）</td><td colspan="2">0.00</td><td colspan="2">累计落实隐患治理资金（万元）</td><td colspan="2">0.00</td></tr>
<tr><td rowspan="5">验收</td><td>验收申请单位</td><td>配电运检室</td><td>负责人</td><td>×××</td><td>签字日期</td><td colspan="3">2016-4-6</td></tr>
<tr><td>验收组织单位</td><td colspan="7">运维检修部</td></tr>
<tr><td>验收意见</td><td colspan="7">4 月 7 日，经运维检修部对国网××供电公司 2016××××号隐患进行现场验收，治理完成情况属实，满足安全（生产）运行要求，该隐患已消除</td></tr>
<tr><td>结论</td><td colspan="3">验收合格，治理措施已按要求实施，同意注销</td><td>是否消除</td><td colspan="3">是</td></tr>
<tr><td>验收组长</td><td colspan="3">×××</td><td>验收日期</td><td colspan="3">2016-4-7</td></tr>
</table>

7.3.5.3 地质灾害

一般隐患排查治理档案表

2016 年度　　　　　　　　　　　　　　　　　　　　　　　　　　　　　国网××供电公司

发现	隐患简题	国网××供电公司6月5日10kV ××线8号砼杆杆基上边坡3m处存在土方垮塌涌入杆基的安全隐患			隐患来源	日常巡视	隐患原因	电力安全隐患
	隐患编号	国网××供电公司2016××××	隐患所在单位	配电运检室	专业分类	配电	详细分类	地质灾害
	发现人	×××	发现人单位	××配电运维班	发现日期	2016-6-5		
	事故隐患内容	10kV ××线15～21号耐张段走径地处山区易滑坡区域，由于近期连续降雨，其中8号砼杆杆基上边坡3m处垮塌土方涌入杆根，造成杆身倾斜。在暴雨季节存在滑坡加剧导致15～21号整个耐张段发生连锁倒杆断线安全事件。不符合《国家电网公司十八项电网重大反事故措施（修订版）及编制说明》6.1.1.3规定："对于易发生水土流失、洪水冲刷、山体滑坡、泥石流等地段的杆塔，应采取加固基础、修筑挡土墙、排水沟、改造上下边坡等措施。"依据《国家电网公司安全事故调查规程（修正版）》2.3.7.1："造成10万元以上20万元以下直接经济损失者"，构成七级设备事件						
	可能导致后果	七级设备事件			归属职能部门	运维检修		
预评估	预评估等级	一般隐患	预评估负责人签名	×××	预评估负责人签名日期	2016-6-5		
			运维室领导审核签名	×××	工区领导审核签名日期	2016-6-5		
评估	评估等级	一般隐患	评估负责人签名	×××	评估负责人签名日期	2016-6-6		
			评估领导审核签名	×××	评估领导审核签名日期	2016-6-7		
治理	治理责任单位	配电运检室		治理责任人	×××			
	治理期限	自	2016-6-5	至	2016-10-30			
	是否计划项目	是	是否完成计划外备案			计划编号	××××××	
	防控措施	（1）清理10kV ××线8号砼杆杆基垮塌土方，在滑坡带打观测桩，观测位移情况；安排当地护线员实施现场监控，随时汇报险情。 （2）将该线路耐张区段地质灾害隐患上报地方政府安全监察部门报备。 （3）对10kV ××线8号杆进行扶正，两侧补打拉线，并对杆基进行加固、修缮排水槽。 （4）对10kV ××线15～21号滑坡带耐张段砼杆上、下边坡修筑档护墙						
	治理完成情况	7月8日，对10kV ××线8号砼杆进行扶正，两侧补打拉线，并对杆基进行垮塌土方清理、夯实加固、修缮排水槽；8月29日完成对10kV ××线15～21号滑坡带耐张段砼杆上、下边坡修筑档护墙工作。治理完成后满足线路安全运行要求。现申请对该隐患治理完成情况进行验收						
	隐患治理计划资金（万元）		15.00		累计落实隐患治理资金（万元）		15.00	
验收	验收申请单位	配电运检室	负责人	×××	签字日期	2016-8-29		
	验收组织单位	运维检修部						
	验收意见	8月30日，经运维检修部对国网××供电公司2016××××号隐患进行现场验收，治理完成情况属实，满足安全（生产）运行要求，该隐患已消除						
	结论	验收合格，治理措施已按要求实施，同意注销			是否消除	是		
	验收组长	×××			验收日期	2016-8-30		

7.3.5.4 违章施工

一般隐患排查治理档案表（1）

2016年度 国网××供电公司

发现	隐患简题	国网××供电公司2月5日10kV××线××路段电缆沟道存在违章开挖的安全隐患			隐患来源	日常巡视	隐患原因	电力安全隐患
	隐患编号	国网××供电公司2016××××	隐患所在单位	电缆运检室	专业分类	配电	详细分类	违章施工
	发现人	×××	发现人单位	××电缆运维班	发现日期	2016-2-5		
	事故隐患内容	10kV××线××路段电缆沟道因市政工程过街地下通道施工建设开挖，造成线路直埋电缆裸露且无可靠安全防护措施，存在现场重型施工机械碾压或碰触电缆而导致故障停运的安全隐患。违反《电力设施保护条例》第三章第十四条规定：“任何单位或个人，不得从事危害电力线路设施的行为第（十一）小项：其他危害电力线路设施的行为。”由于10kV××线为城区临时性重要用户的主供电源线路，依据《国家电网公司安全事故调查规程（修正版）》2.2.7.8：“地市级以上地方人民政府有关部门确定的临时性重要电力用户电网侧供电全部中断”，构成七级电网事件						
	可能导致后果	七级电网事件			归属职能部门	运维检修		
预评估	预评估等级	一般隐患	预评估负责人签名	×××	预评估负责人签名日期	2016-2-5		
			运维室领导审核签名	×××	工区领导审核签名日期	2016-2-5		
评估	评估等级	一般隐患	评估负责人签名	×××	评估负责人签名日期	2016-2-6		
			评估领导审核签名	×××	评估领导审核签名日期	2016-2-7		
治理	治理责任单位	电缆运检室		治理责任人	×××			
	治理期限	自	2016-2-5	至	2016-10-30			
	是否计划项目	是	是否完成计划外备案			计划编号	××××××	
	防控措施	（1）向施工单位下达《安全隐患告知书》《近电作业须知》，告知其危险点及防范措施。 （2）对电缆暴露部分进行回填，加装护板加固措施，在电缆保护区周围设置安全警示标识。 （3）与市政工程管理处协商，由其出资，对10kV××线××路段裸露电缆进行改迁						
	治理完成情况	9月20日，完成对10kV××线××路段裸露电缆的改迁工作。治理完成后满足线路安全运行要求。现申请对该隐患治理完成情况进行验收						
	隐患治理计划资金（万元）		0.00		累计落实隐患治理资金（万元）		0.00	
验收	验收申请单位	电缆运检室	负责人	×××	签字日期	2016-9-20		
	验收组织单位	运维检修部						
	验收意见	9月21日，经运维检修部对国网××供电公司2016××××号隐患进行现场验收，治理完成情况属实，满足安全（生产）运行要求，该隐患已消除						
	结论	验收合格，治理措施已按要求实施，同意注销			是否消除	是		
	验收组长	×××			验收日期	2016-9-21		

一般隐患排查治理档案表（2）

2016年度

国网××供电公司

<table>
<tr><td rowspan="5">发现</td><td>隐患简题</td><td colspan="3">国网××供电公司2月5日10kV ××线15号铁塔保护区内××砖厂违章取土的安全隐患</td><td>隐患来源</td><td>日常巡视</td><td>隐患原因</td><td>电力安全隐患</td></tr>
<tr><td>隐患编号</td><td>国网××供电公司2016××××</td><td>隐患所在单位</td><td>配电运检室</td><td>专业分类</td><td>配电</td><td>详细分类</td><td>违章施工</td></tr>
<tr><td>发现人</td><td>×××</td><td>发现人单位</td><td>××配电运维班</td><td>发现日期</td><td colspan="3">2016-2-5</td></tr>
<tr><td>事故隐患内容</td><td colspan="7">10kV ××线15号铁塔保护区内××砖厂违章取土，造成铁塔基面与开挖地面形成3.5m的高差，存在基础不牢倒塔断线的安全隐患，违反《电力设施保护条例》第三章第十四条规定：“任何单位或个人，不得从事危害电力线路设施的行为第（八）小项：在杆塔、拉线基础的规定范围内取土、打桩、钻探、开挖或倾倒酸、碱、盐及其他有害化学物品。”由于10kV ××线为临时性重要电力用户的主供电源线路，依据《国家电网公司安全事故调查规程（修正版）》2.2.7.8：“地市级以上地方人民政府有关部门确定的临时性重要电力用户电网侧供电全部中断”，构成七级电网事件</td></tr>
<tr><td>可能导致后果</td><td colspan="3">七级电网事件</td><td>归属职能部门</td><td colspan="3">运维检修</td></tr>
<tr><td rowspan="2">预评估</td><td rowspan="2">预评估等级</td><td rowspan="2">一般隐患</td><td>预评估负责人签名</td><td>×××</td><td>预评估负责人签名日期</td><td colspan="3">2016-2-5</td></tr>
<tr><td>运维室领导审核签名</td><td>×××</td><td>工区领导审核签名日期</td><td colspan="3">2016-2-5</td></tr>
<tr><td rowspan="2">评估</td><td rowspan="2">评估等级</td><td rowspan="2">一般隐患</td><td>评估负责人签名</td><td>×××</td><td>评估负责人签名日期</td><td colspan="3">2016-2-6</td></tr>
<tr><td>评估领导审核签名</td><td>×××</td><td>评估领导审核签名日期</td><td colspan="3">2016-2-7</td></tr>
<tr><td rowspan="6">治理</td><td>治理责任单位</td><td colspan="2">配电运检室</td><td>治理责任人</td><td colspan="4">×××</td></tr>
<tr><td>治理期限</td><td>自</td><td>2016-2-5</td><td>至</td><td colspan="4">2016-5-30</td></tr>
<tr><td>是否计划项目</td><td>是</td><td colspan="2">是否完成计划外备案</td><td></td><td>计划编号</td><td colspan="2">××××××</td></tr>
<tr><td>防控措施</td><td colspan="7">（1）向违章施工业主下达《安全隐患告知书》，责令立即停止违章作业。
（2）对通道内野蛮施工取土，拒不听劝阻者，启动防外破生产联动机制，对违章施工业主采取停电措施，防止出现倒塔断线及人身意外伤害事件。同时将该违章施工隐患向政府安全监察部门进行报备，申请联合执法。
（3）对10kV ××线15号铁塔进行现场轮值蹲守，杜绝违章取土行为。
（4）对10kV ××线15号铁塔基础周围进行回填夯实、基础加固</td></tr>
<tr><td>治理完成情况</td><td colspan="7">4月20日，在线路运维人员的监督下，砖厂对10kV ××线15号铁塔基础周围进行回填夯实、并对铁塔基础进行加固，满足线路安全运行要求。现申请对该隐患治理完成情况进行验收</td></tr>
<tr><td colspan="2">隐患治理计划资金（万元）</td><td colspan="2">0.00</td><td colspan="2">累计落实隐患治理资金（万元）</td><td colspan="2">0.00</td></tr>
<tr><td rowspan="5">验收</td><td>验收申请单位</td><td>配电运检室</td><td>负责人</td><td>×××</td><td>签字日期</td><td colspan="3">2016-4-20</td></tr>
<tr><td>验收组织单位</td><td colspan="7">运维检修部</td></tr>
<tr><td>验收意见</td><td colspan="7">4月21日，经运维检修部对国网××供电公司2016××××号隐患进行现场验收，治理完成情况属实，满足安全（生产）运行要求，该隐患已消除</td></tr>
<tr><td>结论</td><td colspan="3">验收合格，治理措施已按要求实施，同意注销</td><td>是否消除</td><td colspan="3">是</td></tr>
<tr><td>验收组长</td><td colspan="3">×××</td><td>验收日期</td><td colspan="3">2016-4-21</td></tr>
</table>

7.3.6 设计类

一般隐患排查治理档案表

2016 年度　　　　　　　　　　　　　　　　　　　　　　　　　　国网××供电公司

<table>
<tr><td rowspan="5">发现</td><td>隐患简题</td><td colspan="3">国网××供电公司 2 月 5 日 10kV ××线改造工程 5 号转角杆导线与 T 接的用户配变下引线距离不足的隐患</td><td>隐患来源</td><td>安全检查</td><td>隐患原因</td><td>安全管理隐患</td></tr>
<tr><td>隐患编号</td><td>国网××供电公司 2016××××</td><td>隐患所在单位</td><td>配电运检室</td><td>专业分类</td><td>配电</td><td>详细分类</td><td>设计类</td></tr>
<tr><td>发现人</td><td>×××</td><td>发现人单位</td><td>××配电运维班</td><td>发现日期</td><td colspan="3">2016-2-5</td></tr>
<tr><td>事故隐患内容</td><td colspan="7">10kV ××线路配网改造工程，设备投运前验收时，发现设计图纸与现场设备运行实际不符，其 5 号转角杆 T 接的机械厂用户配变跌落式熔断器引下线与 5 号杆导线净空距离为 0.2m，存在前期现场勘测设计不到位，不符合《配电网运维规程》（Q/GDW 1519—2014）表 C.4 规定：“架空线路其他安全距离限制：每相的过引线和引下线和临相的过引线、引下线、导线之间的净空距离 0.3m。”易造成 10kV 配电设备相间短路或作业人员意外触电，依据《国家电网公司安全事故调查规程（2017 修正版）》2.1 相关条款，可能构成人身事故</td></tr>
<tr><td>可能导致后果</td><td colspan="3">人身事故</td><td>归属职能部门</td><td colspan="3">运维检修</td></tr>
<tr><td rowspan="2">预评估</td><td rowspan="2">预评估等级</td><td rowspan="2">一般隐患</td><td>预评估负责人签名</td><td>×××</td><td>预评估负责人签名日期</td><td colspan="3">2016-2-5</td></tr>
<tr><td>运维室领导审核签名</td><td>×××</td><td>工区领导审核签名日期</td><td colspan="3">2016-2-5</td></tr>
<tr><td rowspan="2">评估</td><td rowspan="2">评估等级</td><td rowspan="2">一般隐患</td><td>评估负责人签名</td><td>×××</td><td>评估负责人签名日期</td><td colspan="3">2016-2-6</td></tr>
<tr><td>评估领导审核签名</td><td>×××</td><td>评估领导审核签名日期</td><td colspan="3">2016-2-7</td></tr>
<tr><td rowspan="6">治理</td><td>治理责任单位</td><td colspan="2">配电运检室</td><td>治理责任人</td><td colspan="4">×××</td></tr>
<tr><td>治理期限</td><td>自</td><td>2016-2-5</td><td>至</td><td colspan="4">2016-4-30</td></tr>
<tr><td>是否计划项目</td><td>是</td><td colspan="2">是否完成计划外备案</td><td></td><td>计划编号</td><td colspan="2">××××××</td></tr>
<tr><td>防控措施</td><td colspan="7">（1）投运前验收不通过，督促项目管理单位立即整改，确保“零缺陷”投运。
（2）进行设计变更，调整 10kV ××线 5 号转角杆导线与 T 接的用户配变下引线的安全距离，确保满足《配电网架空线路运行规程》表 B.4 中最小 0.3m 的净空距离。
（3）组织安排整改后设备验收，验收合格后方可投运。
（4）严格按照线路设计勘测流程做好前期规划，加强对前期设计勘测各个关键点的核查工作，做好对设计图纸的审核</td></tr>
<tr><td>治理完成情况</td><td colspan="7">3 月 18 日，按照变更设计，调整 10kV ××线 5 号转角杆导线与 T 接的用户配变下引线的安全距离为 0.5m，治理完成后满足线路安全运行要求。现申请对该隐患治理完成情况进行验收</td></tr>
<tr><td colspan="2">隐患治理计划资金（万元）</td><td colspan="2">0.30</td><td>累计落实隐患治理资金（万元）</td><td colspan="3">0.30</td></tr>
<tr><td rowspan="5">验收</td><td>验收申请单位</td><td>配电运检室</td><td>负责人</td><td>×××</td><td>签字日期</td><td colspan="3">2016-3-18</td></tr>
<tr><td>验收组织单位</td><td colspan="7">运维检修部</td></tr>
<tr><td>验收意见</td><td colspan="7">3 月 19 日，经运维检修部对国网××供电公司 2016××××号隐患进行现场验收，治理完成情况属实，满足安全（生产）运行要求，该隐患已消除</td></tr>
<tr><td>结论</td><td colspan="3">验收合格，治理措施已按要求实施，同意注销</td><td>是否消除</td><td colspan="3">是</td></tr>
<tr><td>验收组长</td><td colspan="3">×××</td><td>验收日期</td><td colspan="3">2016-3-19</td></tr>
</table>

7.3.7 管理类

一般隐患排查治理档案表（1）

2016 年度　　　　　　　　　　　　　　　　　　　　　　　　国网××供电公司

<table>
<tr><td rowspan="5">发现</td><td>隐患简题</td><td colspan="3">国网××供电公司 2 月 5 日 10kV ××电缆线路标识牌缺失隐患</td><td>隐患来源</td><td>日常巡视</td><td>隐患原因</td><td>人身安全隐患</td></tr>
<tr><td>隐患编号</td><td>国网××供电公司 2016××××</td><td>隐患所在单位</td><td>电缆运检室</td><td>专业分类</td><td>配电</td><td>详细分类</td><td>管理类</td></tr>
<tr><td>发现人</td><td>×××</td><td>发现人单位</td><td>电缆运检班</td><td>发现日期</td><td colspan="3">2016-2-5</td></tr>
<tr><td>事故隐患内容</td><td colspan="7">××kV ××变电站××路段 10kV ××电缆线路巡视不到位，连续 3 个月未进行设备巡视，未及时发现终端头、中间头标识牌缺失 5 处情况，不符合《电力电缆线路运行规程》第 7.2.2 条规定："电缆通道路面及户外终端巡视：66kV 及以上电缆线路每半个月巡视一次，35kV 及以下电缆线路每月巡视一次。"终端头、中间头标识牌缺失，易造成线路混淆，造成检修人员人身伤害事件。依据《国家电网公司安全事故调查规程（2017 修正版）》2.1 相关条款，可能构成人身事故</td></tr>
<tr><td>可能导致后果</td><td colspan="3">人身事故</td><td>归属职能部门</td><td colspan="3">运维检修</td></tr>
<tr><td rowspan="2">预评估</td><td rowspan="2">预评估等级</td><td rowspan="2">一般隐患</td><td>预评估负责人签名</td><td>×××</td><td>预评估负责人签名日期</td><td colspan="3">2016-2-5</td></tr>
<tr><td>运维室领导审核签名</td><td>×××</td><td>工区领导审核签名日期</td><td colspan="3">2016-2-5</td></tr>
<tr><td rowspan="2">评估</td><td rowspan="2">评估等级</td><td rowspan="2">一般隐患</td><td>评估负责人签名</td><td>×××</td><td>评估负责人签名日期</td><td colspan="3">2016-2-6</td></tr>
<tr><td>评估领导审核签名</td><td>×××</td><td>评估领导审核签名日期</td><td colspan="3">2016-2-7</td></tr>
<tr><td rowspan="7">治理</td><td>治理责任单位</td><td colspan="2">电缆运检室</td><td>治理责任人</td><td colspan="4">×××</td></tr>
<tr><td>治理期限</td><td>自</td><td>2016-2-5</td><td>至</td><td colspan="4">2016-4-30</td></tr>
<tr><td>是否计划项目</td><td>是</td><td colspan="2">是否完成计划外备案</td><td></td><td>计划编号</td><td colspan="2">××××××</td></tr>
<tr><td>防控措施</td><td colspan="7">（1）根据竣工图纸，带电识别电缆，恢复电缆终端及电缆中间接头标示牌。
（2）标识牌缺失的情况下，必须与运行单位联系，确定线路名称后，方可履行手续，进行工作</td></tr>
<tr><td>治理完成情况</td><td colspan="7">3 月 20 日，将根据竣工图纸，经带电识别电缆，将 10kV ××电缆线路标识牌补齐，治理完成后满足线路运行要求。现申请对该隐患治理完成情况进行验收</td></tr>
<tr><td colspan="2">隐患治理计划资金（万元）</td><td colspan="2">0.50</td><td colspan="2">累计落实隐患治理资金（万元）</td><td colspan="2">0.50</td></tr>
<tr><td rowspan="5">验收</td><td>验收申请单位</td><td>电缆运检室</td><td>负责人</td><td>×××</td><td>签字日期</td><td colspan="3">2016-3-20</td></tr>
<tr><td>验收组织单位</td><td colspan="7">运维检修部</td></tr>
<tr><td>验收意见</td><td colspan="7">3 月 22 日，经运维检修部对国网××供电公司 2016××××号隐患进行现场验收，治理完成情况属实，满足安全（生产）运行要求，该隐患已消除</td></tr>
<tr><td>结论</td><td colspan="3">验收合格，治理措施已按要求实施，同意注销</td><td>是否消除</td><td colspan="3">是</td></tr>
<tr><td>验收组长</td><td colspan="3">×××</td><td>验收日期</td><td colspan="3">2016-3-22</td></tr>
</table>

一般隐患排查治理档案表（2）

2016年度　　　　国网××供电公司

<table>
<tr><td rowspan="5">发现</td><td>隐患简题</td><td colspan="3">国网××供电公司2月5日10kV ××线15号砼杆80kVA柱上变压器存在接地电阻超周期测量的安全管理隐患</td><td>隐患来源</td><td>日常巡视</td><td>隐患原因</td><td>电力安全隐患</td></tr>
<tr><td>隐患编号</td><td>国网××供电公司2016××××</td><td>隐患所在单位</td><td>配电运检室</td><td>专业分类</td><td>配电</td><td>详细分类</td><td>管理类</td></tr>
<tr><td>发现人</td><td>×××</td><td>发现人单位</td><td>电缆运检班</td><td>发现日期</td><td colspan="3">2016-2-5</td></tr>
<tr><td>事故隐患内容</td><td colspan="7">2016年2月5日，在对10kV ××线15号砼杆80kVA柱上变压器进行接地电阻测量时发现其阻值为15Ω，经查测量记录上一周期测量时间为2013年8月（阻值为7Ω），存在接地电阻超周期测量的安全管理隐患。不符合《配电网运维规程》（Q/GDW 1519—2014）8.7.c)：“定期开展接地电阻测量，柱上变压器、配电室、柱上开关设备、柱上电容器设备每2年进行1次，其他有接地的设备接地电阻测量每4年进行1次，测量工作应在干燥天气进行”和表2：“总容量为100kVA以下的变压器，其接地装置的接地电阻不应大于10Ω”的规定要求。当遭遇雷电压时，有可能导致烧配变事件发生，由于10kV ××线为××临时性重要电力用户电源线路，依据《国家电网公司安全事故调查规程（2017修正版）》2.2.7.8：“地市级以上地方人民政府有关部门确定的临时性重要电力用户电网侧供电全部中断”，构成七级电网事件</td></tr>
<tr><td>可能导致后果</td><td colspan="3">七级电网事件</td><td>归属职能部门</td><td colspan="3">运维检修</td></tr>
<tr><td rowspan="2">预评估</td><td rowspan="2">预评估等级</td><td rowspan="2">一般隐患</td><td>预评估负责人签名</td><td>×××</td><td>预评估负责人签名日期</td><td colspan="3">2016-2-5</td></tr>
<tr><td>运维室领导审核签名</td><td>×××</td><td>工区领导审核签名日期</td><td colspan="3">2016-2-5</td></tr>
<tr><td rowspan="2">评估</td><td rowspan="2">评估等级</td><td rowspan="2">一般隐患</td><td>评估负责人签名</td><td>×××</td><td>评估负责人签名日期</td><td colspan="3">2016-2-6</td></tr>
<tr><td>评估领导审核签名</td><td>×××</td><td>评估领导审核签名日期</td><td colspan="3">2016-2-7</td></tr>
<tr><td rowspan="6">治理</td><td>治理责任单位</td><td colspan="2">配电运检室</td><td>治理责任人</td><td colspan="4">×××</td></tr>
<tr><td>治理期限</td><td>自</td><td>2016-2-5</td><td>至</td><td colspan="4">2016-4-30</td></tr>
<tr><td>是否计划项目</td><td>是</td><td colspan="2">是否完成计划外备案</td><td></td><td>计划编号</td><td colspan="2">××××××</td></tr>
<tr><td>防控措施</td><td colspan="7">（1）针对此类问题，组织对配电网设备接地测量记录进行全面检查，对超周期测量的配电设备，立即开展接地电阻测量及接地改进工作，对阻值超高地段的设备，可采用在接地体周围适当添加煤渣，以降低其阻值，并确保在雷雨季节前，完成接地改进工作。
（2）对10kV ××线15号砼杆80kVA柱上变压器进行接地改进，重新敷设接地引下线与接地网</td></tr>
<tr><td>治理完成情况</td><td colspan="7">4月2日，对10kV ××线15号砼杆80kVA柱上变压器进行接地改进，重新敷设接地引下线与接地网，经测量接地电阻值为6Ω，满足配电网设备运行要求。现申请对该隐患治理完成情况进行验收</td></tr>
<tr><td colspan="2">隐患治理计划资金（万元）</td><td colspan="2">0.50</td><td colspan="2">累计落实隐患治理资金（万元）</td><td colspan="2">0.50</td></tr>
<tr><td rowspan="5">验收</td><td>验收申请单位</td><td>配电运检室</td><td>负责人</td><td>×××</td><td>签字日期</td><td colspan="3">2016-4-2</td></tr>
<tr><td>验收组织单位</td><td colspan="7">运维检修部</td></tr>
<tr><td>验收意见</td><td colspan="7">4月2日，经运维检修部对国网××供电公司2016××××号隐患进行现场验收，治理完成情况属实，满足安全（生产）运行要求，该隐患已消除</td></tr>
<tr><td>结论</td><td colspan="3">验收合格，治理措施已按要求实施，同意注销</td><td>是否消除</td><td colspan="3">是</td></tr>
<tr><td>验收组长</td><td colspan="3">×××</td><td>验收日期</td><td colspan="3">2016-4-2</td></tr>
</table>

7.3.8 配电运行

7.3.8.1 外力破坏防护

一般隐患排查治理档案表（1）

2016 年度　　　　　　　　　　　　　　　　　　　　　　　　　　　　　　国网××供电公司

<table>
<tr><td rowspan="5">发现</td><td>隐患简题</td><td colspan="3">国网××供电公司2月5日10kV××线临近一级公路高压环网设备、低压分支箱无隔离护栏的安全隐患</td><td>隐患来源</td><td>安全性评价</td><td>隐患原因</td><td>电力安全隐患</td></tr>
<tr><td>隐患编号</td><td>国网××供电公司2016××××</td><td>隐患所在单位</td><td>配电运检室</td><td>专业分类</td><td>配电</td><td>详细分类</td><td>外力破坏防护</td></tr>
<tr><td>发现人</td><td>×××</td><td>发现人单位</td><td>××配电运维班</td><td>发现日期</td><td colspan="3">2016-2-5</td></tr>
<tr><td>事故隐患内容</td><td colspan="7">10kV××线距离××大道一级公路2.5m处的5台高压环网设备、5台低压分支箱未配置隔离护栏，存在过往车辆误撞设备的外破安全隐患，不符合《配电网运维规程》（Q/GDW 1519—2014）6.2.2规定：“杆塔和基础巡视的主要内容：g）杆塔位置是否合适、有无被车撞的可能，保护设施是否完好，安全标示是否清晰。”由于该处一级公路通行车辆较多，若通道内发生高压环网设备、低压分支箱碰撞等外破安全事件，由于该线路为××临时性重要电力用户的主供电源线路。依据《国家电网公司安全事故调查规程（2017修正版）》2.2.7.8：“地市级以上地方人民政府有关部门确定的临时性重要电力用户电网侧供电全部中断”，构成七级电网事件</td></tr>
<tr><td>可能导致后果</td><td colspan="3">七级电网事件</td><td>归属职能部门</td><td colspan="3">运维检修</td></tr>
<tr><td rowspan="2">预评估</td><td rowspan="2">预评估等级</td><td rowspan="2">一般隐患</td><td>预评估负责人签名</td><td>×××</td><td>预评估负责人签名日期</td><td colspan="3">2016-2-5</td></tr>
<tr><td>运维室领导审核签名</td><td>×××</td><td>工区领导审核签名日期</td><td colspan="3">2016-2-5</td></tr>
<tr><td rowspan="2">评估</td><td rowspan="2">评估等级</td><td rowspan="2">一般隐患</td><td>评估负责人签名</td><td>×××</td><td>评估负责人签名日期</td><td colspan="3">2016-2-6</td></tr>
<tr><td>评估领导审核签名</td><td>×××</td><td>评估领导审核签名日期</td><td colspan="3">2016-2-7</td></tr>
<tr><td rowspan="6">治理</td><td>治理责任单位</td><td colspan="2">配电运检室</td><td>治理责任人</td><td colspan="4">×××</td></tr>
<tr><td>治理期限</td><td>自</td><td>2016-2-5</td><td>至</td><td colspan="4">2016-5-30</td></tr>
<tr><td>是否计划项目</td><td>是</td><td colspan="2">是否完成计划外备案</td><td></td><td>计划编号</td><td colspan="2">××××××</td></tr>
<tr><td>防控措施</td><td colspan="7">（1）做好临时防控措施，在设备底座涂刷防撞警示漆，设备四周增设临时防撞警示标识。
（2）对10kV××线临近公路边的5台高压环网设备、5台低压分支箱加装钢制防撞隔离护栏，在隔离护栏上加装警示标识</td></tr>
<tr><td>治理完成情况</td><td colspan="7">5月15日，对10kV××线临近公路边的5台高压环网设备、5台低压分支箱加装钢制防撞隔离护栏，并在隔离护栏上加装安全警示标识，治理完成后满足线路安全运行要求。现申请对该隐患治理完成情况进行验收</td></tr>
<tr><td colspan="2">隐患治理计划资金（万元）</td><td colspan="2">3.00</td><td colspan="2">累计落实隐患治理资金（万元）</td><td colspan="2">3.00</td></tr>
<tr><td rowspan="5">验收</td><td>验收申请单位</td><td>配电运检室</td><td>负责人</td><td>×××</td><td>签字日期</td><td colspan="3">2016-5-15</td></tr>
<tr><td>验收组织单位</td><td colspan="7">运维检修部</td></tr>
<tr><td>验收意见</td><td colspan="7">5月16日，经运维检修部对国网××供电公司2016××××号隐患进行现场验收，治理完成情况属实，满足安全（生产）运行要求，该隐患已消除</td></tr>
<tr><td>结论</td><td colspan="3">验收合格，治理措施已按要求实施，同意注销</td><td>是否消除</td><td colspan="3">是</td></tr>
<tr><td>验收组长</td><td colspan="3">×××</td><td>验收日期</td><td colspan="3">2016-5-16</td></tr>
</table>

一般隐患排查治理档案表（2）

2016年度　　　　　　　　　　　　　　　　　　　　　　　　国网××供电公司

发现	隐患简题	国网××供电公司2月5日10kV××电缆线路电缆井盖防盗锁缺失隐患			隐患来源	日常巡视	隐患原因	电力安全隐患
	隐患编号	国网××供电公司2016××××	隐患所在单位	电缆运检室	专业分类	配电	详细分类	外力破坏防护
	发现人	×××	发现人单位	××电缆运维班	发现日期	2016-2-5		
	事故隐患内容	110kV××变出线的10kV××电缆线路沿高新区开发区××大道敷设，由于周边建设施工单位多，曾发生电缆沟内有电缆被盗现象，6处电缆井盖防盗锁缺失损坏，违反《电力设施保护条例》第三章第十四条规定：“任何单位或个人，不得从事危害电力线路设施的行为第（十一）小项：其他危害电力线路设施的行为。”由于10kV××电缆线路为××市临时性重要电力用户的主供电源线路，若发生电缆被盗拨，易造成线路被迫停运事件。依据《国家电网公司安全事故调查规程（2017修正版）》2.2.7.8：“地市级以上地方人民政府有关部门确定的临时性重要电力用户电网侧供电全部中断”，构成七级电网事件						
	可能导致后果	七级电网事件			归属职能部门	运维检修		
预评估	预评估等级	一般隐患	预评估负责人签名	×××	预评估负责人签名日期	2016-2-5		
			运维室领导审核签名	×××	工区领导审核签名日期	2016-2-5		
评估	评估等级	一般隐患	评估负责人签名	×××	评估负责人签名日期	2016-2-6		
			评估领导审核签名	×××	评估领导审核签名日期	2016-2-7		
治理	治理责任单位	电缆运检室		治理责任人	×××			
	治理期限	自	2016-2-5	至	2016-5-30			
	是否计划项目	是	是否完成计划外备案			计划编号	××××××	
	防控措施	（1）对××大道电缆线路安排每月2次特巡，重点检查电缆井盖破损、防盗锁丢失现象。 （2）将该区段电缆被盗情况上报公司后勤保卫部，市、区、县公安部门，协助调查电缆盗窃工作。 （3）对××大道段6个电缆井盖更换加装防盗锁						
	治理完成情况	5月20日，对××大道段6个电缆井盖更换加装防盗锁，治理完成后满足线路运行要求。现申请对该隐患治理完成情况进行验收						
	隐患治理计划资金（万元）		0.20		累计落实隐患治理资金（万元）		0.20	
验收	验收申请单位	电缆运检室	负责人	×××	签字日期	2016-5-20		
	验收组织单位	运维检修部						
	验收意见	5月22日，经运维检修部对国网××供电公司2016××××号隐患进行现场验收，治理完成情况属实，满足线路安全运行要求，该隐患已消除						
	结论	验收合格，治理措施已按要求实施，同意注销			是否消除	是		
	验收组长	×××			验收日期	2016-5-22		

一般隐患排查治理档案表（3）

2016年度　　　　　　　　　　　　　　　　　　　　　　　　　　国网××供电公司

发现	隐患简题	国网××供电公司2月5日10kV ××线11～32号走径存在流动机械施工及施工塔吊的外破隐患			隐患来源	日常巡视	隐患原因	电力安全隐患
	隐患编号	国网××供电公司2016××××	隐患所在单位	配电运检室	专业分类	配电	详细分类	外力破坏防护
	发现人	×××	发现人单位	××配电运维班	发现日期	2016-2-5		
	事故隐患内容	10kV ××线11～32号保护区位于市经济开发区内，由于城乡一体化建设飞速发展，该区段内机械施工车辆通行频繁，周边3处施工工地存在机械施工开挖、塔吊施工建房等外力破坏隐患点，违反了《中华人民共和国电力法》第五十二条规定："任何单位和个人不得危害发电设施、变电设施和电力线路设施及其有关辅助设施。在电力设施周围进行爆破及其他可能危及电力设施安全的作业的，应当按照国务院有关电力设施保护的规定，经批准并采取确保电力设施安全的措施后，方可进行作业。"由于10kV ××线为经济开发区重要电力用户的电源线路，一旦发生施工机具、流动机械、塔吊误碰带电线路，易导致线路被迫或异常停运事件。依据《国家电网公司安全事故调查规程（2017修正版）》2.2.7.8："地市级以上地方人民政府有关部门确定的临时性重要电力用户电网侧供电全部中断"，构成七级电网事件						
	可能导致后果	七级电网事件			归属职能部门	运维检修		
预评估	预评估等级	一般隐患	预评估负责人签名	×××	预评估负责人签名日期	2016-2-5		
			运维室领导审核签名	×××	工区领导审核签名日期	2016-2-5		
评估	评估等级	一般隐患	评估负责人签名	×××	评估负责人签名日期	2016-2-6		
			评估领导审核签名	×××	评估领导审核签名日期	2016-2-7		
治理	治理责任单位	配电运检室		治理责任人	×××			
	治理期限	自	2016-2-5	至	2016-11-30			
	是否计划项目	是	是否完成计划外备案			计划编号	××××××	
	防控措施	（1）向10kV ××线11～32号保护区周边施工单位下达《安全隐患告知书》，涉及近电作业的，签订《近电作业安全须知》。 （2）在施工开发区开展电力设施保护宣传，同时对该区段内的固定、流动机械车辆、吊塔进行摸排登记，向驾驶员、塔吊操作、指挥人员群发信息温馨提示。 （3）责令塔吊施工单位在塔吊上安装限位闭锁装置，限制塔臂转动半径，防止出现塔吊碰线事件。 （4）在10kV ××线11～32号保护区设置电力安全警示标识；涉及线路交跨通行频繁地段，设置大型施工车辆通行限高标识；对外破易发区杆塔上安装视频监控装置，随时监控开发区内线路周边线路施工塔吊、通道机械穿越情况。 （5）在开发区施工期间，增加对10kV ××线11～32号巡视频次，实施动态监控，落实班组隐患公示						
	治理完成情况	2月21日，在运维人员的监督下，塔吊施工单位在塔吊上安装限位闭锁装置；3月6日，运维人员在线路保护区施工集中地段杆塔上安装视频监控装置，随时监控开发区内线路周边线路施工塔吊、通道机械穿越情况。 11月22日，该3处施工工地已完成施工建设，塔吊已拆除，施工机械已撤离现场，治理完成后满足线路安全运行要求。现申请对该隐患治理完成情况进行验收						
	隐患治理计划资金（万元）		0.40		累计落实隐患治理资金（万元）		0.40	
验收	验收申请单位	配电运检室	负责人	×××	签字日期	2016-11-22		
	验收组织单位	运维检修部						
	验收意见	11月23日，经运维检修部对国网××供电公司2016××××号隐患进行现场验收，治理完成情况属实，满足安全（生产）运行要求，该隐患已消除						
	结论	验收合格，治理措施已按要求实施，同意注销			是否消除	是		
	验收组长	×××			验收日期	2016-11-23		

7.3.8.2 配电房、配变台区

一般隐患排查治理档案表（1）

2016 年度　　　　　　　　　　　　　　　　　　　　　　　　　　国网××供电公司

发现	隐患简题	国网××供电公司2月5日10kV××线××配变台区配变运行年限长、容量小，存在重载烧配变的安全隐患			隐患来源	安全性评价	隐患原因	设备设施隐患
	隐患编号	国网××供电公司2016××××	隐患所在单位	配电运检室	专业分类	配电	详细分类	配电房、配变台区
	发现人	×××	发现人单位	××配电运检班	发现日期	2016-2-5		
	事故隐患内容	10kV××线××配变台区××配变及配电柜运行年限达10年，设备元件不同程度出现老旧、老化现象；其配变容量现为80kVA，在冬季返乡用电负荷高峰期最大负载率高于规定值（约85%），存在配变过载烧坏的安全隐患，不符合《配电网运维规程》（Q/GDW 1519—2014）13.4.1规定："配电线路、设备不得长期超载运行，导线、电缆的长期允许载流量见附录E，线路、设备重载（按线路、设备限额电流值的70%考虑）时，应加强运行监督，及时分流。"依据《国家电网公司安全事故调查规程（2017修正版）》2.3.7.1："造成10万元以上20万元以下直接经济损失者"，构成七级设备事件						
	可能导致后果	七级设备事件			归属职能部门	运维检修		
预评估	预评估等级	一般隐患	预评估负责人签名	×××	预评估负责人签名日期	2016-2-5		
			运维室领导审核签名	×××	工区领导审核签名日期	2016-2-5		
评估	评估等级	一般隐患	评估负责人签名	×××	评估负责人签名日期	2016-2-6		
			评估领导审核签名	×××	评估领导审核签名日期	2016-2-7		
治理	治理责任单位	配电运检室		治理责任人	×××			
	治理期限	自	2016-2-5	至	2016-3-31			
	是否计划项目	是	是否完成计划外备案			计划编号	××××××	
	防控措施	（1）永久治理前，做好计量检查、台区负荷预测及红外接点测温工作，杜绝迎峰过冬期间出现烧配变事件。 （2）结合迎峰过冬过负荷配变更换工程，将10kV××线××配变台区80kVA配变更换为200kVA，更换配电柜及老化进出线，进行新设备交接试验，以确保满足冬季负荷高峰期用电需求						
	治理完成情况	3月20日，将10kV××线××配变台区80kVA配变更换为200kVA，更换配电柜及老化进出线，完成新设备交接试验，治理完成后满足设备安全运行要求。现申请对该隐患治理完成情况进行验收						
	隐患治理计划资金（万元）		7.00		累计落实隐患治理资金（万元）		7.00	
验收	验收申请单位	配电运检室	负责人	×××	签字日期	2016-3-20		
	验收组织单位	运维检修部						
	验收意见	3月21日，经运维检修部对国网××供电公司2016××××号隐患进行现场验收，治理完成情况属实，满足安全（生产）运行要求，该隐患已消除						
	结论	验收合格，治理措施已按要求实施，同意注销			是否消除	是		
	验收组长	×××			验收日期	2016-3-21		

一般隐患排查治理档案表（2）

2016 年度

国网××供电公司

<table>
<tr><td rowspan="5">发现</td><td>隐患简题</td><td colspan="3">国网××供电公司5月5日10kV ××线7号杆T接××台区配电室墙体渗水、沉降的安全隐患</td><td>隐患来源</td><td>日常巡视</td><td>隐患原因</td><td>设备设施隐患</td></tr>
<tr><td>隐患编号</td><td>国网××供电公司2016××××</td><td>隐患所在单位</td><td>配电运检室</td><td>专业分类</td><td>配电</td><td>详细分类</td><td>配电房、配变台区</td></tr>
<tr><td>发现人</td><td>×××</td><td>发现人单位</td><td>××配电运维班</td><td>发现日期</td><td colspan="3">2016-5-5</td></tr>
<tr><td>事故隐患内容</td><td colspan="7">10kV ××线7号杆T接××台区配电室运行年限达12年，现出现墙体渗水和右侧墙体沉降现象，暴雨季节有可能造成墙体危漏、沉降加剧，存在配电室倒塌、配变损坏的安全隐患。不符合《配电网运维规程》（Q/GDW 1519—2014）6.9规定："站房类建（构）筑物的巡视：b）建（构）筑物的门、窗、钢网有无损坏，房屋、设备基础有无下沉、开裂，屋顶有无漏水、积水，沿沟有无堵塞。"依据《国家电网公司安全事故调查规程（2017修正版）》2.3.7.1："造成10万元以上20万元以下直接经济损失者"，构成七级设备事件</td></tr>
<tr><td>可能导致后果</td><td colspan="3">七级设备事件</td><td>归属职能部门</td><td colspan="3">运维检修</td></tr>
<tr><td rowspan="2">预评估</td><td rowspan="2">预评估等级</td><td rowspan="2">一般隐患</td><td>预评估负责人签名</td><td>×××</td><td>预评估负责人签名日期</td><td colspan="3">2016-5-5</td></tr>
<tr><td>运维室领导审核签名</td><td>×××</td><td>工区领导审核签名日期</td><td colspan="3">2016-5-5</td></tr>
<tr><td rowspan="2">评估</td><td rowspan="2">评估等级</td><td rowspan="2">一般隐患</td><td>评估负责人签名</td><td>×××</td><td>评估负责人签名日期</td><td colspan="3">2016-5-6</td></tr>
<tr><td>评估领导审核签名</td><td>×××</td><td>评估领导审核签名日期</td><td colspan="3">2016-5-7</td></tr>
<tr><td rowspan="6">治理</td><td>治理责任单位</td><td colspan="2">配电运检室</td><td>治理责任人</td><td colspan="4">×××</td></tr>
<tr><td>治理期限</td><td>自</td><td>2016-5-5</td><td>至</td><td colspan="4">2016-7-30</td></tr>
<tr><td>是否计划项目</td><td>是</td><td colspan="2">是否完成计划外备案</td><td></td><td>计划编号</td><td colspan="2">××××××</td></tr>
<tr><td>防控措施</td><td colspan="7">（1）雨季期间，安排两天一次设备巡视，发现异常情况及时上报。
（2）在危漏墙体上张贴安全警示标示，对配电室基础周边排水沟进行修缮、疏通，做好排水引导，防止暴雨季节配电室基础冲刷造成沉降加剧。
（3）申请项目，对10kV ××线7号杆T接××台区配电室基础进行加固及墙体防渗处理</td></tr>
<tr><td>治理完成情况</td><td colspan="7">6月28日，完成对10kV ××线7号杆T接的××台区配电室基础进行加固及墙体防渗处理工作，治理完成后满足设备安全运行要求。现申请对该隐患治理完成情况进行验收</td></tr>
<tr><td colspan="2">隐患治理计划资金（万元）</td><td colspan="2">3.50</td><td colspan="2">累计落实隐患治理资金（万元）</td><td colspan="2">3.50</td></tr>
<tr><td rowspan="5">验收</td><td>验收申请单位</td><td>配电运检室</td><td>负责人</td><td>×××</td><td>签字日期</td><td colspan="3">2016-6-28</td></tr>
<tr><td>验收组织单位</td><td colspan="7">运维检修部</td></tr>
<tr><td>验收意见</td><td colspan="7">6月29日，经运维检修部对国网××供电公司2016××××号隐患进行现场验收，治理完成情况属实，满足安全（生产）运行要求，该隐患已消除</td></tr>
<tr><td>结论</td><td colspan="3">验收合格，治理措施已按要求实施，同意注销</td><td>是否消除</td><td colspan="3">是</td></tr>
<tr><td>验收组长</td><td colspan="3">×××</td><td>验收日期</td><td colspan="3">2016-6-29</td></tr>
</table>

7.4 电网规划

7.4.1 线路走廊

一般隐患排查治理档案表

2016 年度　　　　　　　　　　　　　　　　　　　　　　　　　　国网××供电公司

发现	隐患简题	国网××供电公司 5 月 5 日 110kV ××线 13～22 号铁塔设计走径临近漫水冲刷区的安全隐患			隐患来源	安全性评价	隐患原因	电力安全隐患
	隐患编号	国网××供电公司 2016××××	隐患所在单位	发展策划部	专业分类	电网规划	详细分类	线路走廊
	发现人	×××	发现人单位	××输电运检室	发现日期	2016-5-5		
	事故隐患内容	110kV ××线 13～22 号铁塔设计走径地处防洪堤外，最近处临近河道约 25m，汛期由于河道冲刷、泥沙流失，造成该段线路走径临近漫水冲刷区，影响铁塔基础稳定性，存在倒塔断线的安全隐患。不符合 Q/GDW 270—2009《220 千伏及 110（66）千伏输变电工程可行性研究内容深度规定》7.2.2 规定：“送电线路路径选择，应充分考虑自然条件、水文气象条件、地质条件、交通条件、城镇规划、重要设施、重要交叉跨越等”；《国家电网公司十八项电网重大反事故措施（修订版）及编制说明》6.1.1.3 规定：“对于易发生水土流失、洪水冲刷、山体滑坡、泥石流等地段的杆塔，应采取加固基础、修筑挡土墙（桩）、截（排）水沟、改造上下边坡等措施，必要时改迁路径。”若汛期河道冲刷、泥沙流失加剧，依据《国家电网公司安全事故调查规程（2017 修正版）》2.3.7.2（4）：“35kV 以上 220kV 以下输电线路倒塔”，构成七级设备事件						
	可能导致后果	七级设备事件			归属职能部门	规划设计		
预评估	预评估等级	一般隐患	预评估负责人签名	×××	预评估负责人签名日期	2016-5-5		
			运维室领导审核签名	×××	工区领导审核签名日期	2016-5-5		
评估	评估等级	一般隐患	评估负责人签名	×××	评估负责人签名日期	2016-5-5		
			评估领导审核签名	×××	评估领导审核签名日期	2016-5-5		
治理	治理责任单位	发展策划部		治理责任人	×××			
	治理期限	自	2016-5-5	至	2016-9-30			
	是否计划项目	是	是否完成计划外备案			计划编号	××××××	
	防控措施	（1）铁塔上悬挂安全警示标识，汛期安排专人对河道漫水冲刷区及泥沙流失情况进行实时监控，发现异常及时上报。 （2）加强防汛应急演练，完善防汛应急措施，超前做好防汛物资储备，对 110kV ××线 13～22 号铁塔走径河道堆砌沙袋，防止水土流失加剧，必要时采用混凝土浇制方式对铁塔修筑护坎。 （3）结合防护堤扩建工程，重新规划线路走径，将 110kV ××线 13～22 号铁塔走径改迁至防洪堤以内						
	治理完成情况	7 月 20 日，结合防护堤扩建工程，重新规划线路走径；9 月 15 日，完成 110kV ××线 13～22 号铁塔走径改迁及接入投运工作，新走径位于防洪堤内，远离漫水冲刷区，满足线路安全运行要求。现申请对该隐患治理完成情况进行验收						
	隐患治理计划资金（万元）		120.00		累计落实隐患治理资金（万元）		120.00	
验收	验收申请单位	发展策划部	负责人	×××	签字日期	2016-9-15		
	验收组织单位	运维检修部						
	验收意见	9 月 15 日，经运维检修部组织牵头对国网××供电公司 2016××××号隐患进行现场验收，治理完成情况属实，满足安全（生产）运行要求，该隐患已消除						
	结论	验收合格，治理措施已按要求实施，同意注销			是否消除	是		
	验收组长	×××			验收日期	2016-9-15		

7.4.2 电源点布局

一般隐患排查治理档案表

2016 年度　　　　　　　　　　　　　　　　　　　　　　　　　　　　　　　　　　国网××供电公司

<table>
<tr><td rowspan="5">发现</td><td>隐患简题</td><td colspan="3">国网××供电公司1月22日随着××县经济建设发展，县域电网存在供电保障能力及110kV电源布点不足</td><td>隐患来源</td><td>电网方式分析</td><td>隐患原因</td><td>电力安全隐患</td></tr>
<tr><td>隐患编号</td><td>国网××供电公司2016××××</td><td>隐患所在单位</td><td>发展策划部</td><td>专业分类</td><td>电网规划</td><td>详细分类</td><td>电源点布局</td></tr>
<tr><td>发现人</td><td>×××</td><td>发现人单位</td><td>电力调度控制中心</td><td>发现日期</td><td colspan="3">2016-1-22</td></tr>
<tr><td>事故隐患内容</td><td colspan="7">××县工业园区建设快速发展，县域负荷增长需求加大，电力负荷达90MW，由于该区域电网目前仅有一座110kV变电站两台50MVA变压器，存在供电保障能力及110kV电源布点不足的电网安全隐患，不符合DL 755—2001《电力系统安全稳定导则》4.2规定：“电力系统静态安全分析指应用N−1原则，逐个无故障断开线路、变压器等元件，检查其他元件是否因此过负荷和电网低电压，用以检验电网结构强度和运行方式是否满足安全运行要求。”若该110kV变电站任一台主变故障，该县域将面临限电或减供负荷，依据《国家电网公司安全事故调查规程（2017修正版）》2.2.6.1：“造成电网减供负荷40MW以上100MW以下者”，构成六级电网事件</td></tr>
<tr><td>可能导致后果</td><td colspan="3">六级电网事件</td><td>归属职能部门</td><td colspan="3">规划设计</td></tr>
<tr><td rowspan="2">预评估</td><td rowspan="2">预评估等级</td><td rowspan="2">一般隐患</td><td>预评估负责人签名</td><td>×××</td><td>预评估负责人签名日期</td><td colspan="3">2016-1-22</td></tr>
<tr><td>工区领导审核签名</td><td>×××</td><td>工区领导审核签名日期</td><td colspan="3">2016-1-22</td></tr>
<tr><td rowspan="2">评估</td><td rowspan="2">评估等级</td><td rowspan="2">一般隐患</td><td>评估负责人签名</td><td>×××</td><td>评估负责人签名日期</td><td colspan="3">2016-1-22</td></tr>
<tr><td>评估领导审核签名</td><td>×××</td><td>评估领导审核签名日期</td><td colspan="3">2016-1-22</td></tr>
<tr><td rowspan="6">治理</td><td>治理责任单位</td><td colspan="2">发展策划部</td><td>治理责任人</td><td colspan="4">×××</td></tr>
<tr><td>治理期限</td><td>自</td><td>2016-1-22</td><td>至</td><td colspan="4">2017-12-31</td></tr>
<tr><td>是否计划项目</td><td>是</td><td colspan="2">是否完成计划外备案</td><td></td><td>计划编号</td><td colspan="2">××××××</td></tr>
<tr><td>防控措施</td><td colspan="7">（1）永久治理前，大负荷期间增加对该县域配电网设备的巡视频次及负荷监控，加快10kV农网线路改造进度及配变布点建设，优化配电网运行方式。
（2）对该站需检修设备开展“零点”检修，减少限电或减供负荷次数。
（3）编制新建110kV××变电站可行性研究方案，新增110kV电源布点，规划建设110kV××输变电工程项目，以满足该县域负荷快速增长的用电需求</td></tr>
<tr><td>治理完成情况</td><td colspan="7">4月28日（当年），完成新建110kV××变电站可行性研究方案的规划审批；12月15日（翌年），完成110kV××输变电工程建设并投入运行，提高了县域供电保障能力，隐患已治理完成。现申请对该隐患治理完成情况进行验收</td></tr>
<tr><td colspan="2">隐患治理计划资金（万元）</td><td colspan="2">2500.00</td><td colspan="2">累计落实隐患治理资金（万元）</td><td colspan="2">2500.00</td></tr>
<tr><td rowspan="5">验收</td><td>验收申请单位</td><td>发展策划部</td><td>负责人</td><td>×××</td><td>签字日期</td><td colspan="3">2017-12-15</td></tr>
<tr><td>验收组织单位</td><td colspan="7">运维检修部</td></tr>
<tr><td>验收意见</td><td colspan="7">12月15日（翌年），经运维检修部组织牵头对国网××供电公司2016××××号隐患进行现场验收，治理完成情况属实，满足安全（生产）运行要求，该隐患已消除</td></tr>
<tr><td>结论</td><td colspan="3">验收合格，治理措施已按要求实施，同意注销</td><td>是否消除</td><td colspan="3">是</td></tr>
<tr><td>验收组长</td><td colspan="3">×××</td><td>验收日期</td><td colspan="3">2017-12-15</td></tr>
</table>

7.4.3 单电源不满足 $N-1$

一般隐患排查治理档案表

2016 年度　　　　　　　　　　国网××供电公司

<table>
<tr><td rowspan="5">发现</td><td>隐患简题</td><td colspan="3">国网××供电公司1月10日110kV××重要变电站单电源其非线路变压器组不满足 $N-1$</td><td>隐患来源</td><td>电网方式分析</td><td>隐患原因</td><td>电力安全隐患</td></tr>
<tr><td>隐患编号</td><td>国网××供电公司2016××××</td><td>隐患所在单位</td><td>发展策划部</td><td>专业分类</td><td>电网规划</td><td>详细分类</td><td>单电源不满足 $N-1$</td></tr>
<tr><td>发现人</td><td>×××</td><td>发现人单位</td><td>电力调度控制中心</td><td>发现日期</td><td colspan="3">2016-1-10</td></tr>
<tr><td>事故隐患内容</td><td colspan="7">110kV××重要变电站单电源，其非线路变压器组不满足 $N-1$，若遇事故跳闸，将造成110kV××变电站全站停电，不符合DL 755—2001《电力系统安全稳定导则》4.2规定：“电力系统静态安全分析指应用 $N-1$ 原则，逐个无故障断开线路、变压器等元件，检查其他元件是否因此过负荷和电网低电压，用以检验电网结构强度和运行方式是否满足安全运行要求。”依据《国家电网公司安全事故调查规程（2017修正版）》2.2.6.2：“变电站内110kV（含66kV）母线非计划全停”，构成六级电网事件</td></tr>
<tr><td>可能导致后果</td><td colspan="3">六级电网事件</td><td>归属职能部门</td><td colspan="3">规划设计</td></tr>
<tr><td rowspan="2">预评估</td><td rowspan="2">预评估等级</td><td rowspan="2">一般隐患</td><td>预评估负责人签名</td><td>×××</td><td>预评估负责人签名日期</td><td colspan="3">2016-1-10</td></tr>
<tr><td>工区领导审核签名</td><td>×××</td><td>工区领导审核签名日期</td><td colspan="3">2016-1-10</td></tr>
<tr><td rowspan="2">评估</td><td rowspan="2">评估等级</td><td rowspan="2">一般隐患</td><td>评估负责人签名</td><td>×××</td><td>评估负责人签名日期</td><td colspan="3">2016-1-10</td></tr>
<tr><td>评估领导审核签名</td><td>×××</td><td>评估领导审核签名日期</td><td colspan="3">2016-1-10</td></tr>
<tr><td rowspan="6">治理</td><td>治理责任单位</td><td colspan="2">发展策划部</td><td>治理责任人</td><td colspan="4">×××</td></tr>
<tr><td>治理期限</td><td>自</td><td>2016-1-10</td><td>至</td><td colspan="4">2016-12-30</td></tr>
<tr><td>是否计划项目</td><td>是</td><td colspan="2">是否完成计划外备案</td><td></td><td>计划编号</td><td colspan="2">××××××</td></tr>
<tr><td>防控措施</td><td colspan="7">（1）永久治理前，制定单主变压器运行方式下的事故应急预案，增加对变压器及线路的巡视频次，密切注意负荷及变压器温度的变化。
（2）完善110kV××变电站所带重要负荷的供电方式，对该站需检修设备开展“零点”检修，减少限电或减供负荷次数。
（3）结合站内地理条件及供电要求，申报项目，对站内进行扩建，尽快投入第二台主变压器或考虑就近从枢纽变电站接入可靠双电源，提高重要负荷的供电可靠性，以满足电网 $N-1$ 原则的要求</td></tr>
<tr><td>治理完成情况</td><td colspan="7">12月15日，完成对110kV××变电站新增一台50MVA变压器并投入运行，满足两台主变压器并列运行方式。现申请对该隐患治理完成情况进行验收</td></tr>
<tr><td colspan="2">隐患治理计划资金（万元）</td><td colspan="2">450.00</td><td colspan="2">累计落实隐患治理资金（万元）</td><td colspan="2">450.00</td></tr>
<tr><td rowspan="5">验收</td><td>验收申请单位</td><td>发展策划部</td><td>负责人</td><td>×××</td><td>签字日期</td><td colspan="3">2016-12-15</td></tr>
<tr><td>验收组织单位</td><td colspan="7">运维检修部</td></tr>
<tr><td>验收意见</td><td colspan="7">12月15日，经运维检修部组织牵头对国网××供电公司2016××××号隐患进行现场验收，治理完成情况属实，满足安全（生产）运行要求，该隐患已消除</td></tr>
<tr><td>结论</td><td colspan="3">验收合格，治理措施已按要求实施，同意注销</td><td>是否消除</td><td colspan="3">是</td></tr>
<tr><td>验收组长</td><td colspan="3">×××</td><td>验收日期</td><td colspan="3">2016-12-15</td></tr>
</table>

7.4.4 负荷超载

一般隐患排查治理档案表

2016 年度　　　国网××供电公司

<table>
<tr><td rowspan="5">发现</td><td>隐患简题</td><td colspan="3">国网××供电公司7月15日110kV××变电站大负荷期间主变压器负荷率高于规定值（约85%）</td><td>隐患来源</td><td>电网方式分析</td><td>隐患原因</td><td>电力安全隐患</td></tr>
<tr><td>隐患编号</td><td>国网××供电公司2016××××</td><td>隐患所在单位</td><td>发展策划部</td><td>专业分类</td><td>电网规划</td><td>详细分类</td><td>负荷超载</td></tr>
<tr><td>发现人</td><td>×××</td><td>发现人单位</td><td>电力调度控制中心</td><td>发现日期</td><td colspan="3">2016-7-15</td></tr>
<tr><td>事故隐患内容</td><td colspan="7">110kV××变电站为单台容量20MVA主变运行方式，大负荷期间主变压器负荷率高于规定值（约85%），存在主变压器重载运行的安全隐患，不符合DL/T 5222—2005《导体和电器选择设计技术规定》8.0.6规定："选择变压器容量时，应根据变压器用途确定变压器负荷特性，并参考相关标准中给定的正常周期所推荐的变压器在正常寿命损失下变压器的容量，同时还应考虑负荷发展，额定容量应尽可能选用标准容量系列"；DL 755—2001《电力系统安全稳定导则》4.2规定："电力系统静态安全分析指应用N－1原则，逐个无故障断开线路、变压器等元件，检查其他元件是否因此过负荷和电网低电压，用以检验电网结构强度和运行方式是否满足安全运行要求。"若主变压器长时间处于满负荷或过负荷运行时，将影响变压器的绝缘，从而导致主变压器损坏，依据《国家电网公司安全事故调查规程（2017修正版）》2.3.6.2（1）："110kV（含66kV）以上220kV以下主变压器、换流变压器、平波电抗器发生本体爆炸、主绝缘击穿"，构成六级设备事件</td></tr>
<tr><td>可能导致后果</td><td colspan="3">六级设备事件</td><td>归属职能部门</td><td colspan="3">规划设计</td></tr>
<tr><td rowspan="2">预评估</td><td rowspan="2">预评估等级</td><td rowspan="2">一般隐患</td><td>预评估负责人签名</td><td>×××</td><td>预评估负责人签名日期</td><td colspan="3">2016-7-15</td></tr>
<tr><td>工区领导审核签名</td><td>×××</td><td>工区领导审核签名日期</td><td colspan="3">2016-7-15</td></tr>
<tr><td rowspan="2">评估</td><td rowspan="2">评估等级</td><td rowspan="2">一般隐患</td><td>评估负责人签名</td><td>×××</td><td>评估负责人签名日期</td><td colspan="3">2016-7-15</td></tr>
<tr><td>评估领导审核签名</td><td>×××</td><td>评估领导审核签名日期</td><td colspan="3">2016-7-15</td></tr>
<tr><td rowspan="6">治理</td><td>治理责任单位</td><td colspan="2">发展策划部</td><td>治理责任人</td><td colspan="4">×××</td></tr>
<tr><td>治理期限</td><td>自</td><td>2016-7-15</td><td>至</td><td colspan="4">2016-12-20</td></tr>
<tr><td>是否计划项目</td><td>是</td><td colspan="2">是否完成计划外备案</td><td></td><td>计划编号</td><td colspan="2">××××××</td></tr>
<tr><td>防控措施</td><td colspan="7">（1）永久治理前，对运行中的变压器增加巡视频次，检查其油温油位变化，做好负荷监控，有异常时立即与相关调度汇报转移负荷等，做好主变压器的测温工作。
（2）完善重载变电站下级电网，转移部分负荷至相邻轻载变电站供电。
（3）针对变压器负荷特性，结合该供电区域负荷发展趋势，申请项目，对110kV××变电站单台主变进行增容改造或增加主变压器，升级为双台主变并列运行方式</td></tr>
<tr><td>治理完成情况</td><td colspan="7">12月15日，完成110kV××变电站单台主变增容改造及投运工作，将原20MVA单台主变更换为50MVA主变，满足大负荷期间110kV××变单台主变安全运行要求。现申请对该隐患治理完成情况进行验收</td></tr>
<tr><td colspan="2">隐患治理计划资金（万元）</td><td colspan="2">450.00</td><td colspan="2">累计落实隐患治理资金（万元）</td><td colspan="2">450.00</td></tr>
<tr><td rowspan="5">验收</td><td>验收申请单位</td><td>发展策划部</td><td>负责人</td><td>×××</td><td>签字日期</td><td colspan="3">2016-12-15</td></tr>
<tr><td>验收组织单位</td><td colspan="7">运维检修部</td></tr>
<tr><td>验收意见</td><td colspan="7">12月15日，经运维检修部组织牵头对国网××供电公司2016××××号隐患进行现场验收，治理完成情况属实，满足安全（生产）运行要求，该隐患已消除</td></tr>
<tr><td>结论</td><td colspan="3">验收合格，治理措施已按要求实施，同意注销。</td><td>是否消除</td><td colspan="3">是</td></tr>
<tr><td>验收组长</td><td colspan="3">×××</td><td>验收日期</td><td colspan="3">2016-12-15</td></tr>
</table>

7.4.5 网架结构

一般隐患排查治理档案表

2016 年度　　　　　　　　　　　　　　　　　　　　　　　　　　　　国网××供电公司

发现	隐患简题	国网××供电公司1月22日三座110kV变电站负荷通过双回线路送出的电网安全隐患			隐患来源	电网方式分析	隐患原因	电力安全隐患
	隐患编号	国网××供电公司2016××××	隐患所在单位	发展策划部	专业分类	电网规划	详细分类	网架结构
	发现人	×××	发现人单位	电力调度控制中心	发现日期	2016-1-22		
	事故隐患内容	××单位三座110kV变电站负荷通过双回线路送出，若任一回线路发生跳闸（重合不成功），另一回线路将过负荷运行，形成单回线路带三座变电站，造成变电站110千伏母线电压不满足电能质量要求，存在网架结构薄弱的安全隐患。不符合DL 755—2001《电力系统安全稳定导则》4.2规定："电力系统静态安全分析指应用$N-1$原则，逐个无故障断开线路、变压器等元件，检查其他元件是否因此过负荷和电网低电压，用以检验电网结构强度和运行方式是否满足安全运行要求。"如遇事故跳闸（重合不成功），将造成大面积停电及重要用户停电事故，依据《国家电网公司安全事故调查规程（2017修正版）》2.2.6.1："造成电网减供负荷40MW以上100MW以下者"，构成六级电网事件						
	可能导致后果	六级电网事件			归属职能部门	规划设计		
预评估	预评估等级	一般隐患	预评估负责人签名	×××	预评估负责人签名日期	2016-1-22		
			工区领导审核签名	×××	工区领导审核签名日期	2016-1-22		
评估	评估等级	一般隐患	评估负责人签名	×××	评估负责人签名日期	2016-1-22		
			评估领导审核签名	×××	评估领导审核签名日期	2016-1-22		
治理	治理责任单位	发展策划部		治理责任人	×××			
	治理期限	自	2016-1-22	至	2016-12-31			
	是否计划项目	是	是否完成计划外备案			计划编号	××××××	
	防控措施	（1）若一条线路失电时，应该对另一条线路开展特殊巡视、测温等工作，严格监视好负荷、电流，当过负荷运行时及时与相应调度联系降低负荷，同时尽快恢复掉电线路的正常运行。 （2）若由于目前两回线路导线截面小的原因，按照先新建第三回线路，再改造目前双回线路为大截面导线的原则，加强区域电网网架结构。 （3）申报项目，考虑到下一变电站选择三回线路运行，也可以在下一枢纽变电站考虑在其他地方接入可靠的双电源						
	治理完成情况	12月15日，完成110kV××枢纽变电站110kV××线路送出工程，并就近接入终端变电站，形成双电源互供，提高了区域供电保障能力，隐患已治理完成。现申请对该隐患治理完成情况进行验收						
	隐患治理计划资金（万元）		500.00		累计落实隐患治理资金（万元）		500.00	
验收	验收申请单位	发展策划部	负责人	×××	签字日期	2016-12-15		
	验收组织单位	运维检修班						
	验收意见	12月15日，经运维检修部组织牵头对国网××供电公司2016××××号隐患进行验收，治理完成情况属实，满足安全（生产）运行要求，该隐患已消除						
	结论	验收合格，治理措施已按要求实施，同意注销			是否消除	是		
	验收组长	×××			验收日期	2016-12-15		

7.5 电力建设

7.5.1 基础施工

一般隐患排查治理档案表

2016 年度　　　　　　　　　　　　　　　　　　　　　　　　国网××供电公司

<table>
<tr><td rowspan="5">发现</td><td>隐患简题</td><td colspan="3">国网××供电公司6月2日新建110kV××线路工程11号铁塔基础开挖坑口堆土石过高的安全隐患</td><td>隐患来源</td><td>安全检查</td><td>隐患原因</td><td>人身安全隐患</td></tr>
<tr><td>隐患编号</td><td>国网××供电公司2016××××</td><td>隐患所在单位</td><td>××输电线路工程部</td><td>专业分类</td><td>电力建设</td><td>详细分类</td><td>基础施工</td></tr>
<tr><td>发现人</td><td>×××</td><td>发现人单位</td><td>建设部</td><td>发现日期</td><td colspan="3">2016-6-2</td></tr>
<tr><td>事故隐患内容</td><td colspan="7">新建110kV××线路工程11号铁塔基础开挖中，距坑口1.2m处堆土石高约1.8m，若人员坑底作业，存在土石掉落致人员意外伤害的安全隐患。不符合《国家电网公司电力安全工作规程（电网建设部分）（试行）》6.1.1.7规定：“堆土应距坑边1m以外，高度不得超过1.5m。”依据《国家电网公司安全事故调查规程（2017修正版）》2.1相关条款，可能构成人身事故</td></tr>
<tr><td>可能导致后果</td><td colspan="3">人身事故</td><td>归属职能部门</td><td colspan="3">基建</td></tr>
<tr><td rowspan="2">预评估</td><td rowspan="2">预评估等级</td><td rowspan="2">一般隐患</td><td>预评估负责人签名</td><td>×××</td><td>预评估负责人签名日期</td><td colspan="3">2016-6-2</td></tr>
<tr><td>工区领导审核签名</td><td>×××</td><td>工区领导审核签名日期</td><td colspan="3">2016-6-2</td></tr>
<tr><td rowspan="2">评估</td><td rowspan="2">评估等级</td><td rowspan="2">一般隐患</td><td>评估负责人签名</td><td>×××</td><td>评估负责人签名日期</td><td colspan="3">2016-6-2</td></tr>
<tr><td>评估领导审核签名</td><td>×××</td><td>评估领导审核签名日期</td><td colspan="3">2016-6-2</td></tr>
<tr><td rowspan="6">治理</td><td>治理责任单位</td><td colspan="2">××输电线路工程部</td><td>治理责任人</td><td colspan="4">×××</td></tr>
<tr><td>治理期限</td><td>自</td><td>2016-6-2</td><td>至</td><td colspan="4">2016-7-30</td></tr>
<tr><td>是否计划项目</td><td>是</td><td colspan="2">是否完成计划外备案</td><td></td><td>计划编号</td><td colspan="2">××××××</td></tr>
<tr><td>防控措施</td><td colspan="7">（1）在超过1.5m深的基坑内作业，向坑外抛掷土石应防止土石回落坑内，并做好防止土层塌方的临边防护措施。
（2）作业人员不准在坑内休息，夜间做好围栏及安全警示标示，防止人员跌落基坑。
（3）清除坑口附近超高土石，坑边禁止人员逗留。
（4）针对类似问题，开展坑洞施工巡查，发现类似问题立即整改</td></tr>
<tr><td>治理完成情况</td><td colspan="7">6月5日，施工人员对110kV××线路工程11号铁塔基础坑口超高土石进行了清理，整个基础掏挖期间，坑口土石及时清理，并在夜间设置围栏及安全警示标示，6月28日基础浇制完毕。现申请对该隐患治理完成情况进行验收</td></tr>
<tr><td colspan="2">隐患治理计划资金（万元）</td><td colspan="2">0.00</td><td colspan="2">累计落实隐患治理资金（万元）</td><td colspan="2">0.00</td></tr>
<tr><td rowspan="5">验收</td><td>验收申请单位</td><td>××输电线路工程部</td><td>负责人</td><td>×××</td><td>签字日期</td><td colspan="3">2016-6-28</td></tr>
<tr><td>验收组织单位</td><td colspan="7">建设部</td></tr>
<tr><td>验收意见</td><td colspan="7">6月29日，经建设部对国网××供电公司2016××××号隐患进行现场验收，治理完成情况属实，满足安全（生产）运行要求，该隐患已消除</td></tr>
<tr><td>结论</td><td colspan="3">验收合格，治理措施已按要求实施，同意消除</td><td>是否消除</td><td colspan="3">是</td></tr>
<tr><td>验收组长</td><td colspan="3">×××</td><td>验收日期</td><td colspan="3">2016-6-29</td></tr>
</table>

7.5.2 组塔方式

一般隐患排查治理档案表

2016年度 国网××供电公司

发现	隐患简题	国网××供电公司6月2日新建110kV××线路26号铁塔组塔施工机具使用不规范的安全隐患			隐患来源	安全检查	隐患原因	设备设施隐患
	隐患编号	国网××供电公司2016××××	隐患所在单位	××输电线路工程部	专业分类	电力建设	详细分类	组塔方式
	发现人	×××	发现人单位	建设部	发现日期	2016-6-2		
	事故隐患内容	新建110kV××线路26号铁塔组塔施工时，采用内悬浮外拉线方式进行铁塔组立，现场使用抱杆虽设有两道腰环，但抱杆的两道腰环间距为仅3m。不符合《国家电网公司电力安全工作规程（电网建设部分）（试行）》9.7.4规定：“提升抱杆宜设置两道腰环，且间距不得小于5m，以保持抱杆的竖直状态。”在施工组塔过程中，有可能造成施工机械故障变形。依据《国家电网公司安全事故调查规程（2017修正版）》2.3.7.7：“起重机械、运输机械、牵张机械、大型基础施工机械发生严重故障；轻小型重要受力工（机）器具（滑车、卡线器、连接器等）发生严重变形”，构成七级设备事件						
	可能导致后果	七级设备事件			归属职能部门	基建		
预评估	预评估等级	一般隐患	预评估负责人签名	×××	预评估负责人签名日期	2016-6-2		
			工区领导审核签名	×××	工区领导审核签名日期	2016-6-2		
评估	评估等级	一般隐患	评估负责人签名	×××	评估负责人签名日期	2016-6-2		
			评估领导审核签名	×××	评估领导审核签名日期	2016-6-2		
治理	治理责任单位	××输电线路工程部		治理责任人	×××			
	治理期限	自	2016-6-2	至	2016-6-30			
	是否计划项目	是	是否完成计划外备案			计划编号	××××××	
	防控措施	（1）立即停止110kV××线路26号铁塔组立工作；重新按要求设置抱杆两道腰环间距，确保间距不得小于5m，以保持抱杆的竖直状态。 （2）组塔工作，应根据作业指导书的要求分拉线坑，各拉线间以拉线及对地角度要符合措施要求，技术员或安全员负责检查。 （3）附着式外拉线抱杆应将抱杆根部与塔身主材绑扎牢固，抱杆倾斜角度不宜超过15°，提升抱杆应设置两道腰环，且间距不得小于5m；采用单腰环时，抱杆顶部应设临时拉线控制。 （4）拆除过程中要随时拆除腰环，避免卡住抱杆。当抱杆剩下一道腰环时，为防止抱杆倾斜，应将吊点移至抱杆上部，循环往复，将抱杆拆除。 （5）开展施工机具全面排查，发现类似问题立即整改						
	治理完成情况	6月8日，施工人员对提升抱杆设置两道腰环，间距为5.5m，治理完成后满足规程要求。现申请对该隐患治理完成情况进行验收						
	隐患治理计划资金（万元）		0.10		累计落实隐患治理资金（万元）		0.10	
验收	验收申请单位	××输电线路工程部	负责人	×××	签字日期	2016-6-8		
	验收组织单位	建设部						
	验收意见	6月8日，经建设部对国网××供电公司2016××××号隐患进行现场验收，治理完成情况属实，满足安全（生产）运行要求，该隐患已消除						
	结论	验收合格，治理措施已按要求实施，同意消除			是否消除	是		
	验收组长	×××			验收日期	2016-6-8		

7.5.3 脚手架

一般隐患排查治理档案表

2016年度　　　　国网××供电公司

<table>
<tr><td rowspan="5">发现</td><td>隐患简题</td><td colspan="3">国网××供电公司6月2日新建110kV ××变电站土建工程现场脚手架装设不牢固的安全隐患</td><td>隐患来源</td><td>安全检查</td><td>隐患原因</td><td>设备设施隐患</td></tr>
<tr><td>隐患编号</td><td>国网××供电公司2016××××</td><td>隐患所在单位</td><td>××变电安装工程部</td><td>专业分类</td><td>电力建设</td><td>详细分类</td><td>脚手架</td></tr>
<tr><td>发现人</td><td>×××</td><td>发现人单位</td><td>建设部</td><td>发现日期</td><td colspan="3">2016-6-2</td></tr>
<tr><td>事故隐患内容</td><td colspan="7">新建110kV ××变电站土建工程综合配电楼1～4轴填充墙至水平梁植筋工作，现场搭设的脚手架内侧纵向水平杆离墙壁约280mm，二层的木脚手板距板两端处仅用铁丝缠绕1圈，存在脚手架搭设不规范，有可能导致作业人员意外跌落的安全隐患。不符合《国家电网公司电力安全工作规程（电网建设部分）（试行）》6.3.3.14规定：“当脚手架内侧纵向水平杆离建筑物墙壁大于250mm时，应加纵向水平防护杆或架设木脚手板防护”；6.3.2.4规定：“木脚手板应用50mm厚的杉木或松木板制作，宽度以200～300mm为宜，长度不超过6m为宜，板的两端80mm处应用镀锌铁丝箍绕2～3圈或用铁皮钉牢。”依据《国家电网公司安全事故调查规程（2017修正版）》2.1相关条款，可能构成人身事故</td></tr>
<tr><td>可能导致后果</td><td colspan="3">人身事故</td><td>归属职能部门</td><td colspan="3">基建</td></tr>
<tr><td rowspan="2">预评估</td><td rowspan="2">预评估等级</td><td rowspan="2">一般隐患</td><td>预评估负责人签名</td><td>×××</td><td>预评估负责人签名日期</td><td colspan="3">2016-6-2</td></tr>
<tr><td>工区领导审核签名</td><td>×××</td><td>工区领导审核签名日期</td><td colspan="3">2016-6-2</td></tr>
<tr><td rowspan="2">评估</td><td rowspan="2">评估等级</td><td rowspan="2">一般隐患</td><td>评估负责人签名</td><td>×××</td><td>评估负责人签名日期</td><td colspan="3">2016-6-2</td></tr>
<tr><td>评估领导审核签名</td><td>×××</td><td>评估领导审核签名日期</td><td colspan="3">2016-6-2</td></tr>
<tr><td rowspan="6">治理</td><td>治理责任单位</td><td colspan="2">××变电安装工程部</td><td>治理责任人</td><td colspan="4">×××</td></tr>
<tr><td>治理期限</td><td>自</td><td>2016-6-2</td><td>至</td><td colspan="4">2016-6-30</td></tr>
<tr><td>是否计划项目</td><td>是</td><td colspan="2">是否完成计划外备案</td><td></td><td>计划编号</td><td colspan="2">××××××</td></tr>
<tr><td>防控措施</td><td colspan="7">（1）对不合格的脚手架严禁攀登作业，脚手架搭设应编制设计方案，并经技术负责人批准、监理审核确认后，方可搭设。
（2）搭设负责人、架子工等作业人员必须持证上岗。
（3）脚手架基础必须夯实硬化，基础横向向外要有排水坡度，并做到坚实平整、排水畅通，垫板不晃动、不沉降，立杆不悬空。
（4）作业人员进入现场安全防护用品应佩戴齐全，必须戴好安全帽，系安全带，扎裹腿，穿软底鞋，扳手要有防坠绳，高处作业应使用工具袋和传递绳。
（5）开展施工环境全面排查，发现类似问题立即整改</td></tr>
<tr><td>治理完成情况</td><td colspan="7">6月8日，施工人员按规程要求对搭设的脚手架进行了加固，在脚手架内侧纵向水平杆与建筑物墙壁之间，加装了纵向水平防护杆，二层的木脚手板距板两端处用铁丝缠绕3圈，并用铁皮钉牢，治理完成后经监理确认，满足规程要求。现申请对该隐患治理完成情况进行验收</td></tr>
<tr><td colspan="2">隐患治理计划资金（万元）</td><td colspan="2">0.10</td><td colspan="2">累计落实隐患治理资金（万元）</td><td colspan="2">0.10</td></tr>
<tr><td rowspan="5">验收</td><td>验收申请单位</td><td>××变电安装工程部</td><td>负责人</td><td>×××</td><td>签字日期</td><td colspan="3">2016-6-8</td></tr>
<tr><td>验收组织单位</td><td colspan="7">建设部</td></tr>
<tr><td>验收意见</td><td colspan="7">6月8日，经建设部对国网××供电公司2016××××号隐患进行现场验收，治理完成情况属实，满足安全（生产）运行要求，该隐患已消除</td></tr>
<tr><td>结论</td><td colspan="3">验收合格，治理措施已按要求实施，同意消除</td><td>是否消除</td><td colspan="3">是</td></tr>
<tr><td>验收组长</td><td colspan="3">×××</td><td>验收日期</td><td colspan="3">2016-6-8</td></tr>
</table>

7.5.4 施工电源

一般隐患排查治理档案表

2016年度　　　　　　　　　　　　　　　　　　　　　　　　　　　　　　　　国网××供电公司

<table>
<tr><td rowspan="5">发现</td><td>隐患简题</td><td colspan="3">国网××供电公司6月2日新建110kV××变电站工程施工电源低压配电箱内未装设漏电保护器的安全隐患</td><td>隐患来源</td><td>安全检查</td><td>隐患原因</td><td>人身安全隐患</td></tr>
<tr><td>隐患编号</td><td>国网××供电公司2016××××</td><td>隐患所在单位</td><td>××变电安装工程部</td><td>专业分类</td><td>电力建设</td><td>详细分类</td><td>施工电源</td></tr>
<tr><td>发现人</td><td>×××</td><td>发现人单位</td><td>建设部</td><td>发现日期</td><td colspan="3">2016-6-2</td></tr>
<tr><td>事故隐患内容</td><td colspan="7">新建110kV××变电站工程施工电源低压配电箱内未装设漏电保护器，存在人员意外触电的安全隐患，不符合《国家电网公司电力安全工作规程（电网建设部分）（试行）》3.5.1.5规定："施工用电工程的380V/220V低压系统，应采用三级配电、二级剩余电流动作保护系统（漏电保护系统），末端应装剩余电流动作保护装置（漏电保护器）。"根据《国家电网公司安全事故调查规程（2017修正版）》第2.1条规定，可能构成人身事故</td></tr>
<tr><td>可能导致后果</td><td colspan="3">人身事故</td><td>归属职能部门</td><td colspan="3">基建</td></tr>
<tr><td rowspan="2">预评估</td><td rowspan="2">预评估等级</td><td rowspan="2">一般隐患</td><td>预评估负责人签名</td><td>×××</td><td>预评估负责人签名日期</td><td colspan="3">2016-6-2</td></tr>
<tr><td>工区领导审核签名</td><td>×××</td><td>工区领导审核签名日期</td><td colspan="3">2016-6-2</td></tr>
<tr><td rowspan="2">评估</td><td rowspan="2">评估等级</td><td rowspan="2">一般隐患</td><td>评估负责人签名</td><td>×××</td><td>评估负责人签名日期</td><td colspan="3">2016-6-2</td></tr>
<tr><td>评估领导审核签名</td><td>×××</td><td>评估领导审核签名日期</td><td colspan="3">2016-6-2</td></tr>
<tr><td rowspan="6">治理</td><td>治理责任单位</td><td colspan="2">××变电安装工程部</td><td>治理责任人</td><td colspan="4">×××</td></tr>
<tr><td>治理期限</td><td>自</td><td>2016-6-2</td><td>至</td><td colspan="4">2016-6-30</td></tr>
<tr><td>是否计划项目</td><td>是</td><td colspan="2">是否完成计划外备案</td><td></td><td>计划编号</td><td colspan="2">××××××</td></tr>
<tr><td>防控措施</td><td colspan="7">（1）向工程项目部下发《安全隐患整改通知单》，装设前停止对施工电源供电；同时要求施工用电配电箱内装设漏电保护器，并定期进行试验。
（2）开展施工用电安全检查，发现类似问题立即整改</td></tr>
<tr><td>治理完成情况</td><td colspan="7">6月5日，施工人员按规定在施工低源配电箱内装设漏电保护器，治理完成后满足施工电源安全用电要求。现申请对该隐患治理完成情况进行验收</td></tr>
<tr><td colspan="2">隐患治理计划资金（万元）</td><td colspan="2">0.01</td><td colspan="2">累计落实隐患治理资金（万元）</td><td colspan="2">0.01</td></tr>
<tr><td rowspan="5">验收</td><td>验收申请单位</td><td>××变电安装工程部</td><td>负责人</td><td>×××</td><td>签字日期</td><td colspan="3">2016-6-5</td></tr>
<tr><td>验收组织单位</td><td colspan="7">建设部</td></tr>
<tr><td>验收意见</td><td colspan="7">6月6日，经建设部对国网××供电公司2016××××号隐患进行现场验收，治理完成情况属实，满足安全（生产）运行要求，该隐患已消除</td></tr>
<tr><td>结论</td><td colspan="3">验收合格，治理措施已按要求实施，同意消除</td><td>是否消除</td><td colspan="3">是</td></tr>
<tr><td>验收组长</td><td colspan="3">×××</td><td>验收日期</td><td colspan="3">2016-6-6</td></tr>
</table>

7.5.5 施工工具

一般隐患排查治理档案表

2016 年度　　　　国网××供电公司

发现	隐患简题	国网××供电公司 6 月 1 日 110kV ××线路工程项目部 7 号钢丝绳套插接长度不足的安全隐患			隐患来源	安全检查	隐患原因	设备设施隐患
	隐患编号	国网××供电公司 2016××××	隐患所在单位	××输电线路工程部	专业分类	电力建设	详细分类	施工机具
	发现人	×××	发现人单位	建设部	发现日期	2016-6-1		
	事故隐患内容	新建 110kV ××线路工程现场发现暂未使用的 7 号钢丝绳套插接长度仅 250mm，若不及时清理，作业中贸然使用，将存在钢丝绳因承力强度不够而断裂的安全隐患，不符合《国家电网公司电力安全工作规程（电网建设部分）（试行）》5.3.1.3.5 规定："插接的绳环或绳套，其插接长度应不小于钢丝绳直径的 15 倍，且不得小于 300mm。"依据《国家电网公司安全事故调查规程（2017 修正版）》2.3.6.9："小型基础施工机械主要受力结构件发生断裂；起重机械、运输机械、迁张机械操作系统失灵或保护装置失效"，构成六级设备事件						
	可能导致后果	六级设备事件			归属职能部门	基建		
预评估	预评估等级	一般隐患	预评估负责人签名	×××	预评估负责人签名日期	2016-6-1		
			工区领导审核签名	×××	工区领导审核签名日期	2016-6-1		
评估	评估等级	一般隐患	评估负责人签名	×××	评估负责人签名日期	2016-6-1		
			评估领导审核签名	×××	评估领导审核签名日期	2016-6-1		
治理	治理责任单位	××输电线路工程部		治理责任人	×××			
	治理期限	自	2016-6-1	至	2016-6-30			
	是否计划项目	是	是否完成计划外备案			计划编号	××××××	
	防控措施	（1）开展工程项目部施工机具的安全检查，对不合格的施工机具清理出库。 （2）对工程项目部施工机具明确专人负责，按期试验及维护保养。 （3）停止 7 号钢丝绳的使用或对钢丝绳重新插接，确保插接长度满足规程要求						
	治理完成情况	6 月 2 日至 6 月 4 日，组织对工程项目部所有施工机具进行全面安全性检查，未发现不合格的施工机具；6 月 5 日，由专业人员对 7 号钢丝绳套重新进行插接，新插接长度为 350mm，经 125%的允许负荷试验合格并投入使用，满足规程要求。现申请对该隐患治理完成情况进行验收						
	隐患治理计划资金（万元）		0.01		累计落实隐患治理资金（万元）		0.01	
验收	验收申请单位	××输电线路工程部	负责人	×××	签字日期	2016-6-5		
	验收组织单位	建设部						
	验收意见	6 月 6 日，经建设部对国网××供电公司 2016××××号隐患进行现场验收，治理完成情况属实，满足安全（生产）运行要求，该隐患已消除						
	结论	验收合格，治理措施已按要求实施，同意消除			是否消除	是		
	验收组长	×××			验收日期	2016-6-6		

7.5.6 电焊机

一般隐患排查治理档案表

2016 年度　　　　　　　　　　　　　　　　　　　　　　　　　国网××供电公司

<table>
<tr><td rowspan="5">发现</td><td>隐患简题</td><td colspan="3">国网××供电公司 6 月 2 日新建 110kV ××变电站土建工程现场使用的电焊机外壳未接地的安全隐患</td><td>隐患来源</td><td>安全检查</td><td>隐患原因</td><td>人身安全隐患</td></tr>
<tr><td>隐患编号</td><td>国网××供电公司 2016××××</td><td>隐患所在单位</td><td>××变电安装工程部</td><td>专业分类</td><td>电力建设</td><td>详细分类</td><td>电焊机</td></tr>
<tr><td>发现人</td><td>×××</td><td>发现人单位</td><td>建设部</td><td>发现日期</td><td colspan="3">2016-6-2</td></tr>
<tr><td>事故隐患内容</td><td colspan="7">新建 110kV ××变电站土建工程现场使用的电焊机外壳未接地，存在人身意外触电的安全隐患。违反了《国家电网公司电力安全工作规程（电网建设部分）（试行）》3.5.5.6 规定：“对地电压在 127V 及以上的下列电气设备及设施，均应装设接地线或接零保护：a）发电机、电动机、电焊机及变压器的金属外壳。”依据《国家电网公司安全事故调查规程（2017 修正版）》2.1 相关条款，可能构成人身事故</td></tr>
<tr><td>可能导致后果</td><td colspan="3">人身事故</td><td>归属职能部门</td><td colspan="3">基建</td></tr>
<tr><td rowspan="2">预评估</td><td rowspan="2">预评估等级</td><td rowspan="2">一般隐患</td><td>预评估负责人签名</td><td>×××</td><td>预评估负责人签名日期</td><td colspan="3">2016-6-2</td></tr>
<tr><td>工区领导审核签名</td><td>×××</td><td>工区领导审核签名日期</td><td colspan="3">2016-6-2</td></tr>
<tr><td rowspan="2">评估</td><td rowspan="2">评估等级</td><td rowspan="2">一般隐患</td><td>评估负责人签名</td><td>×××</td><td>评估负责人签名日期</td><td colspan="3">2016-6-2</td></tr>
<tr><td>评估领导审核签名</td><td>×××</td><td>评估领导审核签名日期</td><td colspan="3">2016-6-2</td></tr>
<tr><td rowspan="6">治理</td><td>治理责任单位</td><td colspan="2">××变电安装工程部</td><td>治理责任人</td><td colspan="4">×××</td></tr>
<tr><td>治理期限</td><td>自</td><td>2016-6-2</td><td>至</td><td colspan="4">2016-6-30</td></tr>
<tr><td>是否计划项目</td><td>是</td><td colspan="2">是否完成计划外备案</td><td></td><td>计划编号</td><td colspan="2">××××××</td></tr>
<tr><td>防控措施</td><td colspan="7">（1）向工程项目部下发《安全隐患整改通知单》，对电焊机金属外壳未装设接地线或接零保护的，不得进行电焊作业。
（2）开展吊车、电焊机等特种作业施工机械、机具安全检查，发现类似问题立即整改</td></tr>
<tr><td>治理完成情况</td><td colspan="7">6 月 4 日，施工人员按规定对电焊机金属外壳实施可靠接地；6 月 5～10 日组织开展施工现场开展吊车、电焊机等特种作业施工机械、机具作业安全检查，无类似问题出现。现申请对该隐患治理完成情况进行验收</td></tr>
<tr><td colspan="2">隐患治理计划资金（万元）</td><td colspan="2">0.00</td><td colspan="2">累计落实隐患治理资金（万元）</td><td colspan="2">0.00</td></tr>
<tr><td rowspan="5">验收</td><td>验收申请单位</td><td>××变电安装工程部</td><td>负责人</td><td>×××</td><td>签字日期</td><td colspan="3">2016-6-10</td></tr>
<tr><td>验收组织单位</td><td colspan="7">建设部</td></tr>
<tr><td>验收意见</td><td colspan="7">6 月 10 日，经建设部对国网××供电公司 2016××××号隐患进行现场验收，治理完成情况属实，满足安全（生产）运行要求，该隐患已消除</td></tr>
<tr><td>结论</td><td colspan="3">验收合格，治理措施已按要求实施，同意消除</td><td>是否消除</td><td colspan="3">是</td></tr>
<tr><td>验收组长</td><td colspan="3">×××</td><td>验收日期</td><td colspan="3">2016-6-10</td></tr>
</table>

7.5.7 安全标识

一般隐患排查治理档案表

2016 年度　　　　　　　　　　　　　　　　　　　　　　　　　　国网××供电公司

<table>
<tr><td rowspan="5">发现</td><td>隐患简题</td><td colspan="3">国网××供电公司 6 月 1 日 110kV ××变电工程电缆沟道无盖板、未设置安全标识及夜间警示灯</td><td>隐患来源</td><td>安全检查</td><td>隐患原因</td><td>人身安全隐患</td></tr>
<tr><td>隐患编号</td><td>国网××供电公司 2016××××</td><td>隐患所在单位</td><td>××变电安装工程部</td><td>专业分类</td><td>电力建设</td><td>详细分类</td><td>安全标识</td></tr>
<tr><td>发现人</td><td>×××</td><td>发现人单位</td><td>建设部</td><td>发现日期</td><td colspan="3">2016-6-1</td></tr>
<tr><td>事故隐患内容</td><td colspan="7">新建 110kV ××变电工程出线电缆沟道未用专用盖板覆盖、未设置安全标识，且夜间未设警示灯，存在作业人员跌落受伤的安全隐患，违反《国家电网公司电力安全工作规程（电网建设部分）（试行）》3.1.6 规定："施工现场及周围的悬崖、陡坎、深坑、高压带电区等危险场所均应设可靠地防护设施及安全标志；坑、沟、空洞等均应铺设符合安全要求的盖板或设可靠的围栏、挡板及安全标志。危险场所夜间应设警示灯。"依据《国家电网公司安全事故调查规程（2017 修正版）》2.1 相关条款，可能构成人身事故</td></tr>
<tr><td>可能导致后果</td><td colspan="3">人身事故</td><td>归属职能部门</td><td colspan="3">基建</td></tr>
<tr><td rowspan="2">预评估</td><td rowspan="2">预评估等级</td><td rowspan="2">一般隐患</td><td>预评估负责人签名</td><td>×××</td><td>预评估负责人签名日期</td><td colspan="3">2016-6-1</td></tr>
<tr><td>工区领导审核签名</td><td>×××</td><td>工区领导审核签名日期</td><td colspan="3">2016-6-1</td></tr>
<tr><td rowspan="2">评估</td><td rowspan="2">评估等级</td><td rowspan="2">一般隐患</td><td>评估负责人签名</td><td>×××</td><td>评估负责人签名日期</td><td colspan="3">2016-6-1</td></tr>
<tr><td>评估领导审核签名</td><td>×××</td><td>评估领导审核签名日期</td><td colspan="3">2016-6-1</td></tr>
<tr><td rowspan="6">治理</td><td>治理责任单位</td><td colspan="2">××变电安装工程部</td><td>治理责任人</td><td colspan="4">×××</td></tr>
<tr><td>治理期限</td><td>自</td><td>2016-6-1</td><td>至</td><td colspan="4">2016-6-30</td></tr>
<tr><td>是否计划项目</td><td>是</td><td colspan="2">是否完成计划外备案</td><td></td><td>计划编号</td><td colspan="2">××××××</td></tr>
<tr><td>防控措施</td><td colspan="7">（1）向工程项目部下发《安全隐患整改通知单》，立即停工，要求对出线电缆沟道覆盖盖板、设置安全标识，并在夜间设置警示灯。
（2）组织开展电缆沟道施工安全检查，发现类似问题立即整改</td></tr>
<tr><td>治理完成情况</td><td colspan="7">6 月 4 日，施工人员对新建 110kV ××变电工程出线电缆沟道覆盖了专用盖板，并设置安全警示标志及夜间警示灯；6 月 5～10 日组织开展公司范围内电缆沟道施工安全检查，无类似问题出现。现申请对该隐患治理完成情况进行验收</td></tr>
<tr><td colspan="2">隐患治理计划资金（万元）</td><td colspan="2">2.00</td><td colspan="2">累计落实隐患治理资金（万元）</td><td colspan="2">2.00</td></tr>
<tr><td rowspan="5">验收</td><td>验收申请单位</td><td>××变电安装工程部</td><td>负责人</td><td>×××</td><td>签字日期</td><td colspan="3">2016-6-10</td></tr>
<tr><td>验收组织单位</td><td colspan="7">建设部</td></tr>
<tr><td>验收意见</td><td colspan="7">6 月 10 日，经建设部对国网××供电公司 2016××××号隐患进行现场验收，治理完成情况属实，满足安全（生产）运行要求，该隐患已消除</td></tr>
<tr><td>结论</td><td colspan="3">验收合格，治理措施已按要求实施，同意消除</td><td>是否消除</td><td colspan="3">是</td></tr>
<tr><td>验收组长</td><td colspan="3">×××</td><td>验收日期</td><td colspan="3">2016-6-10</td></tr>
</table>

7.5.8 施工类分包管理

一般隐患排查治理档案表

2016 年度　　　　　　　　　　　　　　　　　　　　　　　　　　　　国网××供电公司

<table>
<tr><td rowspan="5">发现</td><td>隐患简题</td><td colspan="3">国网××供电公司 6 月 1 日 110kV ××变电站土建工程存在施工合同劳务分包安全协议超期</td><td>隐患来源</td><td>安全检查</td><td>隐患原因</td><td>安全管理隐患</td></tr>
<tr><td>隐患编号</td><td>国网××供电公司 2016××××</td><td>隐患所在单位</td><td>××变电工程公司</td><td>专业分类</td><td>电力建设</td><td>详细分类</td><td>施工类分包管理</td></tr>
<tr><td>发现人</td><td>×××</td><td>发现人单位</td><td>建设部</td><td>发现日期</td><td colspan="3">2016-6-1</td></tr>
<tr><td>事故隐患内容</td><td colspan="7">××变电工程公司负责的 110kV ××变电站土建工程项目，存在施工合同劳务分包安全协议超期以及无劳务分包人员安全教育培训考核情况，违反《国家电网公司电力安全工作规程（电网建设部分）（试行）》2.3.3 规定：“应同时签订分包合同及安全协议”；2.3.7：“劳务分包人员安全教育培训纳入承包单位统一管理。”有可能因企业主体责任、安全责任落实不到位而出现劳务分包纠纷问题，依据《国家电网公司安全隐患排查治理管理办法》［国网（安监-3）481—2014］第五条（三）6：“其他对社会造成影响事故的隐患”，构成一般事故隐患</td></tr>
<tr><td>可能导致后果</td><td colspan="3">一般事故隐患</td><td>归属职能部门</td><td colspan="3">基建</td></tr>
<tr><td rowspan="2">预评估</td><td rowspan="2">预评估等级</td><td rowspan="2">一般隐患</td><td>预评估负责人签名</td><td>×××</td><td>预评估负责人签名日期</td><td colspan="3">2016-6-1</td></tr>
<tr><td>工区领导审核签名</td><td>×××</td><td>工区领导审核签名日期</td><td colspan="3">2016-6-1</td></tr>
<tr><td rowspan="2">评估</td><td rowspan="2">评估等级</td><td rowspan="2">一般隐患</td><td>评估负责人签名</td><td>×××</td><td>评估负责人签名日期</td><td colspan="3">2016-6-1</td></tr>
<tr><td>评估领导审核签名</td><td>×××</td><td>评估领导审核签名日期</td><td colspan="3">2016-6-1</td></tr>
<tr><td rowspan="6">治理</td><td>治理责任单位</td><td colspan="2">××变电安装工程部</td><td>治理责任人</td><td colspan="4">×××</td></tr>
<tr><td>治理期限</td><td>自</td><td>2016-6-1</td><td>至</td><td colspan="4">2016-6-30</td></tr>
<tr><td>是否计划项目</td><td>是</td><td colspan="2">是否完成计划外备案</td><td></td><td>计划编号</td><td colspan="2">××××××</td></tr>
<tr><td>防控措施</td><td colspan="7">（1）落实企业法律主体责任，依据施工承包合同的约定，签订劳务分包安全协议，对劳务分包人员进行安全教育培训；在未签订劳务分包安全协议前，不得开工。
（2）对涉及劳务分包的项目单位全面排查，发现类似问题立即整改</td></tr>
<tr><td>治理完成情况</td><td colspan="7">6 月 10 日，××变电工程公司和××分包单位签订了安全协议，并对劳务分包人员进行了安全教育培训，经考试合格，满足劳务分包相关规定要求。现申请对该隐患治理完成情况进行验收</td></tr>
<tr><td colspan="2">隐患治理计划资金（万元）</td><td colspan="2">0.00</td><td colspan="2">累计落实隐患治理资金（万元）</td><td colspan="2">0.00</td></tr>
<tr><td rowspan="5">验收</td><td>验收申请单位</td><td>××变电安装工程公司</td><td>负责人</td><td>×××</td><td>签字日期</td><td colspan="3">2016-6-10</td></tr>
<tr><td>验收组织单位</td><td colspan="7">建设部</td></tr>
<tr><td>验收意见</td><td colspan="7">6 月 10 日，经建设部对国网××供电公司 2016××××号隐患进行现场验收，治理完成情况属实，满足安全（生产）运行要求，该隐患已消除</td></tr>
<tr><td>结论</td><td colspan="3">验收合格，治理措施已按要求实施，同意消除</td><td>是否消除</td><td colspan="3">是</td></tr>
<tr><td>验收组长</td><td colspan="3">×××</td><td>验收日期</td><td colspan="3">2016-6-10</td></tr>
</table>

7.5.9 持证上岗

一般隐患排查治理档案表

2016 年度　　　　　　　　　　　　　　　　　　　　　　　　　　　　　　　　国网××供电公司

<table>
<tr><td rowspan="5">发现</td><td>隐患简题</td><td colspan="3">国网××供电公司2月5日110kV ××变电工程项目部存在4名特种作业人员资格证过期的安全管理隐患</td><td>隐患来源</td><td>安全检查</td><td>隐患原因</td><td>安全管理隐患</td></tr>
<tr><td>隐患编号</td><td>国网××供电公司2016××××</td><td>隐患所在单位</td><td>××变电工程公司</td><td>专业分类</td><td>电力建设</td><td>详细分类</td><td>持证上岗</td></tr>
<tr><td>发现人</td><td>×××</td><td>发现人单位</td><td>安质部</td><td>发现日期</td><td colspan="3">2016-2-5</td></tr>
<tr><td>事故隐患内容</td><td colspan="7">110kV ××变电工程项目部存在二名高空作业人员、一名吊车起吊操作人员资格证过期、一名指挥人员无指挥证，违反（国家安监总局令第3号）《生产经营单位安全培训规定》第二十六条规定："各级安全生产监管监察部门对生产经营单位安全培训及其持证上岗的情况进行监督检查，主要包括以下内容：（三）特种作业人员操作资格证持证上岗的情况。"由于特种作业人员属高风险作业工种，若不加强对特种作业人员安全培训及持证上岗，极有可能在特种作业环境条件下发生人身意外伤害，依据《国家电网公司安全事故调查规程（2017修正版）》2.1相关条款，可能构成人身事故</td></tr>
<tr><td>可能导致后果</td><td colspan="3">人身事故</td><td>归属职能部门</td><td colspan="3">基建</td></tr>
<tr><td rowspan="2">预评估</td><td rowspan="2">预评估等级</td><td rowspan="2">一般隐患</td><td>预评估负责人签名</td><td>×××</td><td>预评估负责人签名日期</td><td colspan="3">2016-2-5</td></tr>
<tr><td>运维室领导审核签名</td><td>×××</td><td>工区领导审核签名日期</td><td colspan="3">2016-2-5</td></tr>
<tr><td rowspan="2">评估</td><td rowspan="2">评估等级</td><td rowspan="2">一般隐患</td><td>评估负责人签名</td><td>×××</td><td>评估负责人签名日期</td><td colspan="3">2016-2-6</td></tr>
<tr><td>评估领导审核签名</td><td>×××</td><td>评估领导审核签名日期</td><td colspan="3">2016-2-7</td></tr>
<tr><td rowspan="6">治理</td><td>治理责任单位</td><td colspan="2">××变电工程公司</td><td>治理责任人</td><td colspan="4">×××</td></tr>
<tr><td>治理期限</td><td>自</td><td>2016-2-5</td><td>至</td><td colspan="4">2016-5-30</td></tr>
<tr><td>是否计划项目</td><td>是</td><td colspan="2">是否完成计划外备案</td><td></td><td>计划编号</td><td colspan="2">××××××</td></tr>
<tr><td>防控措施</td><td colspan="7">（1）对特种作业资质证过期或无证的特种作业人员，在未进行安全教育培训，未取得有效的特种作业资格证之前，不得进入作业现场从事特种作业。
（2）对本单位从事特殊工种的人员进行梳理，联系地方安全生产协会及技术质量监督局，组织对特种作业人员（高空、电焊、起吊操作、指挥）开展资质培训取证</td></tr>
<tr><td>治理完成情况</td><td colspan="7">3月15日，经联系地方安全生产协会及技术质量监督局，分别委托对项目部4名特种作业人员开展资质培训取证，共计培训48学时，3月21日经考核成绩全部合格。现申请对该隐患治理完成情况进行验收</td></tr>
<tr><td colspan="2">隐患治理计划资金（万元）</td><td colspan="2">0.40</td><td colspan="2">累计落实隐患治理资金（万元）</td><td colspan="2">0.40</td></tr>
<tr><td rowspan="5">验收</td><td>验收申请单位</td><td>××变电工程公司</td><td>负责人</td><td>×××</td><td>签字日期</td><td colspan="3">2016-3-15</td></tr>
<tr><td>验收组织单位</td><td colspan="7">安质部</td></tr>
<tr><td>验收意见</td><td colspan="7">3月15日，经安质部对国网××供电公司2016××××号隐患进行现场验收，治理完成情况属实，满足安全（生产）运行要求，该隐患已消除</td></tr>
<tr><td>结论</td><td colspan="3">验收合格，治理措施已按要求实施，同意注销</td><td>是否消除</td><td colspan="3">是</td></tr>
<tr><td>验收组长</td><td colspan="3">×××</td><td>验收日期</td><td colspan="3">2016-3-15</td></tr>
</table>

7.6 消防

7.6.1 消防管理

一般隐患排查治理档案表（1）

2016 年度　　　　　　　　　　　　　　　　　　　　　　　　　　　　国网××供电公司

<table>
<tr><td rowspan="5">发现</td><td>隐患简题</td><td colspan="3">国网××供电公司 11 月 25 日 110kV ××变电站电缆竖井处设置的干粉灭火器存在过期失效的隐患</td><td>隐患来源</td><td>安全检查</td><td>隐患原因</td><td>安全管理隐患</td></tr>
<tr><td>隐患编号</td><td>国网××供电公司
2016××××</td><td>隐患所在单位</td><td>变电运维室</td><td>专业分类</td><td>消防</td><td>详细分类</td><td>消防管理</td></tr>
<tr><td>发现人</td><td>×××</td><td>发现人单位</td><td>综合服务中心综合室</td><td>发现日期</td><td colspan="4">2016-11-25</td></tr>
<tr><td>事故隐患内容</td><td colspan="7">110kV ××变电站电缆竖井处设置的 2 具 4kg 干粉灭火器过期，检查记录标签漏填。违反《电力设备典型消防规程》（DL 5027—2015）6.3.1 规定："建筑物、电力设备或场所应按照国家、行业有关规定标准及根据实际需要配置必要的、符合要求的消防设施、消防器材，并做好日常管理，确保完好、有效。"若电缆竖井发生火警，无法有效控制火情，可能出现火情蔓延造成火灾事故。依据《国家电网公司安全隐患排查治理管理办法》（国网（安监/3）481-2014）第五条（三）："火灾（7 级事件）"，构成一般事故隐患</td></tr>
<tr><td>可能导致后果</td><td colspan="3">一般事故隐患</td><td>归属职能部门</td><td colspan="3">保卫</td></tr>
<tr><td rowspan="2">预评估</td><td rowspan="2">预评估等级</td><td rowspan="2">一般隐患</td><td>预评估负责人签名</td><td>×××</td><td>预评估负责人签名日期</td><td colspan="3">2016-11-25</td></tr>
<tr><td>工区领导审核签名</td><td>×××</td><td>工区领导审核签名日期</td><td colspan="3">2016-11-25</td></tr>
<tr><td rowspan="2">评估</td><td rowspan="2">评估等级</td><td rowspan="2">一般隐患</td><td>评估负责人签名</td><td>×××</td><td>评估负责人签名日期</td><td colspan="3">2016-11-26</td></tr>
<tr><td>评估领导审核签名</td><td>×××</td><td>评估领导审核签名日期</td><td colspan="3">2016-11-27</td></tr>
<tr><td rowspan="6">治理</td><td>治理责任单位</td><td colspan="2">变电运维室</td><td>治理责任人</td><td colspan="4">×××</td></tr>
<tr><td>治理期限</td><td>自</td><td>2016-11-25</td><td>至</td><td colspan="4">2016-12-30</td></tr>
<tr><td>是否计划项目</td><td>是</td><td colspan="2">是否完成计划外备案</td><td></td><td>计划编号</td><td colspan="2">××××××</td></tr>
<tr><td>防控措施</td><td colspan="7">（1）在消防器材未配置齐全前，电缆竖井作业区内不得许可动火作业票，减少火灾发生概率。
（2）对 110kV ××变电站全站消防设施进行全面排查，完善检查记录，报废不合格消防器材，在电缆竖井处配置合格的消防器材，更新消防台账</td></tr>
<tr><td>治理完成情况</td><td colspan="7">11 月 28 日，新购 4 具合格 4kg 干粉灭火器并与当日配发到电缆竖井处，11 月 29 日完成消防器材记录标签检查，更新消防台账，符合消防规程相关管理要求。现申请对该隐患治理完成情况进行验收</td></tr>
<tr><td colspan="2">隐患治理计划资金（万元）</td><td colspan="2">0.10</td><td colspan="2">累计落实隐患治理资金（万元）</td><td colspan="2">0.10</td></tr>
<tr><td rowspan="5">验收</td><td>验收申请单位</td><td>变电运维室</td><td>负责人</td><td>×××</td><td>签字日期</td><td colspan="3">2016-11-29</td></tr>
<tr><td>验收组织单位</td><td colspan="7">综合服务中心</td></tr>
<tr><td>验收意见</td><td colspan="7">11 月 29 日，经综合服务中心对国网××供电公司 2016××××隐患进行现场验收，治理完成情况属实，满足安全（生产）运行要求，该隐患已消除</td></tr>
<tr><td>结论</td><td colspan="3">验收合格，治理措施已按要求实施，同意注销</td><td>是否消除</td><td colspan="3">是</td></tr>
<tr><td>验收组长</td><td colspan="3">×××</td><td>验收日期</td><td colspan="3">2016-11-29</td></tr>
</table>

一般隐患排查治理档案表（2）

2016年度　　　　国网××供电公司

<table>
<tr><td rowspan="5">发现</td><td>隐患简题</td><td colspan="3">国网××供电公司3月5日110kV××变电站2号主变油池改造现场一级动火工作票未实行双签发的隐患</td><td>隐患来源</td><td>安全检查</td><td>隐患原因</td><td>安全管理隐患</td></tr>
<tr><td>隐患编号</td><td>国网××供电公司2016××××</td><td>隐患所在单位</td><td>变电检修室</td><td>专业分类</td><td>消防</td><td>详细分类</td><td>消防管理</td></tr>
<tr><td>发现人</td><td>×××</td><td>发现人单位</td><td>安质部</td><td>发现日期</td><td colspan="3">2016-3-5</td></tr>
<tr><td>事故隐患内容</td><td colspan="7">11月25日，变电检修室在110kV××变电站2号主变油池改造焊接工作，现场使用的一级动火作业票仅有动火单位变电检修室的签发和审批，存在设备运维单位无法履行消防监督、检查职责，违反《国家电网公司电力安全工作规程　变电部分》16.6.6.5规定："动火单位到生产区域内动火时，动火工作票由设备运维管理单位（或工区）签发和审批，也可由动火单位和设备运维管理单位（或工区）实行'双签发'。"由于未履行"双签发"手续，存在运维单位消防监督检查责任缺失、检修单位对现场消防环境及设施不熟悉，若油池改造焊接过程发生火险，无法有效地采取控制和防范措施，造成火险扩大。依据《国家电网公司安全隐患排查治理管理办法》[国网（安监/3）481—2014]第五条（三）："火灾（7级事件）"，构成一般事故隐患</td></tr>
<tr><td>可能导致后果</td><td colspan="3">一般事故隐患</td><td>归属职能部门</td><td colspan="3">保卫</td></tr>
<tr><td rowspan="2">预评估</td><td rowspan="2">预评估等级</td><td rowspan="2">一般隐患</td><td>预评估负责人签名</td><td>×××</td><td>预评估负责人签名日期</td><td colspan="3">2016-3-5</td></tr>
<tr><td>工区领导审核签名</td><td>×××</td><td>工区领导审核签名日期</td><td colspan="3">2016-3-5</td></tr>
<tr><td rowspan="2">评估</td><td rowspan="2">评估等级</td><td rowspan="2">一般隐患</td><td>评估负责人签名</td><td>×××</td><td>评估负责人签名日期</td><td colspan="3">2016-3-6</td></tr>
<tr><td>评估领导审核签名</td><td>×××</td><td>评估领导审核签名日期</td><td colspan="3">2016-3-6</td></tr>
<tr><td rowspan="6">治理</td><td>治理责任单位</td><td colspan="2">变电检修室</td><td>治理责任人</td><td colspan="4">×××</td></tr>
<tr><td>治理期限</td><td>自</td><td>2016-3-5</td><td>至</td><td colspan="4">2016-3-30</td></tr>
<tr><td>是否计划项目</td><td>是</td><td colspan="2">是否完成计划外备案</td><td></td><td>计划编号</td><td colspan="2">××××××</td></tr>
<tr><td>防控措施</td><td colspan="7">（1）停止现场焊接作业，立即落实一级动火作业票"双签发"管理。
（2）一级动火作业票设备运维管理单位设置消防监护人并全过程监护，现场油池重要区域增配消防器材。
（3）全面掌控动火工作任务和要求，当变电站一级动火工作票超过24h，应重新办理动火工作票。
（4）动火工作间断、终结时动火票负责人应检查现场有无残留火种，待安全可靠后方可离开现场</td></tr>
<tr><td>治理完成情况</td><td colspan="7">3月10日，变电检修室办理的变电站一级动火作业票"双签发"审批合格，现场消防器材到位，符合一级动火作业管理规定要求。现申请对该隐患治理完成情况进行验收</td></tr>
<tr><td colspan="2">隐患治理计划资金（万元）</td><td colspan="2">0.10</td><td colspan="2">累计落实隐患治理资金（万元）</td><td colspan="2">0.10</td></tr>
<tr><td rowspan="5">验收</td><td>验收申请单位</td><td>变电检修室</td><td>负责人</td><td>×××</td><td>签字日期</td><td colspan="3">2016-3-10</td></tr>
<tr><td>验收组织单位</td><td colspan="7">安质部</td></tr>
<tr><td>验收意见</td><td colspan="7">3月10日，经安质部对国网××供电公司2016××××隐患进行现场验收，治理完成情况属实，满足安全（生产）运行要求，该隐患已消除</td></tr>
<tr><td>结论</td><td colspan="3">验收合格，治理措施已按要求实施，同意注销</td><td>是否消除</td><td colspan="3">是</td></tr>
<tr><td>验收组长</td><td colspan="3">×××</td><td>验收日期</td><td colspan="3">2016-3-10</td></tr>
</table>

一般隐患排查治理档案表（3）

2016年度　　　　　　　　　　　　　　　　　　　　　　　　　国网××供电公司

发现	隐患简题	国网××供电公司3月25日××单位检修车间灭火器检查记录未更新的隐患			隐患来源	安全检查	隐患原因	安全管理隐患
	隐患编号	国网××供电公司2016××××	隐患所在单位	变电检修室	专业分类	消防	详细分类	消防管理
	发现人	×××	发现人单位	安质部	发现日期	2016-3-25		
	事故隐患内容	××单位检修车间配备的2具干粉灭火器和2具CO_2灭火器超期使用，检查记录簿中录入的数量和类别不同，存在灭火器档案资料更新不及时，消防管理责任落实不到位。违反《机关、团体、企业、事业单位消防安全管理规定》（公安部第61号令）第四章防火检查第二十九条规定：“单位应当按照有关规定定期对灭火器进行维护保养和维修检查。对灭火器应当建立档案资料，记明配置类型、数量、设置位置、检查维修单位（人员）、更换药剂的时间等有关情况。”若不加强检修车间消防安全管理，火警发生时无法扑灭初期火灾，造成火灾事件。依据《国家电网公司安全隐患排查治理管理办法》[国网（安监/3）481—2014]第五条（三）：“火灾（7级事件）”，构成一般事故隐患						
	可能导致后果	一般事故隐患			归属职能部门	保卫		
预评估	预评估等级	一般隐患	预评估负责人签名	×××	预评估负责人签名日期	2016-3-25		
			工区领导审核签名	×××	工区领导审核签名日期	2016-3-25		
评估	评估等级	一般隐患	评估负责人签名	×××	评估负责人签名日期	2016-3-26		
			评估领导审核签名	×××	评估领导审核签名日期	2016-3-26		
治理	治理责任单位	变电检修室		治理责任人	×××			
	治理期限	自	2016-3-25	至	2016-4-30			
	是否计划项目	是	是否完成计划外备案			计划编号	××××××	
	防控措施	（1）在消防器材未配置齐全前，检修车间作业区内不得使用电（气）焊等明火作业，严禁烟火，减少火灾发生概率。 （2）对检修车间消防器材进行全面检查，完善检查记录，报废不合格的消防器材，配备合格的消防器材，更新消防台账						
	治理完成情况	3月27日，新购4具合格的4kg灭火器（2具干粉灭火器和2具CO_2灭火器）配发到检修车间；3月28日完成检查记录并更新消防台账，符合消防规程相关管理要求。现申请对该隐患治理完成情况进行验收						
	隐患治理计划资金（万元）		0.10		累计落实隐患治理资金（万元）		0.10	
验收	验收申请单位	变电检修室	负责人	×××	签字日期	2016-3-28		
	验收组织单位	综合服务中心						
	验收意见	3月29日，经综合服务中心对国网××供电公司2016××××隐患进行现场验收，满足安全（生产）运行要求，该隐患已消除						
	结论	验收合格，治理措施已按要求实施，同意注销			是否消除	是		
	验收组长	×××			验收日期	2016-3-29		

一般隐患排查治理档案表（4）

2016 年度　　　　　　　　　　　　　　　　　　　　　　　　　　　　　　　　　国网××供电公司

<table>
<tr><td rowspan="5">发现</td><td>隐患简题</td><td colspan="3">国网××供电公司 4 月 5 日调度大楼消防视频监控室值班人员无消防证书及消防培训记录缺失</td><td>隐患来源</td><td>安全检查</td><td>隐患原因</td><td>安全管理隐患</td></tr>
<tr><td>隐患编号</td><td>国网××供电公司 2016××××</td><td>隐患所在单位</td><td>综合服务中心综合室</td><td>专业分类</td><td>消防</td><td>详细分类</td><td>消防管理</td></tr>
<tr><td>发现人</td><td>×××</td><td>发现人单位</td><td>消防视频监控室</td><td>发现日期</td><td colspan="3">2016-4-5</td></tr>
<tr><td>事故隐患内容</td><td colspan="7">调度大楼消防视频监控室 3 名值班人员无消防证书、消防培训记录缺失，存在消防技能不足的现象，违反《电力设备典型消防规程》（DL 5027—2015）4.3.2.3 规定：“消防控制室值班人员、消防设施操作人员，应通过消防行业特有工种职业技能鉴定，持有初级技能以上等级的职业资格证书。”若不加强值班人员消防安全管理，开展消防技能培训，在出现火警时，值班人员无法有效控制和防范火警蔓延，造成火灾。依据《国家电网公司安全隐患排查治理管理办法》[国网（安监/3）481—2014] 第五条（三）：“火灾（7 级事件）”，构成一般事故隐患</td></tr>
<tr><td>可能导致后果</td><td colspan="3">一般事故隐患</td><td>归属职能部门</td><td colspan="3">保卫</td></tr>
<tr><td rowspan="2">预评估</td><td rowspan="2">预评估等级</td><td rowspan="2">一般隐患</td><td>预评估负责人签名</td><td>×××</td><td>预评估负责人签名日期</td><td colspan="3">2016-4-5</td></tr>
<tr><td>工区领导审核签名</td><td>×××</td><td>工区领导审核签名日期</td><td colspan="3">2016-4-5</td></tr>
<tr><td rowspan="2">评估</td><td rowspan="2">评估等级</td><td rowspan="2">一般隐患</td><td>评估负责人签名</td><td>×××</td><td>评估负责人签名日期</td><td colspan="3">2016-4-6</td></tr>
<tr><td>评估领导审核签名</td><td>×××</td><td>评估领导审核签名日期</td><td colspan="3">2016-4-6</td></tr>
<tr><td rowspan="6">治理</td><td>治理责任单位</td><td colspan="2">消防视频监控室</td><td>治理责任人</td><td colspan="4">×××</td></tr>
<tr><td>治理期限</td><td>自</td><td>2016-4-5</td><td>至</td><td colspan="4">2016-6-30</td></tr>
<tr><td>是否计划项目</td><td>是</td><td colspan="2">是否完成计划外备案</td><td></td><td>计划编号</td><td colspan="2">××××××</td></tr>
<tr><td>防控措施</td><td colspan="7">（1）对消防视频监控室未取得职业资格证书的 3 名消防值班人员实施换岗，由具备消防资格证书人员进行值守。
（2）组织开展义务消防员培训以及消防演练，对消防视频监控室明确专人负责，完善消防技能培训记录。
（3）联系地方消防管理部门对 3 名消防值班人员进行消防安全技能培训、取证，待考核取证合格后方可上岗</td></tr>
<tr><td>治理完成情况</td><td colspan="7">5 月 10 日，经联系地方消防管理部门，对 3 名消防值班人员完成为期 15 天的取证培训并取得初级技能职业资格证书；5 月 24 日完成培训记录档案整理和归档，满足消防规程相关管理要求。现申请对该隐患治理完成情况进行验收</td></tr>
<tr><td colspan="2">隐患治理计划资金（万元）</td><td colspan="2">0.06</td><td colspan="2">累计落实隐患治理资金（万元）</td><td colspan="2">0.06</td></tr>
<tr><td rowspan="5">验收</td><td>验收申请单位</td><td>综合服务中心综合室</td><td>负责人</td><td>×××</td><td>签字日期</td><td colspan="3">2016-5-24</td></tr>
<tr><td>验收组织单位</td><td colspan="7">综合服务中心</td></tr>
<tr><td>验收意见</td><td colspan="7">5 月 25 日，经综合服务中心对国网××供电公司 2016××××隐患进行现场验收，治理完成情况属实，满足安全（生产）运行要求，该隐患已消除</td></tr>
<tr><td>结论</td><td colspan="3">验收合格，治理措施已按要求实施，同意注销</td><td>是否消除</td><td colspan="3">是</td></tr>
<tr><td>验收组长</td><td colspan="3">×××</td><td>验收日期</td><td colspan="3">2016-5-25</td></tr>
</table>

一般隐患排查治理档案表（5）

2016 年度　　　　　　　　　　　　　　　　　　　　　　　　　　　　　　　　国网××供电公司

阶段	项目							
发现	隐患简题	国网××供电公司7月5日应急抢修工器具室内存在放置自动喷漆、抗磨液压油等易燃品的安全隐患			隐患来源	安全检查	隐患原因	安全管理隐患
	隐患编号	国网××供电公司2016××××	隐患所在单位	输电运检室	专业分类	消防	详细分类	消防管理
	发现人	×××	发现人单位	工具班	发现日期	2016-7-5		
	事故隐患内容	输电运检室应急抢修工器具库房内存在抢修设备设施工器具和自动喷漆、润滑油、抗磨液压油以及柴油未排放干净的油锯同室存放，违反《电力设备典型消防规程》（DL 5027—2015）12.2.1规定：“易燃易爆品应存放在特种材料库房，设置‘严禁烟火’标志，并有专人负责管理。”若不加强对易燃易爆品的安全管理，若突发火险，将可能出现火情蔓延造成火灾事故。依据《国家电网公司安全隐患排查治理管理办法》［国网（安监/3）481—2014］第五条（三）：“火灾（7级事件）”，构成一般事故隐患						
	可能导致后果	一般事故隐患			归属职能部门	保卫		
预评估	预评估等级	一般隐患	预评估负责人签名	×××	预评估负责人签名日期	2016-7-5		
			工区领导审核签名	×××	工区领导审核签名日期	2016-7-5		
评估	评估等级	一般隐患	评估负责人签名	×××	评估负责人签名日期	2016-7-5		
			评估领导审核签名	×××	评估领导审核签名日期	2016-7-5		
治理	治理责任单位	输电运检室		治理责任人	×××			
	治理期限	自	2016-7-5	至	2016-7-31			
	是否计划项目	是	是否完成计划外备案			计划编号	××××××	
	防控措施	（1）设置易燃易爆品专用库房，明确专人负责管理，配置2具4kg干粉灭火器，并在库房醒目处设置“严禁烟火”标志。 （2）将应急抢修工器具室内放置的自动喷漆、润滑油、抗磨液压油易燃品进行整理出库，存放至易燃易爆品库房。 （3）保管人员离开易燃易爆品库房，应拉闸断电。 （4）油锯、发电机等油类工器具每次使用完，应将剩余易燃油料排放干净后，方可放入应急抢修工器具库房						
	治理完成情况	7月5日，立即将应急抢修工器具室内油锯、发动机剩余易燃油料排放干净；7月10日将自动喷漆、润滑油、抗磨液压油转移到新设置的易燃易爆品专用库房，库房配置2具4kg干粉灭火器，设置“严禁烟火”标志，建立易燃易爆品管理台账，治理完成后满足消防规程相关管理要求。现申请对该隐患治理完成情况进行验收						
	隐患治理计划资金（万元）		1.00		累计落实隐患治理资金（万元）		1.00	
验收	验收申请单位	输电运检室	负责人	×××	签字日期	2016-7-10		
	验收组织单位	综合服务中心						
	验收意见	7月10日，经综合服务中心对国网××供电公司2016××××隐患进行现场验收，治理完成情况属实，满足安全（生产）运行要求，该隐患已消除						
	结论	验收合格，治理措施已按要求实施，同意注销			是否消除	是		
	验收组长	×××			验收日期	2016-7-10		

一般隐患排查治理档案表（6）

2016 年度

国网××供电公司

发现	隐患简题	国网××供电公司 4 月 5 日调度办公大楼消防通道安全标识不全及未设置消防疏散图			隐患来源	安全检查	隐患原因	人身安全隐患
	隐患编号	国网××供电公司2016××××	隐患所在单位	综合服务中心综合室	专业分类	消防	详细分类	消防管理
	发现人	×××	发现人单位	安质部	发现日期	2016-4-5		
	事故隐患内容	调度办公大楼存在消防通道安全标识不全、未设立逃生指示标识以及主要通道无应急照明，违反《电力设备典型消防规程》（DL 5027—2015）4.2.3 规定："消防安全重点部位应当建立岗位防火职责、设置明显的防火标志，并在出入口位置悬挂防火警标识牌。标识牌的内容应包括消防安全重点部位的名称、消防管理措施、灭火和应急疏散方案及防火责任人。"若不及时增加消防安全标示，在火灾发生时，无法正确疏散、指导人员逃生，引发人身伤害事故或直接经济损失。依据《国家电网公司安全事故调查规程（2017 修正版）》2.1. 相关条款，构成人身事故						
	可能导致后果	人身事故			归属职能部门	保卫		
预评估	预评估等级	一般隐患	预评估负责人签名	×××	预评估负责人签名日期	2016-4-5		
			工区领导审核签名	×××	工区领导审核签名日期	2016-4-5		
评估	评估等级	一般隐患	评估负责人签名	×××	评估负责人签名日期	2016-4-6		
			评估领导审核签名	×××	评估领导审核签名日期	2016-4-6		
治理	治理责任单位	警卫室		治理责任人	×××			
	治理期限	自	2016-4-5	至	2016-7-30			
	是否计划项目	是	是否完成计划外备案			计划编号	××××××	
	防控措施	（1）对调度办公大楼消防通道安全标识、警示牌和消防器材进行全面排查；绘制调度大楼消防疏散图，主要疏散通道明确应急照明走径。 （2）配合消防安装厂家对调度大楼消防疏散图、标识牌等消防标识进行安装以及主要疏散通道敷设应急照明。 （3）做好调度大楼安防、消防设备设施和各种消防标识牌的日常巡视和维护保养。 （4）结合疏散图路径指示，编制火灾逃生应急疏散处置演练方案，组织开展应急疏散处置演练						
	治理完成情况	6 月 22 日，完成了调度大楼消防疏散图和各类标识牌等消防标识的安装，并对主要疏散通道装设了应急照明。6 月 28 日，组织开展了火灾应急疏散及处置演练，并完善演练培训记录，提高了员工逃生技能和消防安全意识。现申请对该隐患治理完成情况进行验收						
	隐患治理计划资金（万元）		3.00		累计落实隐患治理资金（万元）		3.00	
验收	验收申请单位	综合服务中心综合室	负责人	×××	签字日期	2016-6-28		
	验收组织单位	安质部						
	验收意见	6 月 28 日，经安质部对国网××供电公司 2016××××隐患进行现场验收，治理完成情况属实，满足安全（生产）运行要求，该隐患已消除						
	结论	验收合格，治理措施已按要求实施，同意注销			是否消除	是		
	验收组长	×××			验收日期	2016-6-28		

一般隐患排查治理档案表（7）

2016年度　　　　　　　　　　　　　　　　　　　　　　　　　　　　国网××供电公司

发现	隐患简题	国网××供电公司3月25日××供电所四层办公楼早期修建时未设置消防应急疏散楼梯			隐患来源	安全检查	隐患原因	人身安全隐患
	隐患编号	国网××供电公司20161125	隐患所在单位	营销部	专业分类	消防	详细分类	消防管理
	发现人	×××	发现人单位	××供电所	发现日期	2016-3-25		
	事故隐患内容	××供电所四层办公楼于1992年修建，早期修建时未设置消防应急疏散楼梯，不符合《建筑设计防火规范》（GB 50016—2014）5.5.8规定："公共建筑内每个防火分区或一个防火分区的每个楼层，其安全出口的数量应经计算确定，且不应少于2个。"若不及时增加消防应急疏散楼梯，在火灾发生时，无法及时疏散人员逃生，造成人身伤害事故。依据《国家电网公司安全事故调查规程（2017修正版）》2.1相关条款，构成人身事故						
	可能导致后果	人身事故			归属职能部门	保卫		
预评估	预评估等级	一般隐患	预评估负责人签名	×××	预评估负责人签名日期	2016-3-25		
			工区领导审核签名	×××	工区领导审核签名日期	2016-3-25		
评估	评估等级	一般隐患	评估负责人签名	×××	评估负责人签名日期	2016-3-25		
			评估领导审核签名	×××	评估领导审核签名日期	2016-3-25		
治理	治理责任单位	营销部		治理责任人	×××			
	治理期限	自	2016-3-25	至	2016-7-25			
	是否计划项目	是	是否完成计划外备案			计划编号	××××××	
	防控措施	（1）编制火灾应急疏散预案，开展消防逃生演练，提高员工逃生技能和消防安全意识。 （2）定期对供电所内消防灭火设施进行安全性检查，及时更换不合格的消防器材。 （3）联系消防施工单位对××供电所办公大楼进行现场勘查，选择安装合适的钢制消防应急疏散楼梯						
	治理完成情况	6月22日，完成对××供电所办公大楼钢制消防应急疏散楼梯安装，满足建筑设计防火规范相关要求。现申请对该隐患治理完成情况进行验收						
	隐患治理计划资金（万元）		3.00		累计落实隐患治理资金（万元）		3.00	
验收	验收申请单位	营销部	负责人	×××	签字日期	2016-6-22		
	验收组织单位	综合服务中心						
	验收意见	6月23日，经综合服务中心对国网××供电公司2016××××隐患进行现场验收，治理完成情况属实，满足安全（生产）运行要求，该隐患已消除						
	结论	验收合格，治理措施已按要求实施，同意注销			是否消除	是		
	验收组长	×××			验收日期	2016-6-23		

一般隐患排查治理档案表（8）

2016 年度　　　　　　　　　　　　　　　　　　　　　　　　国网××供电公司

发现	隐患简题	国网××供电公司3月5日110kV ××变电站备调自动化机房未设置消防报警系统和气体灭火系统			隐患来源	安全检查	隐患原因	安全管理隐患
	隐患编号	国网××供电公司20161125	隐患所在单位	电力调度控制中心	专业分类	消防	详细分类	消防管理
	发现人	×××	发现人单位	自动化运维班	发现日期	2016-3-5		
	事故隐患内容	110kV ××变电站备调自动化机房无人值守，机房内未设置消防报警系统和气体灭火系统，不符合《国家电网公司十八项重大电网反事故措施（修订版）及编制说明》18.1.5规定："地下变电站、无人值守变电站应安装火灾自动报警或自动灭火设施，无人值守变电站的火灾报警信号应接入有人监视遥测系统，以及时发现火警。"若发生火警，不能及时提醒监控人员进行火警处置，有可能造成火灾和直接经济损失。依据《国家电网公司安全隐患排查治理管理办法》[国网（安监/3）481—2014] 第五条（三）："火灾（7级事件）"，构成一般事故隐患						
	可能导致后果	一般事故隐患			归属职能部门	调度		
预评估	预评估等级	一般隐患	预评估负责人签名	×××	预评估负责人签名日期	2016-3-5		
			工区领导审核签名	×××	工区领导审核签名日期	2016-3-5		
评估	评估等级	一般隐患	评估负责人签名	×××	评估负责人签名日期	2016-3-6		
			评估领导审核签名	×××	评估领导审核签名日期	2016-3-6		
治理	治理责任单位	电力调度控制中心		治理责任人	×××			
	治理期限	自	2016-3-5	至	2016-12-31			
	是否计划项目	是	是否完成计划外备案			计划编号	××××××	
	防控措施	（1）每月对110kV ××变电站备调自动化机房消防器材进行检查，夏季高温天气增加对机房巡视频次，及时报废过期、失效的不合格消防器，并完善消防检查记录及台账。 （2）联系消防系统厂家，对110kV ××变备调自动化机房设置消防报警系统和气体灭火系统并接入监视遥测系统						
	治理完成情况	11月12日，完成对110kV ××变备调自动化机房消防报警系统和气体灭火系统安装调试及系统接入工作，消防系统设备接入24h后运行无异常。现申请对该隐患治理完成情况进行验收						
	隐患治理计划资金（万元）		10.00		累计落实隐患治理资金（万元）		10.00	
验收	验收申请单位	电力调度控制中心	负责人	×××	签字日期	2016-11-13		
	验收组织单位	综合服务中心						
	验收意见	11月14日，经综合服务中心对国网××供电公司2016××××隐患进行现场验收，治理完成情况属实，满足安全（生产）运行要求，该隐患已消除						
	结论	验收合格，治理措施已按要求实施，同意注销			是否消除	是		
	验收组长	×××			验收日期	2016-11-14		

7.6.2 消防设施

一般隐患排查治理档案表（1）

2016 年度　　　　　　　　　　　　　　　　　　　　　　　　　　　　　　国网××供电公司

<table>
<tr><td rowspan="5">发现</td><td>隐患简题</td><td colspan="3">国网××供电公司7月21日110kV ××变电站火灾消防报警主机及6个烟感探头无法启动</td><td>隐患来源</td><td>日常巡视</td><td>隐患原因</td><td>设备设施隐患</td></tr>
<tr><td>隐患编号</td><td>国网××供电公司2016××××</td><td>隐患所在单位</td><td>变电运维室</td><td>专业分类</td><td>消防</td><td>详细分类</td><td>消防设施</td></tr>
<tr><td>发现人</td><td>×××</td><td>发现人单位</td><td>××变电运维班</td><td>发现日期</td><td colspan="3">2016-07-21</td></tr>
<tr><td>事故隐患内容</td><td colspan="7">110kV ××变电站火灾消防报警系统主机及6个烟感探头无法启动，不符合《国家电网公司十八项重大电网反事故措施（修订版）及编制说明》18.1.5 规定：“地下变电站、无人值守变电站应安装火灾自动报警或自动灭火设施，无人值守变电站的火灾报警信号应接入有人监视遥测系统，以及时发现火警。”若不及时修复消防报警系统，火警发生时不能及时提醒监控人员，无法扑灭初期火灾而导致火情蔓延扩大。依据《国家电网公司安全隐患排查治理管理办法》[国网（安监/3）481—2014] 第五条（三）：“火灾（7级事件）”，构成一般事故隐患</td></tr>
<tr><td>可能导致后果</td><td colspan="3">一般事故隐患</td><td>归属职能部门</td><td colspan="3">保卫</td></tr>
<tr><td rowspan="2">预评估</td><td rowspan="2">预评估等级</td><td rowspan="2">一般隐患</td><td>预评估负责人签名</td><td>×××</td><td>预评估负责人签名日期</td><td colspan="3">2016-7-21</td></tr>
<tr><td>工区领导审核签名</td><td>×××</td><td>工区领导审核签名日期</td><td colspan="3">2016-7-21</td></tr>
<tr><td rowspan="2">评估</td><td rowspan="2">评估等级</td><td rowspan="2">一般隐患</td><td>评估负责人签名</td><td>×××</td><td>评估负责人签名日期</td><td colspan="3">2016-7-22</td></tr>
<tr><td>评估领导审核签名</td><td>×××</td><td>评估领导审核签名日期</td><td colspan="3">2016-7-22</td></tr>
<tr><td rowspan="6">治理</td><td>治理责任单位</td><td colspan="2">变电运维室</td><td>治理责任人</td><td colspan="4">×××</td></tr>
<tr><td>治理期限</td><td>自</td><td>2016-7-21</td><td>至</td><td colspan="4">2016-9-30</td></tr>
<tr><td>是否计划项目</td><td>是</td><td colspan="2">是否完成计划外备案</td><td></td><td>计划编号</td><td colspan="2">××××××</td></tr>
<tr><td>防控措施</td><td colspan="7">（1）变电运维人员对变电站内消防灭火器材进行安全性检查，及时更换不合格的消防器材。
（2）综合室联系消防设备厂家对110kV ××变火灾消防报警系统主机进行检修调试、更换烟感探头。
（3）××变电运维班负责办理工作票，履行安全交底，全过程监护消防厂家规范作业</td></tr>
<tr><td>治理完成情况</td><td colspan="7">9月10日，完成110kV ××变消防报警系统主机板件及6个烟感探头更换及调试工作，消防系统设备接入24h后运行无异常。现申请对该隐患治理完成情况进行验收</td></tr>
<tr><td colspan="2">隐患治理计划资金（万元）</td><td colspan="2">0.50</td><td colspan="2">累计落实隐患治理资金（万元）</td><td colspan="2">0.5</td></tr>
<tr><td rowspan="5">验收</td><td>验收申请单位</td><td>变电运维室</td><td>负责人</td><td>×××</td><td>签字日期</td><td colspan="3">2016-9-11</td></tr>
<tr><td>验收组织单位</td><td colspan="7">综合服务中心</td></tr>
<tr><td>验收意见</td><td colspan="7">9月12日，经综合服务中心对国网××供电公司2016××××隐患进行现场验收，治理完成情况属实，满足安全（生产）运行要求，该隐患已消除</td></tr>
<tr><td>结论</td><td colspan="3">验收合格，治理措施已按要求实施，同意注销</td><td>是否消除</td><td colspan="3">是</td></tr>
<tr><td>验收组长</td><td colspan="3">×××</td><td>验收日期</td><td colspan="3">2016-9-12</td></tr>
</table>

一般隐患排查治理档案表（2）

2016年度　　　　　　　　　　国网××供电公司

发现	隐患简题	国网××供电公司4月25日调控大厅内配置的七氟丙烷气瓶存在压力告警的安全隐患			隐患来源	日常巡视	隐患原因	设备设施隐患
	隐患编号	国网××供电公司2016××××	隐患所在单位	电力调度控制中心	专业分类	消防	详细分类	消防设施
	发现人	×××	发现人单位	调控班	发现日期	2016-4-25		
	事故隐患内容	调控大厅配置的七氟丙烷灭火系统，存在一组七氟丙烷气瓶压力表指针接近零、两组气瓶压力表指针低于正常范围以及三组设备启动瓶内无驱动气体，压力表指针显示为零，不符合《电力设备典型消防规程》（DL 5027—2015）3.3.5规定："组织实施对本单位消防设施、灭火器材和消防安全标志维护保养，确保其完好有效，确保疏散通道和安全出口通畅。"若发生火警，配置的七氟丙烷灭火设备无法根据烟雾密度及时启动气体灭火，造成火情蔓延扩大，导致调度控制中心信息业务中断。依据《国家电网公司安全事故调查规程（2017修正版）》2.3.6.7（2）："地市电力调度控制中心与直接调度范围内超过30%的厂站信息业务全部中断"，构成六级设备事件						
	可能导致后果	六级设备事件			归属职能部门	调度		
预评估	预评估等级	一般隐患	预评估负责人签名	×××	预评估负责人签名日期	2016-4-25		
			工区领导审核签名	×××	工区领导审核签名日期	2016-4-25		
评估	评估等级	一般隐患	评估负责人签名	×××	评估负责人签名日期	2016-4-26		
			评估领导审核签名	×××	评估领导审核签名日期	2016-4-26		
治理	治理责任单位	电力调度控制中心		治理责任人	×××			
	治理期限	自	2016-4-25	至	2016-9-30			
	是否计划项目	是	是否完成计划外备案			计划编号	××××××	
	防控措施	（1）调控人员每月对消防器材进行检查并做好记录，如有问题及时更换不合格的消防器材。 （2）电力调度控制中心形成隐患专题报告报送综合服务中心综合室告知隐患风险。 （3）综合服务中心综合室联系七氟丙烷灭火设备厂家进行年检维护，确保设备稳定运行						
	治理完成情况	8月12日，调控班配合七氟丙烷灭火设备厂家完成七氟丙烷设施的维护消缺；七氟丙烷灭火设备运行24h后，经检查无泄压现象。现申请对该隐患治理完成情况进行验收						
	隐患治理计划资金（万元）		5.00		累计落实隐患治理资金（万元）		5.00	
验收	验收申请单位	电力调度控制中心	负责人	×××	签字日期	2016-8-12		
	验收组织单位	综合服务中心						
	验收意见	8月13日，经综合服务中心对国网××供电公司2016××××隐患进行现场验收，治理完成情况属实，满足安全（生产）运行要求，该隐患已消除						
	结论	验收合格，治理措施已按要求实施，同意注销			是否消除	是		
	验收组长	×××			验收日期	2016-8-13		

一般隐患排查治理档案表（3）

2016年度　　　　　　　　　　　　　　　　　　　　　　　　　　　　　　　　　　　国网××供电公司

发现	隐患简题	国网××供电公司7月21日生活区2号家属楼存在消火栓失灵及防火门破损的安全隐患			隐患来源	日常巡视	隐患原因	设备设施隐患
	隐患编号	国网××供电公司2016××××	隐患所在单位	综合服务中心	专业分类	消防	详细分类	消防设施
	发现人	×××	发现人单位	物业公司	发现日期	2016-07-21		
	事故隐患内容	××供电公司生活区2号12层家属楼存在5层、9层消火栓开关法兰失灵，4层至12层防火门破损，不符合《高层建筑消防管理规则》第六章第三十三条规定：“建筑内的自动报警和灭火系统，防、排烟设备，防火门、防火卷帘和消火栓等，都要定期进行检查测试，凡失灵破损的，要及时维修或更换，确保完整好用。”若不及时修复消火栓和防火门，在火险发生时，无法及时控制和扑救火情，造成火情扩大。依据《国家电网公司安全隐患排查治理管理办法》（国网（安监/3）481—2014）第五条（三）：“火灾（7级事件）”，构成一般事故隐患						
	可能导致后果	一般事故隐患			归属职能部门	保卫		
预评估	预评估等级	一般隐患	预评估负责人签名	×××	预评估负责人签名日期	2016-7-21		
			工区领导审核签名	×××	工区领导审核签名日期	2016-7-21		
评估	评估等级	一般隐患	评估负责人签名	×××	评估负责人签名日期	2016-7-22		
			评估领导审核签名	×××	评估领导审核签名日期	2016-7-22		
治理	治理责任单位	物业公司		治理责任人	×××			
	治理期限	自	2016-7-21	至	2016-8-31			
	是否计划项目	是	是否完成计划外备案			计划编号	××××××	
	防控措施	（1）组织人员对公司生活区家属楼消防灭火器材、设施进行全面安全性检查，及时更换不合格的消防器材。 （2）联系消防设备厂家对2号家属楼消火栓及防火门进行修理维护，并完善检查记录等消防台账						
	治理完成情况	8月20日，完成公司生活区家属楼3处消火栓法兰和7处防火门的更换工作，满足高层建筑消防管理规则相关要求。现申请对该隐患治理完成情况进行验收						
	隐患治理计划资金（万元）		2.5		累计落实隐患治理资金（万元）	2.5		
验收	验收申请单位	物业公司	负责人	×××	签字日期	2016-8-20		
	验收组织单位	综合服务中心						
	验收意见	8月21日，经综合服务中心对国网××供电公司2016××××隐患进行现场验收，治理完成情况属实，符合消防安全管理工作要求，该隐患已消除						
	结论	验收合格，治理措施已按要求实施，同意注销			是否消除	是		
	验收组长	×××			验收日期	2016-8-21		

7.7 安全保卫

7.7.1 安保人员配置

一般隐患排查治理档案表

2016 年度　　　　　　　　　　　　　　　　　　　　　　　　　　国网××供电公司

发现	隐患简题	国网××供电公司 8 月 19 日××区客户服务中心存在治安保卫业务技能缺失及安保人员配置不足			隐患来源	安全检查	隐患原因	其他事故隐患
	隐患编号	国网××供电公司 2016××××	隐患所在单位	综合服务室	专业分类	安全保卫	详细分类	安保人员配置
	发现人	×××	发现人单位	××区客户服务中心	发现日期	2016-8-19		
	事故隐患内容	新成立的××经济开发区客户服务中心位于建设中的开发区，目前中心门卫临时聘用当地村民担任安保工作，存在治安保卫业务技能缺失、安保人员配置不足及安保管理制度不健全的安全管理隐患，不符合《企业事业单位内部治安保卫条例》（国务院 2004 年第 421 号）第六条规定：“单位应当根据内部治安保卫工作的需要，设置治安保卫机构或者配备专职、兼职治安保卫人员”；第九条规定：“单位内部治安保卫人员应当接受有关法律知识和治安保卫业务、技能以及相关专业知识的培训、考核。”如遇群体性突发性事件，各类安保人员无法正确履行治安保卫职责，有可能引发或扩大社会舆情，造成中心办公、生产区域公共财产经济损失和员工人身意外伤害。依据《国家电网公司安全隐患排查治理管理办法》[国网（安监-3）481—2014] 第五条（三）6：“其他对社会造成影响事故的隐患”，构成一般事故隐患						
	可能导致后果	一般事故隐患			归属职能部门	保卫		
预评估	预评估等级	一般隐患	预评估负责人签名	×××	预评估负责人签名日期	2016-8-19		
			工区领导审核签名	×××	工区领导审核签名日期	2016-8-19		
评估	评估等级	一般隐患	评估负责人签名	×××	评估负责人签名日期	2016-8-20		
			评估领导审核签名	×××	评估领导审核签名日期	2016-8-21		
治理	治理责任单位	综合服务中心		治理责任人	×××			
	治理期限	自	2016-8-19	至	2016-10-30			
	是否计划项目	是	是否完成计划外备案			计划编号	××××××	
	防控措施	（1）建立并完善××经济开发区客户服务中心治安保卫管理制度，形成制度清册。 （2）根据中心办公、生产区域治安保卫需求，组织调研治安保卫人员重点部位配置需求。 （3）加强门禁管理，外来办事人员进入中心大楼，需持单位介绍信、本人工作证或身份证等有效证件，办理有关手续，经电话联系后，方可由受访人带领进入中心大楼和生产区域。 （4）组织治安保卫人员开展有关法律知识和治安保卫业务、技能以及相关专业知识的培训、考核						
	治理完成情况	9 月 12 日，结合中心办公、生产区域重点部位治安保卫配置需求调研情况，对中心配置了 5 名经业务培训合格的专职治安保卫人员，满足内部治安保卫条例相关规定要求。现申请对该隐患治理完成情况进行验收						
	隐患治理计划资金（万元）		0.00		累计落实隐患治理资金（万元）		0.00	
验收	验收申请单位	综合服务中心	负责人	×××	签字日期	2016-9-12		
	验收组织单位	安质部						
	验收意见	9 月 13 日，经安全监察部门对国网××供电公司 2016××××隐患进行现场验收，治理完成情况属实，满足安全（生产）运行要求，该隐患已消除						
	结论	验收合格，治理措施已按要求实施，同意注销			是否消除	是		
	验收组长	×××			验收日期	2016-9-13		

7.7.2 治安监控屏

一般隐患排查治理档案表

2016 年度　　　　　　　　　　　　　　　　　　　　　　　　　　　　　国网××供电公司

发现	隐患简题	国网××供电公司 8 月 18 日调度大楼办公区治安监控室视频监控屏存在黑屏的安全隐患			隐患来源	日常巡视	隐患原因	设备设施隐患
	隐患编号	国网××供电公司 2016××××	隐患所在单位	综合服务中心综合室	专业分类	安全保卫	详细分类	治安监控屏
	发现人	×××	发现人单位	调度大楼警卫室	发现日期	2016-8-18		
	事故隐患内容	调度大楼治安监控室视频监控出现黑屏，视频监控图像无法对办公区域实现全覆盖和图像保存，不符合《国网陕西省电力公司治安保卫管理规定》第六条第（二）条规定：“市级调度通信大楼应设安保力量，技防监控人员、固定岗人员、巡逻人员、备勤人员，应安装实体防护装置、视频监控系统、周界入侵报警系统，有条件的应与公安 110 服务系统联网”；第（三）条规定：“各级调度通信大楼的视频监控图像和入侵报警信号应实行 24h 监控，图像保存期为 30 天。”若不及时修复调度大楼视频监控，安保人员在遇突发事件时，不能有效防范火灾、盗窃、肆意破坏或影响公司正常办公秩序，构成其他对社会造成影响的事故。依据《国家电网公司安全隐患排查治理管理办法》［国网（安监-3）481—2014］第五条（三）6：“其他对社会造成影响事故的隐患”，构成一般事故隐患						
	可能导致后果	一般事故隐患			归属职能部门	保卫		
预评估	预评估等级	一般隐患	预评估负责人签名	×××	预评估负责人签名日期	2016-8-18		
			工区领导审核签名	×××	工区领导审核签名日期	2016-8-18		
评估	评估等级	一般隐患	评估负责人签名	×××	评估负责人签名日期	2016-8-19		
			评估领导审核签名	×××	评估领导审核签名日期	2016-8-19		
治理	治理责任单位	综合服务中心综合室		治理责任人	×××			
	治理期限	自	2016-8-18	至	2016-10-30			
	是否计划项目	是	是否完成计划外备案			计划编号	××××××	
	防控措施	（1）加强门禁管理，外来办事人员进入大楼，需办理有关手续，经电话联系后方可由受访人带领进入办公大楼和生产区域。 （2）夜间员工进入调度大楼办公区域应在门卫处履行出入登记手续。 （3）联系视频监控厂家对调度大楼办公区治安监控室视频监控系统进行修理维护						
	治理完成情况	9 月 20 日，完成治安监控室中的 2 块监控屏更换及软件升级工作，经设备调试，现视屏监控图像恢复正常，满足内部治安保卫管理规定相关要求。现申请对该隐患治理完成情况进行验收						
	隐患治理计划资金（万元）		1.20		累计落实隐患治理资金（万元）		1.20	
验收	验收申请单位	综合服务中心综合室	负责人	×××	签字日期	2016-9-20		
	验收组织单位	综合服务中心						
	验收意见	9 月 21 日，经综合服务中心对国网××供电公司 2016××××隐患进行现场验收，治理完成情况属实，满足安全（生产）运行要求，该隐患已消除						
	结论	验收合格，治理措施已按要求实施，同意注销			是否消除	是		
	验收组长	×××			验收日期	2016-9-21		

7.7.3 安防监控系统

一般隐患排查治理档案表

2016 年度　　　　　　　　　　　　　　　　　　　　　　　　　　　　　国网××供电公司

<table>
<tr><td rowspan="5">发现</td><td>隐患简题</td><td colspan="3">国网××供电公司6月28日110kV××变电站视频安防监控系统功能缺失的安全隐患</td><td>隐患来源</td><td>安全检查</td><td>隐患原因</td><td>设备设施隐患</td></tr>
<tr><td>隐患编号</td><td>国网××供电公司2016××××</td><td>隐患所在单位</td><td>变电运维室</td><td>专业分类</td><td>安全保卫</td><td>详细分类</td><td>安防监控系统</td></tr>
<tr><td>发现人</td><td>×××</td><td>发现人单位</td><td>变电运维×班</td><td>发现日期</td><td colspan="3">2016-6-28</td></tr>
<tr><td>事故隐患内容</td><td colspan="7">110kV××变电站安防视频监控系统于2010年11月安装，现安防视频监控系统硬盘录像机经常死机、3处摄像头老化无图像，视频监控已失去作用，不满足无人值守变电站安全防护要求。不符合《国家电网公司关于印发防止变电站全停十六项措施（试行）的通知》（国家电网运检〔2015〕376号）12.1规定："规划设计时，应在变电站装设脉冲电子围栏、入侵报警装置、视频监控系统等设施，视频信号和安防总信号应接入调控部门；运行中发现问题应及时消缺，确保上述设施完好。"若不及时修复安防监控系统，在发生外破事件时，无法及时告知公安部门联防出警，可能造成变电站财物直接损失。依据《国家电网公司安全事故调查规程（2017修正版）》2.3.7.1："造成10万以上20万以下直接经济损失者"，构成七级设备事件</td></tr>
<tr><td>可能导致后果</td><td colspan="3">七级设备事件</td><td>归属职能部门</td><td colspan="3">运维检修</td></tr>
<tr><td rowspan="2">预评估</td><td rowspan="2">预评估等级</td><td rowspan="2">一般隐患</td><td>预评估负责人签名</td><td>×××</td><td>预评估负责人签名日期</td><td colspan="3">2016-6-28</td></tr>
<tr><td>工区领导审核签名</td><td>×××</td><td>工区领导审核签名日期</td><td colspan="3">2016-6-28</td></tr>
<tr><td rowspan="2">评估</td><td rowspan="2">评估等级</td><td rowspan="2">一般隐患</td><td>评估负责人签名</td><td>×××</td><td>评估负责人签名日期</td><td colspan="3">2016-6-29</td></tr>
<tr><td>评估领导审核签名</td><td>×××</td><td>评估领导审核签名日期</td><td colspan="3">2016-6-30</td></tr>
<tr><td rowspan="6">治理</td><td>治理责任单位</td><td colspan="2">变电运维室</td><td>治理责任人</td><td colspan="4">×××</td></tr>
<tr><td>治理期限</td><td>自</td><td>2016-6-28</td><td>至</td><td colspan="4">2016-9-30</td></tr>
<tr><td>是否计划项目</td><td>是</td><td colspan="2">是否完成计划外备案</td><td></td><td>计划编号</td><td colspan="2">××××××</td></tr>
<tr><td>防控措施</td><td colspan="7">（1）安防监控系统功能修复前，变电运维室安排人员进行有人值守，在重要节日或重要保电活动期间的增加夜间巡视次数。
（2）加大电力设施保护宣传，若变电站发生突发事件应立即联系当地公安机关配合联防。
（3）运维检修部联系厂家检查变电站视频监控系统前端故障设备并进行更换调试</td></tr>
<tr><td>治理完成情况</td><td colspan="7">8月13日，变电运维室配合视频监控厂家对110kV××变电站安防视频监控系统硬盘录像机、3处摄像头进行了更换；8月15日，经对安防视频监控系统软件进行升级和设备调试，系统功能恢复正常。现申请对该隐患治理完成情况进行验收</td></tr>
<tr><td colspan="2">隐患治理计划资金（万元）</td><td colspan="2">3.20</td><td colspan="2">累计落实隐患治理资金（万元）</td><td colspan="2">3.20</td></tr>
<tr><td rowspan="5">验收</td><td>验收申请单位</td><td>变电运维室</td><td>负责人</td><td>×××</td><td>签字日期</td><td colspan="3">2016-8-15</td></tr>
<tr><td>验收组织单位</td><td colspan="7">综合服务中心</td></tr>
<tr><td>验收意见</td><td colspan="7">8月16日，经综合服务中心对国网××供电公司2016××××隐患进行现场验收，治理完成情况属实，满足安全（生产）运行要求，该隐患已消除</td></tr>
<tr><td>结论</td><td colspan="3">验收合格，治理措施已按要求实施，同意注销</td><td>是否消除</td><td colspan="3">是</td></tr>
<tr><td>验收组长</td><td colspan="3">×××</td><td>验收日期</td><td colspan="3">2016-8-16</td></tr>
</table>

7.7.4 电子围栏

一般隐患排查治理档案表

2016 年度　　　　　　　　　　　　　　　　　　　　　　　　　　　　　　　　　国网××供电公司

发现	隐患简题	国网××供电公司5月4日110kV ××变电站东侧安防电子围栏断线的安全隐患			隐患来源	日常巡视	隐患原因	设备设施隐患
	隐患编号	国网××供电公司2016××××	隐患所在单位	变电运维室	专业分类	安全保卫	详细分类	电子围栏
	发现人	×××	发现人单位	变电运维班	发现日期	2016-5-4		
	事故隐患内容	110kV ××重要变电站为国家重点电力设施保护单位，目前变电站东侧围墙安防电子围栏因外力因素导致断线，使得变电站安防电子围栏报警装置失去功能，不符合《国家电网公司关于印发防止变电站全停十六项措施（试行）的通知》（国家电网运检〔2015〕376号）12.1规定："规划设计时，应在变电站装设脉冲电子围栏、入侵报警装置、视频监控系统等设施，视频信号和安防总信号应接入调控部门；运行中发现问题应及时消缺，确保上述设施完好。"若不及时修复电子围栏，在发生外破事件时，无法及时告知公安部门联防出警，可能造成变电站财物直接损失。依据《国家电网公司安全事故调查规程（2017修正版）》2.3.7.1："造成10万以上20万以下直接经济损失者"，构成七级设备事件						
	可能导致后果	七级设备事件			归属职能部门	运维检修		
预评估	预评估等级	一般隐患	预评估负责人签名	×××	预评估负责人签名日期	2016-5-4		
			工区领导审核签名	×××	工区领导审核签名日期	2016-5-4		
评估	评估等级	一般隐患	评估负责人签名	×××	评估负责人签名日期	2016-5-5		
			评估领导审核签名	×××	评估领导审核签名日期	2016-5-5		
治理	治理责任单位	变电运维室		治理责任人	×××			
	治理期限	自	2016-5-4	至	2016-7-31			
	是否计划项目	是	是否完成计划外备案			计划编号	××××××	
	防控措施	（1）电子围栏断线修复前，变电运维室安排人员进行值守，在重要节日或重要保电活动期间的增加夜间巡视次数。 （2）加大电力设施保护宣传，若变电站发生突发事件应立即联系当地公安机关配合联防。 （3）运维检修部联系厂家修复110kV ××变电站东侧围墙电子围栏						
	治理完成情况	7月13日，变电运维室配合厂家对变电站内东侧围墙上的电子围栏进行更换，经对报警装置进行设备调试，系统报警功能恢复正常。现申请对该隐患治理完成情况进行验收						
	隐患治理计划资金（万元）		2.10		累计落实隐患治理资金（万元）		2.10	
验收	验收申请单位	变电运维室	负责人	×××	签字日期	2016-7-13		
	验收组织单位	综合服务中心						
	验收意见	7月14日，经综合服务中心对国网××供电公司2016××××隐患进行现场验收，治理完成情况属实，满足安全（生产）运行要求，该隐患已消除						
	结论	验收合格，治理措施已按要求实施，同意注销			是否消除	是		
	验收组长	×××			验收日期	2016-7-14		

7.7.5 门禁

一般隐患排查治理档案表

2016 年度 国网××供电公司

<table>
<tr><td rowspan="5">发现</td><td>隐患简题</td><td colspan="3">国网××供电公司 5 月 4 日××信息通信机房门禁系统后台主机宕机无法正常关闭的安全隐患</td><td>隐患来源</td><td>日常巡视</td><td>隐患原因</td><td>设备设施隐患</td></tr>
<tr><td>隐患编号</td><td>国网××供电公司 2016××××</td><td>隐患所在单位</td><td>信息通信公司</td><td>专业分类</td><td>安全保卫</td><td>详细分类</td><td>门禁</td></tr>
<tr><td>发现人</td><td>×××</td><td>发现人单位</td><td>信息运检班</td><td>发现日期</td><td colspan="3">2016-5-4</td></tr>
<tr><td>事故隐患内容</td><td colspan="7">××信息通信机房门禁系统后台主机宕机，无法正常关闭以及监控或记录运维人员出入机房的时间，存在非运行值班人员随意进行信息通信机房的安全隐患，不符合《国家电网公司信息机房管理规范》7.1 规定：正常工作时间外，除了当班值班人员，任何人员不得随意进入信息机房，如有特殊情况需向运行部门领导说明情况，得到批准后，办理登记手续，方可进入信息机房。若不及时修复门禁系统，非运行人员随意进入机房，可能出现误碰、误操作设备，造成设备损坏或网络中断。依据《国家电网公司安全事故调查规程（2017 修正版）》2.4.3.2：“地市供电公司级单位本地信息网络不可用，且持续时间 4h 以上”，构成七级信息系统事件</td></tr>
<tr><td>可能导致后果</td><td colspan="3">七级信息系统事件</td><td>归属职能部门</td><td colspan="3">保卫</td></tr>
<tr><td rowspan="2">预评估</td><td rowspan="2">预评估等级</td><td rowspan="2">一般隐患</td><td>预评估负责人签名</td><td>×××</td><td>预评估负责人签名日期</td><td colspan="3">2016-5-4</td></tr>
<tr><td>工区领导审核签名</td><td>×××</td><td>工区领导审核签名日期</td><td colspan="3">2016-5-4</td></tr>
<tr><td rowspan="2">评估</td><td rowspan="2">评估等级</td><td rowspan="2">一般隐患</td><td>评估负责人签名</td><td>×××</td><td>评估负责人签名日期</td><td colspan="3">2016-5-5</td></tr>
<tr><td>评估领导审核签名</td><td>×××</td><td>评估领导审核签名日期</td><td colspan="3">2016-5-6</td></tr>
<tr><td rowspan="6">治理</td><td>治理责任单位</td><td colspan="2">信息运检班</td><td>治理责任人</td><td colspan="4">×××</td></tr>
<tr><td>治理期限</td><td>自</td><td>2016-5-4</td><td>至</td><td colspan="4">2016-6-30</td></tr>
<tr><td>是否计划项目</td><td>是</td><td colspan="2">是否完成计划外备案</td><td></td><td>计划编号</td><td colspan="2">××××××</td></tr>
<tr><td>防控措施</td><td colspan="7">（1）门禁系统修复前，信息通信公司对××信息机房进行 24h 值班，确保机房安全运行。
（2）非机房运行人员或管理人员未经许可，不得进入机房，如需进入，需经运行部门领导同意批准，办理登记手续，并由有关人员陪同方可进入。
（3）立即联系维保厂家，对××信息机房门禁系统进行修复</td></tr>
<tr><td>治理完成情况</td><td colspan="7">6 月 7 日，信息运检班配合门禁系统维保厂家完成门禁故障分析和维修调试，门禁系统恢复正常，满足信息机房管理规范相关要求。现申请对该隐患治理完成情况进行验收</td></tr>
<tr><td colspan="2">隐患治理计划资金（万元）</td><td colspan="2">0.50</td><td colspan="2">累计落实隐患治理资金（万元）</td><td colspan="2">0.50</td></tr>
<tr><td rowspan="5">验收</td><td>验收申请单位</td><td>信息运检班</td><td>负责人</td><td>×××</td><td>签字日期</td><td colspan="3">2016-6-7</td></tr>
<tr><td>验收组织单位</td><td colspan="7">信息通信公司</td></tr>
<tr><td>验收意见</td><td colspan="7">6 月 8 日，经信息通信公司对国网××供电公司 2016××××隐患进行现场验收，治理完成情况属实，满足安全（生产）运行要求，该隐患已消除</td></tr>
<tr><td>结论</td><td colspan="3">验收合格，治理措施已按要求实施，同意注销</td><td>是否消除</td><td colspan="3">是</td></tr>
<tr><td>验收组长</td><td colspan="3">×××</td><td>验收日期</td><td colspan="3">2016-6-8</td></tr>
</table>

7.8 后勤

7.8.1 高楼瓷砖空鼓

一般隐患排查治理档案表

2016 年度　　　　　　　　　　　　　　　　　　　　　　　　国网××供电公司

<table>
<tr><td rowspan="5">发现</td><td>隐患简题</td><td colspan="3">国网××供电公司5月13日调度大楼北侧5～6层计有12块瓷砖存在空鼓的安全隐患</td><td>隐患来源</td><td>安全检查</td><td>隐患原因</td><td>人身安全隐患</td></tr>
<tr><td>隐患编号</td><td>国网××供电公司2016××××</td><td>隐患所在单位</td><td>电力物业公司</td><td>专业分类</td><td>后勤</td><td>详细分类</td><td>高楼瓷砖空鼓</td></tr>
<tr><td>发现人</td><td>×××</td><td>发现人单位</td><td>安质部</td><td>发现日期</td><td colspan="3">2016-5-13</td></tr>
<tr><td>事故隐患内容</td><td colspan="7">公司调度大楼北侧通道5～6层外墙瓷砖抹灰层有空鼓现象，存在随时脱落的安全隐患，不符合《建筑装饰装修工程质量验收规范》（GB 50210—2001）4.2.5规定："抹灰层应无脱层、空鼓，面层应无爆灰和裂缝。"由于楼下来往人员密集，如发生外墙空鼓瓷砖脱落，有可能造成下方过往人员意外伤害。依据《国家电网公司安全事故调查规程（2017修正版）》2.1相关条款，可能构成人身事故</td></tr>
<tr><td>可能导致后果</td><td colspan="3">人身事故</td><td>归属职能部门</td><td colspan="3">多产</td></tr>
<tr><td rowspan="2">预评估</td><td rowspan="2">预评估等级</td><td rowspan="2">一般隐患</td><td>预评估负责人签名</td><td>×××</td><td>预评估负责人签名日期</td><td colspan="3">2016-5-13</td></tr>
<tr><td>工区领导审核签名</td><td>×××</td><td>工区领导审核签名日期</td><td colspan="3">2016-5-13</td></tr>
<tr><td rowspan="2">评估</td><td rowspan="2">评估等级</td><td rowspan="2">一般隐患</td><td>评估负责人签名</td><td>×××</td><td>评估负责人签名日期</td><td colspan="3">2016-5-13</td></tr>
<tr><td>评估领导审核签名</td><td>×××</td><td>评估领导审核签名日期</td><td colspan="3">2016-5-13</td></tr>
<tr><td rowspan="6">治理</td><td>治理责任单位</td><td colspan="2">电力物业公司</td><td>治理责任人</td><td colspan="4">×××</td></tr>
<tr><td>治理期限</td><td>自</td><td>2016-5-13</td><td>至</td><td colspan="4">2016-6-30</td></tr>
<tr><td>是否计划项目</td><td>是</td><td colspan="2">是否完成计划外备案</td><td></td><td>计划编号</td><td colspan="2">××××××</td></tr>
<tr><td>防控措施</td><td colspan="7">（1）在调度大楼北侧通道显著位置设置提醒标识，告知过往人员注意瓷砖脱落；或在掉落范围内设置围栏，在治理前，提醒从大楼南侧通道出入。
（2）尽快安排计划，铲除已鼓起的瓷砖，改用粘贴保温板薄抹灰材料进行涂刷</td></tr>
<tr><td>治理完成情况</td><td colspan="7">5月18日至7月15日，对整栋调度大楼涉及空鼓的瓷砖进行了铲除，全部采用粘贴保温板薄抹灰涂刷防水外墙漆，治理完成后满足通道出入安全。现申请对该隐患治理完成情况进行验收</td></tr>
<tr><td colspan="2">隐患治理计划资金（万元）</td><td colspan="2">2.00</td><td colspan="2">累计落实隐患治理资金（万元）</td><td colspan="2">2.00</td></tr>
<tr><td rowspan="5">验收</td><td>验收申请单位</td><td>电力物业公司</td><td>负责人</td><td>×××</td><td>签字日期</td><td colspan="3">2016-6-15</td></tr>
<tr><td>验收组织单位</td><td colspan="7">综合服务中心</td></tr>
<tr><td>验收意见</td><td colspan="7">6月16日，经综合服务中心对国网××供电公司2016××××号隐患进行现场验收，治理完成情况属实，满足通道出入安全，该隐患已消除</td></tr>
<tr><td>结论</td><td colspan="3">验收合格，治理措施已按要求实施，同意注销</td><td>是否消除</td><td colspan="3">是</td></tr>
<tr><td>验收组长</td><td colspan="3">×××</td><td>验收日期</td><td colspan="3">2016-6-16</td></tr>
</table>

7.8.2 空开无漏电保护功能

一般隐患排查治理档案表

2016 年度　　　　　　　　　　　　　　　　　　　　　　　　　　国网××供电公司

<table>
<tr><td rowspan="5">发现</td><td>隐患简题</td><td colspan="3">国网××供电公司5月13日办公楼照明配电箱空开不带漏电保护功能的安全隐患</td><td>隐患来源</td><td>日常巡视</td><td>隐患原因</td><td>人身安全隐患</td></tr>
<tr><td>隐患编号</td><td>国网××供电公司2016××××</td><td>隐患所在单位</td><td>电力物业公司</td><td>专业分类</td><td>后勤</td><td>详细分类</td><td>空开无漏电保护功能</td></tr>
<tr><td>发现人</td><td>×××</td><td>发现人单位</td><td>后勤电工班</td><td>发现日期</td><td colspan="3">2016-5-13</td></tr>
<tr><td>事故隐患内容</td><td colspan="7">××供电公司办公大楼楼层间的照明配电箱存在空开不带漏电保护功能的安全隐患，不符合《剩余电流动作保护装置安装和运行》4.5.2 规定：“低压配电线路根据具体情况采用二级或三级保护时，在总电源端、分支线首端或末端必须安装剩余电流保护装置。”有可能造成漏电伤人。依据《国家电网公司安全事故调查规程（2017 修正版）》2.1 相关条款，可能构成人身事故</td></tr>
<tr><td>可能导致后果</td><td colspan="3">人身事故</td><td>归属职能部门</td><td colspan="3">多产</td></tr>
<tr><td rowspan="2">预评估</td><td rowspan="2">预评估等级</td><td rowspan="2">一般隐患</td><td>预评估负责人签名</td><td>×××</td><td>预评估负责人签名日期</td><td colspan="3">2016-5-13</td></tr>
<tr><td>工区领导审核签名</td><td>×××</td><td>工区领导审核签名日期</td><td colspan="3">2016-5-13</td></tr>
<tr><td rowspan="2">评估</td><td rowspan="2">评估等级</td><td rowspan="2">一般隐患</td><td>评估负责人签名</td><td>×××</td><td>评估负责人签名日期</td><td colspan="3">2016-5-14</td></tr>
<tr><td>评估领导审核签名</td><td>×××</td><td>评估领导审核签名日期</td><td colspan="3">2016-5-14</td></tr>
<tr><td rowspan="6">治理</td><td>治理责任单位</td><td colspan="2">后勤电工班</td><td>治理责任人</td><td colspan="4">×××</td></tr>
<tr><td>治理期限</td><td>自</td><td>2016-5-13</td><td>至</td><td colspan="4">2016-6-30</td></tr>
<tr><td>是否计划项目</td><td>是</td><td colspan="2">是否完成计划外备案</td><td></td><td>计划编号</td><td colspan="2">××××××</td></tr>
<tr><td>防控措施</td><td colspan="7">（1）检查照明配电箱接地端是否牢固，操作照明配电箱时必须戴绝缘手套进行。
（2）对公司办公大楼楼层间的照明配电箱装设漏电保护空开</td></tr>
<tr><td>治理完成情况</td><td colspan="7">6月15日，对公司办公大楼楼层间的照明配电箱加装了漏电保护器，满足安全防护要求。现申请对该隐患治理完成情况进行验收</td></tr>
<tr><td colspan="2">隐患治理计划资金（万元）</td><td colspan="2">0.05</td><td colspan="2">累计落实隐患治理资金（万元）</td><td colspan="2">0.05</td></tr>
<tr><td rowspan="5">验收</td><td>验收申请单位</td><td>后勤电工班</td><td>负责人</td><td>×××</td><td>签字日期</td><td colspan="3">2016-6-15</td></tr>
<tr><td>验收组织单位</td><td colspan="7">电力物业公司</td></tr>
<tr><td>验收意见</td><td colspan="7">6月16日，经电力物业公司对国网××供电公司2016××××号隐患进行现场验收，治理完成情况属实，满足安全（生产）运行要求，该隐患已消除</td></tr>
<tr><td>结论</td><td colspan="3">验收合格，治理措施已按要求实施，同意注销</td><td>是否消除</td><td colspan="3">是</td></tr>
<tr><td>验收组长</td><td colspan="3">×××</td><td>验收日期</td><td colspan="3">2016-6-16</td></tr>
</table>

7.8.3 办公生活区道路井盖

一般隐患排查治理档案表

2016 年度　　　　　　　　　　　　　　　　　　　　　　　　　　　　　　国网××供电公司

发现	隐患简题	国网××供电公司5月13日公司11～12号住宅楼间户外道路井盖破损的安全隐患			隐患来源	日常巡视	隐患原因	设备设施隐患
	隐患编号	国网××供电公司2016××××	隐患所在单位	电力物业公司	专业分类	后勤	详细分类	办公生活区道路井盖
	发现人	×××	发现人单位	管道班	发现日期	2016-5-13		
	事故隐患内容	××供电公司家属区11～12号住宅楼间户外道路井盖破损，存在人员跌落受伤的安全隐患。不符合《城市井盖安全管理制度》第九条规定："井盖应保持完好，车辆、行人通过时不坏、不动、不响。发现井盖丢失、损坏、移位、震响等情况，责任单位应立即补装、维修或更换。"由于家属区11～12号楼间道路车辆、人员来往密集，如发生井盖破裂，可能造成人员意外跌落受伤。依据《国家电网公司安全事故调查规程（2017修正版）》2.1相关条款，可能构成人身事故						
	可能导致后果	人身事故			归属职能部门	多产		
预评估	预评估等级	一般隐患	预评估负责人签名	×××	预评估负责人签名日期	2016-5-13		
			工区领导审核签名	×××	工区领导审核签名日期	2016-5-13		
评估	评估等级	一般隐患	评估负责人签名	×××	评估负责人签名日期	2016-5-14		
			评估领导审核签名	×××	评估领导审核签名日期	2016-5-14		
治理	治理责任单位	管道班		治理责任人	×××			
	治理期限	自	2016-5-13	至	2016-6-30			
	是否计划项目	是	是否完成计划外备案			计划编号	××××××	
	防控措施	（1）永久治理前，暂时用盖板将破损井盖进行遮盖，并设置警示标示，告知过往人员注意。 （2）更换新的井盖，彻底消除该隐患						
	治理完成情况	6月15日，对家属区11～12号住宅楼间户外道路井盖进行了更换。现申请对该隐患治理完成情况进行验收						
	隐患治理计划资金（万元）		0.10		累计落实隐患治理资金（万元）		0.10	
验收	验收申请单位	管道班	负责人	×××	签字日期	2016-6-15		
	验收组织单位	电力物业公司						
	验收意见	6月16日，经电力物业公司对国网××供电公司2016××××隐患进行现场验收，治理完成情况属实，满足后勤管理相关规定要求，该隐患已消除						
	结论	验收合格，治理措施已按要求实施，同意注销			是否消除	是		
	验收组长	×××			验收日期	2016-6-16		

7.8.4 食品卫生

一般隐患排查治理档案表

2016 年度　　　　国网××供电公司

<table>
<tr><td rowspan="5">发现</td><td>隐患简题</td><td colspan="3">国网××供电公司 5 月 13 日职工食堂食品仓库卫生不洁净的安全隐患</td><td>隐患来源</td><td>安全检查</td><td>隐患原因</td><td>人身安全隐患</td></tr>
<tr><td>隐患编号</td><td>国网××供电公司 20160013</td><td>隐患所在单位</td><td>电力物业公司</td><td>专业分类</td><td>后勤</td><td>详细分类</td><td>食品卫生</td></tr>
<tr><td>发现人</td><td>×××</td><td>发现人单位</td><td>物业办</td><td>发现日期</td><td colspan="3">2016-5-13</td></tr>
<tr><td>事故隐患内容</td><td colspan="7">××供电公司职工食堂食材储藏库内物件及食材摆放凌乱，食品的容器表面污垢，地面腐败菜叶未清理，卫生环境极差，存在库存食材被污染的安全隐患。不符合《中华人民共和国食品安全法实施细则》第三十三条第六款规定：“贮存、运输和装卸食品的容器、工具和设备应当安全、无害，保持清洁，防止食品污染，并符合保证食品安全所需的温度、湿度等特殊要求，不得将食品与有毒、有害物品一同贮存、运输。”若食材被污染造成职工食用中毒，依据《国家电网公司安全事故调查规程（2017 修正版）》2.1 相关条款，可能构成人身事故</td></tr>
<tr><td>可能导致后果</td><td colspan="3">人身事故</td><td>归属职能部门</td><td colspan="3">多产</td></tr>
<tr><td rowspan="2">预评估</td><td rowspan="2">预评估等级</td><td rowspan="2">一般隐患</td><td>预评估负责人签名</td><td>×××</td><td>预评估负责人签名日期</td><td colspan="3">2016-5-13</td></tr>
<tr><td>工区领导审核签名</td><td>×××</td><td>工区领导审核签名日期</td><td colspan="3">2016-5-13</td></tr>
<tr><td rowspan="2">评估</td><td rowspan="2">评估等级</td><td rowspan="2">一般隐患</td><td>评估负责人签名</td><td>×××</td><td>评估负责人签名日期</td><td colspan="3">2016-5-13</td></tr>
<tr><td>评估领导审核签名</td><td>×××</td><td>评估领导审核签名日期</td><td colspan="3">2016-5-13</td></tr>
<tr><td rowspan="7">治理</td><td>治理责任单位</td><td colspan="2">物业办</td><td>治理责任人</td><td colspan="4">×××</td></tr>
<tr><td>治理期限</td><td>自</td><td>2016-5-13</td><td>至</td><td colspan="4">2016-6-30</td></tr>
<tr><td>是否计划项目</td><td>是</td><td colspan="2">是否完成计划外备案</td><td></td><td>计划编号</td><td colspan="2">××××××</td></tr>
<tr><td>防控措施</td><td colspan="7">（1）对已采购的食品进行封存，并安排食品药品监督单位进行化验，出具相应的合格证明后方可进行加工。
（2）安排专人负责对储藏食材的仓库进行打扫、消毒，确保干净卫生</td></tr>
<tr><td>治理完成情况</td><td colspan="7">6 月 15 日，对职工食堂食品储存室进行了质量检验，经食品质量监督管理局工作人员检查，现存食品符合食品食用标准，同时，物业公司安排专人负责彻底清理食品仓库。现申请对该隐患进行验收</td></tr>
<tr><td colspan="2">隐患治理计划资金（万元）</td><td colspan="2">1.00</td><td colspan="2">累计落实隐患治理资金（万元）</td><td colspan="2">1.00</td></tr>
<tr><td rowspan="5">验收</td><td>验收申请单位</td><td>物业办</td><td>负责人</td><td>×××</td><td>签字日期</td><td colspan="3">2016-6-15</td></tr>
<tr><td>验收组织单位</td><td colspan="7">电力物业公司</td></tr>
<tr><td>验收意见</td><td colspan="7">6 月 16 日，经电力物业公司对国网××供电公司 2016××××号隐患进行现场验收，治理完成情况属实，满足食品安全法实施细则相关规定要求，该隐患已消除</td></tr>
<tr><td>结论</td><td colspan="3">验收合格，治理措施已按要求实施，同意注销</td><td>是否消除</td><td colspan="3">是</td></tr>
<tr><td>验收组长</td><td colspan="3">×××</td><td>验收日期</td><td colspan="3">2016-6-16</td></tr>
</table>

7.8.5 明火电炉取暖

一般隐患排查治理档案表

2016 年度　　　　　　　　　　　　　　　　　　　　　　　　　　　　××供电公司

<table>
<tr><td rowspan="5">发现</td><td>隐患简题</td><td colspan="3">国网××供电公司 11 月 25 日××××供电所档案室存在使用明火电炉取暖的安全隐患</td><td>隐患来源</td><td>安全检查</td><td>隐患原因</td><td>安全管理隐患</td></tr>
<tr><td>隐患编号</td><td>国网××供电公司2016××××</td><td>隐患所在单位</td><td>综合业务室</td><td>专业分类</td><td>消防</td><td>详细分类</td><td>明火电炉取暖</td></tr>
<tr><td>发现人</td><td>×××</td><td>发现人单位</td><td>电力物业公司</td><td>发现日期</td><td colspan="3">2016-11-25</td></tr>
<tr><td>事故隐患内容</td><td colspan="7">××供电所档案室发现有使用明火电炉取暖现象，存在发生火灾的安全隐患，不符合《电力设备典型消防规程》11.0.4 规定："各室（房）严禁吸烟，禁止明火取暖。"依据《国家电网公司安全隐患排查治理管理办法》[国网（安监/3）481—2014] 第五条（三）："火灾（7 级事件）"，构成一般事故隐患</td></tr>
<tr><td>可能导致后果</td><td colspan="3">一般事故隐患</td><td>归属职能部门</td><td colspan="3">多产</td></tr>
<tr><td rowspan="2">预评估</td><td rowspan="2">预评估等级</td><td rowspan="2">一般隐患</td><td>预评估负责人签名</td><td>×××</td><td>预评估负责人签名日期</td><td colspan="3">2016-11-25</td></tr>
<tr><td>工区领导审核签名</td><td>×××</td><td>工区领导审核签名日期</td><td colspan="3">2016-11-25</td></tr>
<tr><td rowspan="2">评估</td><td rowspan="2">评估等级</td><td rowspan="2">一般隐患</td><td>评估负责人签名</td><td>×××</td><td>评估负责人签名日期</td><td colspan="3">2016-11-25</td></tr>
<tr><td>评估领导审核签名</td><td>×××</td><td>评估领导审核签名日期</td><td colspan="3">2016-11-25</td></tr>
<tr><td rowspan="6">治理</td><td>治理责任单位</td><td colspan="2">电力物业公司</td><td>治理责任人</td><td colspan="4">×××</td></tr>
<tr><td>治理期限</td><td>自</td><td>2016-11-25</td><td>至</td><td colspan="4">2016-12-20</td></tr>
<tr><td>是否计划项目</td><td>是</td><td colspan="2">是否完成计划外备案</td><td></td><td>计划编号</td><td colspan="2">××××××</td></tr>
<tr><td>防控措施</td><td colspan="7">（1）对供电所组织一次全面排查，取缔使用明火取暖。
（2）加强消防安全知识的宣传，告知职工明火取暖的危害，提高职工的消防安全意识</td></tr>
<tr><td>治理完成情况</td><td colspan="7">11 月 25 日至 11 月 30 日，综合业务室组织对公司各供电所进行全面排查，共取缔明火取暖电炉 5 个，现各供电所重点消防部位、各档案室、机房、班组、职工宿舍无明火电炉，目前正由后勤管理室为职工配备低温电炉。现申请对该隐患治理完成情况进行验收</td></tr>
<tr><td colspan="2">隐患治理计划资金（万元）</td><td colspan="2">0.50</td><td colspan="2">累计落实隐患治理资金（万元）</td><td colspan="2">0.50</td></tr>
<tr><td rowspan="5">验收</td><td>验收申请单位</td><td>电力物业公司</td><td>负责人</td><td>×××</td><td>签字日期</td><td colspan="3">2016-12-1</td></tr>
<tr><td>验收组织单位</td><td colspan="7">综合业务室</td></tr>
<tr><td>验收意见</td><td colspan="7">12 月 2 日，经综合业务室对国网××供电公司 2016××××号隐患进行现场验收，治理完成情况属实，满足安全（生产）运行要求，该隐患已消除</td></tr>
<tr><td>结论</td><td colspan="3">验收合格，治理措施已按要求实施，同意注销</td><td>是否消除</td><td colspan="3">是</td></tr>
<tr><td>验收组长</td><td colspan="3">×××</td><td>验收日期</td><td colspan="3">2016-12-2</td></tr>
</table>

7.9 交通管理

7.9.1 车辆管理

一般隐患排查治理档案表（1）

2016 年度　　　　　　　　　　　　　　　　　　　　　　　　　　　　　　　　　国网××供电公司

<table>
<tr><td rowspan="5">发现</td><td>隐患简题</td><td colspan="3">国网××供电公司 2 月 14 日公司车牌号为××××车辆存在前后刹车片磨损的安全隐患</td><td>隐患来源</td><td>安全检查</td><td>隐患原因</td><td>设备设施隐患</td></tr>
<tr><td>隐患编号</td><td>国网××供电公司 2016××××</td><td>隐患所在单位</td><td>车辆业务室</td><td>专业分类</td><td>交通</td><td>详细分类</td><td>车辆管理</td></tr>
<tr><td>发现人</td><td>×××</td><td>发现人单位</td><td>小车班</td><td>发现日期</td><td colspan="3">2016-2-14</td></tr>
<tr><td>事故隐患内容</td><td colspan="7">××车辆业务室所辖车牌号为××××车辆存在前、后刹车片磨损的安全隐患，不符合《国家电网公司十八项电网重大反事故措施（修订版）及编制说明》18.2.2 规定：“加强对各种车辆维修管理。各种车辆的技术状况应符合国家规定，安全装置完善可靠。对车辆应定期进行检修维护，在行驶前、行驶中、行驶后对安全装置进行检查，发现危及交通安全问题，应及时处理，严禁带病行驶。”若驾驶人员贸然驾驶、有可能因刹车不灵敏造成车辆侧翻、人员受伤。依据《国家电网公司安全隐患排查治理管理办法》［国网（安监/3）481—2014］第五条（三）：“一般交通事故”，构成一般事故隐患</td></tr>
<tr><td>可能导致后果</td><td colspan="3">一般交通事故</td><td>归属职能部门</td><td colspan="3">运维检修</td></tr>
<tr><td rowspan="2">预评估</td><td rowspan="2">预评估等级</td><td rowspan="2">一般隐患</td><td>预评估负责人签名</td><td>×××</td><td>预评估负责人签名日期</td><td colspan="3">2016-2-14</td></tr>
<tr><td>运维室领导审核签名</td><td>×××</td><td>工区领导审核签名日期</td><td colspan="3">2016-2-14</td></tr>
<tr><td rowspan="2">评估</td><td rowspan="2">评估等级</td><td rowspan="2">一般隐患</td><td>评估负责人签名</td><td>×××</td><td>评估负责人签名日期</td><td colspan="3">2016-2-14</td></tr>
<tr><td>评估领导审核签名</td><td>×××</td><td>评估领导审核签名日期</td><td colspan="3">2016-2-14</td></tr>
<tr><td rowspan="6">治理</td><td>治理责任单位</td><td colspan="2">车辆业务室</td><td>治理责任人</td><td colspan="4">×××</td></tr>
<tr><td>治理期限</td><td>自</td><td>2016-2-14</td><td>至</td><td colspan="4">2016-3-30</td></tr>
<tr><td>是否计划项目</td><td>是</td><td colspan="2">是否完成计划外备案</td><td></td><td>计划编号</td><td colspan="2">××××××</td></tr>
<tr><td>防控措施</td><td colspan="7">（1）维修保养前，暂停该车辆的使用。
（2）安排该车辆进场维修保养，更换前、后刹车片，彻底消除该隐患</td></tr>
<tr><td>治理完成情况</td><td colspan="7">3 月 7 日，安排车牌号为××××的车辆进场进行了维修保养，更换了前、后刹车片，经维修后检查，符合车辆上路运行要求。现申请对该隐患治理完成情况进行验收</td></tr>
<tr><td colspan="2">隐患治理计划资金（万元）</td><td colspan="2">0.50</td><td colspan="2">累计落实隐患治理资金（万元）</td><td colspan="2">0.50</td></tr>
<tr><td rowspan="5">验收</td><td>验收申请单位</td><td>小车班</td><td>负责人</td><td>×××</td><td>签字日期</td><td colspan="3">2016-3-7</td></tr>
<tr><td>验收组织单位</td><td colspan="7">车辆业务室</td></tr>
<tr><td>验收意见</td><td colspan="7">3 月 7 日，经车辆业务室对国网××供电公司 2016××××号隐患进行现场验收，治理完成情况属实，满足安全（生产）运行要求，该隐患已消除</td></tr>
<tr><td>结论</td><td colspan="3">验收合格，治理措施已按要求实施，同意注销</td><td>是否消除</td><td colspan="3">是</td></tr>
<tr><td>验收组长</td><td colspan="3">×××</td><td>验收日期</td><td colspan="3">2016-3-7</td></tr>
</table>

一般隐患排查治理档案表（2）

2016 年度　　　　　　　　　　　　　　　　　　　　　　　　　　国网××供电公司

<table>
<tr><td rowspan="5">发现</td><td>隐患简题</td><td colspan="3">国网××供电公司 2 月 14 日公司车牌号为××××车辆接近使用报废年限存在车况运行较差的安全隐患</td><td>隐患来源</td><td>安全性评价</td><td>隐患原因</td><td>设备设施隐患</td></tr>
<tr><td>隐患编号</td><td>国网××供电公司 2016××××</td><td>隐患所在单位</td><td>车辆业务室</td><td>专业分类</td><td>交通</td><td>详细分类</td><td>车辆管理</td></tr>
<tr><td>发现人</td><td>×××</td><td>发现人单位</td><td>小车班</td><td>发现日期</td><td colspan="3">2016-2-14</td></tr>
<tr><td>事故隐患内容</td><td colspan="7">××车辆业务室所辖车牌号为××××的车辆购置于 2002 年，目前已行驶 30 万 km，现运行状况较差（具体描述为×××××），难以满足生产检修车辆交通需求。不符合《国家电网公司十八项电网重大反事故措施（修订版）及编制说明》18.2.2 规定：“加强对各种车辆维修管理。各种车辆的技术状况应符合国家规定，安全装置完善可靠。对车辆应定期进行检修维护，在行驶前、行驶中、行驶后对安全装置进行检查，发现危及交通安全问题，应及时处理，严禁带病行驶。”若驾驶人员贸然驾驶，有可能会因车况情况差造成行驶过程中车辆侧翻、人员意外伤害，依据《国家电网公司安全隐患排查治理管理办法》［国网（安监/3）481—2014］第五条（三）：“一般交通事故”，构成一般事故隐患</td></tr>
<tr><td>可能导致后果</td><td colspan="3">一般交通事故</td><td>归属职能部门</td><td colspan="3">多产</td></tr>
<tr><td rowspan="2">预评估</td><td rowspan="2">预评估等级</td><td rowspan="2">一般隐患</td><td>预评估负责人签名</td><td>×××</td><td>预评估负责人签名日期</td><td colspan="3">2016-2-14</td></tr>
<tr><td>运维室领导审核签名</td><td>×××</td><td>工区领导审核签名日期</td><td colspan="3">2016-2-14</td></tr>
<tr><td rowspan="2">评估</td><td rowspan="2">评估等级</td><td rowspan="2">一般隐患</td><td>评估负责人签名</td><td>×××</td><td>评估负责人签名日期</td><td colspan="3">2016-2-14</td></tr>
<tr><td>评估领导审核签名</td><td>×××</td><td>评估领导审核签名日期</td><td colspan="3">2016-2-14</td></tr>
<tr><td rowspan="6">治理</td><td>治理责任单位</td><td colspan="2">车辆业务室</td><td>治理责任人</td><td colspan="4">×××</td></tr>
<tr><td>治理期限</td><td>自</td><td>2016-2-14</td><td>至</td><td colspan="4">2016-4-30</td></tr>
<tr><td>是否计划项目</td><td>是</td><td colspan="2">是否完成计划外备案</td><td></td><td>计划编号</td><td colspan="2">××××××</td></tr>
<tr><td>防控措施</td><td colspan="7">（1）对该车辆进行封存，报废前不得使用该车辆。
（2）申报生产车辆购置项目，以满足生产检修需求</td></tr>
<tr><td>治理完成情况</td><td colspan="7">3 月 15 日，对车牌号为××××的车辆在当地车管所进行了报废处理，相关车辆报废手续齐全。现申请对该隐患治理完成情况进行验收</td></tr>
<tr><td colspan="2">隐患治理计划资金（万元）</td><td colspan="2">0.06</td><td colspan="2">累计落实隐患治理资金（万元）</td><td colspan="2">0.06</td></tr>
<tr><td rowspan="5">验收</td><td>验收申请单位</td><td>车辆业务室</td><td>负责人</td><td>×××</td><td>签字日期</td><td colspan="3">2016-3-15</td></tr>
<tr><td>验收组织单位</td><td colspan="7">综合服务中心</td></tr>
<tr><td>验收意见</td><td colspan="7">3 月 15 日，经综合服务中心对国网××供电公司 2016××××号隐患进行现场验收，治理完成情况属实，该隐患已消除</td></tr>
<tr><td>结论</td><td colspan="3">验收合格，治理措施已按要求实施，同意注销</td><td>是否消除</td><td colspan="3">是</td></tr>
<tr><td>验收组长</td><td colspan="3">×××</td><td>验收日期</td><td colspan="3">2016-3-15</td></tr>
</table>

7.9.2 驾驶员管理

一般隐患排查治理档案表

2016年度

国网××供电公司

<table>
<tr><td rowspan="5">发现</td><td>隐患简题</td><td colspan="3">国网××供电公司9月13日变电运维室外聘驾驶人员×××年度体检不合格</td><td>隐患来源</td><td>安全检查</td><td>隐患原因</td><td>安全管理隐患</td></tr>
<tr><td>隐患编号</td><td>国网××供电公司2016××××</td><td>隐患所在单位</td><td>车辆业务室</td><td>专业分类</td><td>交通</td><td>详细分类</td><td>驾驶员管理</td></tr>
<tr><td>发现人</td><td>×××</td><td>发现人单位</td><td>变电运维室</td><td>发现日期</td><td colspan="3">2016-9-13</td></tr>
<tr><td>事故隐患内容</td><td colspan="7">变电运维室外聘驾驶人员×××在近期的体检中发现，心电图数据不合格，ST段低压超过0.05mV，患有心肌缺血。由于该驾驶员驾驶的车辆为变电运维室通勤车辆，担负着变电运维×班交接班人员运输的任务，通常车上所乘人员为8人，如在交接班途中因疾病突发，可能造成车辆失控、人员伤亡。依据《国家电网公司安全隐患排查治理管理办法》[国网（安监/3）481—2014]第五条（三）：“一般交通事故”，构成一般事故隐患</td></tr>
<tr><td>可能导致后果</td><td colspan="3">一般交通事故</td><td>归属职能部门</td><td colspan="3">多产</td></tr>
<tr><td rowspan="2">预评估</td><td rowspan="2">预评估等级</td><td rowspan="2">一般隐患</td><td>预评估负责人签名</td><td>×××</td><td>预评估负责人签名日期</td><td colspan="3">2016-9-13</td></tr>
<tr><td>工区领导审核签名</td><td>×××</td><td>工区领导审核签名日期</td><td colspan="3">2016-9-13</td></tr>
<tr><td rowspan="2">评估</td><td rowspan="2">评估等级</td><td rowspan="2">一般隐患</td><td>评估负责人签名</td><td>×××</td><td>评估负责人签名日期</td><td colspan="3">2016-9-13</td></tr>
<tr><td>评估领导审核签名</td><td>×××</td><td>评估领导审核签名日期</td><td colspan="3">2016-9-14</td></tr>
<tr><td rowspan="6">治理</td><td>治理责任单位</td><td colspan="2">车辆业务室</td><td>治理责任人</td><td colspan="4">×××</td></tr>
<tr><td>治理期限</td><td>自</td><td>2016-9-13</td><td>至</td><td colspan="4">2016-9-30</td></tr>
<tr><td>是否计划项目</td><td>是</td><td colspan="2">是否完成计划外备案</td><td></td><td>计划编号</td><td colspan="2">××××××</td></tr>
<tr><td>防控措施</td><td colspan="7">（1）暂停该驾驶人员的驾驶资格，要求其去医院接受正规治疗，身体恢复达标后，经医师及交通管理部门鉴定后，方可继续驾驶车辆。
（2）要求各单位组织对所有外聘驾驶员进行一次体检，对患有影响驾驶车辆疾病的驾驶员一律暂停驾驶资格</td></tr>
<tr><td>治理完成情况</td><td colspan="7">9月23日，组织对公司系统××名外聘驾驶人员进行了体检，共发现×名人员患有不同程度影响驾驶的疾病，均已暂停驾驶资格，目前公司驾驶员无影响驾驶的疾病。现申请对该隐患治理完成情况进行验收</td></tr>
<tr><td colspan="2">隐患治理计划资金（万元）</td><td colspan="2">3.00</td><td colspan="2">累计落实隐患治理资金（万元）</td><td colspan="2">3.00</td></tr>
<tr><td rowspan="5">验收</td><td>验收申请单位</td><td>车辆业务室</td><td>负责人</td><td>×××</td><td>签字日期</td><td colspan="3">2016-9-23</td></tr>
<tr><td>验收组织单位</td><td colspan="7">综合服务中心</td></tr>
<tr><td>验收意见</td><td colspan="7">9月24日，经综合服务中心对国网××供电公司2016××××号隐患进行现场验收，对驾驶人员体检报告进行了复查，治理完成情况属实，该隐患已消除</td></tr>
<tr><td>结论</td><td colspan="3">验收合格，治理措施已按要求实施，同意注销</td><td>是否消除</td><td colspan="3">是</td></tr>
<tr><td>验收组长</td><td colspan="3">×××</td><td>验收日期</td><td colspan="3">2016-9-24</td></tr>
</table>

7.10 环境保护

一般隐患排查治理档案表（1）

2016年度　　　　　　　　　　　　　　　　　　　　　　　　　　　　　　国网××供电公司

发现	隐患简题	国网××供电公司5月13日10kV ××线××台区更换的废旧变压器漏油存在田间土表层污染的安全隐患			隐患来源	安全检查	隐患原因	其他事故隐患
	隐患编号	国网××供电公司2016××××	隐患所在单位	配网工程公司	专业分类	环境保护	详细分类	环境保护
	发现人	×××	发现人单位	配网办	发现日期	2016-5-13		
	事故隐患内容	10kV ××线××台区过负荷配变更换工程作业现场，更换报废的变压器在作业现场随意摆放，在报废变压器2m范围内土表层存在渗油现象，由于台区配变更换作业地处农村田间，漏出的油流入田间地沟中，可能造成环境污染事件，影响周边村民的正常生活，违反《中华人民共和国固体废物污染环境防治法》第五十五条规定："产生危险废物的单位，必须按照国家有关规定处置危险废物，不得擅自倾倒、堆放。"若不及时进行报废处置并清理场地漏油，将造成田间水渠环境污染，依据《国家电网公司安全隐患排查治理管理办法》［国网（安监-3）481—2014］第五条（三）6："其他对社会造成影响事故的隐患"，构成一般事故隐患						
	可能导致后果	一般事故隐患			归属职能部门	多产		
预评估	预评估等级	一般隐患	预评估负责人签名	×××	预评估负责人签名日期	2016-5-13		
			工区领导审核签名	×××	工区领导审核签名日期	2016-5-13		
评估	评估等级	一般隐患	评估负责人签名	×××	评估负责人签名日期	2016-5-13		
			评估领导审核签名	×××	评估领导审核签名日期	2016-5-13		
治理	治理责任单位	配网工程处		治理责任人	×××			
	治理期限	自	2016-5-13	至	2016-6-30			
	是否计划项目	是	是否完成计划外备案			计划编号	××××××	
	防控措施	（1）对露天放置的报废变压器按废旧物资拉回入库规范摆放，并造册登记。 （2）对现场报废变压器漏油田间地面进行覆盖沙，将污染源隔离，杜绝废物环境影响。 （3）督促施工管理单位加强对废旧物资回收管理，防止漏油事件发生						
	治理完成情况	5月20日，对现场报废变压器漏油周边2m范围内的田间土壤进行置换，表层污染土壤进行深埋处理。现申请对该隐患治理完成情况进行验收						
	隐患治理计划资金（万元）		5.00		累计落实隐患治理资金（万元）		5.00	
验收	验收申请单位	配网工程处	负责人	×××	签字日期	2016-5-20		
	验收组织单位	配网办						
	验收意见	5月20日，经配网办对国网××供电公司2016××××号隐患进行现场验收，治理完成情况属实，满足安全（生产）运行要求，该隐患已消除						
	结论	验收合格，治理措施已按要求实施，同意注销			是否消除	是		
	验收组长	×××			验收日期	2016-5-20		

一般隐患排查治理档案表（2）

2016 年度　　　　　　　　　　　　　　　　　　　　　　　　　　　　　　　　　　　　国网××供电公司

<table>
<tr><td rowspan="5">发现</td><td>隐患简题</td><td colspan="3">国网××供电公司5月13日110kV××变电站SF₆配电装置室排风口朝向居民住宅小区的环境安全隐患</td><td>隐患来源</td><td>安全性评价</td><td>隐患原因</td><td>其他事故隐患</td></tr>
<tr><td>隐患编号</td><td>国网××供电公司2016××××</td><td>隐患所在单位</td><td>变电运维室</td><td>专业分类</td><td>环境保护</td><td>详细分类</td><td>环境保护</td></tr>
<tr><td>发现人</td><td>×××</td><td>发现人单位</td><td>变电运维×班</td><td>发现日期</td><td colspan="3">2016-5-13</td></tr>
<tr><td>事故隐患内容</td><td colspan="7">110kV××变电站地处开发区，近年来由于城乡建设发展，其站内SF₆配电装置室的排风口朝向15m处新建××住宅小区，若发生气体泄漏，存在影响附近居民健康生活的环境安全隐患。不符合《变电站SF₆气体管理规定》2.2.1规定："装有SF₆设备的配电装置室，应设置强力机械排风装置，风机电源开关应设置在门外，风口应设置在室风底部，排风口不应朝向居民住宅或行人，室内空气不允许再循环，室内空气中SF₆含量不得超过6000mg/m³。"依据《国家电网公司安全隐患排查治理管理办法》[国网（安监-3）481—2014]第五条（三）6："其他对社会造成影响事故的隐患"，构成一般事故隐患</td></tr>
<tr><td>可能导致后果</td><td colspan="3">一般事故隐患</td><td>归属职能部门</td><td colspan="3">运维检修</td></tr>
<tr><td rowspan="2">预评估</td><td rowspan="2">预评估等级</td><td rowspan="2">一般隐患</td><td>预评估负责人签名</td><td>×××</td><td>预评估负责人签名日期</td><td colspan="3">2016-5-13</td></tr>
<tr><td>工区领导审核签名</td><td>×××</td><td>工区领导审核签名日期</td><td colspan="3">2016-5-13</td></tr>
<tr><td rowspan="2">评估</td><td rowspan="2">评估等级</td><td rowspan="2">一般隐患</td><td>评估负责人签名</td><td>×××</td><td>评估负责人签名日期</td><td colspan="3">2016-5-13</td></tr>
<tr><td>评估领导审核签名</td><td>×××</td><td>评估领导审核签名日期</td><td colspan="3">2016-5-13</td></tr>
<tr><td rowspan="6">治理</td><td>治理责任单位</td><td colspan="2">变电运维室</td><td>治理责任人</td><td colspan="4">×××</td></tr>
<tr><td>治理期限</td><td>自</td><td>2016-5-13</td><td>至</td><td colspan="4">2016-10-30</td></tr>
<tr><td>是否计划项目</td><td>是</td><td colspan="2">是否完成计划外备案</td><td></td><td>计划编号</td><td colspan="2">××××××</td></tr>
<tr><td>防控措施</td><td colspan="7">（1）在SF₆配电装置室入口处装设SF₆气体含量显示器，低位区设置SF₆泄漏报警仪，定期对SF₆气体进行检漏，防止出现气体泄漏。
（2）在SF₆电气设备配电装置室配备SF₆气体净化回收装置。
（3）设置强力机械排风装置，并将风口改造在室风底部，防止排风口朝向居民住宅或行人</td></tr>
<tr><td>治理完成情况</td><td colspan="7">9月22日，完成110kV××变电站SF₆配电装置室排风口改造工作，将风口改造在室风底部，并装设了强力机械排风装置，满足变电站SF₆气体管理规定要求。现申请对该隐患治理完成情况进行验收</td></tr>
<tr><td colspan="2">隐患治理计划资金（万元）</td><td colspan="2">3.00</td><td colspan="2">累计落实隐患治理资金（万元）</td><td colspan="2">3.00</td></tr>
<tr><td rowspan="5">验收</td><td>验收申请单位</td><td>变电运维室</td><td>负责人</td><td>×××</td><td>签字日期</td><td colspan="3">2016-9-22</td></tr>
<tr><td>验收组织单位</td><td colspan="7">运维检修部</td></tr>
<tr><td>验收意见</td><td colspan="7">9月23日，经运维检修部对国网××供电公司2016××××号隐患进行现场验收，治理完成情况属实，满足安全（生产）运行要求，该隐患已消除</td></tr>
<tr><td>结论</td><td colspan="3">验收合格，治理措施已按要求实施，同意注销</td><td>是否消除</td><td colspan="3">是</td></tr>
<tr><td>验收组长</td><td colspan="3">×××</td><td>验收日期</td><td colspan="3">2016-9-23</td></tr>
</table>

一般隐患排查治理档案表（3）

2016 年度　　　　国网××供电公司

<table>
<tr><td rowspan="5">发现</td><td>隐患简题</td><td colspan="3">国网××供电公司5月13日110kV××变电站三通一平施工袋装水泥、建筑垃圾、弃土、弃渣随意堆放</td><td>隐患来源</td><td>安全检查</td><td>隐患原因</td><td>其他事故隐患</td></tr>
<tr><td>隐患编号</td><td>国网××供电公司2016××××</td><td>隐患所在单位</td><td>建设部</td><td>专业分类</td><td>环境保护</td><td>详细分类</td><td>环境保护</td></tr>
<tr><td>发现人</td><td>×××</td><td>发现人单位</td><td>电力建筑公司</td><td>发现日期</td><td colspan="3">2016-5-13</td></tr>
<tr><td>事故隐患内容</td><td colspan="7">110kV××变电站土建“三通一平”施工现场，袋装水泥、开挖施工的建筑垃圾、弃土、弃渣在变电站门口附近随意堆放，遇有刮风下雨，将造成环境污染，影响周边群众健康生活。不符合《国家电网公司电力安全工作规程（电网建设部分）（试行）》3.1.1规定：“施工总平面布置应符合国家消防、环境保护、职业健康等有关规定”；3.4.6规定：“袋装水泥堆放的地面应垫平，架空垫起不小于0.3m，堆放高度不宜超过10包；临时露天堆放时，应用防雨篷布遮盖”；《中华人民共和国固体废物污染环境防治法》第五十五条规定：“产生危险废物的单位，必须按照国家有关规定处置危险废物，不得擅自倾倒、堆放。”依据《国家电网公司安全隐患排查治理管理办法》[国网（安监-3）481—2014]第五条（三）6：“其他对社会造成影响事故的隐患”，构成一般事故隐患</td></tr>
<tr><td>可能导致后果</td><td colspan="3">一般事故隐患</td><td>归属职能部门</td><td colspan="3">多产</td></tr>
<tr><td rowspan="2">预评估</td><td rowspan="2">预评估等级</td><td rowspan="2">一般隐患</td><td>预评估负责人签名</td><td>×××</td><td>预评估负责人签名日期</td><td colspan="3">2016-5-13</td></tr>
<tr><td>工区领导审核签名</td><td>×××</td><td>工区领导审核签名日期</td><td colspan="3">2016-5-13</td></tr>
<tr><td rowspan="2">评估</td><td rowspan="2">评估等级</td><td rowspan="2">一般隐患</td><td>评估负责人签名</td><td>×××</td><td>评估负责人签名日期</td><td colspan="3">2016-5-13</td></tr>
<tr><td>评估领导审核签名</td><td>×××</td><td>评估领导审核签名日期</td><td colspan="3">2016-5-13</td></tr>
<tr><td rowspan="7">治理</td><td>治理责任单位</td><td colspan="2">电力建筑公司</td><td>治理责任人</td><td colspan="4">×××</td></tr>
<tr><td>治理期限</td><td>自</td><td>2016-5-13</td><td>至</td><td colspan="4">2016-6-30</td></tr>
<tr><td>是否计划项目</td><td>是</td><td colspan="2">是否完成计划外备案</td><td></td><td>计划编号</td><td colspan="2">××××××</td></tr>
<tr><td>防控措施</td><td colspan="7">（1）严格按照施工总平面布置定置堆放，必要时建设移动板房或临时围墙，将固体污染源隔离。
（2）袋装水泥定置堆放，堆放的地面应垫平，架空垫起不小于0.3m，堆放高度不宜超过10包；临时露天堆放时，应用防雨、防尘篷布遮盖。
（3）施工废弃的垃圾、土渣选择远离附近居民、不产生农田污染的固定场所，堆放建筑垃圾、土方开挖产生的弃土、弃渣，并按要求进行防尘覆盖，防止固体废物的环境影响</td></tr>
<tr><td>治理完成情况</td><td colspan="7">5月28日，将施工废弃的垃圾、土渣拉至垃圾清理站深埋；对后期施工产生的，按照施工平面布置定置堆放，进行防尘覆盖，落实定期清理；同时将站外施工袋装水泥放置站内进行防尘篷布遮盖，防止灰尘污染。现申请对该隐患治理完成情况进行验收</td></tr>
<tr><td colspan="2">隐患治理计划资金（万元）</td><td colspan="2">0.30</td><td colspan="2">累计落实隐患治理资金（万元）</td><td colspan="2">0.30</td></tr>
<tr><td rowspan="5">验收</td><td>验收申请单位</td><td>电力建筑公司</td><td>负责人</td><td>×××</td><td>签字日期</td><td colspan="3">2016-5-28</td></tr>
<tr><td>验收组织单位</td><td colspan="7">建设部</td></tr>
<tr><td>验收意见</td><td colspan="7">5月29日，经建设部对国网××供电公司2016××××隐患进行现场验收，治理完成情况属实，满足安全（生产）运行要求，该隐患已消除</td></tr>
<tr><td>结论</td><td colspan="3">验收合格，治理措施已按要求实施，同意注销</td><td>是否消除</td><td colspan="3">是</td></tr>
<tr><td>验收组长</td><td colspan="3">×××</td><td>验收日期</td><td colspan="3">2016-5-29</td></tr>
</table>

7.11 其他

7.11.1 其他特种设备

7.11.1.1 行吊及电动升降平台

一般隐患排查治理档案表

2016 年度

国网××供电公司

<table>
<tr><td rowspan="5">发现</td><td>隐患简题</td><td colspan="3">国网××供电公司5月13日检修车间行吊及电动升降平台存在承重部件、控制设备老化的安全隐患</td><td>隐患来源</td><td>安全性评价</td><td>隐患原因</td><td>设备设施隐患</td></tr>
<tr><td>隐患编号</td><td>国网××供电公司2016××××</td><td>隐患所在单位</td><td>变电检修室</td><td>专业分类</td><td>其他</td><td>详细分类</td><td>行吊及电动升降平台</td></tr>
<tr><td>发现人</td><td>×××</td><td>发现人单位</td><td>变电检修班</td><td>发现日期</td><td colspan="3">2016-5-13</td></tr>
<tr><td>事故隐患内容</td><td colspan="7">变电检修室检修车间行吊使用年限超20年，承重部件、控制设备、电路元件老化以及2009年配置的三台电动升降平台，现场使用频率高，磨损件老化，承力部件及控制部分未进行专业大修检查，不符合《国家电网公司电力安全工作规程　变电部分》附录M常用起重设备检查和试验周期及要求第11项规定："1年试验检查1次；结合大、小修进行检查。"存在使用中人身意外高坠的安全隐患，依据《国家电网公司安全事故调查规程（2017修正版）》2.1相关条款，可能构成人身事故</td></tr>
<tr><td>可能导致后果</td><td colspan="3">人身事故</td><td>归属职能部门</td><td colspan="3">多产</td></tr>
<tr><td rowspan="2">预评估</td><td rowspan="2">预评估等级</td><td rowspan="2">一般隐患</td><td>预评估负责人签名</td><td>×××</td><td>预评估负责人签名日期</td><td colspan="3">2016-5-13</td></tr>
<tr><td>工区领导审核签名</td><td>×××</td><td>工区领导审核签名日期</td><td colspan="3">2016-5-13</td></tr>
<tr><td rowspan="2">评估</td><td rowspan="2">评估等级</td><td rowspan="2">一般隐患</td><td>评估负责人签名</td><td>×××</td><td>评估负责人签名日期</td><td colspan="3">2016-5-13</td></tr>
<tr><td>评估领导审核签名</td><td>×××</td><td>评估领导审核签名日期</td><td colspan="3">2016-5-13</td></tr>
<tr><td rowspan="6">治理</td><td>治理责任单位</td><td colspan="2">变电检修室</td><td>治理责任人</td><td colspan="4">×××</td></tr>
<tr><td>治理期限</td><td>自</td><td>2016-5-13</td><td>至</td><td colspan="4">2016-8-30</td></tr>
<tr><td>是否计划项目</td><td>是</td><td colspan="2">是否完成计划外备案</td><td></td><td>计划编号</td><td colspan="2">××××××</td></tr>
<tr><td>防控措施</td><td colspan="7">（1）永久治理前，加强作业现场安全监护。
（2）按照特种设备管理规定，对1台行吊、3台电动升降平台进行大修，补充备品备件</td></tr>
<tr><td>治理完成情况</td><td colspan="7">8月5日，完成检修车间1台行吊、3台电动升降平台的大修及维护保养工作，并补充了备品备件，经试验满足安全运行要求。现申请对该隐患治理完成情况进行验收</td></tr>
<tr><td colspan="2">隐患治理计划资金（万元）</td><td colspan="2">3.80</td><td colspan="2">累计落实隐患治理资金（万元）</td><td colspan="2">3.80</td></tr>
<tr><td rowspan="5">验收</td><td>验收申请单位</td><td>变电检修室</td><td>负责人</td><td>×××</td><td>签字日期</td><td colspan="3">2016-8-5</td></tr>
<tr><td>验收组织单位</td><td colspan="7">运维检修部</td></tr>
<tr><td>验收意见</td><td colspan="7">8月6日，经运维检修部对国网××供电公司2016××××隐患进行现场验收，治理完成情况属实，满足安全（生产）运行要求，该隐患已消除</td></tr>
<tr><td>结论</td><td colspan="3">验收合格，治理措施已按要求实施，同意注销</td><td>是否消除</td><td colspan="3">是</td></tr>
<tr><td>验收组长</td><td colspan="3">×××</td><td>验收日期</td><td colspan="3">2016-8-6</td></tr>
</table>

7.11.1.2 电梯

一般隐患排查治理档案表

2016年度　　　　　　　　　　　　　　　　　　　　　　　　　　　　　　　国网××供电公司

发现	隐患简题	国网××供电公司5月13日调度大楼1号电梯内应急告警按键功能失效的安全隐患			隐患来源	安全检查	隐患原因	设备设施隐患
	隐患编号	国网××供电公司2016××××	隐患所在单位	综合服务中心	专业分类	其他	详细分类	电梯
	发现人	×××	发现人单位	电力物业公司	发现日期	2016-5-13		
	事故隐患内容	××公司调度大楼1号电梯内应急告警按键功能失效，若突发电梯故障，存在无法掌握被困人员人身安全信息，造成应急救援不及时而发生人员意外伤害。不符合《中华人民共和国特种设备安全法》第四十六条规定："电梯投入使用后，电梯制造单位应对其制造的电梯的安全运行情况进行跟踪调查和了解，对电梯的维护保养单位或使用单位在维护保养和安全运行方面存在的问题，提出改进建议，并提供必要的技术帮助。"依据《国家电网公司安全事故调查规程（2017修正版）》2.1相关条款，可能构成人身事故						
	可能导致后果	人身事故			归属职能部门	多产		
预评估	预评估等级	一般隐患	预评估负责人签名	×××	预评估负责人签名日期	2016-5-13		
			工区领导审核签名	×××	工区领导审核签名日期	2016-5-13		
评估	评估等级	一般隐患	评估负责人签名	×××	评估负责人签名日期	2016-5-13		
			评估领导审核签名	×××	评估领导审核签名日期	2016-5-13		
治理	治理责任单位	电力物业公司		治理责任人	×××			
	治理期限	自	2016-5-13	至	2016-6-30			
	是否计划项目	是	是否完成计划外备案			计划编号	××××××	
	防控措施	（1）修复前，暂停该部电梯的使用。 （2）联系电梯生产厂家对调度大楼电梯内应急告警按键进行维修，并定期做好电梯的维护、保养及年检，确保电梯处于良好的运行状态						
	治理完成情况	6月15日，联系电梯厂家对公司调度大楼1号电梯进行了维修，修复了应急告警按钮，并对电梯进行了全面的保养维修，经调试电梯运行正常。现申请对该隐患治理完成情况进行验收						
	隐患治理计划资金（万元）		0.20		累计落实隐患治理资金（万元）		0.20	
验收	验收申请单位	电力物业公司	负责人	×××	签字日期	2016-6-15		
	验收组织单位	综合服务中心						
	验收意见	6月15日，经综合服务中心对国网××供电公司2016××××号隐患进行现场验收，治理完成情况属实，该隐患已消除						
	结论	验收合格，治理措施已按要求实施，同意注销			是否消除	是		
	验收组长	×××			验收日期	2016-6-15		

7.11.2 特种作业

一般隐患排查治理档案表

2016 年度

国网××供电公司

<table>
<tr><td rowspan="5">发现</td><td>隐患简题</td><td colspan="3">国网××供电公司2月5日××线路工程公司存在10名特种作业人员证书过期的安全管理隐患</td><td>隐患来源</td><td>安全检查</td><td>隐患原因</td><td>安全管理隐患</td></tr>
<tr><td>隐患编号</td><td>国网××供电公司2016××××</td><td>隐患所在单位</td><td>××线路工程公司</td><td>专业分类</td><td>其他</td><td>详细分类</td><td>特种作业</td></tr>
<tr><td>发现人</td><td>×××</td><td>发现人单位</td><td>安质部</td><td>发现日期</td><td colspan="3">2016-2-5</td></tr>
<tr><td>事故隐患内容</td><td colspan="7">××线路工程公司存在九名高空作业人员、一名吊车起吊操作人员资格证过期、三名吊车指挥人员无指挥证，违反了《生产经营单位安全培训规定》（国家安监总局令第3号）第二十六条规定：“各级安全生产监管监察部门对生产经营单位安全培训及其持证上岗的情况进行监督检查，主要包括以下内容：（三）特种作业人员操作资格证持证上岗的情况。”由于特种作业人员属高风险作业工种，若不加强对特种作业人员安全培训及持证上岗，极有可能在特种作业环境条件下发生人身意外伤害，依据《国家电网公司安全事故调查规程（2017修正版）》2.1相关条款，可能构成人身事故</td></tr>
<tr><td>可能导致后果</td><td colspan="3">人身事故</td><td>归属职能部门</td><td colspan="3">多产</td></tr>
<tr><td rowspan="2">预评估</td><td rowspan="2">预评估等级</td><td rowspan="2">一般隐患</td><td>预评估负责人签名</td><td>×××</td><td>预评估负责人签名日期</td><td colspan="3">2016-2-5</td></tr>
<tr><td>运维室领导审核签名</td><td>×××</td><td>工区领导审核签名日期</td><td colspan="3">2016-2-5</td></tr>
<tr><td rowspan="2">评估</td><td rowspan="2">评估等级</td><td rowspan="2">一般隐患</td><td>评估负责人签名</td><td>×××</td><td>评估负责人签名日期</td><td colspan="3">2016-2-6</td></tr>
<tr><td>评估领导审核签名</td><td>×××</td><td>评估领导审核签名日期</td><td colspan="3">2016-2-7</td></tr>
<tr><td rowspan="6">治理</td><td>治理责任单位</td><td colspan="2">××线路工程公司</td><td>治理责任人</td><td colspan="4">×××</td></tr>
<tr><td>治理期限</td><td>自</td><td>2016-2-5</td><td>至</td><td colspan="4">2016-5-30</td></tr>
<tr><td>是否计划项目</td><td>是</td><td colspan="2">是否完成计划外备案</td><td></td><td>计划编号</td><td colspan="2">××××××</td></tr>
<tr><td>防控措施</td><td colspan="7">（1）对特种作业资质证过期或无证的特种作业人员，在未进行安全教育培训，未取得有效的特种作业资格证之前，不得进入作业现场从事特种作业。
（2）对本单位从事特殊工种的人员进行梳理，联系地方安全生产协会及技术质量监督局，组织对特种作业人员（高空、电焊、起吊操作、指挥）开展资质培训取证</td></tr>
<tr><td>治理完成情况</td><td colspan="7">3月15日，经联系地方安全生产协会及技术质量监督局，分别组织对22名特种作业人员（11名高空、6名电焊、2名起吊操作、3名指挥）开展资质培训取证，共计开展48学时，3月21日经考核成绩全部合格。现申请对该隐患治理完成情况进行验收</td></tr>
<tr><td colspan="2">隐患治理计划资金（万元）</td><td colspan="2">2.50</td><td colspan="2">累计落实隐患治理资金（万元）</td><td colspan="2">2.50</td></tr>
<tr><td rowspan="5">验收</td><td>验收申请单位</td><td>××线路工程公司</td><td>负责人</td><td>×××</td><td>签字日期</td><td colspan="3">2016-3-15</td></tr>
<tr><td>验收组织单位</td><td colspan="7">安质部</td></tr>
<tr><td>验收意见</td><td colspan="7">3月15日，经安质部对国网××供电公司2016××××号隐患进行现场验收，治理完成情况属实，满足安全（生产）运行要求，该隐患已消除</td></tr>
<tr><td>结论</td><td colspan="3">验收合格，治理措施已按要求实施，同意注销</td><td>是否消除</td><td colspan="3">是</td></tr>
<tr><td>验收组长</td><td colspan="3">×××</td><td>验收日期</td><td colspan="3">2016-3-15</td></tr>
</table>

7.12 调设及二次系统

7.12.1 监控系统

一般隐患排查治理档案表

国网××供电公司

2016年度

<table>
<tr><td rowspan="5">发现</td><td>隐患简题</td><td colspan="3">国网××供电公司1月22日电力监控系统无法对异常攻击行为进行隔离和阻断的安全隐患</td><td>隐患来源</td><td>安全性评价</td><td>隐患原因</td><td>电力安全事故隐患</td></tr>
<tr><td>隐患编号</td><td>国网××供电公司2016××××</td><td>隐患所在单位</td><td>电力调度控制中心</td><td>专业分类</td><td>调度及二次系统</td><td>详细分类</td><td>监控系统</td></tr>
<tr><td>发现人</td><td>××</td><td>发现人单位</td><td>自动化运维班</td><td>发现日期</td><td colspan="3">2016-1-22</td></tr>
<tr><td>事故隐患内容</td><td colspan="7">国网××供电公司电力监控系统中调度数据网设备和纵向加密装置虽然已全覆盖，但存在无法对该系统安全运行情况进行量化分析，不能及时掌握潜在信息安全风险和隐患，难于隔离和阻断电力二次系统异常攻击行为，不满足《国家电网公司十八项电网重大反事故措施（修订版）及编制说明》16.1.1.2规定：“调度端及厂站端电力二次系统安全防护应满足‘安全分区、网络专用、横向隔离、纵向认证’的基本原则要求。安全防护策略从边界防护逐步过渡到全过程安全防护，安全四级主要设备应满足电磁屏蔽的要求，全面形成具有纵深防御的安全防护体系。”若系统受到攻击时，将可能造成监控系统SCADA功能丧失，依据《国家电网公司安全事故调查规程（2017修正版）》2.3.6.8：“地市电力调度控制中心调度自动化系统SCADA功能全部丧失8h以上，或延误送电、影响事故处理”，构成六级设备事件</td></tr>
<tr><td>可能导致后果</td><td colspan="3">六级设备事件</td><td>归属职能部门</td><td colspan="3">调度</td></tr>
<tr><td rowspan="2">预评估</td><td rowspan="2">预评估等级</td><td rowspan="2">一般隐患</td><td>预评估负责人签名</td><td>×××</td><td>预评估负责人签名日期</td><td colspan="3">2016-1-22</td></tr>
<tr><td>工区领导审核签名</td><td>×××</td><td>工区领导审核签名日期</td><td colspan="3">2016-1-22</td></tr>
<tr><td rowspan="2">评估</td><td rowspan="2">评估等级</td><td rowspan="2">一般隐患</td><td>评估负责人签名</td><td>×××</td><td>评估负责人签名日期</td><td colspan="3">2016-1-23</td></tr>
<tr><td>评估领导审核签名</td><td>×××</td><td>评估领导审核签名日期</td><td colspan="3">2016-1-23</td></tr>
<tr><td rowspan="6">治理</td><td>治理责任单位</td><td colspan="2">电力调度控制中心</td><td>治理责任人</td><td colspan="4">×××</td></tr>
<tr><td>治理期限</td><td>自</td><td>2016-1-22</td><td>至</td><td colspan="4">2016-12-31</td></tr>
<tr><td>是否计划项目</td><td>是</td><td colspan="2">是否完成计划外备案</td><td></td><td>计划编号</td><td colspan="2">××××××</td></tr>
<tr><td>防控措施</td><td colspan="7">（1）电力二次系统设备上禁止使用移动存储设备。
（2）电力二次系统所有设备空余接口屏蔽。
（3）申报建设电力二次系统内网安全监视平台项目</td></tr>
<tr><td>治理完成情况</td><td colspan="7">12月10日，电力监控系统内网安全监视平台建设完成，安装防病毒系统×套、入侵监测系统（IDS）×套，安全Ⅰ区和安全Ⅱ区、安全Ⅱ区和安全Ⅲ区之间防火墙×套，并投入运行。能有效隔离和阻断对电力二次系统的异常攻击行为，满足电力二次系统安全运行要求。现申请对该隐患治理完成情况进行验收</td></tr>
<tr><td colspan="2">隐患治理计划资金（万元）</td><td colspan="2">60.00</td><td colspan="2">累计落实隐患治理资金（万元）</td><td colspan="2">60.00</td></tr>
<tr><td rowspan="5">验收</td><td>验收申请单位</td><td>自动化运维班</td><td>负责人</td><td>×××</td><td>签字日期</td><td colspan="3">2016-12-10</td></tr>
<tr><td>验收组织单位</td><td colspan="7">电力调度控制中心</td></tr>
<tr><td>验收意见</td><td colspan="7">12月11日，经电力调度控制中心对国网××供电公司2016××××号隐患进行现场验收，治理完成情况属实，满足安全（生产）运行要求，该隐患已消除</td></tr>
<tr><td>结论</td><td colspan="3">验收合格，治理措施已按要求实施，同意注销</td><td>是否消除</td><td colspan="3">是</td></tr>
<tr><td>验收组长</td><td colspan="3">×××</td><td>验收日期</td><td colspan="3">2016-12-11</td></tr>
</table>

7.12.2 自动化设备

7.12.2.1 综自系统远动机

一般隐患排查治理档案表

2016 年度

国网××供电公司

<table>
<tr><td rowspan="5">发现</td><td>隐患简题</td><td colspan="3">国网××供电公司 8 月 22 日 110kV ××变电站综自系统远动机硬件老化频繁重启的安全隐患</td><td>隐患来源</td><td>日常巡视</td><td>隐患原因</td><td>设备设施隐患</td></tr>
<tr><td>隐患编号</td><td>国网××供电公司 2016××××</td><td>隐患所在单位</td><td>电力调度控制中心</td><td>专业分类</td><td>调度及二次系统</td><td>详细分类</td><td>综自系统远动机</td></tr>
<tr><td>发现人</td><td>×××</td><td>发现人单位</td><td>自动化运维班</td><td>发现日期</td><td colspan="3">2016-8-22</td></tr>
<tr><td>事故隐患内容</td><td colspan="7">110kV ××变电站综自系统远动机硬件老化（已运行 11 年），存在系统时间不更新、频繁重启、监控信息间歇性中断的安全隐患，不符合《无人值守变电站及监控中心技术导则》3.1 规定："在监控中心（集控站）的管辖范围内，能够向监控中心（集控站）上传相关设备及其运行情况的遥测、遥信、遥视等信息，具备接收并执行监控中心（集控站）下发的遥控、遥调指令等功能。"若突发设备故障，将造成无法及时发现故障，影响事故处理的及时性，依据《国家电网公司安全事故调查规程（2017 修正版）》2.3.7.2（2）："35kV 以上输变电主设备被迫停运，时间超过 24h"，构成七级设备事件</td></tr>
<tr><td>可能导致后果</td><td colspan="3">七级设备事件</td><td>归属职能部门</td><td colspan="3">调度</td></tr>
<tr><td rowspan="2">预评估</td><td rowspan="2">预评估等级</td><td rowspan="2">一般隐患</td><td>预评估负责人签名</td><td>×××</td><td>预评估负责人签名日期</td><td colspan="3">2016-8-22</td></tr>
<tr><td>工区领导审核签名</td><td>×××</td><td>工区领导审核签名日期</td><td colspan="3">2016-8-22</td></tr>
<tr><td rowspan="2">评估</td><td rowspan="2">评估等级</td><td rowspan="2">一般隐患</td><td>评估负责人签名</td><td>×××</td><td>评估负责人签名日期</td><td colspan="3">2016-8-22</td></tr>
<tr><td>评估领导审核签名</td><td>×××</td><td>评估领导审核签名日期</td><td colspan="3">2016-8-22</td></tr>
<tr><td rowspan="6">治理</td><td>治理责任单位</td><td colspan="2">自动化运维班</td><td>治理责任人</td><td colspan="4">×××</td></tr>
<tr><td>治理期限</td><td>自</td><td>2016-8-22</td><td>至</td><td colspan="4">2016-11-20</td></tr>
<tr><td>是否计划项目</td><td>是</td><td colspan="2">是否完成计划外备案</td><td></td><td>计划编号</td><td colspan="2">××××××</td></tr>
<tr><td>防控措施</td><td colspan="7">（1）变电运维人员增加巡视频次，实施现场监控。
（2）升级改造 110kV ××变电站综自系统远动机</td></tr>
<tr><td>治理完成情况</td><td colspan="7">10 月 10 日，更换 110kV ××变电站综自系统远动机两台，经对远动机与站内二次装置和调控主站进行调试，满足设备安全运行条件。现申请对该隐患治理完成情况进行验收</td></tr>
<tr><td colspan="2">隐患治理计划资金（万元）</td><td colspan="2">10.00</td><td colspan="2">累计落实隐患治理资金（万元）</td><td colspan="2">10.00</td></tr>
<tr><td rowspan="5">验收</td><td>验收申请单位</td><td>自动化运维班</td><td>负责人</td><td>×××</td><td>签字日期</td><td colspan="3">2016-10-10</td></tr>
<tr><td>验收组织单位</td><td colspan="7">电力调度控制中心</td></tr>
<tr><td>验收意见</td><td colspan="7">10 月 10 日，经电力调度控制中心对国网××供电公司 2016××××号隐患进行现场验收，治理完成情况属实，满足安全（生产）运行要求，该隐患已消除</td></tr>
<tr><td>结论</td><td colspan="3">验收合格，治理措施已按要求实施，同意注销</td><td>是否消除</td><td colspan="3">是</td></tr>
<tr><td>验收组长</td><td colspan="3">×××</td><td>验收日期</td><td colspan="3">2016-10-10</td></tr>
</table>

7.12.2.2 备调系统前置服务器

一般隐患排查治理档案表

2016 年度　　　　　　　　　　　　　　　　　　　　　　　　　　　　国网××供电公司

发现	隐患简题	国网××供电公司 8 月 22 日备调系统××前置服务器硬盘老化故障存在间歇性服务器死机			隐患来源	日常巡视	隐患原因	设备设施隐患
	隐患编号	国网××供电公司 2016××××	隐患所在单位	电力调度控制中心	专业分类	调度及二次系统	详细分类	备调系统前置服务器
	发现人	×××	发现人单位	自动化运维班	发现日期	2016-8-22		
	事故隐患内容	备调系统××前置服务器硬盘老化故障，存在间歇性服务器死机，备调系统应用服务无法启动的安全隐患，若另一台前置服务器发生故障将导致备调系统通道中断，备调系统失去作用。不符合《国家电网公司十八项电网重大反事故措施（修订版）及编制说明》16.1.1.1 规定：“调度自动化系统的主要设备应采用冗余配置，服务器的存储容量和 CPU 负载应满足相关规定要求。”依据《国家电网公司安全事故调查规程（2017 修正版）》2.3.6.8：“地市电力调度控制中心调度自动化系统 SCADA 功能全部丧失 8h 以上，或延误送电、影响事故处理”，构成六级设备事件						
	可能导致后果	六级设备事件			归属职能部门	调度		
预评估	预评估等级	一般隐患	预评估负责人签名	×××	预评估负责人签名日期	2016-8-22		
			工区领导审核签名	×××	工区领导审核签名日期	2016-8-22		
评估	评估等级	一般隐患	评估负责人签名	×××	评估负责人签名日期	2016-8-23		
			评估领导审核签名	×××	评估领导审核签名日期	2016-8-23		
治理	治理责任单位	自动化运维班		治理责任人	×××			
	治理期限	自	2016-8-22	至	2016-10-20			
	是否计划项目	是	是否完成计划外备案			计划编号	××××××	
	防控措施	（1）备调系统××前置服务器故障期间，每天对备调系统另一服务器进行指令操作，监测运行工况。 （2）对××前置服务器下架拆卸，对其中存储硬盘进行更换和调试，完成××前置服务器接入备调系统调试工作						
	治理完成情况	9 月 20 日，完成备调系统××前置服务器老化硬盘的更换工作，经接入备调系统调试，备调系统运行正常。现申请对该隐患治理完成情况进行验收						
	隐患治理计划资金（万元）		8.00		累计落实隐患治理资金（万元）		8.00	
验收	验收申请单位	自动化运维班	负责人	×××	签字日期	2016-9-20		
	验收组织单位	电力调度控制中心						
	验收意见	9 月 20 日，经电力调度控制中心对国网××供电公司 2016××××号隐患进行现场验收，治理完成情况属实，满足安全（生产）运行要求，该隐患已消除						
	结论	验收合格，治理措施已按要求实施，同意注销			是否消除	是		
	验收组长	×××			验收日期	2016-9-20		

7.12.3 调设方式

7.12.3.1 地域电网调度方式变化

一般隐患排查治理档案表

2016 年度　　　　　　　　　　　　　　　　　　　　　　国网××供电公司

<table>
<tr><td rowspan="5">发现</td><td>隐患简题</td><td colspan="3">国网××供电公司 3 月 15 日 110kV ××变电站因 110kV ××线停电检修而存在的电网安全隐患</td><td>隐患来源</td><td>电网方式分析</td><td>隐患原因</td><td>电力安全隐患</td></tr>
<tr><td>隐患编号</td><td>国网××供电公司2016××××</td><td>隐患所在单位</td><td>电力调度控制中心</td><td>专业分类</td><td>调度及二次系统</td><td>详细分类</td><td>地域电网调度方式变化</td></tr>
<tr><td>发现人</td><td>×××</td><td>发现人单位</td><td>电网监控班</td><td>发现日期</td><td colspan="3">2016-3-15</td></tr>
<tr><td>事故隐患内容</td><td colspan="7">110kV ××变电站 110kV 接线方式为单母分段，每段母线上接一条 110kV 线路。因计划在 3 月 18～19 日Ⅰ段母线上进行 110kV ××线路停电检修，期间全站负荷只能由Ⅱ段母线上 110kV ××线路单电源供电，期间若该条线路故障，将存在 110kV ××变全站失压的电网安全隐患。不符合《国家电网公司十八项电网重大反事故措施（修订版）及编制说明》5.1.1.1 规定：“在站内部分母线或一条输电通道检修情况下，发生 $N-1$ 故障时不应出现变电站全停的情况。”依据《国家电网公司安全事故调查规程（2017 修正版）》2.2.6.2：“变电站内 110kV 母线非计划全停”，构成六级电网事件</td></tr>
<tr><td>可能导致后果</td><td colspan="3">六级电网事件</td><td>归属职能部门</td><td colspan="3">调度</td></tr>
<tr><td rowspan="2">预评估</td><td rowspan="2">预评估等级</td><td rowspan="2">一般隐患</td><td>预评估负责人签名</td><td>×××</td><td>预评估负责人签名日期</td><td colspan="3">2016-3-15</td></tr>
<tr><td>工区领导审核签名</td><td>×××</td><td>工区领导审核签名日期</td><td colspan="3">2016-3-15</td></tr>
<tr><td rowspan="2">评估</td><td rowspan="2">评估等级</td><td rowspan="2">一般隐患</td><td>评估负责人签名</td><td>×××</td><td>评估负责人签名日期</td><td colspan="3">2016-3-15</td></tr>
<tr><td>评估领导审核签名</td><td>×××</td><td>评估领导审核签名日期</td><td colspan="3">2016-3-15</td></tr>
<tr><td rowspan="6">治理</td><td>治理责任单位</td><td colspan="2">方式计划室</td><td>治理责任人</td><td colspan="4">×××</td></tr>
<tr><td>治理期限</td><td>自</td><td>2016-3-15</td><td>至</td><td colspan="4">2016-3-21</td></tr>
<tr><td>是否计划项目</td><td>是</td><td colspan="2">是否完成计划外备案</td><td></td><td>计划编号</td><td colspan="2">××××××</td></tr>
<tr><td>防控措施</td><td colspan="7">（1）3 月 15 日发布电网运行风险预警通知单；3 月 18～19 日检修期间，禁止在Ⅱ段母线上 110kV ××线路进行带电工作。
（2）检修前要求输电运检室、变电运维室对 110kV ××线及 110kV ××变进行特巡。
（3）对 110kV ××变进行负荷转移，尽量减少事故发生时的负荷损失</td></tr>
<tr><td>治理完成情况</td><td colspan="7">3 月 19 日，110kV ××线路检修工作结束，110kV ××变电站恢复正常运行方式，母线全停的风险解除。现申请对该隐患治理完成情况进行验收</td></tr>
<tr><td colspan="2">隐患治理计划资金（万元）</td><td colspan="2">0.00</td><td colspan="2">累计落实隐患治理资金（万元）</td><td colspan="2">0.00</td></tr>
<tr><td rowspan="5">验收</td><td>验收申请单位</td><td>方式计划室</td><td>负责人</td><td>×××</td><td>签字日期</td><td colspan="3">2016-3-20</td></tr>
<tr><td>验收组织单位</td><td colspan="7">电力调度控制中心</td></tr>
<tr><td>验收意见</td><td colspan="7">3 月 20 日，经电力调度控制中心对国网××供电公司 2016××××号隐患进行现场验收，治理完成情况属实，满足安全（生产）运行要求，该隐患已消除</td></tr>
<tr><td>结论</td><td colspan="3">验收合格，治理措施已按要求实施，同意注销</td><td>是否消除</td><td colspan="3">是</td></tr>
<tr><td>验收组长</td><td colspan="3">×××</td><td>验收日期</td><td colspan="3">2016-3-20</td></tr>
</table>

7.12.3.2　黑启动方案

一般隐患排查治理档案表

2016年度　　　　　　　　　　　　　　　　　　　　　　　　　　　　　　　　　　　国网××供电公司

发现	隐患简题	国网××供电公司9月6日电力调度控制中心存在黑启动方案长期未调整的安全管理隐患			隐患来源	安全检查	隐患原因	安全管理隐患
	隐患编号	国网××供电公司2016××××	隐患所在单位	方式计划室	专业分类	调度及二次电力	详细分类	黑启动方案
	发现人	×××	发现人单位	电力调度控制中心	发现日期	2016-9-6		
	事故隐患内容	电力调度控制中心黑启动方案已三年未进行调整。由于近几年电网结构发生变化，三年前黑启动方案与当前电网结构的实际情况已不适应，不符合《国家电网公司十八项电网重大事故措施（修订版）及编制说明》2.2.3.5规定：“根据电网发展适时编制或调整黑启动方案及调度实施方案，并落实到电网、电厂各单位。”在电网事故状态下，无法快速恢复厂站用电及重要用户供电。依据《国家电网公司安全事故调查规程（修正版）》2.2.6.2：“变电站内110kV（含66kV）母线非计划全停；2.2.6.10：地市级以上地方人民政府有关部门确定的二级重要电力用户电网侧供电全部中断”，构成六级电网事件						
	可能导致后果	六级电网事件			归属职能部门	调度		
预评估	预评估等级	一般隐患	预评估负责人签名	×××	预评估负责人签名日期	2016-9-6		
			工区领导审核签名	×××	工区领导审核签名日期	2016-9-6		
评估	评估等级	一般隐患	评估负责人签名	×××	评估负责人签名日期	2016-9-6		
			评估领导审核签名	×××	评估领导审核签名日期	2016-9-6		
治理	治理责任单位	方式计划室		治理责任人	×××			
	治理期限	自	2016-9-6	至	2016-9-30			
	是否计划项目	是	是否完成计划外备案			计划编号	××××××	
	防控措施	（1）结合当前电网结构，开展事故处置演练。 （2）排查目前电网薄弱环节，及时发布电网运行风险预警。 （3）对涉及重要用户的供电设备增加巡视频次						
	治理完成情况	9月15日，结合当前电网结构，完成对黑启动方案的调整修编，满足当前电网安全生产运行要求。现申请对该隐患治理完成情况进行验收						
	隐患治理计划资金（万元）		0.00		累计落实隐患治理资金（万元）		0.00	
验收	验收申请单位	方式计划室	负责人	×××	签字日期	2016-9-15		
	验收组织单位	电力调度控制中心						
	验收意见	9月16日，经电力调度控制中心对国网××供电公司2016××××号隐患进行现场验收，治理完成情况属实，满足安全（生产）运行要求，该隐患已消除						
	结论	验收合格，治理措施已按要求实施，同意注销			是否消除	是		
	验收组长	×××			验收日期	2016-9-16		

7.12.4 继电保护及自动装置

7.12.4.1 保护及自动装置

一般隐患排查治理档案表

2016年度　　　　　　　　　　　　　　　　　　　　　　　　　　国网××供电公司

发现	隐患简题	国网××供电公司3月16日110kV××变电站110kV系统无备用电源自投装置的安全隐患			隐患来源	安全检查	隐患原因	电力安全隐患
	隐患编号	国网××供电公司2016××××	隐患所在单位	变电检修室	专业分类	调度及二次系统	详细分类	保护及自动装置
	发现人	×××	发现人单位	电力调度控制中心	发现日期	2016-3-16		
	事故隐患内容	110kV××变电站110kV系统为单母分段接线，110kV两条进线电源，其中一条进线电源备用。由于110kV系统无备用电源自动投入装置，当工作进行电源失去时，将造成110kV母线失压，不符合《继电保护和安全自动装置技术规程》5.3.1规定："下列情况下情况下应装设备用电源自动投入装置：b. 由双电源供电，其中一个电源经常断开作为备用的电源。"依据《国家电网公司安全事故调查规程（2017修正版）》2.2.6.2："变电站内110kV（含66kV）母线非计划全停"，构成六级电网事件						
	可能导致后果	六级电网事件			归属职能部门	调度		
预评估	预评估等级	一般隐患	预评估负责人签名	×××	预评估负责人签名日期	2016-3-16		
			工区领导审核签名	×××	工区领导审核签名日期	2016-3-16		
评估	评估等级	一般隐患	评估负责人签名	×××	评估负责人签名日期	2016-3-17		
			评估领导审核签名	×××	评估领导审核签名日期	2016-3-17		
治理	治理责任单位	变电检修室		治理责任人	×××			
	治理期限	自	2016-3-16	至	2016-9-30			
	是否计划项目	是	是否完成计划外备案			计划编号	××××××	
	防控措施	（1）调整110kV××变运行方式，确保两条进线电源均在工作状态。 （2）编制事故预案，当某一电源线路失电时，要求监控人员不待调令，确定电源开关断开状态下，立即合上母联断路器开关。 （3）检查该站110kV备用电源自动投入装置正常运行，确保110kV一路电源失电时，110kV备用电源投入，110kV母线不失电						
	治理完成情况	8月3日，对110kV××变电站加装110kV备用电源自动投入装置，经检验、传动合格，具备自动投入备用电源功能。现申请对该隐患治理完成情况进行验收						
	隐患治理计划资金（万元）		0.00		累计落实隐患治理资金（万元）		0.00	
验收	验收申请单位	变电检修室	负责人	×××	签字日期	2016-8-3		
	验收组织单位	电力调度控制中心						
	验收意见	8月3日，经电力调度控制中心对国网××供电公司2016××××号隐患进行现场验收，治理完成情况属实，满足安全（生产）运行要求，该隐患已消除						
	结论	验收合格，治理措施已按要求实施，同意注销			是否消除	是		
	验收组长	×××			验收日期	2016-8-3		

7.12.4.2 安装调试

一般隐患排查治理档案表

2016 年度　　　　　　　　　　　　　　　　　　　　　　　　　国网××供电公司

<table>
<tr><td rowspan="5">发现</td><td>隐患简题</td><td colspan="3">国网××供电公司 9 月 6 日 110kV ××变电站××线路保护装置未按周期进行定检的安全隐患</td><td>隐患来源</td><td>安全检查</td><td>隐患原因</td><td>安全管理隐患</td></tr>
<tr><td>隐患编号</td><td>国网××供电公司 2016××××</td><td>隐患所在单位</td><td>变电检修室</td><td>专业分类</td><td>调度及二次系统</td><td>详细分类</td><td>安装调试</td></tr>
<tr><td>发现人</td><td>×××</td><td>发现人单位</td><td>电力调度控制中心</td><td>发现日期</td><td colspan="3">2016-9-6</td></tr>
<tr><td>事故隐患内容</td><td colspan="7">2016 年 9 月 6 日发现，110kV ××变电站××线路保护装置定检时间为 2010 年 5 月 31 日，存在保护装置超定检周期运行的安全隐患，可能造成保护误动或拒动，不符合《继电保护和电网安全自动装置检验规程》4.2.3 规定："110kV 电压等级的微机型装置宜每 2～4 年进行一次部分检验，每 6 年进行一次全部检验"；《国家电网公司十八项电网重大反事故措施（修订版）及编制说明》15.5.7 规定："加强继电保护装置运行维护工作。装置检验应保质保量，严禁超期和漏项。"依据《国家电网公司安全事故调查规程（2017 修正版）》2.2.7.6："110kV（含 66kV）系统中，开关失灵、继电保护或自动装置不正确动作致使越级跳闸"，构成七级电网事件</td></tr>
<tr><td>可能导致后果</td><td colspan="3">七级电网事件</td><td>归属职能部门</td><td colspan="3">调度</td></tr>
<tr><td rowspan="2">预评估</td><td rowspan="2">预评估等级</td><td rowspan="2">一般隐患</td><td>预评估负责人签名</td><td>×××</td><td>预评估负责人签名日期</td><td colspan="3">2016-9-6</td></tr>
<tr><td>工区领导审核签名</td><td>×××</td><td>工区领导审核签名日期</td><td colspan="3">2016-9-6</td></tr>
<tr><td rowspan="2">评估</td><td rowspan="2">评估等级</td><td rowspan="2">一般隐患</td><td>评估负责人签名</td><td>×××</td><td>评估负责人签名日期</td><td colspan="3">2016-9-6</td></tr>
<tr><td>评估领导审核签名</td><td>×××</td><td>评估领导审核签名日期</td><td colspan="3">2016-9-6</td></tr>
<tr><td rowspan="6">治理</td><td>治理责任单位</td><td colspan="2">变电检修室</td><td>治理责任人</td><td colspan="4">×××</td></tr>
<tr><td>治理期限</td><td>自</td><td>2016-9-6</td><td>至</td><td colspan="4">2016-9-30</td></tr>
<tr><td>是否计划项目</td><td>是</td><td colspan="2">是否完成计划外备案</td><td></td><td>计划编号</td><td colspan="2">××××××</td></tr>
<tr><td>防控措施</td><td colspan="7">（1）对××线路保护装置定检之前，严禁对该线路进行带电作业等工作。
（2）对××线路保护装置定检之前，严禁该线路重载或过载运行。
（3）对××线路保护装置定检之前，严禁对该保护装置进行任何操作</td></tr>
<tr><td>治理完成情况</td><td colspan="7">9 月 23 日，对 11××线路保护装置进行了全部检验，检验合格，具备安全稳定运行条件。现申请对该隐患治理完成情况进行验收</td></tr>
<tr><td colspan="2">隐患治理计划资金（万元）</td><td colspan="2">0.08</td><td colspan="2">累计落实隐患治理资金（万元）</td><td colspan="2">0.08</td></tr>
<tr><td rowspan="5">验收</td><td>验收申请单位</td><td>变电检修室</td><td>负责人</td><td>×××</td><td>签字日期</td><td colspan="3">2016-9-23</td></tr>
<tr><td>验收组织单位</td><td colspan="7">电力调度控制中心</td></tr>
<tr><td>验收意见</td><td colspan="7">9 月 24 日，经电力调度控制中心对国网××供电公司 2016××××号隐患进行现场验收，治理完成情况属实，满足安全（生产）运行要求，该隐患已消除</td></tr>
<tr><td>结论</td><td colspan="3">验收合格，治理措施已按要求实施，同意注销</td><td>是否消除</td><td colspan="3">是</td></tr>
<tr><td>验收组长</td><td colspan="3">×××</td><td>验收日期</td><td colspan="3">2016-9-24</td></tr>
</table>

7.12.4.3 二次回路

一般隐患排查治理档案表

2016 年度　　　　　　　　　　　　　　　　　　　　　　　　　　　　　　　国网××供电公司

<table>
<tr><td rowspan="5">发现</td><td>隐患简题</td><td colspan="3">国网××供电公司2月6日110kV ××变电站1号主变差动保护装置110kV侧电流回路两点接地</td><td>隐患来源</td><td>日常巡视</td><td>隐患原因</td><td>设备设施隐患</td></tr>
<tr><td>隐患编号</td><td>国网××供电公司2016××××</td><td>隐患所在单位</td><td>变电检修室</td><td>专业分类</td><td>调度及二次系统</td><td>详细分类</td><td>二次回路</td></tr>
<tr><td>发现人</td><td>×××</td><td>发现人单位</td><td>电力调度控制中心</td><td>发现日期</td><td colspan="3">2016-2-6</td></tr>
<tr><td>事故隐患内容</td><td colspan="7">110kV ××变电站1号变压器差动保护装置110kV侧电流回路，在110kV设备区1101开关端子箱和1号变保护屏处两点接地，当发生故障时，1号变差动保护将发生误动或拒动，造成变压器的损坏，不符合《继电保护和安全自动装置技术规程》6.2.3.1规定：“电流互感器的二次回路必须有且只能有一点接地，一般在端子箱经端子排接地。”依据《国家电网公司安全事故调查规程（2017修正版）》2.3.6.2.1：“110kV（含66kV）以上220kV以下主变压器、换流变压器、平波电抗器发生爆炸、主绝缘击穿”，构成六级设备事件</td></tr>
<tr><td>可能导致后果</td><td colspan="3">六级设备事件</td><td>归属职能部门</td><td colspan="3">调度</td></tr>
<tr><td rowspan="2">预评估</td><td rowspan="2">预评估等级</td><td rowspan="2">一般隐患</td><td>预评估负责人签名</td><td>×××</td><td>预评估负责人签名日期</td><td colspan="3">2016-2-6</td></tr>
<tr><td>工区领导审核签名</td><td>×××</td><td>工区领导审核签名日期</td><td colspan="3">2016-2-6</td></tr>
<tr><td rowspan="2">评估</td><td rowspan="2">评估等级</td><td rowspan="2">一般隐患</td><td>评估负责人签名</td><td>×××</td><td>评估负责人签名日期</td><td colspan="3">2016-2-6</td></tr>
<tr><td>评估领导审核签名</td><td>×××</td><td>评估领导审核签名日期</td><td colspan="3">2016-2-6</td></tr>
<tr><td rowspan="6">治理</td><td>治理责任单位</td><td colspan="2">变电检修室</td><td>治理责任人</td><td colspan="4">×××</td></tr>
<tr><td>治理期限</td><td>自</td><td>2016-2-6</td><td>至</td><td colspan="4">2016-2-28</td></tr>
<tr><td>是否计划项目</td><td>是</td><td colspan="2">是否完成计划外备案</td><td></td><td>计划编号</td><td colspan="2">××××××</td></tr>
<tr><td>防控措施</td><td colspan="7">（1）立即退出1号变差动保护。
（2）严禁对该主变进行任何工作。
（3）运维人员增加对变压器负荷、温度、油位等项目的巡视，必要时1号变压器退出运行</td></tr>
<tr><td>治理完成情况</td><td colspan="7">2月7日，对1号变保护装置保护屏接地点进行了拆除，仅保留了端子箱侧接地点，并对1号变压器保护进行了全面检查检验，具备安全稳定运行条件。现申请对该隐患治理完成情况进行验收</td></tr>
<tr><td colspan="2">隐患治理计划资金（万元）</td><td colspan="2">0.03</td><td colspan="2">累计落实隐患治理资金（万元）</td><td colspan="2">0.03</td></tr>
<tr><td rowspan="5">验收</td><td>验收申请单位</td><td>变电检修室</td><td>负责人</td><td>×××</td><td>签字日期</td><td colspan="3">2016-2-7</td></tr>
<tr><td>验收组织单位</td><td colspan="7">电力调度控制中心</td></tr>
<tr><td>验收意见</td><td colspan="7">2月8日，经电力调度控制中心对国网××供电公司2016××××号隐患进行现场验收，治理完成情况属实，满足安全（生产）运行要求，该隐患已消除</td></tr>
<tr><td>结论</td><td colspan="3">验收合格，治理措施已按要求实施，同意注销</td><td>是否消除</td><td colspan="3">是</td></tr>
<tr><td>验收组长</td><td colspan="3">×××</td><td>验收日期</td><td colspan="3">2016-2-8</td></tr>
</table>

7.12.4.4 设备软件

一般隐患排查治理档案表

2016 年度　　　　国网××供电公司

发现	隐患简题	国网××供电公司 9 月 5 日 110kV ××线路纵联保护两侧配置不一致的安全隐患			隐患来源	检修预试	隐患原因	电力安全隐患
	隐患编号	国网××供电公司2016××××	隐患所在单位	变电检修室	专业分类	调度及二次电力	详细分类	设备软件
	发现人	×××	发现人单位	电力调度控制中心	发现日期	2016-9-5		
	事故隐患内容	110kV ××线路纵联保护两侧软件版本分别为 V2.1 和 V2.0，配置不一致，不符合 DL/T 587—2007《微机继电保护装置运行管理规程》6.7.2 规定：“一条线路两端的同一型号微机纵联保护的软件版本应相同。如无特殊要求，同一电网内同型号微机保护装置的软件版本应相同。”线路故障时可能造成线路两侧保护不正确动作而引起越级跳闸，导致电网事故扩大，依据《国家电网公司安全事故调查规程（2017 修正版）》2.2.7.6：“110kV（含 66kV）系统中断路器失灵、继电保护或自动装置不正确动作致使越级跳闸”，构成七级电网事件						
	可能导致后果	七级电网事件			归属职能部门	调度		
预评估	预评估等级	一般隐患	预评估负责人签名	×××	预评估负责人签名日期	2016-9-5		
			工区领导审核签名	×××	工区领导审核签名日期	2016-9-5		
评估	评估等级	一般隐患	评估负责人签名	×××	评估负责人签名日期	2016-9-6		
			评估领导审核签名	×××	评估领导审核签名日期	2016-9-6		
治理	治理责任单位	变电检修室		治理责任人	×××			
	治理期限	自	2016-9-5	至	2016-11-30			
	是否计划项目	是	是否完成计划外备案			计划编号	××××××	
	防控措施	（1）在 110kV ××线路纵联保护软件版本升级之前，严禁对该线路进行带电作业等工作。 （2）向继电保护主管部门汇报，必要时退出××线路纵联保护功能。 （3）加强新投设备验收工作细致度，建立新投微机保护程序版本台账						
	治理完成情况	11 月 3 日，对 110kV ××线路两侧保护装置软件版本进行升级，版本均为 V2.1，经调试正确，符合设备稳定运行条件。现申请对该隐患治理完成情况进行验收						
	隐患治理计划资金（万元）		0.00		累计落实隐患治理资金（万元）		0.00	
验收	验收申请单位	变电检修室	负责人	×××	签字日期	2016-11-3		
	验收组织单位	电力调度控制中心						
	验收意见	11 月 3 日，经电力调度控制中心对国网××供电公司 2016××××号隐患进行现场验收，治理完成情况属实，满足安全（生产）运行要求，该隐患已消除						
	结论	验收合格，治理措施已按要求实施，同意注销			是否消除	是		
	验收组长	×××			验收日期	2016-11-3		

7.12.4.5 公用设备

一般隐患排查治理档案表

2016 年度　　　　　　　　　　　　　　　　　　　　　　　　国网××供电公司

<table>
<tr><td rowspan="5">发现</td><td>隐患简题</td><td colspan="3">国网××供电公司 8 月 9 日 110kV ××变电站无故障记录装置的安全隐患</td><td>隐患来源</td><td>安全检查</td><td>隐患原因</td><td>电力安全隐患</td></tr>
<tr><td>隐患编号</td><td>国网××供电公司 2016××××</td><td>隐患所在单位</td><td>电力调度控制中心</td><td>专业分类</td><td>调度及二次电力</td><td>详细分类</td><td>公用设备</td></tr>
<tr><td>发现人</td><td>×××</td><td>发现人单位</td><td>变电检修室</td><td>发现日期</td><td colspan="3">2016-8-9</td></tr>
<tr><td>事故隐患内容</td><td colspan="7">110kV ××变电站未安装故障记录装置，不能及时判断继电保护装置动作是否正确，可能会误导调度人员事故处理的正确性，造成越级跳闸，不符合《继电保护和安全自动装置技术规程》5.8.1 规定：“为了分析电力系统事故和安全自动装置在事故过程中的动作情况，以及为迅速判断线路故障点的位置，在 110kV 重要变电所应装设专用故障记录装置。”依据《国家电网公司安全事故调查规程（2017 修正版）》2.2.7.6：“110kV（含 66kV）系统中断路器失灵、继电保护或自动装置不正确动作致使越级跳闸”，构成七级电网事件</td></tr>
<tr><td>可能导致后果</td><td colspan="3">七级电网事件</td><td>归属职能部门</td><td colspan="3">调度</td></tr>
<tr><td rowspan="2">预评估</td><td rowspan="2">预评估等级</td><td rowspan="2">一般隐患</td><td>预评估负责人签名</td><td>×××</td><td>预评估负责人签名日期</td><td colspan="3">2016-8-9</td></tr>
<tr><td>工区领导审核签名</td><td>×××</td><td>工区领导审核签名日期</td><td colspan="3">2016-8-9</td></tr>
<tr><td rowspan="2">评估</td><td rowspan="2">评估等级</td><td rowspan="2">一般隐患</td><td>评估负责人签名</td><td>×××</td><td>评估负责人签名日期</td><td colspan="3">2016-8-10</td></tr>
<tr><td>评估领导审核签名</td><td>×××</td><td>评估领导审核签名日期</td><td colspan="3">2016-8-10</td></tr>
<tr><td rowspan="6">治理</td><td>治理责任单位</td><td colspan="2">变电检修室</td><td>治理责任人</td><td colspan="4">×××</td></tr>
<tr><td>治理期限</td><td>自</td><td>2016-8-9</td><td>至</td><td colspan="4">2016-11-30</td></tr>
<tr><td>是否计划项目</td><td>是</td><td colspan="2">是否完成计划外备案</td><td></td><td>计划编号</td><td colspan="2">××××××</td></tr>
<tr><td>防控措施</td><td colspan="7">（1）加强对运维人员的继电保护动作报文知识培训，确保其能简单阅读保护装置动作报文。
（2）加强对调度监控人员继电保护知识培训，确保调度监控人员能根据继电保护装置动作情况初步判断故障范围</td></tr>
<tr><td>治理完成情况</td><td colspan="7">11 月 23 日，在 110kV ××变电站安装了故障记录装置，调试正确，符合设备稳定运行条件。现申请对该隐患治理完成情况进行验收</td></tr>
<tr><td colspan="2">隐患治理计划资金（万元）</td><td colspan="2">11.00</td><td colspan="2">累计落实隐患治理资金（万元）</td><td colspan="2">11.00</td></tr>
<tr><td rowspan="5">验收</td><td>验收申请单位</td><td>变电检修室</td><td>负责人</td><td>×××</td><td>签字日期</td><td colspan="3">2016-11-23</td></tr>
<tr><td>验收组织单位</td><td colspan="7">电力调度控制中心</td></tr>
<tr><td>验收意见</td><td colspan="7">11 月 23 日，经电力调度控制中心对国网××供电公司 2016××××号隐患进行现场验收，治理完成情况属实，满足安全（生产）运行要求，该隐患已消除</td></tr>
<tr><td>结论</td><td colspan="3">验收合格，治理措施已按要求实施，同意注销</td><td>是否消除</td><td colspan="3">是</td></tr>
<tr><td>验收组长</td><td colspan="3">×××</td><td>验收日期</td><td colspan="3">2016-11-23</td></tr>
</table>

7.12.4.6 接地

一般隐患排查治理档案表

2016 年度　　　　　　　　　　　　　　　　　　　　　　　　　　　　国网××供电公司

<table>
<tr><td rowspan="5">发现</td><td>隐患简题</td><td colspan="3">国网××供电公司2月11日110kV××变电站无二次系统等电位接地网的安全隐患</td><td>隐患来源</td><td>安全性评价</td><td>隐患原因</td><td>电力安全隐患</td></tr>
<tr><td>隐患编号</td><td>国网××供电公司2016××××</td><td>隐患所在单位</td><td>变电检修室</td><td>专业分类</td><td>调度及二次系统</td><td>详细分类</td><td>接地</td></tr>
<tr><td>发现人</td><td>×××</td><td>发现人单位</td><td>电力调度控制中心</td><td>发现日期</td><td colspan="3">2016-2-11</td></tr>
<tr><td>事故隐患内容</td><td colspan="7">110kV××变电站无二次系统等电位接地网，当发生近区域故障时，将可能造成站内微机保护的误动作，不符合《国家电网公司十八项电网重大反事故措施（修订版）及编制说明》14.1.1.9规定：“变电站控制室及保护小室应独立敷设与主接地网紧密连接的二次等电位接地网，在系统发生近区故障和雷击事故时，以降低二次设备间电位差，减少对二次回路的干扰。”依据《国家电网公司安全事故调查规程（2017修正版）》2.2.7.6：“110kV（含66kV）系统中断路器失灵、继电保护或自动装置不正确动作，致使越级跳闸”，构成七级电网事件</td></tr>
<tr><td>可能导致后果</td><td colspan="3">七级电网事件</td><td>归属职能部门</td><td colspan="3">调度</td></tr>
<tr><td rowspan="2">预评估</td><td rowspan="2">预评估等级</td><td rowspan="2">一般隐患</td><td>预评估负责人签名</td><td>×××</td><td>预评估负责人签名日期</td><td colspan="3">2016-2-11</td></tr>
<tr><td>工区领导审核签名</td><td>×××</td><td>工区领导审核签名日期</td><td colspan="3">2016-2-11</td></tr>
<tr><td rowspan="2">评估</td><td rowspan="2">评估等级</td><td rowspan="2">一般隐患</td><td>评估负责人签名</td><td>×××</td><td>评估负责人签名日期</td><td colspan="3">2016-2-11</td></tr>
<tr><td>评估领导审核签名</td><td>×××</td><td>评估领导审核签名日期</td><td colspan="3">2016-2-11</td></tr>
<tr><td rowspan="6">治理</td><td>治理责任单位</td><td colspan="2">变电运维室</td><td>治理责任人</td><td colspan="4">×××</td></tr>
<tr><td>治理期限</td><td>自</td><td>2016-2-11</td><td>至</td><td colspan="4">2016-12-18</td></tr>
<tr><td>是否计划项目</td><td>是</td><td colspan="2">是否完成计划外备案</td><td></td><td>计划编号</td><td colspan="2">××××××</td></tr>
<tr><td>防控措施</td><td colspan="7">（1）立即做好敷设二次等电位接地网材料的准备工作。
（2）定期对主控室接地网进行测量，确保接地电阻应满足要求。
（3）编制敷设二次系统等电位接地网方案</td></tr>
<tr><td>治理完成情况</td><td colspan="7">11月15日，完成110kV××变电站二次系统等电位接地网的敷设，全站二次设备二次接地端已接入等电位网，符合设备稳定运行条件。现申请对该隐患治理完成情况进行验收</td></tr>
<tr><td colspan="2">隐患治理计划资金（万元）</td><td colspan="2">13.00</td><td colspan="2">累计落实隐患治理资金（万元）</td><td colspan="2">13.00</td></tr>
<tr><td rowspan="5">验收</td><td>验收申请单位</td><td>变电检修室</td><td>负责人</td><td>×××</td><td>签字日期</td><td colspan="3">2016-11-15</td></tr>
<tr><td>验收组织单位</td><td colspan="7">电力调度控制中心</td></tr>
<tr><td>验收意见</td><td colspan="7">11月15日，经电力调度控制中心对国网××供电公司2016××××号隐患进行现场验收，治理完成情况属实，满足安全（生产）运行要求，该隐患已消除</td></tr>
<tr><td>结论</td><td colspan="3">验收合格，治理措施已按要求实施，同意注销</td><td>是否消除</td><td colspan="3">是</td></tr>
<tr><td>验收组长</td><td colspan="3">×××</td><td>验收日期</td><td colspan="3">2016-11-15</td></tr>
</table>

7.12.4.7 保护运行管理

一般隐患排查治理档案表

2016 年度 国网××供电公司

<table>
<tr><td rowspan="5">发现</td><td>隐患简题</td><td colspan="3">国网××供电公司 9 月 8 日 110kV ××变电站××线路保护装置超期运行的安全隐患</td><td>隐患来源</td><td>安全检查</td><td>隐患原因</td><td>设备设施隐患</td></tr>
<tr><td>隐患编号</td><td>国网××供电公司 2016××××</td><td>隐患所在单位</td><td>变电检修室</td><td>专业分类</td><td>调度及二次系统</td><td>详细分类</td><td>保护运行管理</td></tr>
<tr><td>发现人</td><td>×××</td><td>发现人单位</td><td>电力调度控制中心</td><td>发现日期</td><td colspan="3">2016-9-8</td></tr>
<tr><td>事故隐患内容</td><td colspan="7">110kV ××变电站××线路为当地一级用户主要供电通道，其保护型号为 LFP-941D，生产厂家为××继保公司，投运日期为 2003 年 6 月，保护运行时间 13 年，该保护装置原件严重老化，无备品备件，装置频繁发生黑屏、死机，不符合《微机继电保护运行管理规程》（DL/T 587—1996）3.7 规定：“微机继电保护装置的使用年限一般不超过 10～12 年。”存在保护误动或拒动的安全隐患，依据《国家电网公司安全事故调查规程（2017 修正版）》2.2.5.12：“地市级以上地方人民政府有关部门确定的特级或一级重要电力用户电网侧供电全部中断”，构成五级电网事件</td></tr>
<tr><td>可能导致后果</td><td colspan="3">五级电网事件</td><td>归属职能部门</td><td colspan="3">调度</td></tr>
<tr><td rowspan="2">预评估</td><td rowspan="2">预评估等级</td><td rowspan="2">一般隐患</td><td>预评估负责人签名</td><td>×××</td><td>预评估负责人签名日期</td><td colspan="3">2016-09-08</td></tr>
<tr><td>工区领导审核签名</td><td>×××</td><td>工区领导审核签名日期</td><td colspan="3">2016-09-08</td></tr>
<tr><td rowspan="2">评估</td><td rowspan="2">评估等级</td><td rowspan="2">一般隐患</td><td>评估负责人签名</td><td>×××</td><td>评估负责人签名日期</td><td colspan="3">2016-09-08</td></tr>
<tr><td>评估领导审核签名</td><td>×××</td><td>评估领导审核签名日期</td><td colspan="3">2016-09-08</td></tr>
<tr><td rowspan="7">治理</td><td>治理责任单位</td><td colspan="2">变电检修室</td><td>治理责任人</td><td colspan="4">×××</td></tr>
<tr><td>治理期限</td><td>自</td><td>2016-9-8</td><td>至</td><td colspan="4">2016-12-30</td></tr>
<tr><td>是否计划项目</td><td>是</td><td colspan="2">是否完成计划外备案</td><td></td><td>计划编号</td><td colspan="2">××××××</td></tr>
<tr><td>防控措施</td><td colspan="7">（1）调整运行方式，将该用户供电通道调整至另一条线路，本线路作为备用。
（2）禁止对××线路进行带电工作。
（3）要求变电运维室增加对该保护装置特巡次数</td></tr>
<tr><td>治理完成情况</td><td colspan="7">12 月 11 日，对 110kV ××变电站××线路保护装置进行了更换，保护装置调试合格，具备投入运行条件。现申请对该隐患治理完成情况进行验收</td></tr>
<tr><td colspan="2">隐患治理计划资金（万元）</td><td colspan="2">8.00</td><td colspan="2">累计落实隐患治理资金（万元）</td><td colspan="2">8.00</td></tr>
<tr><td rowspan="5">验收</td><td>验收申请单位</td><td>变电检修室</td><td>负责人</td><td>×××</td><td>签字日期</td><td colspan="3">2016-12-11</td></tr>
<tr><td>验收组织单位</td><td colspan="7">电力调度控制中心</td></tr>
<tr><td>验收意见</td><td colspan="7">12 月 12 日，经电力调度控制中心对国网××供电公司 2016××××号隐患进行现场验收，治理完成情况属实，满足安全（生产）运行要求，该隐患已消除</td></tr>
<tr><td>结论</td><td colspan="3">验收合格，治理措施已按要求实施，同意注销</td><td>是否消除</td><td colspan="3">是</td></tr>
<tr><td>验收组长</td><td colspan="3">×××</td><td>验收日期</td><td colspan="3">2016-12-12</td></tr>
</table>

7.12.5 设计类

一般隐患排查治理档案表

2016 年度　　　　　　　　　　　　　　　　　　　　　　　　　　　　　　国网××供电公司

<table>
<tr><td rowspan="5">发现</td><td>隐患简题</td><td colspan="3">国网××供电公司1月6日110kV ××变电站110kV母线未配置母差保护的安全隐患</td><td>隐患来源</td><td>安全性评价</td><td>隐患原因</td><td>电力安全隐患</td></tr>
<tr><td>隐患编号</td><td>国网××供电公司2016××××</td><td>隐患所在单位</td><td>变电检修室</td><td>专业分类</td><td>调度及二次系统</td><td>详细分类</td><td>设计类</td></tr>
<tr><td>发现人</td><td>×××</td><td>发现人单位</td><td>电力调度控制中心</td><td>发现日期</td><td colspan="3">2016-1-6</td></tr>
<tr><td>事故隐患内容</td><td colspan="7">110kV ××变电站110kV母线由原单母分段改造为双母线方式后，未配置母差保护，不满足《继电保护和安全自动装置技术规程》4.8.2规定："对发电厂和变电所的35kV～110kV电压的母线，在下列情况下应装设专用的母线保护：(a) 110kV双母线。"当某一母线故障时可能造成双母线失压，依据《国家电网公司安全事故调查规程（2017修正版）》2.2.6.2："变电站内110kV（含66kV）母线非计划全停"，构成六级电网事件</td></tr>
<tr><td>可能导致后果</td><td colspan="3">六级电网事件</td><td>归属职能部门</td><td colspan="3">调度</td></tr>
<tr><td rowspan="2">预评估</td><td rowspan="2">预评估等级</td><td rowspan="2">一般隐患</td><td>预评估负责人签名</td><td>×××</td><td>预评估负责人签名日期</td><td colspan="3">2016-1-6</td></tr>
<tr><td>工区领导审核签名</td><td>×××</td><td>工区领导审核签名日期</td><td colspan="3">2016-1-6</td></tr>
<tr><td rowspan="2">评估</td><td rowspan="2">评估等级</td><td rowspan="2">一般隐患</td><td>评估负责人签名</td><td>×××</td><td>评估负责人签名日期</td><td colspan="3">2016-1-6</td></tr>
<tr><td>评估领导审核签名</td><td>×××</td><td>评估领导审核签名日期</td><td colspan="3">2016-1-6</td></tr>
<tr><td rowspan="6">治理</td><td>治理责任单位</td><td colspan="2">变电检修室</td><td>治理责任人</td><td colspan="4">×××</td></tr>
<tr><td>治理期限</td><td>自</td><td>2016-1-6</td><td>至</td><td colspan="4">2016-12-30</td></tr>
<tr><td>是否计划项目</td><td>是</td><td colspan="2">是否完成计划外备案</td><td></td><td>计划编号</td><td colspan="2">××××××</td></tr>
<tr><td>防控措施</td><td colspan="7">(1) 永久治理前，确保110kV ××变电站主变后备保护作为相应母线的远后备保护。
(2) 调整110kV ××变电站运行方式，确保110kV母线分列运行</td></tr>
<tr><td>治理完成情况</td><td colspan="7">12月20日，对110kV ××变电站加装一套母线保护装置，保护装置经调试验收合格，投入运行，可防止母线故障造成变电站全停事故。现申请对该隐患治理完成情况进行验收</td></tr>
<tr><td colspan="2">隐患治理计划资金（万元）</td><td colspan="2">20.00</td><td>累计落实隐患治理资金（万元）</td><td colspan="3">20.00</td></tr>
<tr><td rowspan="5">验收</td><td>验收申请单位</td><td>变电检修室</td><td>负责人</td><td>×××</td><td>签字日期</td><td colspan="3">2016-12-20</td></tr>
<tr><td>验收组织单位</td><td colspan="7">电力调度控制中心</td></tr>
<tr><td>验收意见</td><td colspan="7">12月20日，经电力调度控制中心对国网××供电公司2016××××号隐患进行现场验收，治理完成情况属实，满足安全（生产）运行要求，该隐患已消除</td></tr>
<tr><td>结论</td><td colspan="3">验收合格，治理措施已按要求实施，同意注销</td><td>是否消除</td><td colspan="3">是</td></tr>
<tr><td>验收组长</td><td colspan="3">×××</td><td>验收日期</td><td colspan="3">2016-12-20</td></tr>
</table>

7.13 信息

7.13.1 安全防护

一般隐患排查治理档案表

2016 年度

国网××供电公司

<table>
<tr><td rowspan="5">发现</td><td>隐患简题</td><td colspan="3">国网××供电公司2月14日公司信息系统数据库9个账户弱口令的安全隐患</td><td>隐患来源</td><td>安全检查</td><td>隐患原因</td><td>电力安全隐患</td></tr>
<tr><td>隐患编号</td><td>国网××供电公司2016××××</td><td>隐患所在单位</td><td>信息通信公司</td><td>专业分类</td><td>信息</td><td>详细分类</td><td>安全防护</td></tr>
<tr><td>发现人</td><td>×××</td><td>发现人单位</td><td>网络运检班</td><td>发现日期</td><td colspan="3">2016-2-14</td></tr>
<tr><td>事故隐患内容</td><td colspan="7">公司PMS系统数据库管理员账户管理松懈，存在9个用户弱口令的安全隐患，对信息数据的安全产生严重的威胁，不符合《国家电网公司网络与信息系统安全管理办法》第三章第二十七条规定：“(7)规范账号口令管理，口令必须具有一定强度、长度和复杂度，长度不得小于8位字符串，要求是字母和数字或特殊字符的混合，用户名和口令禁止相同。定期更换口令，更换周期不超过6个月，重要系统口令更换周期不超过3个月，最近使用的4个口令不可重复。”依据《国家电网公司安全事故调查规程（2017修正版）》第2.4.3.1（1）：“数据（网页）遭篡改、假冒、泄密或窃权，对公司安全生产、经营活动或社会形象产生较大影响”，构成七级信息系统事件</td></tr>
<tr><td>可能导致后果</td><td colspan="3">七级信息系统事件</td><td>归属职能部门</td><td colspan="3">信息</td></tr>
<tr><td rowspan="2">预评估</td><td rowspan="2">预评估等级</td><td rowspan="2">一般隐患</td><td>预评估负责人签名</td><td>×××</td><td>预评估负责人签名日期</td><td colspan="3">2016-2-14</td></tr>
<tr><td>运维室领导审核签名</td><td>×××</td><td>工区领导审核签名日期</td><td colspan="3">2016-2-14</td></tr>
<tr><td rowspan="2">评估</td><td rowspan="2">评估等级</td><td rowspan="2">一般隐患</td><td>评估负责人签名</td><td>×××</td><td>评估负责人签名日期</td><td colspan="3">2016-2-14</td></tr>
<tr><td>评估领导审核签名</td><td>×××</td><td>评估领导审核签名日期</td><td colspan="3">2016-2-14</td></tr>
<tr><td rowspan="6">治理</td><td>治理责任单位</td><td colspan="2">网络运检班</td><td>治理责任人</td><td colspan="4">×××</td></tr>
<tr><td>治理期限</td><td>自</td><td>2016-2-14</td><td>至</td><td colspan="4">2016-3-30</td></tr>
<tr><td>是否计划项目</td><td>是</td><td colspan="2">是否完成计划外备案</td><td></td><td>计划编号</td><td colspan="2">××××××</td></tr>
<tr><td>防控措施</td><td colspan="7">（1）每3个月更换超级管理员账户密码，每6个月更换一般管理员和用户账户密码。
（2）严禁用户使用弱口令，对弱口令账户进行冻结处理</td></tr>
<tr><td>治理完成情况</td><td colspan="7">3月1日，完成对系统数据库所有账户的排查清理工作，对PMS系统7个弱口令账户重置了账户口令、2个不用系统账户进行了清理，满足网络安全防护要求。现申请对该隐患治理完成情况进行验收</td></tr>
<tr><td colspan="2">隐患治理计划资金（万元）</td><td colspan="2">0.00</td><td colspan="2">累计落实隐患治理资金（万元）</td><td colspan="2">0.00</td></tr>
<tr><td rowspan="5">验收</td><td>验收申请单位</td><td>网络运检班</td><td>负责人</td><td>×××</td><td>签字日期</td><td colspan="3">2016-3-1</td></tr>
<tr><td>验收组织单位</td><td colspan="7">信息通信公司</td></tr>
<tr><td>验收意见</td><td colspan="7">3月2日，经信通公司对国网××供电公司2016××××号隐患进行现场验收，治理完成情况属实，满足安全（生产）运行要求，该隐患已消除</td></tr>
<tr><td>结论</td><td colspan="3">验收合格，治理措施已按要求实施，同意注销</td><td>是否消除</td><td colspan="3">是</td></tr>
<tr><td>验收组长</td><td colspan="3">×××</td><td>验收日期</td><td colspan="3">2016-3-2</td></tr>
</table>

7.13.2 物理环境隐患

7.13.2.1 强、弱电未隔离

一般隐患排查治理档案表

2016 年度　　　　国网××供电公司

<table>
<tr><td rowspan="5">发现</td><td>隐患简题</td><td colspan="3">国网××供电公司 2 月 14 日调度通信大楼电缆竖井强弱电未隔离的安全隐患</td><td>隐患来源</td><td>安全检查</td><td>隐患原因</td><td>电力安全隐患</td></tr>
<tr><td>隐患编号</td><td>××供电公司 2016××××</td><td>隐患所在单位</td><td>信息通信公司</td><td>专业分类</td><td>信息</td><td>详细分类</td><td>强、弱电未隔离</td></tr>
<tr><td>发现人</td><td>×××</td><td>发现人单位</td><td>通信运检班</td><td>发现日期</td><td colspan="3">2016-2-14</td></tr>
<tr><td>事故隐患内容</td><td colspan="7">调度通信大楼一至六楼电缆竖井存在强、弱电线缆混放、未采取防火隔离及电缆孔洞封堵不严的安全隐患，不符合《国家电网公司十八项电网重大反事故措施（修订版）及编制说明》16.2.1.3 规定：“通信光缆或电缆应采用不同路由的电缆沟（竖井）进入通信机房和主控站，避免与一次动力电缆同沟（架）布放，并完善防火阻燃和阻火分隔等各项安全措施；如不具备条件，应采取电缆沟（竖井）内部分隔离等措施进行有效隔离”；《电力设备典型消防规程》7.4.3 规定：“凡穿越墙壁、楼板和电缆沟道而进入控制室、电缆夹层、控制柜及仪表盘、保护盘等处的电缆孔、洞、竖井和进入油区的电缆入口处必须用防火堵料严密封堵。”依据《国家电网公司安全事故调查规程（2017 修正版）》2.3.6.7（2）：“地市电力调度控制中心与直接调度范围内 30%以上厂站的调度电话业务、调度数据网业务及实时专线通信业务全部中断”，构成六级设备事件</td></tr>
<tr><td>可能导致后果</td><td colspan="3">六级设备事件</td><td>归属职能部门</td><td colspan="3">信息</td></tr>
<tr><td rowspan="2">预评估</td><td rowspan="2">预评估等级</td><td rowspan="2">一般隐患</td><td>预评估负责人签名</td><td>×××</td><td>预评估负责人签名日期</td><td colspan="3">2016-2-14</td></tr>
<tr><td>运维室领导审核签名</td><td>×××</td><td>工区领导审核签名日期</td><td colspan="3">2016-2-14</td></tr>
<tr><td rowspan="2">评估</td><td rowspan="2">评估等级</td><td rowspan="2">一般隐患</td><td>评估负责人签名</td><td>×××</td><td>评估负责人签名日期</td><td colspan="3">2016-2-14</td></tr>
<tr><td>评估领导审核签名</td><td>×××</td><td>评估领导审核签名日期</td><td colspan="3">2016-2-14</td></tr>
<tr><td rowspan="6">治理</td><td>治理责任单位</td><td colspan="2">通信运检班</td><td>治理责任人</td><td colspan="4">×××</td></tr>
<tr><td>治理期限</td><td>自</td><td>2016-2-14</td><td>至</td><td colspan="4">2016-5-30</td></tr>
<tr><td>是否计划项目</td><td>是</td><td colspan="2">是否完成计划外备案</td><td></td><td>计划编号</td><td colspan="2">××××××</td></tr>
<tr><td>防控措施</td><td colspan="7">（1）永久治理前，增加巡视频次，竖井口配置足够灭火器材，完善标签标识。
（2）编制方案，对调度通信大楼一至六楼电缆竖井强、弱电线缆通道进行改造</td></tr>
<tr><td>治理完成情况</td><td colspan="7">5 月 23 日，完成调度通信大楼电缆竖井一至六楼强、弱电分离工作。对调度通信大楼电缆竖井强、弱电线缆配线架进行更换，强、弱电线缆进行分层摆放，并采取防火（隔离）安全防护措施；重新接续线缆，涂刷防火涂料，重新完善标签标识，封堵电缆孔洞，竖井口配置灭火器材，满足安全运行要求。现申请对该隐患治理完成情况进行验收</td></tr>
<tr><td colspan="2">隐患治理计划资金（万元）</td><td colspan="2">15.00</td><td colspan="2">累计落实隐患治理资金（万元）</td><td colspan="2">15.00</td></tr>
<tr><td rowspan="5">验收</td><td>验收申请单位</td><td>通信运检班</td><td>负责人</td><td>×××</td><td>签字日期</td><td colspan="3">2016-5-23</td></tr>
<tr><td>验收组织单位</td><td colspan="7">信息通信公司</td></tr>
<tr><td>验收意见</td><td colspan="7">5 月 23 日，信息通信公司对国网××供电公司 2016××××号隐患进行现场验收，治理完成情况属实，满足安全（生产）运行要求，该隐患已消除</td></tr>
<tr><td>结论</td><td colspan="3">验收合格，治理措施已按要求实施，同意注销</td><td>是否消除</td><td colspan="3">是</td></tr>
<tr><td>验收组长</td><td colspan="3">×××</td><td>验收日期</td><td colspan="3">2016-5-23</td></tr>
</table>

7.13.2.2 UPS 蓄电池

一般隐患排查治理档案表

2016 年度

国网××供电公司

<table>
<tr><td rowspan="5">发现</td><td>隐患简题</td><td colspan="3">国网××供电公司 2 月 14 日信息机房 UPS 蓄电池未按周期开展充放电试验的安全管理隐患</td><td>隐患来源</td><td>安全检查</td><td>隐患原因</td><td>安全管理隐患</td></tr>
<tr><td>隐患编号</td><td>国网××供电公司 2016××××</td><td>隐患所在单位</td><td>信息通信公司</td><td>专业分类</td><td>信息</td><td>详细分类</td><td>UPS 蓄电池</td></tr>
<tr><td>发现人</td><td>××</td><td>发现人单位</td><td>通信运检班</td><td>发现日期</td><td colspan="3">2016-02-14</td></tr>
<tr><td>事故隐患内容</td><td colspan="7">公司本部信息机房 UPS 蓄电池未按周期开展充放电试验，存在蓄电池损坏，UPS 故障断电的安全隐患，不符合《国家电网公司机房管理细则》第四章第十四条规定：“做好蓄电池的维护保养，按照说明书规定进行检查和充放电，及时处理发现的问题，按照要求及时更新电池组，保证 UPS 设备处于良好的工作状态。”有可能因损坏的 UPS 蓄电池因周期漏检造成信息业务服务中断。依据《国家电网公司安全事故调查规程（2017 修正版）》2.4.3.4（1）：“一类信息系统业务中断，且持续时间 2h 以上”，构成七级信息系统事件</td></tr>
<tr><td>可能导致后果</td><td colspan="3">七级信息系统事件</td><td>归属职能部门</td><td colspan="3">信息</td></tr>
<tr><td rowspan="2">预评估</td><td rowspan="2">预评估等级</td><td rowspan="2">一般隐患</td><td>预评估负责人签名</td><td>×××</td><td>预评估负责人签名日期</td><td colspan="3">2016-2-14</td></tr>
<tr><td>运维室领导审核签名</td><td>×××</td><td>工区领导审核签名日期</td><td colspan="3">2016-2-14</td></tr>
<tr><td rowspan="2">评估</td><td rowspan="2">评估等级</td><td rowspan="2">一般隐患</td><td>评估负责人签名</td><td>×××</td><td>评估负责人签名日期</td><td colspan="3">2016-2-14</td></tr>
<tr><td>评估领导审核签名</td><td>×××</td><td>评估领导审核签名日期</td><td colspan="3">2016-2-14</td></tr>
<tr><td rowspan="6">治理</td><td>治理责任单位</td><td colspan="2">信息通信公司</td><td>治理责任人</td><td colspan="4">×××</td></tr>
<tr><td>治理期限</td><td>自</td><td>2016-2-14</td><td>至</td><td colspan="4">2016-5-30</td></tr>
<tr><td>是否计划项目</td><td>是</td><td colspan="2">是否完成计划外备案</td><td></td><td>计划编号</td><td colspan="2">××××××</td></tr>
<tr><td>防控措施</td><td colspan="7">（1）每日 2 次对 UPS 设备进行现场巡视，确保设备无异常告警。
（2）通过动环监控系统，加强 UPS 运行状态实时监测</td></tr>
<tr><td>治理完成情况</td><td colspan="7">5 月 23 日，完成对公司本部信息机房 UPS 蓄电池核对性充放电试验，满足交流断电后持续运行 4h 要求，并建立定期开展信息机房蓄电池核对性充放电试验制度，试验周期根据设备说明书确定。现申请对该隐患治理完成情况进行验收</td></tr>
<tr><td colspan="2">隐患治理计划资金（万元）</td><td colspan="2">0.10</td><td colspan="2">累计落实隐患治理资金（万元）</td><td colspan="2">0.10</td></tr>
<tr><td rowspan="5">验收</td><td>验收申请单位</td><td>通信运检班</td><td>负责人</td><td>×××</td><td>签字日期</td><td colspan="3">2016-5-23</td></tr>
<tr><td>验收组织单位</td><td colspan="7">信息通信公司</td></tr>
<tr><td>验收意见</td><td colspan="7">5 月 23 日，经信息通信公司对国网××供电公司 2016××××号隐患进行现场验收，治理完成情况属实，满足安全（生产）运行要求，该隐患已消除</td></tr>
<tr><td>结论</td><td colspan="3">验收合格，治理措施已按要求实施，同意注销</td><td>是否消除</td><td colspan="3">是</td></tr>
<tr><td>验收组长</td><td colspan="3">×××</td><td>验收日期</td><td colspan="3">2016-5-23</td></tr>
</table>

7.13.3 网络隐患

7.13.3.1 节点路由器

一般隐患排查治理档案表

国网××供电公司

2016 年度

<table>
<tr><td rowspan="5">发现</td><td>隐患简题</td><td colspan="3">2 月 14 日 110kV ××变电站节点路由器到地市公司本部核心路由为单通道运行的安全隐患</td><td>隐患来源</td><td>安全性评价</td><td>隐患原因</td><td>电力安全隐患</td></tr>
<tr><td>隐患编号</td><td>国网××供电公司 2016××××</td><td>隐患所在单位</td><td>信息通信公司</td><td>专业分类</td><td>信息</td><td>详细分类</td><td>节点路由器</td></tr>
<tr><td>发现人</td><td>×××</td><td>发现人单位</td><td>网络运检班</td><td>发现日期</td><td colspan="3">2016-02-14</td></tr>
<tr><td>事故隐患内容</td><td colspan="7">110kV ××变电站到××地市公司本部核心路由为百兆单通道运行，存在局部网络通道薄弱的安全隐患。不符合《国家电网公司十八项电网重大反事故措施（修订版）及编制说明》16.2.1.4 规定："重要线路保护及安全自动装置通道应具备两条独立的路由，满足'双设备、双路由、双电源'的要求。"由于××县电力公司路由上联在临近的 110kV ××变单通道网络，依据《国家电网公司安全事故调查规程（2017 修正版）》2.4.3.2（3）："县供电公司级单位本地信息网络不可用，且持续时间 8h 以上"，构成七级信息系统事件</td></tr>
<tr><td>可能导致后果</td><td colspan="3">七级信息系统事件</td><td>归属职能部门</td><td colspan="3">信息</td></tr>
<tr><td rowspan="2">预评估</td><td rowspan="2">预评估等级</td><td rowspan="2">一般隐患</td><td>预评估负责人签名</td><td>×××</td><td>预评估负责人签名日期</td><td colspan="3">2016-2-14</td></tr>
<tr><td>运维室领导审核签名</td><td>×××</td><td>工区领导审核签名日期</td><td colspan="3">2016-2-14</td></tr>
<tr><td rowspan="2">评估</td><td rowspan="2">评估等级</td><td rowspan="2">一般隐患</td><td>评估负责人签名</td><td>×××</td><td>评估负责人签名日期</td><td colspan="3">2016-2-14</td></tr>
<tr><td>评估领导审核签名</td><td>×××</td><td>评估领导审核签名日期</td><td colspan="3">2016-2-14</td></tr>
<tr><td rowspan="6">治理</td><td>治理责任单位</td><td colspan="2">网络运检班</td><td>治理责任人</td><td colspan="4">×××</td></tr>
<tr><td>治理期限</td><td>自</td><td>2016-2-14</td><td>至</td><td colspan="4">2016-9-30</td></tr>
<tr><td>是否计划项目</td><td>是</td><td colspan="2">是否完成计划外备案</td><td></td><td>计划编号</td><td colspan="2">××××××</td></tr>
<tr><td>防控措施</td><td colspan="7">（1）永久治理前，重点加 110kV ××变电站至××地市公司本部核心百兆通道巡检及监控，落实班组隐患公示。
（2）申报项目，在××县电力公司至 110kV ××变电站间增加 10M 备用通道形成到公司本部核心路由器的环路通道，实现两条独立路由</td></tr>
<tr><td>治理完成情况</td><td colspan="7">8 月 20 日，完成××县电力公司至 110kV ××变电站间 10M 备用通道建设工作，治理完成后形成到公司本部核心路由器的环路通道，实现两条独立路由，满足信息网络安全运行要求。现申请对该隐患治理完成情况进行验收</td></tr>
<tr><td colspan="2">隐患治理计划资金（万元）</td><td colspan="2">10.00</td><td colspan="2">累计落实隐患治理资金（万元）</td><td colspan="2">10.00</td></tr>
<tr><td rowspan="5">验收</td><td>验收申请单位</td><td>网络运检班</td><td>负责人</td><td>×××</td><td>签字日期</td><td colspan="3">2016-8-20</td></tr>
<tr><td>验收组织单位</td><td colspan="7">信息通信公司</td></tr>
<tr><td>验收意见</td><td colspan="7">8 月 20 日，经信通公司对国网××供电公司 2016××××号隐患进行现场验收，治理完成情况属实，满足安全（生产）运行要求，该隐患已消除</td></tr>
<tr><td>结论</td><td colspan="3">验收合格，治理措施已按要求实施，同意注销</td><td>是否消除</td><td colspan="3">是</td></tr>
<tr><td>验收组长</td><td colspan="3">×××</td><td>验收日期</td><td colspan="3">2016-8-20</td></tr>
</table>

7.13.3.2 计算机补丁未安装

一般隐患排查治理档案表

2016 年度

国网××供电公司

发现	隐患简题	国网××供电公司 2 月 14 日内外网 15 台计算机未安装补丁存在感染病毒的安全隐患			隐患来源	安全检查	隐患原因	电力安全隐患
	隐患编号	国网××供电公司 2016××××	隐患所在单位	信息通信公司	专业分类	信息	详细分类	计算机补丁未安装
	发现人	×××	发现人单位	网络运检班	发现日期	2016-2-14		
	事故隐患内容	经后台检测公司内外网计 15 台计算机补丁未安装，存在内、外网计算机感染病毒的安全隐患。不符合《网络和信息安全反违章措施-准入规范十八条》2.7 规定："严禁未采取安全加固措施（补丁更新、防病毒软件安装、病毒库更新、弱口令、关闭不必要的服务等）的主机接入公司网络。"依据《国家电网公司安全事故调查规程（2017 修正版）》第 2.4.3.1（1）："数据（网页）遭篡改、假冒、泄密或窃权，对公司安全生产、经营活动或社会形象产生较大影响"，构成七级信息系统事件						
	可能导致后果	七级信息系统事件			归属职能部门	信息		
预评估	预评估等级	一般隐患	预评估负责人签名	×××	预评估负责人签名日期	2016-2-14		
			运维室领导审核签名	×××	工区领导审核签名日期	2016-2-14		
评估	评估等级	一般隐患	评估负责人签名	×××	评估负责人签名日期	2016-2-14		
			评估领导审核签名	×××	评估领导审核签名日期	2016-2-14		
治理	治理责任单位	网络运检班		治理责任人	×××			
	治理期限	自	2016-2-14	至	2016-3-30			
	是否计划项目	是	是否完成计划外备案			计划编号	××××××	
	防控措施	（1）运用扫描工具排查未安装补丁的计算机终端；同时加强对公司办公电脑内、外网设备端口的巡视检查及违规外联的考核力度，电脑上按要求张贴内、外网区分标签，防止出现信息系统泄密或受到外部意外攻击。 （2）下发通知要求公司内、外网计算机限期安装补丁						
	治理完成情况	2 月 28 日，完成所有计算机终端补丁安装工作，并使用扫描工具每周进行一次全面排查，满足网络安全防护要求。现申请对该隐患治理完成情况进行验收						
	隐患治理计划资金（万元）		0.00		累计落实隐患治理资金（万元）	0.00		
验收	验收申请单位	网络运检班	负责人	×××	签字日期	2016-2-28		
	验收组织单位	信息通信公司						
	验收意见	2 月 28 日，经信息通信公司对国网××供电公司 2016××××号隐患进行现场验收，治理完成情况属实，满足安全（生产）运行要求，该隐患已消除						
	结论	验收合格，治理措施已按要求实施，同意注销			是否消除	是		
	验收组长	×××			验收日期	2016-2-28		

7.13.3.3 内、外网标识

一般隐患排查治理档案表

2016年度 国网××供电公司

发现	隐患简题	国网××供电公司2月14日公司集体企业个别办公电脑上未张贴内外网标签的安全隐患			隐患来源	安全检查	隐患原因	安全管理隐患
	隐患编号	国网××供电公司2016××××	隐患所在单位	信息通信公司	专业分类	信息	详细分类	内、外网标识
	发现人	×××	发现人单位	网络运检班	发现日期	2016-2-14		
	事故隐患内容	公司集体企业个别办公电脑上未张贴内、外网区分标签，存在可能造成信息系统泄密或受到外部意外攻击的信息网络安全隐患。不符合《国家电网公司十八项电网重大反事故措施（修订版）及编制说明》16.3.2.3规定：“信息内、外网通过部署隔离设备进行内、外网逻辑强隔离，未部署的要保证物理断开，并有明确的区分标识。”若不及时张贴内、外网标签，依据《国家电网公司安全事故调查规程（2017修正版）》2.4.3.1（1）：“数据（网页）遭篡改、假冒、泄密或窃权，对公司安全生产、经营活动或社会形象产生较大影响”，构成七级信息系统事件						
	可能导致后果	七级信息系统事件			归属职能部门	信息		
预评估	预评估等级	一般隐患	预评估负责人签名	×××	预评估负责人签名日期	2016-2-14		
			运维室领导审核签名	×××	工区领导审核签名日期	2016-2-14		
评估	评估等级	一般隐患	评估负责人签名	×××	评估负责人签名日期	2016-2-14		
			评估领导审核签名	×××	评估领导审核签名日期	2016-2-14		
治理	治理责任单位	网络运检班		治理责任人	×××			
	治理期限	自	2016-2-14	至	2016-2-28			
	是否计划项目	是	是否完成计划外备案			计划编号	××××××	
	防控措施	加强对公司办公电脑内、外网设备端口的巡视检查及违规外联的考核力度，电脑上按要求张贴内、外网区分标签，防止出现信息系统泄密或受到外部意外攻击						
	治理完成情况	2月20日，完成对公司内、外网计算机标识完善工作，所有标识均张贴于醒目位置，用不同颜色进行区分，满足网络安全防护要求。现申请对该隐患治理完成情况进行验收						
	隐患治理计划资金（万元）		0.20		累计落实隐患治理资金（万元）		0.20	
验收	验收申请单位	网络运检班	负责人	×××	签字日期	2016-2-20		
	验收组织单位	信息通信公司						
	验收意见	2月20日，经信通分公司对国网××供电公司2016××××号隐患进行现场验收，治理完成情况属实，满足安全（生产）运行要求，该隐患已消除						
	结论	验收合格，治理措施已按要求实施，同意注销			是否消除	是		
	验收组长	×××			验收日期	2016-2-20		

7.13.4 数据安全隐患

7.13.4.1 服务器同机数据备份

一般隐患排查治理档案表

2016 年度　　　　　　　　　　　　　　　　　　　　　　　　　　　　　　　　　国网××供电公司

<table>
<tr><td rowspan="6">发现</td><td>隐患简题</td><td colspan="3">国网××供电公司 2 月 14 日公司企业门户网站服务器未实现数据双备份的安全隐患</td><td>隐患来源</td><td>安全性评价</td><td>隐患原因</td><td>电力安全隐患</td></tr>
<tr><td>隐患编号</td><td>国网××供电公司 2016××××</td><td>隐患所在单位</td><td>信息通信分公司</td><td>专业分类</td><td>信息</td><td>详细分类</td><td>服务器同机数据备份</td></tr>
<tr><td>发现人</td><td>×××</td><td>发现人单位</td><td>网络维护班</td><td>发现日期</td><td colspan="3">2016-2-14</td></tr>
<tr><td>事故隐患内容</td><td colspan="7">公司企业门户网站服务器只有一台专门数据备份服务器，目前未实现数据双备份，同机数据备份模式可靠性低，若服务器系统硬盘数据整体损坏将造成备份数据丢失。不符合《国家电网公司十八项电网重大反事故措施（修订版）及编制说明》16.2.3.9 规定：“制订通信网管系统运行管理规定，落实数据备份、病毒防范和安全防护工作。”依据《国家电网公司安全事故调查规程（2017 修正版）》2.4.3.1（1）：“一类信息系统数据丢失，影响公司生产经营”，构成七级信息系统事件</td></tr>
<tr><td>可能导致后果</td><td colspan="3">七级信息系统事件</td><td>归属职能部门</td><td colspan="3">信息</td></tr>
<tr style="display:none"></tr>
<tr><td rowspan="2">预评估</td><td rowspan="2">预评估等级</td><td rowspan="2">一般隐患</td><td>预评估负责人签名</td><td>×××</td><td>预评估负责人签名日期</td><td colspan="3">2016-2-14</td></tr>
<tr><td>运维室领导审核签名</td><td>×××</td><td>工区领导审核签名日期</td><td colspan="3">2016-2-14</td></tr>
<tr><td rowspan="2">评估</td><td rowspan="2">评估等级</td><td rowspan="2">一般隐患</td><td>评估负责人签名</td><td>×××</td><td>评估负责人签名日期</td><td colspan="3">2016-2-14</td></tr>
<tr><td>评估领导审核签名</td><td>×××</td><td>评估领导审核签名日期</td><td colspan="3">2016-2-14</td></tr>
<tr><td rowspan="7">治理</td><td>治理责任单位</td><td colspan="2">网络维护班</td><td>治理责任人</td><td colspan="4">×××</td></tr>
<tr><td>治理期限</td><td>自</td><td>2016-2-14</td><td>至</td><td colspan="4">2016-5-30</td></tr>
<tr><td>是否计划项目</td><td>是</td><td colspan="2">是否完成计划外备案</td><td></td><td>计划编号</td><td colspan="2">××××××</td></tr>
<tr><td>防控措施</td><td colspan="7">（1）定期安排工作人员进行数据手工异地备份。
（2）加强网络安全防控，定期检查服务器运行状况</td></tr>
<tr><td>治理完成情况</td><td colspan="7">4 月 19 日，增加配置一台数据备份服务器，用于企业门户系统，由专业人员对服务器进行安装调试，实现数据双备份，提高数据运行可靠性。现申请对该隐患治理完成情况进行验收</td></tr>
<tr><td colspan="2">隐患治理计划资金（万元）</td><td colspan="2">8.00</td><td colspan="2">累计落实隐患治理资金（万元）</td><td colspan="2">8.00</td></tr>
<tr style="display:none"></tr>
<tr><td rowspan="5">验收</td><td>验收申请单位</td><td>网络维护班</td><td>负责人</td><td>×××</td><td>签字日期</td><td colspan="3">2016-4-19</td></tr>
<tr><td>验收组织单位</td><td colspan="7">信息通信公司</td></tr>
<tr><td>验收意见</td><td colspan="7">4 月 20 日，经信息通信公司对国网××供电公司 2016××××号隐患进行现场验收，治理完成情况属实，满足安全（生产）运行要求，该隐患已消除</td></tr>
<tr><td>结论</td><td colspan="3">验收合格，治理措施已按要求实施，同意注销</td><td>是否消除</td><td colspan="3">是</td></tr>
<tr><td>验收组长</td><td colspan="3">×××</td><td>验收日期</td><td colspan="3">2016-4-20</td></tr>
</table>

7.13.4.2 非正版软件

一般隐患排查治理档案表

2016 年度　　　　　　　　　　　　　　　　　　　　　　国网××供电公司

<table>
<tr><td rowspan="6">发现</td><td>隐患简题</td><td colspan="3">国网××供电公司2月14日公司信息系统部分服务器使用非正版操作系统存在服务器宕机的安全隐患</td><td>隐患来源</td><td>安全检查</td><td>隐患原因</td><td>电力安全隐患</td></tr>
<tr><td>隐患编号</td><td>国网××供电公司2016××××</td><td>隐患所在单位</td><td>信息通信公司</td><td>专业分类</td><td>信息</td><td>详细分类</td><td>非正版软件</td></tr>
<tr><td>发现人</td><td>×××</td><td>发现人单位</td><td>网络运检班</td><td>发现日期</td><td colspan="3">2016-2-14</td></tr>
<tr><td>事故隐患内容</td><td colspan="7">公司信息系统部分应用及数据服务器使用非正版的操作系统及数据库软件，存在服务器宕机、蓝屏等现象的安全隐患，不符合《国网信通部关于开展使用正版软件检查工作的通知》（信通计划〔2015〕114号）提出的正版软件检查工作要求和未落实国资委关于全面实现中央企业软件正版化的“三年目标”通知要求。依据《国家电网公司安全事故调查规程（2017修正版）》2.4.3.4：“信息系统业务中断出现下列情况之一者，（1）一类信息系统业务中断，且持续时间2h以上；（2）二类信息系统业务中断，且持续时间6h以上；（3）三类信息系统业务中断，且持续时间18h以上”，构成七级信息系统事件</td></tr>
<tr><td>可能导致后果</td><td colspan="3">七级信息系统事件</td><td>归属职能部门</td><td colspan="3">信息</td></tr>
<tr style="display:none"></tr>
<tr><td rowspan="2">预评估</td><td rowspan="2">预评估等级</td><td rowspan="2">一般隐患</td><td>预评估负责人签名</td><td>×××</td><td>预评估负责人签名日期</td><td colspan="3">2016-2-14</td></tr>
<tr><td>运维室领导审核签名</td><td>×××</td><td>工区领导审核签名日期</td><td colspan="3">2016-2-14</td></tr>
<tr><td rowspan="2">评估</td><td rowspan="2">评估等级</td><td rowspan="2">一般隐患</td><td>评估负责人签名</td><td>×××</td><td>评估负责人签名日期</td><td colspan="3">2016-2-14</td></tr>
<tr><td>评估领导审核签名</td><td>×××</td><td>评估领导审核签名日期</td><td colspan="3">2016-2-14</td></tr>
<tr><td rowspan="6">治理</td><td>治理责任单位</td><td colspan="2">网络运检班</td><td>治理责任人</td><td colspan="4">×××</td></tr>
<tr><td>治理期限</td><td>自</td><td>2016-2-14</td><td>至</td><td colspan="4">2016-5-30</td></tr>
<tr><td>是否计划项目</td><td>是</td><td colspan="2">是否完成计划外备案</td><td></td><td>计划编号</td><td colspan="2">××××××</td></tr>
<tr><td>防控措施</td><td colspan="7">（1）永久治理前，加强非正版的操作系统数据服务器巡视监控，做好数据备份，落实班组隐患公示。
（2）申报项目，购置服务器正版操作系统及数据库软件，确保系统正常运行</td></tr>
<tr><td>治理完成情况</td><td colspan="7">5月20日，完成正版操作系统及数据库软件的安装，并进行补丁安装，经安全测评，服务器操作系统及数据库软件运行正常。现申请对该隐患治理完成情况进行验收</td></tr>
<tr><td colspan="2">隐患治理计划资金（万元）</td><td colspan="2">5.00</td><td colspan="2">累计落实隐患治理资金（万元）</td><td colspan="2">5.00</td></tr>
<tr><td rowspan="5">验收</td><td>验收申请单位</td><td>网络运检班</td><td>负责人</td><td>×××</td><td>签字日期</td><td colspan="3">2016-5-20</td></tr>
<tr><td>验收组织单位</td><td colspan="7">信息通信公司</td></tr>
<tr><td>验收意见</td><td colspan="7">5月20日，经信息通信公司对国网××供电公司2016××××号隐患进行现场验收，治理完成情况属实，满足安全（生产）运行要求，该隐患已消除</td></tr>
<tr><td>结论</td><td colspan="3">验收合格，治理措施已按要求实施，同意注销</td><td>是否消除</td><td colspan="3">是</td></tr>
<tr><td>验收组长</td><td colspan="3">×××</td><td>验收日期</td><td colspan="3">2016-5-20</td></tr>
</table>

7.13.4.3 线缆标识

一般隐患排查治理档案表

2016 年度　　　　　　　　　　　　　　　　　　　　　　　　　　　　　　国网××供电公司

发现	隐患简题	国网××供电公司2月14日信息机房设备及线缆标识凌乱且标识名称不完善的安全隐患			隐患来源	安全检查	隐患原因	设备设施隐患
	隐患编号	国网××供电公司2016××××	隐患所在单位	信息通信公司	专业分类	信息	详细分类	线缆标识
	发现人	×××	发现人单位	通信运检班	发现日期	2016-02-14		
	事故隐患内容	公司信息机房设备及线缆标识凌乱且标识名称不完善，存在维护人员在作业时误碰、误操作设备的安全隐患，不符合《国家电网公司信息机房管理规范》（信息计划〔2006〕79号）5.5规定：“信息机房运行环境：⑤设备应有标识，标识内容至少包含设备名称、维护人员、设备供应商、投运日期、服务电话，IP设备应有IP地址标识；⑥网络交换机已使用的端口、网络线、配线架端口都应有标识，标识内容应简明清晰，便于查对。”依据《国家电网公司安全事故调查规程（2017修正版）》2.3.6.7（2）：“地市电力调度控制中心与直接调度范围内30%以上厂站的调度电话业务、调度数据网业务及实时专线通信业务全部中断”，构成七级设备事件						
	可能导致后果	七级设备事件			归属职能部门	信息		
预评估	预评估等级	一般隐患	预评估负责人签名	×××	预评估负责人签名日期	2016-2-14		
			运维室领导审核签名	×××	工区领导审核签名日期	2016-2-14		
评估	评估等级	一般隐患	评估负责人签名	×××	评估负责人签名日期	2016-2-14		
			评估领导审核签名	×××	评估领导审核签名日期	2016-2-14		
治理	治理责任单位	通信运检班		治理责任人	×××			
	治理期限	自	2016-2-14	至	2016-5-30			
	是否计划项目	是	是否完成计划外备案			计划编号	××××××	
	防控措施	（1）永久治理前，严格执行信息检修制度，工作中加强操作监护，防止误碰、误操作设备。 （2）对信息机房设备及线缆，规范线缆标识						
	治理完成情况	5月20日，完成公司信息机房设备及线缆标识规范整治工作，全部采用机打标签，设备标签内容包含设备名称、维护人员、供应商、投运日期、服务电话和IP信息，线缆标签内容简明清晰；所有强、弱线缆位于管槽或线缆架上，绑扎牢靠，并做好封堵措施。现申请对该隐患治理完成情况进行验收						
	隐患治理计划资金（万元）		1.00		累计落实隐患治理资金（万元）		1.00	
验收	验收申请单位	通信运检班	负责人	×××	签字日期	2016-5-20		
	验收组织单位	信息通信公司						
	验收意见	5月21日，经信息通信公司对国网××供电公司2016××××号隐患进行现场验收，治理完成情况属实，满足安全（生产）运行要求，该隐患已消除						
	结论	验收合格，治理措施已按要求实施，同意注销			是否消除	是		
	验收组长	×××			验收日期	2016-5-21		

7.13.5　通信线路

7.13.5.1　光缆断芯

一般隐患排查治理档案表

2016 年度　　　　　　　　　　　　　　　　　　　　　　　　　　　　　　　　　　国网××供电公司

发现	隐患简题	国网××供电公司 2 月 14 日 330kV ××变电站××12～13 号 ADSS 光缆断 5 芯的安全隐患			隐患来源	日常巡视	隐患原因	设备设施隐患
	隐患编号	××供电公司 2016××××	隐患所在单位	信息通信公司	专业分类	信息	详细分类	光缆断芯
	发现人	×××	发现人单位	通信运检班	发现日期	2016-2-14		
	事故隐患内容	330kV ××变电站××12～13 号 ADSS 光缆断 5 芯，存在通信网络中断的安全隐患，不符合《国家电网公司十八项电网重大反事故措施（修订版）及编制说明》16.2.3.6 规定："通信运行部门应半年对 ADSS 和普通光缆进行专项检查，重点检查站内及线路光缆的外观、接续盒固定线夹、接续盒密封垫等，并对光缆备用仟芯的衰耗进行测试对比。"依据《国家电网公司安全事故调查规程（2017 年修正版）》2.3.7.4（4）："承载 220kV 以上线路保护、安全自动装置或省级以上电力调控中心调度电话业务、调度数据网业务的通信光缆故障，且持续时间 8h 以上"，构成七级设备事件						
	可能导致后果	七级设备事件			归属职能部门	信息		
预评估	预评估等级	一般隐患	预评估负责人签名	×××	预评估负责人签名日期	2016-2-14		
			运维室领导审核签名	×××	工区领导审核签名日期	2016-2-14		
评估	评估等级	一般隐患	评估负责人签名	×××	评估负责人签名日期	2016-2-14		
			评估领导审核签名	×××	评估领导审核签名日期	2016-2-14		
治理	治理责任单位	通信运检班		治理责任人	×××			
	治理期限	自	2016-2-14	至	2016-5-30			
	是否计划项目	是	是否完成计划外备案			计划编号	××××××	
	防控措施	（1）永久治理前，加强对 330kV ××变电站××ADSS 光缆的运行监控，落实班组隐患公示。 （2）更换 330kV ××变电站××12～13 号 ADSS 断芯光缆并进行测试						
	治理完成情况	5 月 19 日，对 330kV ××变电站××12～13 号 ADSS 断芯光缆进行了熔接，经光纤测试，光芯衰耗值在要求范围内，满足设备安全运行的要求。现申请对该隐患治理完成情况进行验收						
	隐患治理计划资金（万元）		0.30		累计落实隐患治理资金（万元）		0.30	
验收	验收申请单位	通信运检班	负责人	×××	签字日期	2016-5-19		
	验收组织单位	信通分公司						
	验收意见	5 月 20 日，经信通公司对国网××供电公司 2016××××号隐患进行现场验收，治理完成情况属实，满足安全（生产）运行要求，该隐患已消除						
	结论	验收合格，治理措施已按要求实施，同意注销			是否消除	是		
	验收组长	×××			验收日期	2016-5-20		

7.13.5.2 安全距离

一般隐患排查治理档案表

2016 年度　　　　　　　　　　　　　　　　　　　　　　　　国网××供电公司

<table>
<tr><td rowspan="5">发现</td><td>隐患简题</td><td colspan="3">国网××供电公司 2 月 14 日 110kV ××变电站进站 ADSS 通信光缆对地安全距离不足的安全隐患</td><td>隐患来源</td><td>日常巡视</td><td>隐患原因</td><td>电力安全隐患</td></tr>
<tr><td>隐患编号</td><td>国网××供电公司 2016××××</td><td>隐患所在单位</td><td>信息通信公司</td><td>专业分类</td><td>信息</td><td>详细分类</td><td>通信线路</td></tr>
<tr><td>发现人</td><td>×××</td><td>发现人单位</td><td>通信运检班</td><td>发现日期</td><td colspan="3">2016-2-14</td></tr>
<tr><td>事故隐患内容</td><td colspan="7">110kV ××变电站围墙外 20m 处新建三级公路，因施工路基抬高，造成站外××进站终端塔 ADSS 通信光缆至站内构架 ADSS 通信光缆对地距离 4m，存在大型施工机械穿越时剐蹭通信光缆的安全隐患。不符合《ADSS 通信光缆通用技术规范》4.5.6 规定：“ADSS 通信光缆对二、三级公路最小垂直距离 6m。”违反《陕西省电力设施和电能保护条例》第二章十八条规定：“电力企业发现在电力设施保护区内修建危及电力设施安全的建筑物、构筑物以及其他危及电力设施安全行为的，有权要求当事人停止作业、恢复原状、消除危险，并报电力行政主管部门依法处理。”依据《国家电网公司安全事故调查规程（2017 年修正版）》2.4.3.5（1）：“一类信息系统纵向贯通全部中断，且持续时间 3h 以上”，构成七级信息系统事件（注：根据该光缆所带业务重要程度，判断是造成一类信息系统纵向贯通全部中断，还是造成 110kV 变电站所有业务中断）</td></tr>
<tr><td>可能导致后果</td><td colspan="3">七级信息系统事件</td><td>归属职能部门</td><td colspan="3">信息</td></tr>
<tr><td rowspan="2">预评估</td><td rowspan="2">预评估等级</td><td rowspan="2">一般隐患</td><td>预评估负责人签名</td><td>×××</td><td>预评估负责人签名日期</td><td colspan="3">2016-2-14</td></tr>
<tr><td>运维室领导审核签名</td><td>×××</td><td>工区领导审核签名日期</td><td colspan="3">2016-2-14</td></tr>
<tr><td rowspan="2">评估</td><td rowspan="2">评估等级</td><td rowspan="2">一般隐患</td><td>评估负责人签名</td><td>×××</td><td>评估负责人签名日期</td><td colspan="3">2016-2-14</td></tr>
<tr><td>评估领导审核签名</td><td>×××</td><td>评估领导审核签名日期</td><td colspan="3">2016-2-14</td></tr>
<tr><td rowspan="7">治理</td><td>治理责任单位</td><td colspan="2">通信运检班</td><td>治理责任人</td><td colspan="4">×××</td></tr>
<tr><td>治理期限</td><td>自</td><td>2016-2-14</td><td>至</td><td colspan="4">2016-5-30</td></tr>
<tr><td>是否计划项目</td><td>是</td><td colspan="2">是否完成计划外备案</td><td></td><td>计划编号</td><td colspan="2">××××××</td></tr>
<tr><td>防控措施</td><td colspan="7">（1）向公路施工单位下达《安全隐患告知书》，签订安全协议，在××进站终端塔上悬挂安全警示牌，周边开展电力设施保护宣传。
（2）在 110kV ××变电站××进站终端塔 ADSS 光缆至站内构架 ADSS 光缆乡级公路跨越处设置限高架，防止大型施工车辆机械穿越，同时将××进站终端塔 ADSS 光缆至站内构架 ADSS 光缆挂线点升高，确保满足安全距离要求</td></tr>
<tr><td>治理完成情况</td><td colspan="7">5 月 19 日，对 110kV ××变电站××进站 ADSS 通信光缆进行了提升、紧固，现对地距离为 7m，满足通信设备安全运行的要求。现申请对该隐患治理完成情况进行验收</td></tr>
<tr><td colspan="2">隐患治理计划资金（万元）</td><td colspan="2">0.60</td><td colspan="2">累计落实隐患治理资金（万元）</td><td colspan="2">0.60</td></tr>
<tr><td rowspan="5">验收</td><td>验收申请单位</td><td>通信运检班</td><td>负责人</td><td>×××</td><td>签字日期</td><td colspan="3">2016-5-19</td></tr>
<tr><td>验收组织单位</td><td colspan="7">信通公司</td></tr>
<tr><td>验收意见</td><td colspan="7">5 月 20 日，经信通公司对国网××供电公司 2016××××号隐患进行现场验收，治理完成情况属实，满足安全（生产）运行要求，该隐患已消除</td></tr>
<tr><td>结论</td><td colspan="3">验收合格，治理措施已按要求实施，同意注销</td><td>是否消除</td><td colspan="3">是</td></tr>
<tr><td>验收组长</td><td colspan="3">×××</td><td>验收日期</td><td colspan="3">2016-5-20</td></tr>
</table>

7.13.6 通信设备

7.13.6.1 光传输设备

一般隐患排查治理档案表

2016年度

国网××供电公司

发现	隐患简题	国网××供电公司2月14日西北部光传输设备不能组建环网（全部为单琏结构）的安全隐患			隐患来源	安全性评价	隐患原因	电力安全隐患
	隐患编号	国网××供电公司2016××××	隐患所在单位	信息通信公司	专业分类	信息	详细分类	光传输设备
	发现人	×××	发现人单位	通信运检班	发现日期	2016-2-14		
	事故隐患内容	110kV ××变电站光传输设备运行不稳定，由于该公司西北部光传输不能组建环网（全部为单琏结构），存在光传输设备运行稳定性不高的安全隐患，不符合《国家电网公司十八项电网重大反事故措施（修订版）及编制说明》16.2.1.1规定：“电力通信网的网络规划、设计和改造计划应与电网发展相适应，充分满足各类业务的应用需求，强化通信网薄弱环节的改造力度，力求网络结构合理、运行灵活、坚强可靠和协调发展。同时，设备设备选型应于现有网络使用设备类型一致，保持通信网络完整性。”依据《国家电网公司安全事故调查规程（2017年修正版）》2.4.3.4：“一类信息系统业务中断，且持续时间2h以上”，构成七级信息系统事件						
	可能导致后果	七级信息系统事件			归属职能部门	信息		
预评估	预评估等级	一般隐患	预评估负责人签名	×××	预评估负责人签名日期	2016-2-14		
			运维室领导审核签名	×××	工区领导审核签名日期	2016-2-14		
评估	评估等级	一般隐患	评估负责人签名	×××	评估负责人签名日期	2016-2-14		
			评估领导审核签名	×××	评估领导审核签名日期	2016-2-14		
治理	治理责任单位	通信运检班		治理责任人	×××			
	治理期限	自	2016-2-14	至	2016-12-30			
	是否计划项目	是	是否完成计划外备案			计划编号	××××××	
	防控措施	（1）永久治理前，重点加强对110kV ××变电站光传输设备运行监控，落实班组隐患公示。 （2）对110kV ××变光传输屏进行更换；同时申报项目，对公司西北部光传输网进行优化						
	治理完成情况	6月19日申报独立二次项目，更换××套光传输设备；12月15日完成西北部光传输设备环路组建，具备保护功能。现申请对该隐患治理完成情况进行验收						
	隐患治理计划资金（万元）		1040.00		累计落实隐患治理资金（万元）		1040.00	
验收	验收申请单位	通信运检班	负责人	×××	签字日期	2016-12-15		
	验收组织单位	信通公司						
	验收意见	12月16日，经信通公司对国网××供电公司2016××××号隐患进行现场验收，治理完成情况属实，满足安全（生产）运行要求，该隐患已消除						
	结论	验收合格，治理措施已按要求实施，同意注销			是否消除	是		
	验收组长	×××			验收日期	2016-12-16		

7.13.6.2 电视电话会议系统

一般隐患排查治理档案表

2016年度　　　　　　　　　　　　　　　　　　　　　　　　　　　　国网××信通公司

发现	隐患简题	国网××信通公司2月14日公司电视电话会议系统设备单机运行的安全隐患			隐患来源	安全性评价	隐患原因	电力安全隐患
	隐患编号	国网××信通公司2016××××	隐患所在单位	国网××信通公司	专业分类	信息	详细分类	电视电话会议系统
	发现人	×××	发现人单位	信息通信运检中心	发现日期	2016-2-14		
	事故隐患内容	公司应急指挥中心电视电话会议系统与通信机房通过单一通道进行连接，存在无备用通道的安全隐患，不符合《国家电网公司十八项电网重大反事故措施（修订版）及编制说明》16.2.3.8规定：“严格落实电视电话会议系统‘一主两备’技术措施。”若单一通道发生故障中断，将造成应急指挥中心电视电话会议系统无法使用，依据《国电网公司安全事故调查规程（2017修正版）》2.3.7.4（7）：“省电力公司级以上单位电视电话会议，发生超过10%以上的参会单位音、视频中断”，构成七级设备事件						
	可能导致后果	七级设备事件			归属职能部门	信息		
预评估	预评估等级	一般隐患	预评估负责人签名	×××	预评估负责人签名日期	2016-2-14		
			运维室领导审核签名	×××	工区领导审核签名日期	2016-2-14		
评估	评估等级	一般隐患	评估负责人签名	×××	评估负责人签名日期	2016-2-14		
			评估领导审核签名	×××	评估领导审核签名日期	2016-2-14		
治理	治理责任单位	信息通信运检中心		治理责任人	×××			
	治理期限	自	2016-2-14	至	2016-5-30			
	是否计划项目	是	是否完成计划外备案			计划编号	××××××	
	防控措施	（1）永久治理前，修订电视电话会议系统巡视制度，加强电视电话会议期间设备巡视力度，落实班组隐患公示。 （2）申报项目，增加公司电视电话会议系统备用设备，保障电视电话会议系统稳定运行						
	治理完成情况	5月23日，完成对公司电视电话会议系统备用设备通道的安装调试，治理完成后满足电视电话会议系统稳定运行要求。现申请对该隐患治理完成情况进行验收						
	隐患治理计划资金（万元）		18.00		累计落实隐患治理资金（万元）		18.00	
验收	验收申请单位	信息通信运检中心	负责人	×××	签字日期	2016-5-23		
	验收组织单位	国网××信通公司						
	验收意见	5月23日，经国网××信通公司对国网××信通公司2016××××号隐患进行现场验收，治理完成情况属实，满足安全（生产）运行要求，该隐患已消除						
	结论	验收合格，治理措施已按要求实施，同意注销			是否消除	是		
	验收组长	×××			验收日期	2016-5-23		

7.13.6.3 通信设备备用电源

一般隐患排查治理档案表

2016 年度　　　　　　　　　　　　　　　　　　　　　　　　　　国网××供电公司

发现	隐患简题	国网××供电公司2月14日330kV××变电站通信设备未配备双电源的安全隐患			隐患来源	安全性评价	隐患原因	电力安全隐患
	隐患编号	国网××供电公司2016××××	隐患所在单位	信息通信公司	专业分类	信息	详细分类	通信设备备用电源
	发现人	×××	发现人单位	通信运检班	发现日期	2016-2-14		
	事故隐患内容	330kV××变电站通信设备未配备双电源，若站用交流停电时，存在330kV变电站通信设备无法正常运行的安全隐患，不符合《国家电网公司十八项电网重大反事故措施（修订版）及编制说明》16.2.1.4规定："重要线路保护及安全自动装置通道应具备两条独立的路由，满足双设备、双路由、双电源。"依据《国家电网公司安全事故调查规程（2017年修正版）》2.3.7.4（3）："220kV（含330kV）系统中，一个厂站的调度电话业务、调度数据网业务及实时专线通信业务全部中断"，构成七级设备事件						
	可能导致后果	七级设备事件			归属职能部门	信息		
预评估	预评估等级	一般隐患	预评估负责人签名	×××	预评估负责人签名日期	2016-2-14		
			运维室领导审核签名	×××	工区领导审核签名日期	2016-2-14		
评估	评估等级	一般隐患	评估负责人签名	×××	评估负责人签名日期	2016-2-14		
			评估领导审核签名	×××	评估领导审核签名日期	2016-2-14		
治理	治理责任单位	通信运检班		治理责任人	×××			
	治理期限	自	2016-2-14	至	2016-5-30			
	是否计划项目	是	是否完成计划外备案			计划编号	××××××	
	防控措施	（1）永久治理前，重点加强对330kV××变电站通信设备的运行监控，落实班组隐患公示。 （2）申报项目，对330kV××变电站通信设备配备备用电源，确保满足双设备、双路由、双电源要求						
	治理完成情况	5月19日，对330kV××变电站通信设备新配置了高频开关电源，配置后实现了双电源要求，满足了设备安全运行的要求。现申请对该隐患治理完成情况进行验收						
	隐患治理计划资金（万元）		5.00		累计落实隐患治理资金（万元）		5.00	
验收	验收申请单位	通信运检班	负责人	×××	签字日期	2016-5-19		
	验收组织单位	信通公司						
	验收意见	5月20日，经信通公司对国网××供电公司2016××××号隐患进行现场验收，治理完成情况属实，满足安全（生产）运行要求，该隐患已消除						
	结论	验收合格，治理措施已按要求实施，同意注销			是否消除	是		
	验收组长	×××			验收日期	2016-5-20		

7.13.6.4 多台通信设备共用分路开关

一般隐患排查治理档案表

2016 年度　　　　　　　　　　　　　　　　　　　　　　　　　　　　　　国网××供电公司

发现	隐患简题	国网××供电公司 2 月 14 日 330kV ××变电站通信设备未配备双电源的安全隐患			隐患来源	安全性评价	隐患原因	电力安全隐患
	隐患编号	国网××供电公司 2016××××	隐患所在单位	信息通信公司	专业分类	信息	详细分类	多台通信设备共用分路开关
	发现人	×××	发现人单位	通信运检班	发现日期	2016-2-14		
	事故隐患内容	330kV ××变电站通信设备未配备双电源，若站用交流停电时，存在 330kV 变电站通信设备无法正常运行的安全隐患，不符合《国家电网公司十八项电网重大反事故措施（修订版）及编制说明》16.2.1.4 规定：“重要线路保护及安全自动装置通道应具备两条独立的路由，满足双设备、双路由、双电源”。依据《国家电网公司安全事故调查规程（2017 年修正版）》2.3.7.4（3）：“220kV（含 330kV）系统中，一个厂站的调度电话业务、调度数据网业务及实时专线通信业务全部中断”，构成七级设备事件						
	可能导致后果	七级设备事件			归属职能部门	信息		
预评估	预评估等级	一般隐患	预评估负责人签名	×××	预评估负责人签名日期	2016-2-14		
			运维室领导审核签名	×××	工区领导审核签名日期	2016-2-14		
评估	评估等级	一般隐患	评估负责人签名	×××	评估负责人签名日期	2016-2-14		
			评估领导审核签名	×××	评估领导审核签名日期	2016-2-14		
治理	治理责任单位	通信运检班		治理责任人	×××			
	治理期限	自	2016-2-14	至	2016-5-30			
	是否计划项目	是	是否完成计划外备案			计划编号	××××××	
	防控措施	（1）永久治理前，重点加强对 330kV ××变电站通信设备的运行监控，落实班组隐患公示。 （2）申报项目，对 330kV ××变电站通信设备配备备用电源，确保满足双设备、双路由、双电源要求						
	治理完成情况	5 月 19 日，对 330kV ××变电站通信设备新配置了高频开关电源，配置后实现了双电源要求，满足设备安全运行的要求。现申请对该隐患治理完成情况进行验收						
	隐患治理计划资金（万元）		5.00		累计落实隐患治理资金（万元）		5.00	
验收	验收申请单位	通信运检班	负责人	×××	签字日期	2016-5-19		
	验收组织单位	信通公司						
	验收意见	5 月 20 日，经信通公司对国网××供电公司 2016××××号隐患进行现场验收，治理完成情况属实，满足安全（生产）运行要求，该隐患已消除						
	结论	验收合格，治理措施已按要求实施，同意注销			是否消除	是		
	验收组长	×××			验收日期	2016-5-20		

7.13.7 管理类

7.13.7.1 机房环境

一般隐患排查治理档案表

2016 年度　　　　国网××供电公司

<table>
<tr><td rowspan="6">发现</td><td>隐患简题</td><td colspan="3">国网××供电公司 2 月 14 日信息机房运行环境凌乱杂物混放无门禁消防报警及视频监控装置</td><td>隐患来源</td><td>安全检查</td><td>隐患原因</td><td>安全管理隐患</td></tr>
<tr><td>隐患编号</td><td>国网××供电公司 2016××××</td><td>隐患所在单位</td><td>信息通信公司</td><td>专业分类</td><td>信息</td><td>详细分类</td><td>机房环境</td></tr>
<tr><td>发现人</td><td>×××</td><td>发现人单位</td><td>安质部</td><td>发现日期</td><td colspan="3">2016-2-14</td></tr>
<tr><td>事故隐患内容</td><td colspan="7">公司附楼南侧信息机房年久失修，目前地面、墙面损毁严重，地面杂物堆积、强弱电线缆凌乱，且无门禁、消防报警及视频监控装置，机房运行环境极差，存在影响信息通信网络稳定的安全管理隐患。不符合《国家电网公司机房管理细则》规定：“第三章第八条：机房值班人员负责机房环境卫生，设备表面、地板、门窗、天花板、墙角等地方要保持清洁，无明显污渍、粉尘；第十条：机房内物品必须放在指定位置，通道、路口、设备前后和窗口附近均不得堆放物品和杂物，机房内设备不得随意挪动，使用后的资料、工具和终端椅等应自觉放回原处摆放整齐；第六章第二十九条：机房内的电源线缆、通信线缆应分别铺设在管槽内或排架上，排列整齐，捆扎固定，留有适度余量。机柜内所有线缆布线应用管卡等紧固件分类固定，排列整齐。”违反《电力设备典型消防规程》第 7.4.7 条规定：“电力生产重要区域应保持整洁，不得堆放杂物，且应配置有效的消防器材或建立消防报警系统。”依据《国家电网公司安全事故调查规程（2017 修正版）》2.4.3.2（3）：“县供电公司级单位本地信息网络不可用，且持续时间 8h 以上”，构成七级信息系统事件</td></tr>
<tr><td>可能导致后果</td><td colspan="3">七级信息系统事件</td><td>归属职能部门</td><td colspan="3">信息</td></tr>
<tr style="display:none"></tr>
<tr><td rowspan="2">预评估</td><td rowspan="2">预评估等级</td><td rowspan="2">一般隐患</td><td>预评估负责人签名</td><td>×××</td><td>预评估负责人签名日期</td><td colspan="3">2016-2-14</td></tr>
<tr><td>运维室领导审核签名</td><td>×××</td><td>工区领导审核签名日期</td><td colspan="3">2016-2-14</td></tr>
<tr><td rowspan="2">评估</td><td rowspan="2">评估等级</td><td rowspan="2">一般隐患</td><td>评估负责人签名</td><td>×××</td><td>评估负责人签名日期</td><td colspan="3">2016-2-14</td></tr>
<tr><td>评估领导审核签名</td><td>×××</td><td>评估领导审核签名日期</td><td colspan="3">2016-2-14</td></tr>
<tr><td rowspan="6">治理</td><td>治理责任单位</td><td colspan="2">信息通信公司</td><td>治理责任人</td><td colspan="4">×××</td></tr>
<tr><td>治理期限</td><td>自</td><td>2016-2-14</td><td>至</td><td colspan="4">2016-5-30</td></tr>
<tr><td>是否计划项目</td><td>是</td><td colspan="2">是否完成计划外备案</td><td></td><td>计划编号</td><td colspan="2">×××××</td></tr>
<tr><td>防控措施</td><td colspan="7">（1）永久治理前，加强对××县供电公司通信网络设备的运行监控，落实班组隐患公示。
（2）申报项目，对××县供电公司信息机房整体布局重新规划，改造完善机房防静电地板、防尘、照明设施、强弱电线缆等；增加门禁、视频监控、消防报警</td></tr>
<tr><td>治理完成情况</td><td colspan="7">5 月 20 日，对××县供电公司信息机房进行了综合治理，机房内杂物已清理，机房内物品放置在指定位置，并设有标示牌，完善机房定置图；所有强弱线缆分别布设在管槽或排架上，排列整齐，捆扎牢靠，并进行了封堵；机房配备气体灭火器，重要机房配备门禁、消防报警装置，并对机房墙面、天花板进行处理。现申请对该隐患治理完成情况进行验收</td></tr>
<tr><td colspan="2">隐患治理计划资金（万元）</td><td colspan="2">20.00</td><td colspan="2">累计落实隐患治理资金（万元）</td><td colspan="2">20.00</td></tr>
<tr><td rowspan="5">验收</td><td>验收申请单位</td><td>信息通信公司</td><td>负责人</td><td>×××</td><td>签字日期</td><td colspan="3">2016-5-20</td></tr>
<tr><td>验收组织单位</td><td colspan="7">安全监察部门</td></tr>
<tr><td>验收意见</td><td colspan="7">5 月 21 日，经安全监察部门对国网××供电公司 2016××××号隐患进行现场验收，治理完成情况属实，满足安全（生产）运行要求，该隐患已消除</td></tr>
<tr><td>结论</td><td colspan="3">验收合格，治理措施已按要求实施，同意注销</td><td>是否消除</td><td colspan="3">是</td></tr>
<tr><td>验收组长</td><td colspan="3">×××</td><td>验收日期</td><td colspan="3">2016-5-21</td></tr>
</table>

7.13.7.2 违规外联

一般隐患排查治理档案表

2016 年度

国网××供电公司

<table>
<tr><td rowspan="5">发现</td><td>隐患简题</td><td colspan="3">国网××供电公司2月14日个人计算机违规外联接入公司内网的安全管理隐患</td><td>隐患来源</td><td>日常巡视</td><td>隐患原因</td><td>安全管理隐患</td></tr>
<tr><td>隐患编号</td><td>国网××供电公司2016××××</td><td>隐患所在单位</td><td>信息通信公司</td><td>专业分类</td><td>信息</td><td>详细分类</td><td>违规外联</td></tr>
<tr><td>发现人</td><td>×××</td><td>发现人单位</td><td>网络运检班</td><td>发现日期</td><td colspan="3">2016-2-14</td></tr>
<tr><td>事故隐患内容</td><td colspan="7">2月14日，××部门一名员工违规将私人笔记本电脑接入公司内网，有可能存在内网数据遭异常攻击的安全隐患。违反《国家电网公司办公计算机信息安全管理办法》第十一条规定："公司各级单位要使用公司统一推广的计算机桌面终端管理系统，加强对办公计算机的安全准入、补丁管理、运行异常、违规接入安全防护等的管理，部署安全管理策略，进行安全信息采集和统计分析。"依据《国家电网公司安全事故调查规程（2017修正版）》2.4.3.1（1）："数据（网页）遭篡改、假冒、泄密或窃权，对公司安全生产、经营活动或社会形象产生较大影响"，构成七级信息系统事件</td></tr>
<tr><td>可能导致后果</td><td colspan="3">七级信息系统事件</td><td>归属职能部门</td><td colspan="3">信息</td></tr>
<tr><td rowspan="2">预评估</td><td rowspan="2">预评估等级</td><td rowspan="2">一般隐患</td><td>预评估负责人签名</td><td>×××</td><td>预评估负责人签名日期</td><td colspan="3">2016-2-14</td></tr>
<tr><td>运维室领导审核签名</td><td>×××</td><td>工区领导审核签名日期</td><td colspan="3">2016-2-14</td></tr>
<tr><td rowspan="2">评估</td><td rowspan="2">评估等级</td><td rowspan="2">一般隐患</td><td>评估负责人签名</td><td>×××</td><td>评估负责人签名日期</td><td colspan="3">2016-2-14</td></tr>
<tr><td>评估领导审核签名</td><td>×××</td><td>评估领导审核签名日期</td><td colspan="3">2016-2-14</td></tr>
<tr><td rowspan="6">治理</td><td>治理责任单位</td><td colspan="2">网络运检班</td><td>治理责任人</td><td colspan="4">×××</td></tr>
<tr><td>治理期限</td><td>自</td><td>2016-2-14</td><td>至</td><td colspan="4">2016-2-28</td></tr>
<tr><td>是否计划项目</td><td>是</td><td colspan="2">是否完成计划外备案</td><td></td><td>计划编号</td><td colspan="2">××××××</td></tr>
<tr><td>防控措施</td><td colspan="7">（1）立即关闭该计算机接入端口，检查是否存在数据异常情况。
（2）加强对违规外联考核力度，针对此类问题，组织开展内网计算机端口安全标识排查工作</td></tr>
<tr><td>治理完成情况</td><td colspan="7">2月14日当日，关闭××部门违规外联员工的内网计算机接入端口，并对该员工内网计算机进行检查，未发生数据异常状况，恢复原有计算机接入，并在交换机端口绑定MAC地址；2月20日完成对公司内网所有计算机端口安全标识的检查工作，各类安全标识齐全醒目。现申请对该隐患治理完成情况进行验收</td></tr>
<tr><td colspan="2">隐患治理计划资金（万元）</td><td colspan="2">0.00</td><td colspan="2">累计落实隐患治理资金（万元）</td><td colspan="2">0.00</td></tr>
<tr><td rowspan="5">验收</td><td>验收申请单位</td><td>网络运检班</td><td>负责人</td><td>×××</td><td>签字日期</td><td colspan="3">2016-2-15</td></tr>
<tr><td>验收组织单位</td><td colspan="7">信息通信公司</td></tr>
<tr><td>验收意见</td><td colspan="7">2月21日，经信息通信公司对国网××供电公司2016××××号隐患进行现场验收，治理完成情况属实，满足安全（生产）运行要求，该隐患已消除</td></tr>
<tr><td>结论</td><td colspan="3">验收合格，治理措施已按要求实施，同意注销</td><td>是否消除</td><td colspan="3">是</td></tr>
<tr><td>验收组长</td><td colspan="3">×××</td><td>验收日期</td><td colspan="3">2016-2-21</td></tr>
</table>

7.14 发电类

7.14.1 水电——电气

7.14.1.1 厂用电系统

一般隐患排查治理档案表

2016 年度　　　　　　　　　　　　　　　　　　　　　　　　　　　　国网××发电公司

发现	隐患简题	国网××发电公司6月18日400V公用Ⅰ Ⅱ段备用电源自投装置工作异常的安全隐患			隐患来源	日常巡视	隐患原因	电力安全隐患
	隐患编号	国网××发电公司2016××××	隐患所在单位	××分场	专业分类	发电	详细分类	厂用电系统
	发现人	×××	发现人单位	××班	发现日期	2016-6-18		
	事故隐患内容	6月18日，国网××发电公司××班在日常巡视中发现：400V公用Ⅰ Ⅱ段备用电源自投装置工作异常，存在公用监控系统无故障信号报警的安全隐患，不符合《国家电网公司水电厂重大反事故措施》13.1.1.3规定：“厂用电系统各级母线均应装设备用电源自动切换装置，装置故障和功能退出时应有相应的报警信号。”有可能构成《国家电网公司安全事故调查规程（2017修正版）》2.3.6.2：“装机容量600MW以上或500kV以上变电站的厂（站）用交流全部失电”，构成六级设备事件						
	可能导致后果	六级设备事件			归属职能部门	运维检修		
预评估	预评估等级	一般隐患	预评估负责人签名	×××	预评估负责人签名日期	2016-6-18		
			工区领导审核签名	×××	工区领导审核签名日期	2016-6-19		
评估	评估等级	一般隐患	评估负责人签名	×××	评估负责人签名日期	2016-6-20		
			评估领导审核签名	×××	评估领导审核签名日期	2016-6-21		
治理	治理责任单位	××分场××班		治理责任人	×××			
	治理期限	自	2016-6-18	至	2016-8-20			
	是否计划项目	是	是否完成计划外备案			计划编号	××××××	
	防控措施	（1）每周一次对厂用400V系统进行巡视，发现异常及时上报处理。 （2）每月一次对站用电系统进行测温，对发热缺陷及时上报处理。 （3）编制厂用电切换操作步骤，并全员培训，以便厂用电一段失电时能手动迅速切换						
	治理完成情况	8月11日，完成对400V公用Ⅰ Ⅱ段备用电源自投装置更换工作，经接入调试功能运行正常，满足设备安全运行条件。现申请对该隐患治理完成情况进行验收						
	隐患治理计划资金（万元）		4.00		累计落实隐患治理资金（万元）		3.90	
验收	验收申请单位	××分场	负责人	×××	签字日期	2016-8-11		
	验收组织单位	运维检修部						
	验收意见	8月12日，经运维检修部对国网××发电公司2016××××号隐患进行现场验收，治理完成情况属实，满足安全（生产）运行要求，该隐患已消除						
	结论	验收合格，治理措施已按要求实施，同意注销			是否消除	是		
	验收组长	×××			验收日期	2016-8-12		

7.14.1.2 继电保护系统

一般隐患排查治理档案表

2016年度

国网××发电公司

发现	隐患简题	国网××发电公司5月11日110kV××线路保护压板标识不规范安全隐患			隐患来源	日常巡视	隐患原因	设备设施隐患
	隐患编号	××发电公司2016××××	隐患所在单位	××分场	专业分类	发电	详细分类	继电保护系统
	发现人	×××	发现人单位	××班	发现日期	2016-5-11		
	事故隐患内容	5月11日，国网××发电公司××班在日常巡视中发现：110kV××线路保护压板标识不规范安全隐患，不符合DL/T 720—2000《电力系统继电保护柜、屏通用技术条件》1.10.2规定："压板颜色：跳闸出口压板一律采用红色标识；保护功能压板一律采用黄色标识；与失灵回路有关的压板一律采用红色标识；其他压板一律采用浅驼色标识。"依据《国家电网公司事故调查规程（2017修正版）》2.2.7.1："35kV以上输变电设备异常停运或被迫停止运行，并造成减供负荷者"，构成七级电网事件						
	可能导致后果	七级电网事件			归属职能部门	运维检修		
预评估	预评估等级	一般隐患	预评估负责人签名	×××	预评估负责人签名日期	2016-5-11		
			工区领导审核签名	×××	工区领导审核签名日期	2016-5-12		
评估	评估等级	一般隐患	评估负责人签名	×××	评估负责人签名日期	2016-5-12		
			评估领导审核签名	×××	评估领导审核签名日期	2016-5-13		
治理	治理责任单位	××分场		治理责任人	×××			
	治理期限	自	2016-5-11	至	2016-6-30			
	是否计划项目	是	是否完成计划外备案			计划编号	××××××	
	防控措施	（1）加强相关装置设备的巡回，注意观察装置运行指示灯是否正常。 （2）在对保护压板进行操作时，需仔细认真，确保保护压板投退正确。 （3）对110kV线路保护压板进行全面普查，确保110kV线路保护压板标识统一、规范						
	治理完成情况	6月12日，××分场××班对照110kV××线路保护压板的定义及名称，重新制作符合颜色要求的保护压板，并对保护压板的标签进行更换，满足安全运行要求。现申请对该隐患治理完成情况进行验收						
	隐患治理计划资金（万元）		0.20		累计落实隐患治理资金（万元）		0.20	
验收	验收申请单位	××分场	负责人	×××	签字日期	2016-6-12		
	验收组织单位	运维检修部						
	验收意见	6月13日，经运维检修部对国网××发电公司2016××××隐患进行现场验收，治理完成情况属实，满足安全（生产）运行要求，该隐患已消除						
	结论	验收合格，治理措施已按要求实施，同意注销			是否消除	是		
	验收组长	×××			验收日期	2016-6-13		

7.14.1.3 发电机电压设备

一般隐患排查治理档案表

2016年度　　　　国网××发电公司

<table>
<tr><td rowspan="5">发现</td><td>隐患简题</td><td colspan="3">国网××发电公司3月17日13.8kV 1号发电机定子存在槽楔松动的安全隐患</td><td>隐患来源</td><td>检修预试</td><td>隐患原因</td><td>设备设施隐患</td></tr>
<tr><td>隐患编号</td><td>国网××发电公司2016××××</td><td>隐患所在单位</td><td>××分场</td><td>专业分类</td><td>发电</td><td>详细分类</td><td>发电机电压设备</td></tr>
<tr><td>发现人</td><td>×××</td><td>发现人单位</td><td>××班</td><td>发现日期</td><td colspan="3">2016-3-17</td></tr>
<tr><td>事故隐患内容</td><td colspan="7">3月17日，国网发电××公司××班在检修预试中发现：13.8kV 1号发电机定子存在槽楔松动，由于1号发电机运行20多年，违反《立式水轮发电机组检修技术规程》（DL/T 817—2002）5.2.2.3规定：“上、下两端槽楔应紧固，中间部位每节二分之一长度应紧实，若不及时检修易导致定子绕组发生电腐蚀绝缘老化，严重者造成机组损坏事件。”依据《国家电网公司安全事故调查规程（2017修正版）》2.3.5.5：“发电厂出现下列情况之一者：（2）100MW以上机组的锅炉、发电机组损坏”，构成五级设备事件</td></tr>
<tr><td>可能导致后果</td><td colspan="3">五级设备事件</td><td>归属职能部门</td><td colspan="3">运维检修</td></tr>
<tr><td rowspan="2">预评估</td><td rowspan="2">预评估等级</td><td rowspan="2">一般隐患</td><td>预评估负责人签名</td><td>×××</td><td>预评估负责人签名日期</td><td colspan="3">2016-3-17</td></tr>
<tr><td>工区领导审核签名</td><td>×××</td><td>工区领导审核签名日期</td><td colspan="3">2016-3-18</td></tr>
<tr><td rowspan="2">评估</td><td rowspan="2">评估等级</td><td rowspan="2">一般隐患</td><td>评估负责人签名</td><td>×××</td><td>评估负责人签名日期</td><td colspan="3">2016-3-19</td></tr>
<tr><td>评估领导审核签名</td><td>×××</td><td>评估领导审核签名日期</td><td colspan="3">2016-3-19</td></tr>
<tr><td rowspan="6">治理</td><td>治理责任单位</td><td colspan="2">××分场</td><td>治理责任人</td><td colspan="4">×××</td></tr>
<tr><td>治理期限</td><td>自</td><td>2016-3-17</td><td>至</td><td colspan="4">2016-5-10</td></tr>
<tr><td>是否计划项目</td><td>是</td><td colspan="2">是否完成计划外备案</td><td></td><td>计划编号</td><td colspan="2">××××××</td></tr>
<tr><td>防控措施</td><td colspan="7">（1）机组小修中对上下端部槽楔检查紧固处理。
（2）检修人员提前做好机组吊转子检修计划，咨询新工艺新材料做好材料准备。
（3）做好槽楔更换准备工作，并对其他机组槽楔进行全面检查</td></tr>
<tr><td>治理完成情况</td><td colspan="7">5月8日，××分场对13.8kV1号发电机槽楔更换为波纹板新材料，并进行紧固处理，经高压试验合格，满足设备安全运行要求。现申请对该隐患治理完成情况进行验收</td></tr>
<tr><td colspan="2">隐患治理计划资金（万元）</td><td colspan="2">69.00</td><td colspan="2">累计落实隐患治理资金（万元）</td><td colspan="2">69.00</td></tr>
<tr><td rowspan="5">验收</td><td>验收申请单位</td><td>××分场</td><td>负责人</td><td>×××</td><td>签字日期</td><td colspan="3">2016-5-8</td></tr>
<tr><td>验收组织单位</td><td colspan="7">运维检修部</td></tr>
<tr><td>验收意见</td><td colspan="7">5月9日，经运维检修部对国网××发电公司2016××××号隐患进行现场验收，治理完成情况属实，满足安全（生产）运行要求，该隐患已消除</td></tr>
<tr><td>结论</td><td colspan="3">验收合格，治理措施已按要求实施，同意注销</td><td>是否消除</td><td colspan="3">是</td></tr>
<tr><td>验收组长</td><td colspan="3">×××</td><td>验收日期</td><td colspan="3">2016-5-9</td></tr>
</table>

7.14.1.4 直流系统

一般隐患排查治理档案表（1）

2016年度　　　　　　　　　　　　　　　　　　　　　　　　国网××发电公司

阶段	项目							
发现	隐患简题	国网××发电公司8月5日机组直流系统绝缘监测装置不具备交流窜入报警功能的安全隐患			隐患来源	安全性评价	隐患原因	设备设施隐患
	隐患编号	国网××发电公司2016××××	隐患所在单位	××分场	专业分类	发电	详细分类	直流系统
	发现人	×××	发现人单位	××班	发现日期	2016-8-5		
	事故隐患内容	8月5日，国网××发电公司××班在安全性评价中发现，机组直流系统绝缘监测装置不具备交流窜入报警功能，不符合《国家电网公司水电厂重大反事故措施》13.2.1.4规定：“应配置绝缘监察装置，直流系统绝缘监测装置应具备交流窜直流故障的测量记录和报警功能。”依据《国家电网公司安全事故调查规程（2017修正版）》2.3.5.2（6）：“装机容量600MW以上发电厂或500kV以上变电站的厂（站）用直流全部失电”，构成五级设备事件						
	可能导致后果	五级设备事件			归属职能部门	运维检修		
预评估	预评估等级	一般隐患	预评估负责人签名	×××	预评估负责人签名日期	2016-8-5		
			工区领导审核签名	×××	工区领导审核签名日期	2016-8-5		
评估	评估等级	一般隐患	评估负责人签名	×××	评估负责人签名日期	2016-8-6		
			评估领导审核签名	×××	评估领导审核签名日期	2016-8-7		
治理	治理责任单位	××分场		治理责任人	×××			
	治理期限	自	2016-8-5	至	2016-8-30			
	是否计划项目	是	是否完成计划外备案			计划编号	××××××	
	防控措施	（1）巡视中检查直流系统的绝缘状况，发现绝缘降低时及时处理。 （2）对端子排中交直流端子采取隔离措施。 （3）保持户外端子箱中驱潮装置运行正常，防止因受潮造成交直流短路接地						
	治理完成情况	8月20日，××分场对机组直流系统绝缘监测装置上加装监测模块，具备交流窜入直流故障测记和报警功能。现申请对该隐患治理完成情况进行验收						
	隐患治理计划资金（万元）		0.80		累计落实隐患治理资金（万元）		0.80	
验收	验收申请单位	××分场	负责人	×××	签字日期	2016-8-20		
	验收组织单位	运维检修部						
	验收意见	8月21日，经运维检修部对国网××发电公司2016××××号隐患进行现场验收，治理完成情况属实，满足安全（生产）运行要求，该隐患已消除						
	结论	验收合格，治理措施已按要求实施，同意注销			是否消除	是		
	验收组长	×××			验收日期	2016-8-21		

一般隐患排查治理档案表（2）

2016 年度　　　　国网××发电公司

<table>
<tr><td rowspan="6">发现</td><td>隐患简题</td><td colspan="3">国网××发电公司 11 月 5 日机组直流系统 1 号蓄电池组检测容量不足 80%的安全隐患</td><td>隐患来源</td><td>检修预试</td><td>隐患原因</td><td>设备设施隐患</td></tr>
<tr><td>隐患编号</td><td>国网××发电公司 2016××××</td><td>隐患所在单位</td><td>××分场</td><td>专业分类</td><td>发电</td><td>详细分类</td><td>直流系统</td></tr>
<tr><td>发现人</td><td>×××</td><td>发现人单位</td><td>××班</td><td>发现日期</td><td colspan="3">2016-11-5</td></tr>
<tr><td>事故隐患内容</td><td colspan="7">11 月 5 日，国网××发电公司××班在检修预试中发现：机组直流系统 1 号蓄电池组检测容量不足 80%的安全隐患，不符合《国家电网直流电源系统管理规范》直流电源系统运行规范第三十八条规定：“在三次充放电循环之内，若达不到额定容量值的 80%，则此组蓄电池容量严重不足，应部分或全部报废并更换。”依据《国家电网公司安全事故调查规程（2017 修正版）》第 2.3.5.2（6）：“装机容量 600MW 以上发电厂或 500kV 以上变电站的厂（站）用直流全部失电”，构成五级设备事件</td></tr>
<tr><td>可能导致后果</td><td colspan="3">五级设备事件</td><td>归属职能部门</td><td colspan="3">运维检修</td></tr>
<tr style="display:none"><td></td></tr>
<tr><td rowspan="2">预评估</td><td rowspan="2">预评估等级</td><td rowspan="2">一般隐患</td><td>预评估负责人签名</td><td>×××</td><td>预评估负责人签名日期</td><td colspan="3">2016-11-5</td></tr>
<tr><td>工区领导审核签名</td><td>×××</td><td>工区领导审核签名日期</td><td colspan="3">2016-11-5</td></tr>
<tr><td rowspan="2">评估</td><td rowspan="2">评估等级</td><td rowspan="2">一般隐患</td><td>评估负责人签名</td><td>×××</td><td>评估负责人签名日期</td><td colspan="3">2016-11-6</td></tr>
<tr><td>评估领导审核签名</td><td>×××</td><td>评估领导审核签名日期</td><td colspan="3">2016-11-7</td></tr>
<tr><td rowspan="6">治理</td><td>治理责任单位</td><td colspan="2">××分场</td><td>治理责任人</td><td colspan="4">×××</td></tr>
<tr><td>治理期限</td><td>自</td><td>2016-11-5</td><td>至</td><td colspan="4">2016-11-30</td></tr>
<tr><td>是否计划项目</td><td>是</td><td colspan="2">是否完成计划外备案</td><td></td><td>计划编号</td><td colspan="2">××××××</td></tr>
<tr><td>防控措施</td><td colspan="7">（1）安排每周一次巡视，发现异常及时上报处理。
（2）安排每月一次对直流系统进行测温，发现发热缺陷及时上报处理。
（3）一旦该组蓄电池的充电机故障，尽快将所带负荷转至Ⅱ段直流运行</td></tr>
<tr><td>治理完成情况</td><td colspan="7">11 月 21 日，××分场对机组直流系统 1 号蓄电池组进行整体更换，并经核对性充放电试验合格。现申请对该隐患治理完成情况进行验收</td></tr>
<tr><td colspan="2">隐患治理计划资金（万元）</td><td colspan="2">7.00</td><td colspan="2">累计落实隐患治理资金（万元）</td><td colspan="2">6.80</td></tr>
<tr><td rowspan="5">验收</td><td>验收申请单位</td><td>××分场</td><td>负责人</td><td>×××</td><td>签字日期</td><td colspan="3">2016-11-21</td></tr>
<tr><td>验收组织单位</td><td colspan="7">运维检修部</td></tr>
<tr><td>验收意见</td><td colspan="7">11 月 22 日，经运维检修部对国网××发电公司 2016××××号隐患进行现场验收，治理完成情况属实，满足安全（生产）运行要求，该隐患已消除</td></tr>
<tr><td>结论</td><td colspan="3">验收合格，治理措施已按要求实施，同意注销</td><td>是否消除</td><td colspan="3">是</td></tr>
<tr><td>验收组长</td><td colspan="3">×××</td><td>验收日期</td><td colspan="3">2016-11-22</td></tr>
</table>

7.14.1.5 主变压器

一般隐患排查治理档案表

2016 年度

国网××发电公司

<table>
<tr><td rowspan="5">发现</td><td>隐患简题</td><td colspan="3">国网××发电公司 4 月 21 日 1 号发电机 110kV 主变压器 A 相低压侧钟罩焊缝存在渗油安全隐患</td><td>隐患来源</td><td>检修预试</td><td>隐患原因</td><td>设备设施事故隐患</td></tr>
<tr><td>隐患编号</td><td>国网××发电公司 2016××××</td><td>隐患所在单位</td><td>××分场</td><td>专业分类</td><td>发电</td><td>详细分类</td><td>主变压器</td></tr>
<tr><td>发现人</td><td>×××</td><td>发现人单位</td><td>××班</td><td>发现日期</td><td colspan="3">2016-4-21</td></tr>
<tr><td>事故隐患内容</td><td colspan="7">4 月 21 日，国网××发电公司××班在检修预试中发现：1 号发电机 110kV 主变压器 A 相低压侧钟罩焊缝存在渗油现象，不符合《110 千伏及以下变电站通用运行规程》第六章第十四条 6 小项规定：“主变有载调压机构在线滤油装置组合滤芯压力表指示正确，法兰、阀门、盖板连接处等各部位无渗漏油，工作方式开关、阀门位置正确。”依据《国家电网公司安全事故调查规程（2017 修正版）》第 2.2.7.1：“35kV 以上输变电设备异常运行或被迫停止运行，并造成减供负荷者”，构成七级电网事件</td></tr>
<tr><td>可能导致后果</td><td colspan="3">七级电网事件</td><td>归属职能部门</td><td colspan="3">运维检修</td></tr>
<tr><td rowspan="2">预评估</td><td rowspan="2">预评估等级</td><td rowspan="2">一般隐患</td><td>预评估负责人签名</td><td>×××</td><td>预评估负责人签名日期</td><td colspan="3">2016-4-21</td></tr>
<tr><td>工区领导审核签名</td><td>×××</td><td>工区领导审核签名日期</td><td colspan="3">2016-4-21</td></tr>
<tr><td rowspan="2">评估</td><td rowspan="2">评估等级</td><td rowspan="2">一般隐患</td><td>评估负责人签名</td><td>×××</td><td>评估负责人签名日期</td><td colspan="3">2016-4-22</td></tr>
<tr><td>评估领导审核签名</td><td>×××</td><td>评估领导审核签名日期</td><td colspan="3">2016-4-22</td></tr>
<tr><td rowspan="6">治理</td><td>治理责任单位</td><td colspan="2">××分场</td><td>治理责任人</td><td colspan="4">×××</td></tr>
<tr><td>治理期限</td><td>自</td><td>2016-4-21</td><td>至</td><td colspan="4">2016-5-30</td></tr>
<tr><td>是否计划项目</td><td>是</td><td colspan="2">是否完成计划外备案</td><td></td><td>计划编号</td><td colspan="2">××××××</td></tr>
<tr><td>防控措施</td><td colspan="7">（1）重点加强 1 号发电机 110kV 主变压器 A 相低压侧钟罩焊缝渗油状况状态监测，防止主变油位过低告警；
（2）对 1 号发电机 110kV 主变压器渗油位置进行补焊</td></tr>
<tr><td>治理完成情况</td><td colspan="7">5 月 20 日，对 1 号发电机 110kV 主变压器 A 相低压侧钟罩焊缝渗油位置进行补焊，经检查无渗油现象。现申请对该隐患治理完成情况进行验收</td></tr>
<tr><td colspan="2">隐患治理计划资金（万元）</td><td colspan="2">0.20</td><td colspan="2">累计落实隐患治理资金（万元）</td><td colspan="2">0.20</td></tr>
<tr><td rowspan="5">验收</td><td>验收申请单位</td><td>××分场</td><td>负责人</td><td>×××</td><td>签字日期</td><td colspan="3">2016-5-20</td></tr>
<tr><td>验收组织单位</td><td colspan="7">运维检修部</td></tr>
<tr><td>验收意见</td><td colspan="7">5 月 21 日，经运维检修部对国网××发电公司 2016××××号隐患进行现场验收，治理完成情况属实，满足安全（生产）运行要求，该隐患已消除</td></tr>
<tr><td>结论</td><td colspan="3">验收合格，治理措施已按要求实施，同意注销</td><td>是否消除</td><td colspan="3">是</td></tr>
<tr><td>验收组长</td><td colspan="3">×××</td><td>验收日期</td><td colspan="3">2016-5-21</td></tr>
</table>

7.14.2 水电——机械

7.14.2.1 发电电动机及其辅助设备

一般隐患排查治理档案表

2016 年度　　　　国网××发电公司

发现	隐患简题	国网××发电公司 7 月 3 日 2 号发电机组转子磁极键固定焊点开裂存在转子磁极及磁极键松动的安全隐患			隐患来源	检修预试	隐患原因	设备设施隐患
	隐患编号	国网××发电公司 2016××××	隐患所在单位	××分场	专业分类	发电	详细分类	发电电动机及其辅助设备
	发现人	×××	发现人单位	××班	发现日期	2016-7-3		
	事故隐患内容	7 月 3 日，国网××发电公司××班在检修预试中发现，2 号发电机组转子磁极键固定焊点开裂，存在转子磁极、磁极键松动的安全隐患，不符合《国家电网公司水电厂重大反事故措施》6.2.2.2 规定：“检查合格后的磁极键，其下端按鸽尾槽底切割平齐，上端留出约 200mm 或满足制造厂要求，同时应与上机架或挡风板保持足够的距离；磁极挡块应紧靠磁极鸽尾底部，并焊接牢固；极间撑块应安装正确、支撑紧固并可靠锁定。”依据《国家电网公司安全事故调查规程（2017 修正版）》2.3.6.6（1）：“发电机组非计划停止运行或停止备用 7 天以上 14 天以下”，构成六级设备事件						
	可能导致后果	六级设备事件			归属职能部门	运维检修		
预评估	预评估等级	一般隐患	预评估负责人签名	×××	预评估负责人签名日期	2016-7-3		
			工区领导审核签名	×××	工区领导审核签名日期	2016-7-3		
评估	评估等级	一般隐患	评估负责人签名	×××	评估负责人签名日期	2016-7-3		
			评估领导审核签名	×××	评估领导审核签名日期	2016-7-4		
治理	治理责任单位	××分场		治理责任人	×××			
	治理期限	自	2016-7-3	至	2016-7-30			
	是否计划项目	是	是否完成计划外备案			计划编号	××××××	
	防控措施	（1）及时汇报运维检修部并编制处理方案。 （2）对磁极键固定焊点进行焊接处理。 （3）定期对转子磁极键紧固情况及转子磁极键固定焊点进行检查						
	治理完成情况	7 月 8 日，××分场××班对 2 号发电机组转子磁极键固定焊点开裂部位进行焊接处理，经检测满足设备安全运行要求。现申请对该隐患治理完成情况进行验收						
	隐患治理计划资金（万元）		0.20		累计落实隐患治理资金（万元）		0.20	
验收	验收申请单位	××分场	负责人	×××	签字日期	2016-7-8		
	验收组织单位	运维检修部						
	验收意见	7 月 9 日，经运维检修部对国网××发电公司 2016××××号隐患进行现场验收，治理完成情况属实，满足安全（生产）运行要求，该隐患已消除						
	结论	验收合格，治理措施已按要求实施，同意注销			是否消除	是		
	验收组长	×××			验收日期	2016-7-9		

7.14.2.2 水轮机及其辅助设备

一般隐患排查治理档案表

2016 年度

国网××发电公司

<table>
<tr><td rowspan="5">发现</td><td>隐患简题</td><td colspan="3">国网××发电公司 4 月 29 日 2 号水轮发电机组水导摆度增大的安全隐患</td><td>隐患来源</td><td>日常巡视</td><td>隐患原因</td><td>设备设施隐患</td></tr>
<tr><td>隐患编号</td><td>国网××发电公司 2016××××</td><td>隐患所在单位</td><td>××分场</td><td>专业分类</td><td>发电</td><td>详细分类</td><td>水轮机及其辅助设备</td></tr>
<tr><td>发现人</td><td>×××</td><td>发现人单位</td><td>××班</td><td>发现日期</td><td colspan="3">2016-4-29</td></tr>
<tr><td>事故隐患内容</td><td colspan="7">4 月 29 日，××分场××班在设备日常巡回过程中发现，2 号水轮发电机组水导摆度增大，＋Y 方向摆度 0.43mm，＋X 方向摆度 0.42mm，不符合《水轮机基本技术条件》（GB/T 15468—2006）5.5.3 规定：“在正常运行工况下，主轴相对振动（摆度）应不大于 GB/T 11348.5—2002 图 A.2 中所规定 B 区上线，且不超过轴承间隙的 75％。”依据《国家电网公司安全事故调查规程（2017 修正版）》第 2.3.7.3（1）：“发电机组非计划停止运行或停止备用 24h 以上 168h 以下”，构成七级设备事件</td></tr>
<tr><td>可能导致后果</td><td colspan="3">七级设备事件</td><td>归属职能部门</td><td colspan="3">运维检修</td></tr>
<tr><td rowspan="2">预评估</td><td rowspan="2">预评估等级</td><td rowspan="2">一般隐患</td><td>预评估负责人签名</td><td>×××</td><td>预评估负责人签名日期</td><td colspan="3">2016-4-29</td></tr>
<tr><td>运维室领导审核签名</td><td>×××</td><td>工区领导审核签名日期</td><td colspan="3">2016-4-30</td></tr>
<tr><td rowspan="2">评估</td><td rowspan="2">评估等级</td><td rowspan="2">一般隐患</td><td>评估负责人签名</td><td>×××</td><td>评估负责人签名日期</td><td colspan="3">2016-5-1</td></tr>
<tr><td>评估领导审核签名</td><td>×××</td><td>评估领导审核签名日期</td><td colspan="3">2016-5-1</td></tr>
<tr><td rowspan="6">治理</td><td>治理责任单位</td><td colspan="2">××分场</td><td>治理责任人</td><td colspan="4">×××</td></tr>
<tr><td>治理期限</td><td>自</td><td>2016-4-29</td><td>至</td><td colspan="4">2016-6-5</td></tr>
<tr><td>是否计划项目</td><td>是</td><td colspan="2">是否完成计划外备案</td><td></td><td>计划编号</td><td colspan="2">××××××</td></tr>
<tr><td>防控措施</td><td colspan="7">（1）每周进行两次巡回检查并测量水导摆度值。
（2）发现水导摆度超过 0.50mm 时，立即汇报运维检修部并编制处理方案。
（3）对 2 号水轮发电机组水导轴承抗重螺栓进行检查及水导瓦间隙调整</td></tr>
<tr><td>治理完成情况</td><td colspan="7">5 月 26 日，××分场××班对 2 号水轮发电机组水导轴承进行抗重螺栓检查，重新调整水导瓦间隙至合格范围，满足设备安全运行要求。现申请对该隐患治理完成情况进行验收</td></tr>
<tr><td colspan="2">隐患治理计划资金（万元）</td><td colspan="2">0.30</td><td colspan="2">累计落实隐患治理资金（万元）</td><td colspan="2">0.30</td></tr>
<tr><td rowspan="5">验收</td><td>验收申请单位</td><td>××分场</td><td>负责人</td><td>×××</td><td>签字日期</td><td colspan="3">2016-5-26</td></tr>
<tr><td>验收组织单位</td><td colspan="7">运维检修部</td></tr>
<tr><td>验收意见</td><td colspan="7">5 月 26 日，经运维检修部对国网××发电公司 2016××××号隐患进行现场验收，治理完成情况属实，满足安全（生产）运行要求，该隐患已消除</td></tr>
<tr><td>结论</td><td colspan="3">验收合格，治理措施已按要求实施，同意注销</td><td>是否消除</td><td colspan="3">是</td></tr>
<tr><td>验收组长</td><td colspan="3">×××</td><td>验收日期</td><td colspan="3">2016-5-26</td></tr>
</table>

7.14.2.3 机组技术供水系统

一般隐患排查治理档案表

2016 年度　　　　　　　　　　　　　　　　　　　　　　　　国网××发电公司

发现	隐患简题	国网××发电公司 4 月 29 日 2 号水轮发电机组技术供水管路锈蚀渗水的安全隐患			隐患来源	日常巡视	隐患原因	设备设施隐患
	隐患编号	国网××发电公司 2016××××	隐患所在单位	××分场	专业分类	发电	详细分类	机组技术供水系统
	发现人	×××	发现人单位	××班	发现日期	2016-4-29		
	事故隐患内容	4 月 29 日，国网××发电公司××班在设备日常巡回过程中发现，2 号水轮发电机组技术供水管路锈蚀、渗水，不符合《水轮机基本技术条件》(GB/T 15468—2006) 4.2.1.20 规定：“水轮机及其辅助设备需进行耐压试验的部件除需在工地组焊的部分外，均需按试验压力在场内进行耐压试验，耐压试验的压力为设计压力的 1.5 倍。试验时间应持续稳压 10min。受压部件不得产生有害变形和渗漏等异常现象。”依据《国家电网公司安全事故调查规程（2017 修正版）》第 2.3.7.3（1）：“发电机组非计划停止运行或停止备用 24h 以上 168h 以下”，构成七级设备事件						
	可能导致后果	七级设备事件			归属职能部门	运维检修		
预评估	预评估等级	一般隐患	预评估负责人签名	×××	预评估负责人签名日期	2016-4-29		
			运维室领导审核签名	×××	工区领导审核签名日期	2016-4-29		
评估	评估等级	一般隐患	评估负责人签名	×××	评估负责人签名日期	2016-4-30		
			评估领导审核签名	×××	评估领导审核签名日期	2016-4-30		
治理	治理责任单位	××分场××班		治理责任人	×××			
	治理期限	自	2016-4-29	至	2016-6-5			
	是否计划项目	是	是否完成计划外备案			计划编号	××××××	
	防控措施	（1）每周巡回检查两次，检查技术供水备用管路，并进行通压试验。 （2）编制应急处理预案及整治方案						
	治理完成情况	5 月 26 日，××分场××班对 2 号水轮发电机组技术供水渗水管路进行更换，通压试验各处无渗漏。现申请对该隐患治理完成情况进行验收						
	隐患治理计划资金（万元）		3.00		累计落实隐患治理资金（万元）		3.00	
验收	验收申请单位	××分场	负责人	×××	签字日期	2016-5-26		
	验收组织单位	运维检修部						
	验收意见	5 月 27 日，经运维检修部对国网××发电公司 2016××××号隐患进行现场验收，治理完成情况属实，满足安全（生产）运行要求，该隐患已消除						
	结论	验收合格，治理措施已按要求实施，同意注销			是否消除	是		
	验收组长	×××			验收日期	2016-5-27		

7.14.2.4 公用系统

一般隐患排查治理档案表

2016 年度　　　　国网××发电公司

发现	隐患简题	国网××发电公司4月29日制动风系统1、2号储气罐联络阀0413阀内漏的安全隐患			隐患来源	检修预试	隐患原因	设备设施事故隐患
	隐患编号	国网××发电公司2016××××	隐患所在单位	××分场	专业分类	发电	详细分类	公用系统
	发现人	×××	发现人单位	××班	发现日期	2016-4-29		
	事故隐患内容	4月29日，国网××发电公司××班检修预试中发现，制动风系统1、2号储气罐联络阀0413阀内漏的安全隐患，严重影响机组制动风系统的安全运行，不符合《阀门的检验和试验》6.2.1规定："对于低压密封试验和高压密封试验，不允许有可见的泄漏通过密封副、阀瓣、阀座背面与阀体接触面等处。"依据《国家电网公司安全事故调查规程（2017修正版）》第2.3.7.3（1）："发电机组非计划停止运行或停止备用24h以上168h以下"，构成七级设备事件						
	可能导致后果	七级设备事件			归属职能部门	运维检修		
预评估	预评估等级	一般隐患	预评估负责人签名	×××	预评估负责人签名日期	2016-4-29		
			工区领导审核签名	×××	工区领导审核签名日期	2016-4-29		
评估	评估等级	一般隐患	评估负责人签名	×××	评估负责人签名日期	2016-4-30		
			评估领导审核签名	×××	评估领导审核签名日期	2016-5-1		
治理	治理责任单位	××分场		治理责任人	×××			
	治理期限	自	2016-4-29	至	2016-5-30			
	是否计划项目	是	是否完成计划外备案			计划编号	××××××	
	防控措施	（1）及时向运维检修部汇报并编制处理方案。 （2）做好制动风系统1、2号储气罐联络阀0413阀更换准备工作。 （3）对制动风系统1、2号储气罐联络阀0413阀进行更换						
	治理完成情况	5月16日，××分场××班对制动风系统1、2号储气罐联络阀0413阀进行了更换，经试验合格，满足设备安全运行要求。现申请对该隐患进行验收						
	隐患治理计划资金（万元）		0.30		累计落实隐患治理资金（万元）		0.30	
验收	验收申请单位	××分场	负责人	×××	签字日期	2016-5-16		
	验收组织单位	运维检修部						
	验收意见	5月16日，经运维检修部对国网××发电公司2016××××号隐患进行现场验收，治理完成情况属实，满足安全（生产）运行要求，该隐患已消除						
	结论	验收合格，治理措施已按要求实施，同意注销			是否消除	是		
	验收组长	×××			验收日期	2016-5-16		

7.14.2.5 机组调速器系统

一般隐患排查治理档案表

2016 年度　　　　　　　　　　　　　　　　　　　　　　　　　　　　　　　国网××发电公司

<table>
<tr><td rowspan="5">发现</td><td>隐患简题</td><td colspan="3">国网××发电公司 4 月 29 日 3 号机组水轮机调速器滤油器切换阀存在发卡安全隐患</td><td>隐患来源</td><td>检修预试</td><td>隐患原因</td><td>设备设施隐患</td></tr>
<tr><td>隐患编号</td><td>国网××发电公司 2016××××</td><td>隐患所在单位</td><td>××分场</td><td>专业分类</td><td>发电</td><td>详细分类</td><td>机组调速器系统</td></tr>
<tr><td>发现人</td><td>×××</td><td>发现人单位</td><td>××班</td><td>发现日期</td><td colspan="3">2016-4-29</td></tr>
<tr><td>事故隐患内容</td><td colspan="7">4 月 29 日，国网××发电公司××班在检修预试中发现，3 号机组水轮机调速器滤油器切换阀存在发卡的安全隐患，长期运行会危及调速器的安全运行，不符合《水轮机调节系统及装置运行与检修规程》6.2.1（i）规定：“滤油器压差应在 0.1MPa 范围内。”依据《国家电网公司安全事故调查规程（2017 修正版）》2.3.7.3（1）：“发电机组非计划停止运行或停止备用 24h 以上 168h 以下”，构成七级设备事件</td></tr>
<tr><td>可能导致后果</td><td colspan="3">七级设备事件</td><td>归属职能部门</td><td colspan="3">运维检修</td></tr>
<tr><td rowspan="2">预评估</td><td rowspan="2">预评估等级</td><td rowspan="2">一般隐患</td><td>预评估负责人签名</td><td>×××</td><td>预评估负责人签名日期</td><td colspan="3">2016-4-29</td></tr>
<tr><td>工区领导审核签名</td><td>×××</td><td>工区领导审核签名日期</td><td colspan="3">2016-4-29</td></tr>
<tr><td rowspan="2">评估</td><td rowspan="2">评估等级</td><td rowspan="2">一般隐患</td><td>评估负责人签名</td><td>×××</td><td>评估负责人签名日期</td><td colspan="3">2016-4-30</td></tr>
<tr><td>评估领导审核签名</td><td>×××</td><td>评估领导审核签名日期</td><td colspan="3">2016-5-1</td></tr>
<tr><td rowspan="6">治理</td><td>治理责任单位</td><td colspan="2">××分场</td><td>治理责任人</td><td colspan="4">×××</td></tr>
<tr><td>治理期限</td><td>自</td><td>2016-4-29</td><td>至</td><td colspan="4">2016-5-30</td></tr>
<tr><td>是否计划项目</td><td>是</td><td colspan="2">是否完成计划外备案</td><td></td><td>计划编号</td><td colspan="2">××××××</td></tr>
<tr><td>防控措施</td><td colspan="7">（1）及时向运维检修部汇报并编制处理方案。
（2）做好调速器滤油器切换阀更换准备工作。
（3）对调速器滤油器切换阀进行更换</td></tr>
<tr><td>治理完成情况</td><td colspan="7">5 月 22 日，××分场××班对 3 号机组水轮机调速器滤油器切换阀进行了更换，经试验合格，满足设备安全运行要求。现申请对该隐患治理完成情况进行验收</td></tr>
<tr><td colspan="2">隐患治理计划资金（万元）</td><td colspan="2">0.30</td><td colspan="2">累计落实隐患治理资金（万元）</td><td colspan="2">0.30</td></tr>
<tr><td rowspan="5">验收</td><td>验收申请单位</td><td>××分场</td><td>负责人</td><td>×××</td><td>签字日期</td><td colspan="3">2016-5-22</td></tr>
<tr><td>验收组织单位</td><td colspan="7">运维检修部</td></tr>
<tr><td>验收意见</td><td colspan="7">5 月 22 日，经运维检修部对国网××发电公司 2016××××号隐患进行现场验收，治理完成情况属实，满足安全（生产）运行要求，该隐患已消除</td></tr>
<tr><td>结论</td><td colspan="3">验收合格，治理措施已按要求实施，同意注销</td><td>是否消除</td><td colspan="3">是</td></tr>
<tr><td>验收组长</td><td colspan="3">×××</td><td>验收日期</td><td colspan="3">2016-5-22</td></tr>
</table>

7.14.3 水电——水工

7.14.3.1 大坝及其附属设备

一般隐患排查治理档案表

2016年度　　　　国网××发电公司

<table>
<tr><td rowspan="5">发现</td><td>隐患简题</td><td colspan="3">国网××发电公司10月24日4号表孔泄洪道溢流面气蚀的安全隐患</td><td>隐患来源</td><td>日常巡视</td><td>隐患原因</td><td>设备设施隐患</td></tr>
<tr><td>隐患编号</td><td>国网××发电公司2016××××</td><td>隐患所在单位</td><td>××分场</td><td>专业分类</td><td>发电</td><td>详细分类</td><td>大坝及其附属设备</td></tr>
<tr><td>发现人</td><td>×××</td><td>发现人单位</td><td>××班</td><td>发现日期</td><td colspan="3">2016-10-24</td></tr>
<tr><td>事故隐患内容</td><td colspan="7">10月24日，国网××发电公司××班在日常巡视中发现，4号表孔泄洪道存在溢流面气蚀严重的安全隐患，不符合《国家电网公司水电厂重大反事故措施》2.5.1.3规定："泄洪孔（洞）表面混凝土应具有抗冲磨防空蚀性能。流速和压力较高的有压孔宜采用钢衬。采用抗蚀耐磨材料衬砌或钢衬时，应与坝体混凝土可靠结合。"依据《国家电网公司安全事故调查规程（2017修正版）》2.3.6.1："造成20万元以上50万元以下经济损失者"，构成六级设备事件</td></tr>
<tr><td>可能导致后果</td><td colspan="3">六级设备事件</td><td>归属职能部门</td><td colspan="3">运维检修</td></tr>
<tr><td rowspan="2">预评估</td><td rowspan="2">预评估等级</td><td rowspan="2">一般隐患</td><td>预评估负责人签名</td><td>×××</td><td>预评估负责人签名日期</td><td colspan="3">2016-10-24</td></tr>
<tr><td>运维室领导审核签名</td><td>×××</td><td>工区领导审核签名日期</td><td colspan="3">2016-10-24</td></tr>
<tr><td rowspan="2">评估</td><td rowspan="2">评估等级</td><td rowspan="2">一般隐患</td><td>评估负责人签名</td><td>×××</td><td>评估负责人签名日期</td><td colspan="3">2016-10-25</td></tr>
<tr><td>评估领导审核签名</td><td>×××</td><td>评估领导审核签名日期</td><td colspan="3">2016-10-25</td></tr>
<tr><td rowspan="6">治理</td><td>治理责任单位</td><td colspan="2">××分场</td><td>治理责任人</td><td colspan="4">×××</td></tr>
<tr><td>治理期限</td><td>自</td><td>2016-10-24</td><td>至</td><td colspan="4">2016-12-31</td></tr>
<tr><td>是否计划项目</td><td>是</td><td colspan="2">是否完成计划外备案</td><td></td><td>计划编号</td><td colspan="2">××××××</td></tr>
<tr><td>防控措施</td><td colspan="7">（1）切除4号表孔启闭机动力电源，悬挂"禁止合闸"标示牌。
（2）在4号表孔启闭机室悬挂"禁止操作"标示牌。
（3）制定4号表孔泄洪道溢流面气蚀处理整治方案</td></tr>
<tr><td>治理完成情况</td><td colspan="7">12月20日，对4号表孔泄洪道溢流面气蚀进行了环氧砂浆修补处理，治理完成后满足设备安全运行要求。现申请对该隐患治理完成情况进行验收</td></tr>
<tr><td colspan="2">隐患治理计划资金（万元）</td><td colspan="2">15.00</td><td colspan="2">累计落实隐患治理资金（万元）</td><td colspan="2">15.00</td></tr>
<tr><td rowspan="5">验收</td><td>验收申请单位</td><td>××分场</td><td>负责人</td><td>×××</td><td>签字日期</td><td colspan="3">2016-12-20</td></tr>
<tr><td>验收组织单位</td><td colspan="7">运维检修部</td></tr>
<tr><td>验收意见</td><td colspan="7">12月20日，经运维检修部对国网××发电公司2016××××号隐患进行现场验收，治理完成情况属实，满足安全（生产）运行要求，该隐患已消除</td></tr>
<tr><td>结论</td><td colspan="3">验收合格，治理措施已按要求实施，同意注销</td><td>是否消除</td><td colspan="3">是</td></tr>
<tr><td>验收组长</td><td colspan="3">×××</td><td>验收日期</td><td colspan="3">2016-12-20</td></tr>
</table>

7.14.3.2 上下游河道

一般隐患排查治理档案表

2016年度　　　　　　　　　　　　　　　　　　　　　　　　　　　　国网××发电公司

发现	隐患简题	国网××发电公司8月16日电站大坝下游左岸边坡存在滑坡的安全隐患			隐患来源	日常巡视	隐患原因	大坝安全隐患
	隐患编号	国网××发电公司2016××××	隐患所在单位	××分场	专业分类	发电	详细分类	上下游河道
	发现人	×××	发现人单位	××班	发现日期	2016-8-16		
	事故隐患内容	8月16日，国网××发电公司××班在日常巡视中发现，电站大坝下游左岸边坡存在滑坡的安全隐患，不符合《国家电网公司水电厂重大反事故措施》2.3.1.3规定："水位经常变动较大的水库，应在近坝库岸设置护岸等加固措施，预防库岸出现滑坡。应处理高、陡边坡或地质条件复杂的边坡及有可能发生滑坡的岸坡，并设计满足精度要求的监测方案，定期监测。"依据《国家电网公司安全事故调查规程（2017修正版）》2.3.6.1："造成20万元以上50万元以下经济损失者"，构成六级设备事件						
	可能导致后果	六级设备事件			归属职能部门	运维检修		
预评估	预评估等级	一般隐患	预评估负责人签名	×××	预评估负责人签名日期	2016-8-16		
			运维室领导审核签名	×××	工区领导审核签名日期	2016-8-16		
评估	评估等级	一般隐患	评估负责人签名	×××	评估负责人签名日期	2016-8-17		
			评估领导审核签名	×××	评估领导审核签名日期	2016-8-18		
治理	治理责任单位	××分场		治理责任人	×××			
	治理期限	自	2016-8-16	至	2016-12-31			
	是否计划项目	是	是否完成计划外备案			计划编号	××××××	
	防控措施	（1）在大坝左岸设立安全警示牌，禁止外人进入。 （2）及时清理左岸边坡塌方，保持左岸道路畅通。 （3）制定大坝下游左岸边坡滑塌处理整治方案						
	治理完成情况	11月3日，××分场××班完成对电站大坝下游左岸边坡的混凝土加固工作，治理完成后满足大坝边坡防护要求。现申请对该隐患治理完成情况进行验收						
	隐患治理计划资金（万元）		40.00		累计落实隐患治理资金（万元）		40.00	
验收	验收申请单位	××分场	负责人	×××	签字日期	2016-11-3		
	验收组织单位	运维检修部						
	验收意见	11月4日，经运维检修部对国网××发电公司2016××××号隐患进行现场验收，治理完成情况属实，满足安全（生产）运行要求，该隐患已消除						
	结论	验收合格，治理措施已按要求实施，同意注销			是否消除	是		
	验收组长	×××			验收日期	2016-11-4		

7.14.3.3 机组进水阀及其辅助设备

一般隐患排查治理档案表

2016 年度　　　　　　　　　　　　　　　　　　　　　　　　国网××发电公司

<table>
<tr><td rowspan="6">发现</td><td>隐患简题</td><td colspan="3">国网××发电公司5月4日360/20T坝顶门机主钩减速器油箱油质劣化的安全隐患</td><td>隐患来源</td><td>检修预试</td><td>隐患原因</td><td>设备设施隐患</td></tr>
<tr><td>隐患编号</td><td>国网××发电公司2016××××</td><td>隐患所在单位</td><td>××分场</td><td>专业分类</td><td>发电</td><td>详细分类</td><td>机组进水阀及其辅助设备</td></tr>
<tr><td>发现人</td><td>×××</td><td>发现人单位</td><td>××班</td><td>发现日期</td><td colspan="3">2016-5-4</td></tr>
<tr><td>事故隐患内容</td><td colspan="7">5月4日，国网××发电公司××班在检修预试中发现，360/20T坝顶门机主钩减速器油箱油质劣化的安全隐患，不符合《国家电网公司水电厂重大反事故措施》2.1.1.9规定：“启闭机的工作油和润滑油品要求应与工作地区的气温条件相适应。”依据《国家电网公司安全事故调查规程（2017修正版）》2.3.7.7：“起重机械、运输机械、牵张机械、大型基础施工机械发生严重故障；轻小型重要受力工（机）器具（滑车、卡线器、连接器等）发生严重变形”，构成七级设备事件</td></tr>
<tr><td>可能导致后果</td><td colspan="3">七级设备事件</td><td>归属职能部门</td><td colspan="3">运维检修</td></tr>
<tr><td colspan="8"></td></tr>
<tr><td rowspan="2">预评估</td><td rowspan="2">预评估等级</td><td rowspan="2">一般隐患</td><td>预评估负责人签名</td><td>×××</td><td>预评估负责人签名日期</td><td colspan="3">2016-5-6</td></tr>
<tr><td>运维室领导审核签名</td><td>×××</td><td>工区领导审核签名日期</td><td colspan="3">2016-5-6</td></tr>
<tr><td rowspan="2">评估</td><td rowspan="2">评估等级</td><td rowspan="2">一般隐患</td><td>评估负责人签名</td><td>×××</td><td>评估负责人签名日期</td><td colspan="3">2016-5-8</td></tr>
<tr><td>评估领导审核签名</td><td>×××</td><td>评估领导审核签名日期</td><td colspan="3">2016-5-9</td></tr>
<tr><td rowspan="6">治理</td><td>治理责任单位</td><td colspan="2">××分场</td><td>治理责任人</td><td colspan="4">×××</td></tr>
<tr><td>治理期限</td><td>自</td><td>2016-5-4</td><td>至</td><td colspan="4">2016-5-31</td></tr>
<tr><td>是否计划项目</td><td>是</td><td colspan="2">是否完成计划外备案</td><td></td><td>计划编号</td><td colspan="2">××××××</td></tr>
<tr><td>防控措施</td><td colspan="7">（1）切除坝顶门机动力电源，悬挂“禁止合闸”标示牌。
（2）严禁操作坝顶门机。
（3）制定360/20T坝顶门机主钩减速器运行异常整治方案</td></tr>
<tr><td>治理完成情况</td><td colspan="7">5月27日，对360/20T坝顶门机主钩减速器齿轮油进行更换，治理完成后满足设备安全运行要求。现申请对该隐患治理完成情况进行验收</td></tr>
<tr><td colspan="2">隐患治理计划资金（万元）</td><td colspan="2">0.02</td><td colspan="2">累计落实隐患治理资金（万元）</td><td colspan="2">0.02</td></tr>
<tr><td rowspan="5">验收</td><td>验收申请单位</td><td>××分场</td><td>负责人</td><td>×××</td><td>签字日期</td><td colspan="3">2016-5-27</td></tr>
<tr><td>验收组织单位</td><td colspan="7">运维检修部</td></tr>
<tr><td>验收意见</td><td colspan="7">5月27日，经运维检修部对国网××发电公司2016××××号隐患进行现场验收，治理完成情况属实，满足安全（生产）运行要求，该隐患已消除</td></tr>
<tr><td>结论</td><td colspan="3">验收合格，治理措施已按要求实施，同意注销</td><td>是否消除</td><td colspan="3">是</td></tr>
<tr><td>验收组长</td><td colspan="3">×××</td><td>验收日期</td><td colspan="3">2016-5-27</td></tr>
</table>

7.14.3.4 机组尾水事故闸门及启闭设备

一般隐患排查治理档案表

国网××发电公司

2016 年度

<table>
<tr><td rowspan="5">发现</td><td>隐患简题</td><td colspan="3">国网××发电公司 4 月 7 日 100/1T 尾水门机主钩制动抱闸电机存在抱闸抱不紧的安全隐患</td><td>隐患来源</td><td>检修预试</td><td>隐患原因</td><td>设备设施隐患</td></tr>
<tr><td>隐患编号</td><td>国网××发电公司 2016××××</td><td>隐患所在单位</td><td>××分场</td><td>专业分类</td><td>发电</td><td>详细分类</td><td>机组尾水事故闸门及启闭设备</td></tr>
<tr><td>发现人</td><td>×××</td><td>发现人单位</td><td>××班</td><td>发现日期</td><td colspan="3">2016-4-7</td></tr>
<tr><td>事故隐患内容</td><td colspan="7">4 月 7 日，国网××发电公司××班在检修预试中发现，100/1T 尾水门机主钩制动抱闸电机反应迟缓，存在抱闸抱不紧现象、主钩制动抱闸电机异常的安全隐患，不符合《国家电网公司水电厂重大反事故措施》2.1.1.20 规定：“启闭机的起升、行走和回转机构运行终端，应装设相应的行程限制器。除液压和螺杆启闭机外，启闭机的起升、行走和回转机构应装设制动装置。”依据《国家电网公司安全事故调查规程（2017 修正版）》2.3.6.6（3）：“水电厂（抽水蓄能电站）泄洪闸门等重要防洪设施不能按调度要求启闭”，构成六级设备事件</td></tr>
<tr><td>可能导致后果</td><td colspan="3">六级设备事件</td><td>归属职能部门</td><td colspan="3">运维检修</td></tr>
<tr><td rowspan="2">预评估</td><td rowspan="2">预评估等级</td><td rowspan="2">一般隐患</td><td>预评估负责人签名</td><td>×××</td><td>预评估负责人签名日期</td><td colspan="3">2016-4-7</td></tr>
<tr><td>运维室领导审核签名</td><td>×××</td><td>工区领导审核签名日期</td><td colspan="3">2016-4-7</td></tr>
<tr><td rowspan="2">评估</td><td rowspan="2">评估等级</td><td rowspan="2">一般隐患</td><td>评估负责人签名</td><td>×××</td><td>评估负责人签名日期</td><td colspan="3">2016-4-8</td></tr>
<tr><td>评估领导审核签名</td><td>×××</td><td>评估领导审核签名日期</td><td colspan="3">2016-4-8</td></tr>
<tr><td rowspan="6">治理</td><td>治理责任单位</td><td colspan="2">××分场</td><td>治理责任人</td><td colspan="4">×××</td></tr>
<tr><td>治理期限</td><td>自</td><td>2016-4-7</td><td>至</td><td colspan="4">2016-4-30</td></tr>
<tr><td>是否计划项目</td><td>是</td><td colspan="2">是否完成计划外备案</td><td></td><td>计划编号</td><td colspan="2">××××××</td></tr>
<tr><td>防控措施</td><td colspan="7">（1）切除尾水门机动力电源，悬挂“禁止合闸”标示牌。
（2）严禁操作尾水门机。
（3）制定尾水门机主钩制动抱闸电机整治方案</td></tr>
<tr><td>治理完成情况</td><td colspan="7">4 月 25 日，××分场××班对 100/1T 尾水门机主钩制动抱闸电机进行更换，经试验合格，满足设备安全运行要求。现申请对该隐患治理完成情况进行验收</td></tr>
<tr><td colspan="2">隐患治理计划资金（万元）</td><td colspan="2">0.50</td><td colspan="2">累计落实隐患治理资金（万元）</td><td colspan="2">0.50</td></tr>
<tr><td rowspan="5">验收</td><td>验收申请单位</td><td>××分场</td><td>负责人</td><td>×××</td><td>签字日期</td><td colspan="3">2016-4-25</td></tr>
<tr><td>验收组织单位</td><td colspan="7">运维检修部</td></tr>
<tr><td>验收意见</td><td colspan="7">4 月 26 日，经运维检修部对国网××发电公司 2016××××号隐患进行现场验收，治理完成情况属实，满足安全（生产）运行要求，该隐患已消除</td></tr>
<tr><td>结论</td><td colspan="3">验收合格，治理措施已按要求实施，同意注销</td><td>是否消除</td><td colspan="3">是</td></tr>
<tr><td>验收组长</td><td colspan="3">×××</td><td>验收日期</td><td colspan="3">2016-4-26</td></tr>
</table>

附件 1

安全隐患（缺陷）排查治理工作流程图

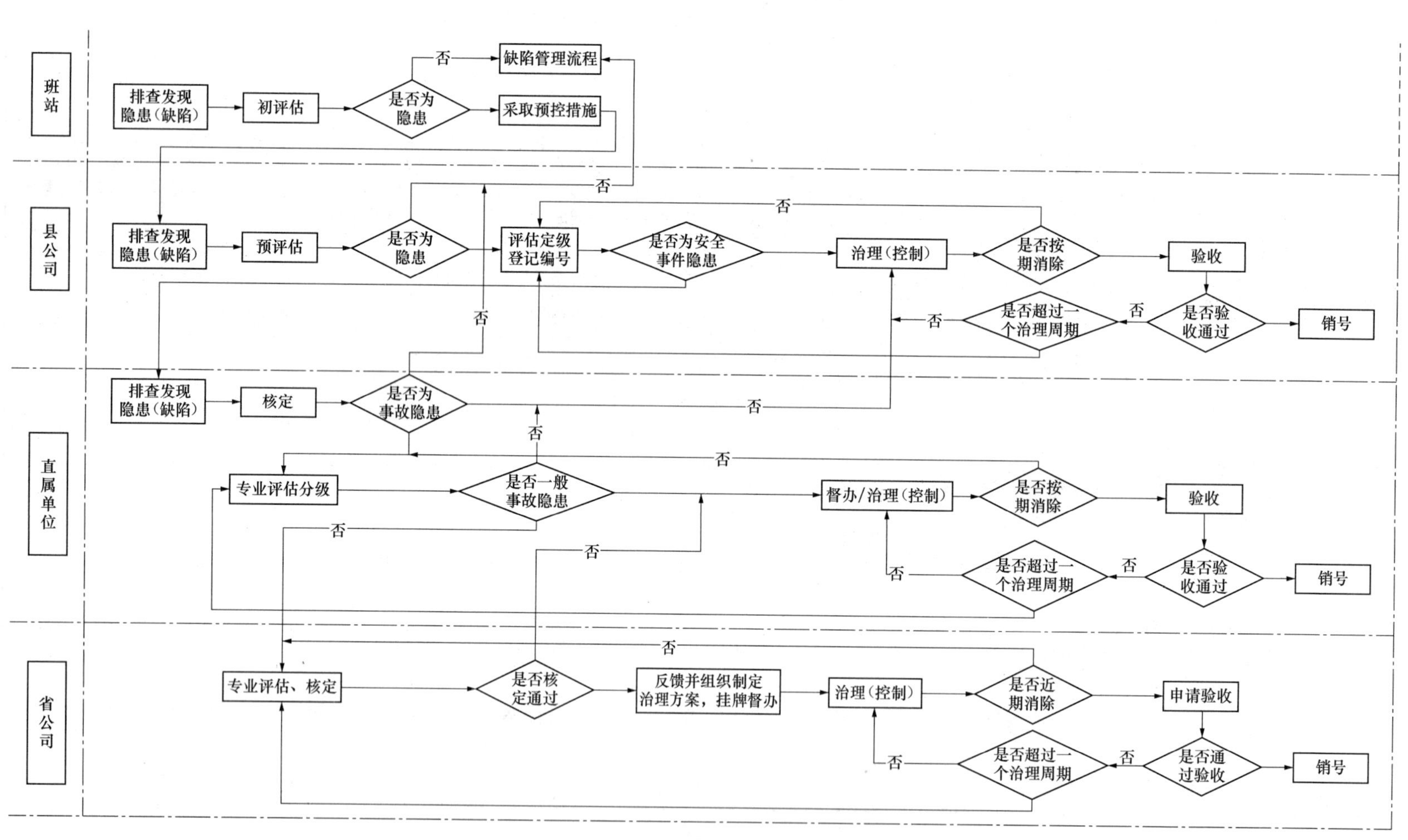

附件 2

安全隐患（缺陷）排查预评估表（模板）

填报单位：

序号	问题现状描述	所在单位（部门或班站）	发现人	发现日期	预评估日期	判定条文依据	预评估等级	是否上报	措施及建议	备注
1										
2										
3										
4										
5										
评估组成员签名										

审核人签名：　　　　联络员及电话：　　　　填报日期：

附件 3

安全隐患（缺陷）治理方案（模板）

批准：______________________

审核：______________________

编制：______________________

（单位、部门、县公司名称）
20××年××月××日

国网××供电公司安全生产隐患（缺陷）治理方案（模板）

一、安全隐患简介

1. 档案编号

2. 隐患简题

3. 隐患的现状及其产生原因

二、安全隐患治理组织保障

按照××月××日，××评审专家组审核意见，现就该隐患治理有关事项要求如下：

1. 治理的目标和任务：

2. 隐患治理期限：

3. 隐患督导职能部门：

职责：对××安全隐患治理工作负全面管理责任；负责经费和物资的落实；负责隐患治理联系、协调、督促、验收等工作。

4. 隐患治理单位：

职责：负责按施工进度、质量要求编制本隐患治理施工方案、“三措”；组织、安排前期准备、现场到位；负责“三措”的落实，做好现场工作的组织、协调和管理。

5. 治理施工班（站）人员：

三、预控措施及应急预案（结合隐患现状，提出的临时管理或技术预控方法、应急预案）

1. 隐患分析（安全隐患的危害程度和整改难易程度进行简

要分析）

2. 预控措施

3. 应急预案（或现场处置方案）

四、施工方案（根据评审专家组审定的治理方法，形成具体的治理施工方案）

详见×××施工方案。

五、工作难点（需要省公司协调和其他专业管理部门、基层部门配合的进行说明）

20××年××月××日

附件 4

重大电力安全隐患（缺陷）信息报告单（模板）

填报单位（签章）：　　　　填报时间：××××年××月××日

隐患名称：		评估等级：	
隐患所属单位：			
隐患评估时间：	××××年××月××日		
安全第一责任人：		电话：	
整改负责人：		电话：	
隐患现状：			
隐患产生的原因：			
隐患危害程度：			
防控措施：			
整改措施：			
隐患整改计划：			
应急预案简述：			

附件 5

安全隐患（缺陷）督办单（模板）

（安质部 20　年第　　号）

签发人：　　　　　　　　　　　　时间：　　年　　月　　日

××××：

你单位存在以下重大安全隐患：

请立即组织整改。××××年××月××日前将安全整改管控表报本督办单发出单位（部门）备案；整改过程中，要发布安全隐患预警，落实风险管控措施；整改完成后，要向督办单发出单位（部门）报告销号。

联系人：　　　　　联系电话：

（章）

年　月　日

附件 6

安全隐患（缺陷）整改过程管控表（模板）

重大隐患	主要整改措施	责任部门（单位）	计划完成时间	备注
	1.			
	2.			
	3.			
	4.			
	5.			
	6.			

签发：　　　　　　审核：　　　　　　编制：

联系人：　　　　　联系电话：

附件 7

安全隐患（缺陷）整改反馈单（模板）

签发人：　　　　　　　　　　　　时间：　　年　　月　　日

××××：

××××年××月××日，我单位已对××××（单位或部门）（20××年第×号）督办的重大安全隐患完成了整改工作。反馈如下：

现申请销号。

联系人：　　　　　　　　联系电话：

（章）

______年____月____日

附件 8

安全隐患（缺陷）延期治理申请（模板）

隐患评估小组：

×××××号隐患，由于×××××原因，此隐患在原治理计划期内不能按时完成。

目前该隐患的现状×××××，预控措施×××××。特申请×××××号隐患治理完成时间由 20××年××月××日延期至 20××年××月××日。

延期治理计划安排如下：

1. ……

2. ……

3. ……

联系人：×××，电话：××××

×××××

20××年××月××日

附件 9

安全隐患（缺陷）延期治理申请回复单（模板）

××××× 单位：

你单位报来的×××号安全隐患延期治理申请收悉。20××年××月××日，经评估小组核实，同意×××号隐患治理完成时间由 20××年××月××日延期至 20××年××月××日。并就该隐患治理提出要求，请认真落实：

1. ……
2. ……
3. ……

评估小组组长：
评估小组成员：

20××年××月××日

附件 10

安全隐患（缺陷）治理验收申请（模板）

××××××（上级单位名称）：

由××单位（县公司）负责实施治理的编号为 201300××××隐患，于××××年××月××日已全部治理完成（简述治理结果），经初步验收，符合××规程要求。按照《陕西省电力公司安全隐患排查治理管理实施细则》规定，现申请对该隐患治理完成情况进行验收。

申请部门：　　　　申请人：

（单位或部门公章）
××××年××月××日

附件 11

安全隐患（缺陷）治理验收报告（模板）

一、隐患编号

二、隐患内容

三、采取措施（简述在治理中采取的主要技术应对措施）

四、验收结论

20××年××月××日，由××评审组对××单位（县公司）负责实施治理的××一般事故隐患，经现场检查验收，该隐患已治理完成（简述治理结果），满足××规程的有关规定，符合安全运行条件。

验收组长：　　　　　　　　验收组成员：

20××年××月××日

附件 12

安全隐患档案评价工作规范（试行）

第一章 总则

第一条 为贯彻“安全第一、预防为主、综合治理”方针，提升安全生产事故隐患档案（简称安全隐患档案）填报质量，规范评价工作，建立长效机制，根据国家电网公司（简称公司）有关规程及规定，制定本规范。

第二条 公司根据安全隐患档案质量提升情况，原则上每半年组织一次安全隐患档案评价工作（简称档案评价），档案评价覆盖单位包括分部、省公司级单位、地市公司级单位、县公司级单位。

第三条 本规范适用于公司的档案评价，省、市级单位可参照本规范开展本层级档案评价。

第二章 工作组织

第四条 档案评价开展之前成立评价工作组，组长由国网安质部指定，负责组织协调评价工作的开展，组织编制总评报告。

第五条 评价工作组人数、工作时长根据工作量核定，核定标准见表 1。

表 1　　隐患档案数量与档案评价工作时长对照表

隐患档案数量	工作时长	工作组人数
<1000	5 天	10
1000～1300	6 天	10
1300～1600	7 天	10
1600～2000	5 天	20

第六条 评价工作组应包括 50%的省级单位专责、50%的地市级单位专责。

第七条 评价方式

线上评价是指在安全隐患管理信息系统中直接选取安全隐患档案进行评价的方式。

线下评价是指将选取的安全隐患档案（包含隐患档案 excel 表格、隐患档案网页截图、全部附件）从安全隐患管理信息系统中导出，对导出的安全隐患档案进行评价的方式。

评价时可选用上述两种评价方式。

第八条 档案评价前召开评价启动会，对档案评价进度、评价原则、相关要求和注意事项等安排部署。

第九条 评价工作组按照工作安排，完成档案评价，编写总评报告。

第十条 档案评价结束后，评价工作组向国网安质部提交总评报告。

第十一条 评价工作组成员不得向无关人员透漏与档案评价相关的任何信息。

第三章 评价档案选取范围

第十二条 公司范围内录入系统的全部重大隐患档案应被列入档案评价范围。

第十三条 根据档案评价要求，随机选取每个省公司级单位已销号的一定数量一般安全隐患档案列入档案评价范围。

第十四条 每个省公司级单位被列入档案评价范围的一般安全隐患档案应覆盖系统中该单位当年度已销号安全隐患档案的全部专业。

第十五条 省电力公司（不包含直辖市）随机选取的安全隐患档案尽量覆盖所属地市、县公司级单位；直辖市公司、公司直属单位随机选取的安全隐患档案应覆盖所属地市公司级单位。

第四章 评价档案内容

第十六条 安全隐患档案中，重点评价的字段包含：隐患简题、发现日期、事故隐患内容、可能导致后果、专业分类、详细分类、防控措施、治理（整改）完成情况、预评估日期、评估日期、负责人签字日期、治理日期、验收日期、隐患编号、隐患所在单位、隐患来源、隐患原因、发现人、发现人单位、归属职能部门、预评估等级、预评估负责人、评估等级、评估负责人、评估领导审核、治理责任单位、治理责任人、验收申请单位、负责人、验收组织单位、验收意见、验收结论、是否消除隐患、验收组长签字日期、治理方案（重大隐患）。

第十七条 安全隐患档案中，预评估工区领导审核、预评估工区领导审核日期、是否计划项目、隐患治理资金（万元）、累计投入资金（万元）五个字段若有内容，则按照本规范进行评价。

第十八条 档案评价采取百分制进行评分，每字段的评分标准和所占分值见附件A安全隐患档案评分细则。

第五章 档案评价实施

第十九条 档案评价采取流水方式进行。档案评价仅对安全隐患档案的规范性进行检查和评价，不对具体专业内容进行复核。

第二十条 评价组长按照表2对工作组成员进行分工（以10人工作组为例）。

表2 评价项目分工表

编号	所需人数	工作内容
组长	1	填写安全隐患档案评分表组长部分内容，检查编号流程中其他人员的扣分依据与扣分值是否相匹配，核算总分
1	1	评分细则中1、2、3、4、5
2	2	评分细则中6、7、8
3	2	评分细则中9、10
4	1	评分细则中11
5	2	评分细则中12、13、14
6	1	检查所有安全隐患档案中上传的照片、治理方案情况，详见第二十五条

第二十一条 工作组成员按照安全隐患档案评分细则（见附件A）评价档案，并填写安全隐患档案评分表（模板见附件B），每人填写自己负责的编号列。

第二十二条 编号为2、3、5的工作内容所需人员各为2人，组长应将所有安全隐患档案平均分配给2人进行评价。

第二十三条 安全隐患档案评分表中组长负责的前三列内容是所有工作中最优先完成的部分，组长应在填写完成后同时发送给全部组员。

第二十四条 编号1～5的人员为档案评价主流程人员，所有人在收到组长发来的安全隐患档案评分表后须按照同一次序对省级单位隐患档案进行评价，并在评价完成后及时提交组长，由其进行扣分核实并登记总分。

第二十五条 编号6的人员对所有安全隐患档案的照片、治理方案上传情况进行检查（不计分）：安全隐患整改前后对比照片均有，且与安全隐患档案描述情况一致的记为“合格”，其他情况记为“不合格”，未上传照片的记为“无”；隐患治理方案中内容齐全（包含隐患的现状及其产生原因，隐患的危害程度和整改难易程度分析，治理的目标和任务，采取的方法和措施，经费和物资的落实，负责治理的机构和人员，治理的时限和要求，防止隐患进一步发展的安全措施和应急预案）且与安全隐患档案描述情况一致的记为“合格”，其他情况记为“不合格”，未上传隐患治理方案的记为“无”。

第二十六条 编号6的人员在全部工作完成后应及时将完成的安全隐患档案评分表发送给组长，组长合并成最终的评分表后，组织编制安全隐患档案评价总评报告（模板见附件C）。

第六章 附则

第二十七条 本规范由国家电网公司安质部负责解释、编制、修订。

第二十八条 本规范自2018年3月15日起执行。

附件 A

安全隐患档案评分细则

<table>
<tr><th>序号</th><th>评价项目</th><th>标准分</th><th>评价标准</th><th>评价方法</th></tr>
<tr><td>1</td><td>重点评价的字段</td><td rowspan="3">10</td><td>本规范第十六条列出各字段均应填写</td><td rowspan="3">（1）重点评价字段每缺一个扣 5 分。
（2）资金数量级每错一个扣 5 分。
（3）签名情况每重复一次扣 5 分。
（4）此三项合计最多扣 10 分</td></tr>
<tr><td>2</td><td>资金数量级</td><td>“隐患治理资金”“累计投入资金”均应以万元为计量单位</td></tr>
<tr><td>3</td><td>签名情况</td><td>人员签名原则上不应重复。但对于预评估、评估过程实际上均在 1 个人员数量较少的职能部门时，预评估负责人与预评估领导审核签名不应重复；评估负责人与评估领导审核签名不应重复；验收申请单位负责人与验收组长签名不应重复</td></tr>
<tr><td>4</td><td>隐患简题</td><td>10</td><td>隐患简题中安全隐患所属单位、发现时间、隐患简况 3 项要素完整无误。
（1）安全隐患所属单位：应为分部、省公司级、地（市）公司级、县公司。
（2）发现时间：具体到月、日。
（3）隐患简况：概要描述安全隐患内容，能够较精准辨识安全隐患的具体情况，能够与同类安全隐患进行区分</td><td>（1）检查隐患简题中隐患所属单位、发现时间、隐患简况 3 项要素描述不完整的，每缺一项要素扣 3 分。
（2）存在能够具体辨识安全隐患，或区分同类安全隐患的必要因素，如电压等级、具体位置等，但未填写的，视缺少的必要因素个数扣 3～6 分。
（3）安全隐患所属单位填报的单位级别错误的，扣 3 分</td></tr>
<tr><td>5</td><td>发现日期</td><td>5</td><td>发现日期与隐患简题中的发现日期应一致</td><td>不一致扣 5 分</td></tr>
<tr><td>6</td><td>事故隐患内容</td><td>20</td><td>应具备安全隐患现状、后果分析及定性依据（人身事故除外）3 项要素。
（1）安全隐患现状：应用数字、术语等方式将有关信息描述清楚，使各级人员能够准确评估、核定。若该安全隐患违反相应规程、规定，应写明规程全称以及具体条款。
（2）定性依据：原则上写明《国家电网公司安全事故调查规程（2017 修正版）》对应的条款</td><td>（1）安全隐患现状、后果分析及定性依据（人身事故除外）3 项要素，每缺少一项要素扣 8 分。
（2）安全隐患现状、后果分析及定性依据（人身事故除外）3 项要素描述不完整或错误的，每处错误扣 3 分</td></tr>
<tr><td>7</td><td>可能导致后果</td><td>10</td><td>（1）原则上应写明可能导致的安全事件级别和分类（人身事故除外），与《国家电网公司安全事故调查规程（2017 修正版）》中的分类相对应。
（2）按照事故隐患内容的描述，应合理推导其阐述的“可能导致后果”</td><td>（1）按照隐患内容的描述，不能推导出其阐述的“可能导致后果”扣 10 分。
（2）可能导致后果中应写明安全事件级别和分类（人身事故除外），缺一项扣 3 分</td></tr>
<tr><td>8</td><td>专业分类（详细分类）</td><td>5</td><td>按照事故隐患内容，结合整体隐患档案填报情况，检查专业分类、详细分类</td><td>（1）对照事故隐患内容检查专业分类，专业分类错误的扣 5 分。
（2）专业分类正确、详细分类错误的扣 2 分</td></tr>
</table>

续表

序号	评价项目	标准分	评价标准	评价方法
9	防控措施	15	防控措施应完备，能够防止安全隐患演化为重大隐患，或者造成（衍生）事实后果	（1）未填写防控措施的，扣15分。 （2）防控措施若与治理完成情况填写一样的，扣5分。 （3）防控措施明显不能起到防控效果的，视情况扣5～10分。 （4）防控措施能够防止隐患进一步发展但有缺失的，视情况扣3～10分
	治理方案（重大隐患）	15	治理方案中应包括安全隐患的现状及其产生原因，安全隐患的危害程度和整改难易程度分析，治理的目标和任务，采取的方法和措施，经费和物资的落实，负责治理的机构和人员，治理的时限和要求，防止安全隐患进一步发展的安全措施和应急预案	缺少1～2项扣5分；3～4项扣10分；5项以上扣15分
10	治理（整改）完成情况	10	治理（整改）完成情况中应简要写明安全隐患治理的措施及完成情况，治理措施应能彻底消除安全隐患	（1）治理（整改）完成情况中未简要写明隐患治理的措施的扣5分。 （2）治理措施不能够彻底消除安全隐患的，扣5分
11	预评估日期、评估日期、负责人签字日期、验收日期	15	（1）预评估日期、评估日期：一般隐患应在2周内完成预评估、评估，重大隐患应立即完成。 （2）重大隐患的职能部门负责人签名日期：在“评估领导审核签名日期”之后3天内。 （3）验收申请单位负责人“签字日期”：一般事故隐患在“评估领导审核签名日期”之后，不早于“治理（整改）完成情况”中填写的日期（如有）；重大隐患在“职能部门负责人签名日期”之后。 （4）治理日期：起始不早于发现日期，终结不早于最后一个评估日期。 （5）验收组长“验收日期”：在验收申请单位负责人“签字日期”之后10天内	错1～2个扣5分；3～4个扣10分；5个以上扣15分
12	“事故隐患内容”一致性	0	综合隐患档案各项内容，甄选该隐患的正确标准，若难以辨别，则以隐患简题中的隐患主体为绝对正确的原则，检查“事故隐患内容”描述是否与之相一致	每一评价项目不一致扣5分，最多扣15分
13	“防控措施”一致性		综合隐患档案各项内容，甄选该隐患的正确标准，若难以辨别，则以隐患简题中的隐患主体为绝对正确的原则，检查“防控措施”中的隐患内容描述是否与之相一致	
14	“治理（整改）完成情况”一致性		综合隐患档案各项内容，甄选该隐患的正确标准，若难以辨别，则以隐患简题中的隐患主体为绝对正确的原则，检查“治理（整改）完成情况”中的隐患内容描述是否与之相一致	

附件 B

安全隐患档案评分表

<table>
<tr><th colspan="4">组长</th><th colspan="4">编号 1</th><th colspan="6">编号 2（2 人）</th><th colspan="2">编号 3（2 人）</th><th colspan="2">编号 4</th><th colspan="4">编号 5（2 人）</th><th colspan="2">编号 6</th></tr>
<tr><th>序号</th><th>档案编号</th><th>专业</th><th>总得分</th><th>必填字段扣分</th><th>资金数量级扣分</th><th>人员签名扣分</th><th>得分情况（10分）</th><th>隐患简题（10分）</th><th>发现日期（5分）</th><th>事故隐患内容（20分）</th><th>可能导致后果（10分）</th><th>专业分类（5 分）</th><th>详细分类（2 分）</th><th>防控措施（15分）</th><th>治理（整改）完成情况（10分）</th><th>错误字段数量</th><th>得分情况（15分）</th><th>“隐患简题”错误情况</th><th>“防控措施”错误情况</th><th>“治理（整改）完成情况”错误情况</th><th>扣分（−15 分）</th><th>照片</th><th>治理方案</th></tr>
<tr><td rowspan="2">示例</td><td rowspan="2">×××</td><td rowspan="2">变电</td><td rowspan="2">86</td><td rowspan="2">0</td><td rowspan="2">0</td><td rowspan="2">0</td><td rowspan="2">10</td><td>隐患主体描述不全</td><td>正确</td><td>内容正未写明违反条款</td><td>正确</td><td>正确</td><td>应为××××</td><td>不能有效防止隐患的进一步发展</td><td>正确</td><td rowspan="2">0</td><td rowspan="2">15</td><td rowspan="2">无</td><td rowspan="2">无</td><td rowspan="2">无</td><td rowspan="2">0</td><td rowspan="2">有</td><td rowspan="2">有</td></tr>
<tr><td>8</td><td>5</td><td>15</td><td>10</td><td colspan="2">3</td><td>10</td><td>10</td></tr>
<tr><td rowspan="2"></td><td rowspan="2"></td><td rowspan="2"></td><td rowspan="2"></td><td rowspan="2"></td><td rowspan="2"></td><td rowspan="2"></td><td rowspan="2"></td><td>扣分理由</td><td>是否错误</td><td>扣分理由</td><td>扣分理由</td><td>扣分理由</td><td>扣分理由</td><td>扣分理由</td><td>扣分理由</td><td rowspan="2"></td><td rowspan="2"></td><td rowspan="2"></td><td rowspan="2"></td><td rowspan="2"></td><td rowspan="2"></td><td rowspan="2"></td><td rowspan="2"></td></tr>
<tr><td>得分</td><td>得分</td><td>得分</td><td>得分</td><td colspan="2">得分</td><td>得分</td><td>得分</td></tr>
</table>

注 1. 所有人员按照自己分工不同填写本表格中相应列的内容，其中编号 1、2、3 的人员需要对扣分原因进行描述。
2. 编号 5 人员填写的扣分列应填负分或 0，每条隐患档案最多扣 15 分。

附件 C

安全隐患档案评价总评报告

报告示例

一、隐患总体情况

（一）公司系统整体情况

1～6（12）月，公司系统共发现一般隐患××条，整改完成××条，整改率××%。

按专业划分，其中××专业发现××条，整改××条，发现数量占一般隐患总数××%。

按单位划分，其中××单位发现××条，整改××条，整改率××%，发现数量占一般隐患总数××%。

1～6（12）月，公司系统共发现重大隐患××条，整改完成××条，整改率××%。

按专业划分，其中××专业发现××条，整改××条，发现数量占重大隐患总数××%。

按单位划分，其中××单位发现××条，整改××条，整改率××%，发现数量占重大隐患总数××%。

（二）网省公司级单位情况

表 C.1　　网省公司级单位隐患排查总体情况表

单位名称	隐患数量		整改率		专业覆盖情况（%）	单位覆盖情况（%）
	重大	一般	重大	一般		

二、隐患档案评价情况

本次抽查工作共抽取了重大隐患××条，抽查率××%，一般隐患××条，抽查率××%。

（一）评价总体情况

在本次评价的××条重大隐患档案中，共发现各类问题隐患档案××条，占比××%，其中××字段问题隐患××条，占比××%。

在本次评价的××条一般隐患档案中，共发现各类问题隐患档案××条，占比××%，其中××字段问题隐患××条，占比××%。

（二）分单位评价情况

表 C.2　　网省公司级单位重大隐患评价情况表

单位名称	××字段问题			××字段问题			××字段问题			××字段问题		
	数量	比率	平均分	数量	比率	平均分	数量	比率	平均分	数量	比率	平均分

表 C.3　　网省公司级单位一般隐患评价情况表

单位名称	××字段问题			××字段问题			××字段问题			××字段问题		
	数量	比率	平均分	数量	比率	平均分	数量	比率	平均分	数量	比率	平均分

三、排名情况

表 C. 4　网省公司级单位重大隐患评价排名表

排名	单位名称	平均分

表 C. 5　网省公司级单位一般隐患评价排名表

排名	单位名称	平均分

附件 13

安全隐患（缺陷）公示表（模板）

班组（名称）：

序号	隐患编号	安全隐患内容描述及后果	发现时间	隐患等级	归属管理职能部门	隐患治理		控制措施		备注
						治理时限	治理单位	具体要求	责任单位或人	
1				Ⅱ级				方式安排负荷控制等	调度班	
								现场运维具体要求	变电运维班	
2				一般				现场运维监测相关要求	线路运维班	
3				事件				现场运维具体要求	变电运维班	
								专业监测措施	开关检修班	

说明：表中隐患等级、归属管理职能部门、治理时限、治理单位、控制措施等必须由各单位按照《国家电网公司安全隐患排查治理管理办法》规定的层级职责进行明确制定，班组可结合实际对控制措施、监测方法等进行补充完善，确保现场执行责任落实到位。

附件 14

国网××公司安全隐患（缺陷）排查治理专题会议纪要（模板）

【20××】　号

签发人：　　　　　　　　　　　　　　20××年　月　日

月　日，×××主持召开了20××年×月隐患排查治理专题会议。单位领导（具体）及本部各部门（具体参加部门）负责人参加了会议。会议听取了有关部门本月隐患排查治理开展情况汇报，认真分析了本月隐患排查治理工作存在的问题，对排查出的x项安全隐患、缺陷进行了评估，对下月隐患排查工作进行了安排部署。现将会议内容纪要如下：

一、本月隐患排查开展情况及完成主要工作

1. 总体指标完成情况

截至20××年×月底，××公司发现重大隐患×××项，一般隐患××项，安全事件隐患××项。

累计排查（含去年发现仍未完成治理的）安全隐患××项，其中，重大隐患××项，占××%；一般隐患××项，占××%；安全事件隐患××项，占××%。

……

2. 隐患排查工作开展情况

日常工作开展情况；

………

3. 本月隐患排查评估结果

………

（详见附件2安全隐患排查预评估表格式）

二、存在的问题

………

三、下月隐患排查工作要点

………

参加会议人员：

送：

：

附件 15

安全隐患（缺陷）排查治理工作评价考核指数评分表

被考核单位：

序号	考核项目	考核内容	标准分	考核方法	考核结果	考核得分
一	安全隐患覆盖率（权重 0.10）	按照公司要求，各专业隐患排查治理工作开展次数（$0.06\times C_1/C_2+0.04\times C_3/C_4$）	10	查看安监管理一体化系统隐患库中相关资料，查看相关职能部门开展情况的资料，每个季度按照实际开展专业进行评审得分。 C_1 为实际开展专业数量之和，C_2 为应开展专业数，C_3 为实际开展的地市和县级公司单位数量之和，C_4 为应开展的地市和县公司级单位数量之和		
二	安全隐患排查频率 F（权重 0.10）	按照公司要求，各专业隐患排查频率（$0.1\times F_1/F_2$）	10	查看安监管理一体化系统隐患库、报表、季度小结等方式，查看相关职能部门开展情况的资料，每个季度按照实际开展专业进行评审得分。 F_1 为排查工作开展次数，F_2 为排查工作开展基数。 （1）按照电网运行及二次系统、输电、变电、配电、发电、电网规划、电力建设、信息通信、环境保护、交通、消防、安全保卫、后勤和其他共十四大类进行统计，各单位每年按照本单位实际有的专业，每个专业至少开展两次专项隐患排查活动，排查内容和安排自定，但必须有计划、有方案、有总结，每缺一个专业扣 1 分。 （2）专项活动缺少计划、方案、总结及内容不相符的每项扣 0.5 分		
三	安全隐患排查完成率 P（权重 0.10）	按照公司要求，各专业隐患排查完成率（$0.1\times P_1/P_2$）	10	查看安监管理一体化系统隐患库中相关资料。 P_1 为实际排查安全隐患总数，P_2 为排查隐患基数。 （1）按照本单位实际有的专业，排查录入的隐患，每缺一个专业，扣 1 分。 （2）将每月度、每季度排查完成率的平均值，纳入季度、半年、年度排查完成率权重中进行考核		
四	安全隐患整改完成率 G（权重 0.10）	按照公司要求，各专业隐患整改完成率（$0.1\times G_1/G_2$）	10	查看安监管理一体化平台系统隐患库中相关资料。 G_1 为累计完成治理的安全隐患总数，G_2 为累计排查发现的安全隐患总数。 （1）未按照计划时限完成隐患治理的每一条隐患扣 1 分，最多扣 5 分。 （2）隐患治理完成时间与治理期限不符的，超过 30 天的，每条扣 0.5 分。 （3）将每月度、每季度整改完成率的平均值，纳入季度、半年、年度整改完成率权重中进行考核，年度整改完成率达 95%及以上，每季度 25%以上		

续表

序号	考核项目	考核内容	标准分	考核方法	考核结果	考核得分
五	安全隐患排查治理有效率 E（权重 0.20）	按照公司要求，各专业隐患排查治理有效率（0.2×E）涵盖预防事故有效性、类比排查治理有效性、报送信息有效性、专业排查有效性四小项	20	查看安全管理相关资料，查日常巡视记录、工作计划、工作票、隐患公示等。 （1）预防事故有效性。对经事故分析认定或事故原因追溯上级认定存在应排查而未排查出隐患导致事故，以及瞒报安全隐患或工作不力延误消除隐患导致事故的，依据事故后果按以下计算：发生人身死亡事故的评价为末段位；发生 1～3 级电网或设备事件本项全扣；发生 4 级电网或设备事件扣本项 80%；发生 5 级电网或设备事件扣本项 60%；发生 6 级电网或设备事件扣本项 40%；发生 7 级电网或设备事件扣本项 10%。 （2）类比排查治理有效性。未吸取事故教训（含本单位发生的、公司总分部或省公司通报的）开展针对性隐患排查治理，导致同类事故重复发生者，评价为末段位。 （3）报送信息有效性。公司组织抽查，每发现 1 项以下不合要求的扣本项 1%：“一患一档”资料填报不完整，评估定级明显不准，过程管理不闭环，挂牌督办不到位，存在明显盲区漏洞，查出安全隐患超过 1 个月后补录隐患数据库，查出的隐患缺陷未及时录入安监一体化的。 （4）专业排查有效性。各专业部门落实隐患排查主体责任，从专业和专家角度，结合专业精益化管理，有针对性地、经常性地组织开展本专业深度隐患排查，并取得明显效果。发现一个地市供电公司一个专业年度内排查不出隐患，则扣本项得分 5%，以此类推。 此部分为扣分项，即发现以上情况后，在 20 分的基准分上依次扣减，扣完为止		
六	档案质量评价 A（权重 0.40）	按照公司要求，对隐患“一患一档”质量评价（0.4×A）	40	档案评价采取百分制进行评分，对上报的隐患档案，填报的规范性、逻辑性和真实性进行审核。每项评价项目的评分标准和所占分值见“安全隐患档案评分细则”。 （1）隐患简题中发现单位、发现时间、隐患简况三项要素，每缺少一项要素扣 3 分；描述不完整的，存在电压等级关系等必要因素而未填写的，每项扣 0.5 分。 （2）发现日期不一致扣 0.5 分。 （3）事故隐患内容中隐患现状、后果分析及定性依据（人身事故除外）3 项要素，每缺少一项要素扣 3 分；每一项要素描述不完整的，扣 0.5 分。 （4）可能导致后果中按照隐患内容的描述，不能造成其阐述的“可能导致后果”扣 0.5 分；应写明安全事件级别和分类（人身事故除外），缺一项扣 3 分。 （5）对照事故隐患内容检查专业分类，专业分类错误的扣 0.5 分；专业分类正确、详细分类错误的扣 0.5 分。 （6）防控措施（一般隐患）若与治理完成情况填写一致的，扣 0.5 分；防控措施明显不能起到效果、不能防止隐患进一步发展的或者有缺失的，视情况扣 5～10 分。 （7）治理方案（重大隐患）治理方案中应包括隐患的现状及其产生原因，隐患的危害程度和整改难易程度分析，治理的目标和任务，采取的方法和措施，经费和物资的落实，负责治理的机构和人员，治理的时限和要求，防止隐患进一步发展的安全措施和应急预案。缺少 1～2 项扣 5 分；3～4 项扣 10 分；5 项以上扣 15 分。每完成 1 项重大事故隐患整改，且经过档案质量审核无误后，档案质量 A 得分提升 2%。 （8）治理（整改）完成情况中未简要写明隐患治理的措施的扣 0.5 分；治理措施不能够彻底消除隐患的，扣 0.5 分		
合计			100			

考核负责人：　　　　　　　　考核人员：　　　　　　　　考核日期：

附件 16

安全隐患（缺陷）排查治理工作档案表填写须知

一、档案格式部分

（1）安全隐患档案表左上方统一填写“××××年度”，右上方统一填写国网××公司。本书范例统一以 2016 年数据及时间逻辑编写，在实际使用时，以填写档案的时间为准。

（2）涉及设备编号应在数字后面。例：5 号主变。

（3）电压等级单位统一使用伏特符号（V）。例：110kV、400V。

（4）档案表中各级人员名称统一用×××描述，计划编号统一用××××××描述。

（5）档案表中涉及层级序号规范用公文层级序号。

例：（1）安排每周一次巡视。

（6）日期用“单位数”。例：3 月、11 月。

（7）度量单位用米的符号（m）。例：1km、2m、3cm、4mm。

（8）制度、规程、标准使用全称描述，描述制度、规程、标准的编号或文号；规章制度引用内容条款使用双引号。

例：《国家电网公司安全事故调查规程（2017 修正版）》2.2.7.1：“35kV 以上输变电设备异常运行或被迫停止运行，并造成减供负荷者”，构成七级电网事件。

（9）简题内容涉及范围区间统一用“～”描述。例如：3～10 号杆塔。

（10）档案表中的专业分类名统一按照专业分类—详细分类—末端分类描述。

二、档案内容部分

（1）隐患简题应为隐患提炼内容，简题统一不使用“，”“。”标点符号。

例：国网××供电公司×月×日 110kV ××变电站消防系统报警装置故障隐患。

（2）隐患来源：结合隐患排查形式如实填写，如变电站、所五防类隐患应选择“防误闭锁”项。

（3）详细分类：选择末端分类，如确无合适选项，选择“其他”项。如基建类安全隐患在专业分类及详细分类栏统一选择“电力建设”项。

（4）隐患简题日期、发现日期与治理期限开始日期三者保持一致。

（5）事故隐患内容：

1）应包含三个部分：一是隐患内容具体，可能导致的后果；二是相关规程对应内容描述；三是根据《国家电网公司安全事故调查规程（2017 修正版）》《国家电网公司安全隐患排查治理管理办法》对隐患进行定级。

2）《国家电网公司安全事故调查规程（2017 修正版）》中涉及人身事件，人身特指系统内人员。

3）引用规章制度条款应与隐患内容对应，条款内容应完全引用。

4）可能造成后果应与事件定级保持一致，所有人身事件统一用人身事故描述。

例：依据《国家电网公司安全事故调查规程（2017 修正版）》2.1 相关条款，可能构成人身事故。

5）涉及火灾或交通隐患（一般隐患），定级规程统一引用《国家电网公司安全隐患排查治理管理办法》中第五条（三）一般交通事故，火灾（7级事件）。

6）描述事故隐患内容时，对运行年限久存在设备老化的安全隐患，必须有具体运行时限和老化特征内容。

例：如××直流蓄电池存在老化安全隐患，应描述为××直流蓄电池运行时限长达8年，存在桩头碱化或碱液渗漏等特征。

例：如××主变呼吸器老化安全隐患，应将老化特征进行描述，如××主变呼吸器里层硅胶老化。

（6）治理期限：隐患发现及治理期限涉及时间如有季节特征，应结合实际填写，确保所填时间的逻辑性。对隐患的计划整改时间与隐患实际消除时间填写需要审核，不应无限延长治理期限。

例：原治理期限日期：2018年1月22日～2018年12月31日

原隐患消除（销号）日期：2018年2月2日

应加强计划性管理，治理期限日期应更改为：2018年1月22日～2018年3月31日

（7）是否计划项目建议填写“是”，编写隐患整治项目计划名称即可，必填项。

（8）治理资金应结合实际填写，为必填项。

（9）治理方案：上传附件内容需与系统填写内容保持一致，尤其注意隐患编号、隐患内容、发现时间、治理时限等内容。

注：隐患档案表中涉及描述年份时间除非跨年，不需要描述，只需描述月份日期。

（10）防控措施应为隐患治理前的有效措施。

（11）治理完成情况应为隐患治理情况的完整描述，描述应具体量化，勿要出现“该隐患已消除”内容，并统一描述“现申请对该隐患治理完成情况进行验收”。

例：×月×日，停电更换10kV ××线5～6号两基砼杆为18m砼杆，治理完成后导线对地最小垂直距离为12.8m，满足线路安全运行要求，现申请对该隐患治理完成情况进行验收。

（12）验收意见使用统一描述，具体如下：

×月×日，经××部对国网××供电公司2016××××号隐患进行现场验收，治理完成情况属实，满足安全（生产）运行要求，该隐患已消除。

（13）一般事故隐患各流程时限要求：预评估到评估时间不超过1周；专业评估开始至评估领导审核时间不超过1周。验收申请和验收意见时间不超过10天。